Brückenkurs Mathematik für den Studieneinstieg

Sabrina Proß · Thorsten Imkamp

Brückenkurs Mathematik für den Studieneinstieg

Grundlagen, Beispiele, Übungsaufgaben

2. Auflage

 Springer Spektrum

Sabrina Proß
Fachbereich Ingenieurwissenschaften
und Mathematik
HS Bielefeld, Campus Gütersloh
Gütersloh, Deutschland

Thorsten Imkamp
Bielefeld, Deutschland

ISBN 978-3-662-68302-6   ISBN 978-3-662-68303-3 (eBook)
https://doi.org/10.1007/978-3-662-68303-3

Die Deutsche Nationalbibliothek verzeichnet diese Publikation in der Deutschen Nationalbibliografie; detaillierte bibliografische Daten sind im Internet über http://dnb.d-nb.de abrufbar.

Planung/Lektorat: Nikoo Azarm
Springer Spektrum ist ein Imprint der eingetragenen Gesellschaft Springer-Verlag GmbH, DE und ist ein Teil von Springer Nature.
Die Anschrift der Gesellschaft ist: Heidelberger Platz 3, 14197 Berlin, Germany

Das Papier dieses Produkts ist recyclebar.

Vorwort

Der „Brückenkurs Mathematik", der mit diesem Buch in der zweiten Auflage erscheint, ist ursprünglich aus Vorkursen entstanden, die einer der Autoren für Schülerinnen und Schüler der Oberstufe in Form von Vorlesungen mit integrierten Übungen entwickelt und abgehalten hat. Diese Vorkurse werden seit mehreren Jahren erfolgreich an diversen Schulen in Ostwestfalen-Lippe in Zusammenarbeit mit der Hochschule Bielefeld (HSBI) durchgeführt, um den Übergang von der Schule zur Hochschule für die Schülerinnen und Schüler zu erleichtern. Ziel dieser Kurse ist es, die nötigen mathematischen Voraussetzungen als Basis für ein erfolgreiches Studium in den Bereichen Mathematik, Informatik, Naturwissenschaft und Technik (MINT-Bereich) bereitzustellen, die nach dem gegenwärtigen Lehrplan auch in einem Leistungskurs Mathematik nicht mehr ausreichend vermittelt werden.

Aus den Erfahrungen dieser Vorkurse wurde die zweite Auflage um einige Kapitel, Abschnitte und Übungen erweitert. Beispielsweise wurden die Kapitel „Vektoren" und „Matrizen und lineare Gleichungssysteme" hinzugefügt. Des Weiteren sind Fehler aus der ersten Auflage verbessert, und einige Abschnitte neu aufgeteilt oder zu größeren Kapiteln zusammengefasst worden.

Unverändert richtet sich das Buch an Schülerinnen und Schüler, die Interesse an einem Studienfach im natur-, ingenieur- oder wirtschaftswissenschaftlichen Bereich haben oder an Studierende, die ihr mathematisches Grundwissen zu Beginn des Studiums auffrischen wollen. Dies kann mithilfe dieses Buches selbstständig geschehen, oder im Rahmen eines Einführungskurses an Universitäten oder (Fach-)Hochschulen. Gerade in den oben genannten Fächern werden an den Hochschulen hohe mathematische Anforderungen gestellt.

Dieses Buch soll Sie dabei unterstützen, die häufig beklagte Lücke zwischen der Schul- und der Hochschulmathematik zu überwinden, wie sie beim Übergang von der gymnasialen Oberstufe zur (Fach-)Hochschule oder Universität zu beobachten ist. Dabei entstehen fundamentale Probleme häufig bereits in der Unter- und Mittelstufe, weshalb wir die für unsere Zwecke grundlegenden Fertigkeiten zum Lösen von Gleichungen und Ungleichungen sowie zum Umgang mit Funktionen in diesem Buch ausführlich darstellen. Wir betrachten unterschiedliche Typen von Gleichungen, wie quadratische und biquadratische Gleichungen, Betragsgleichungen,

Wurzelgleichungen, Exponential- und Logarithmusgleichungen sowie lineare Gleichungssysteme. Die Theorie wird dabei mit vielen Beispielen gestützt.

Um Ihnen bei Bedarf einen Überblick über elementare Regeln der Bruchrechnung, zum Rechnen mit Termen, Binomische Formeln, Potenz-, Wurzel- und Logarithmusgesetzen sowie Summen- und Produktzeichen zu geben, haben wir ein Kapitel 0 vorangestellt, das sich diesen Themen widmet.

Ein weiteres Problem beim Übergang zur Hochschule stellen die häufig in der Schule nicht mehr in der nötigen Stringenz dargestellten Grundbegriffe der Logik und Mengenlehre dar, sodass Sie erst zu Beginn des Studiums mit diesen konfrontiert werden. Ebenso werden Ihnen während Ihres Studiums häufig Beweise begegnen, die aus anschaulichen Zusammenhängen erst strikte mathematische Sätze machen. Wir zeigen hier verschiedene Beweismethoden auf, deren Durchführung Sie im Detail mithilfe schrittweiser Erklärungen systematisch verstehen und in vielen Übungsaufgaben vertiefen können. Dabei geht es zunächst nur darum, dass Sie die einzelnen Beweisschritte nachvollziehen können. Erst später, z. B. in einigen Übungsaufgaben, kommen Sie dann in die Situation, selbstständig Beweise aufzustellen.

In den ersten Semestern spielt die Analysis, also die Differential- und Integralrechnung, eine wichtige Rolle, die Sie in der Oberstufe bereits in ihren Grundzügen kennengelernt haben. Wir geben in diesem Buch eine für das Verständnis der Analysis notwendige mathematisch strenge Definition des Grenzwertbegriffs, beweisen mit seiner Hilfe fundamentale Aussagen der Analysis und veranschaulichen wichtige Lehrsätze. Auch der gerade im natur- und ingenieurwissenschaftlichen Studium wesentliche rechnerische Aspekt wird hier mit vielen durchgerechneten Beispielen unterstützt. Dabei werden auch erheblich anspruchsvollere Integrale berechnet, als sie im Unterricht der gegenwärtigen gymnasialen Oberstufe Standard sind. Etliche Zusammenhänge, die hier dargestellt sind, können Sie aber auch im Abitur selbst unterstützen, insbesondere bei der Entwicklung eines tieferen Verständnisses. Unsere Auswahl wurde aufgrund der Tatsache getroffen, dass gerade die beschriebenen Grundlagen und die Analysis samt dem Grenzwertbegriff den Studienanfängerinnen und Studienanfängern am meisten Probleme bereiten.

In den (neuen) Kapiteln zur Linearen Algebra liegt der Schwerpunkt auf dem Vektorbegriff, der Matrizenrechnung und den linearen Gleichungssystemen, um Ihnen einen Überblick über die wesentlichen Verfahren auf diesem Gebiet zu vermitteln.

Für weitergehend Interessierte haben wir aber auch jeweils ein Kapitel über gewöhnliche Differentialgleichungen sowie über Taylorreihen mit aufgenommen. Bei den Differentialgleichungen wurden insbesondere auch Beispiele aus dem Physikunterricht der gymnasialen Oberstufe dargestellt, um Ihnen ein Bild der zahlreichen Anwendungen von Differentialgleichungen zu geben.

Betrachten Sie dieses Buch als eine Art mathematisches Lesebuch, mit dem Sie sich in die dargestellten Themen selbstständig einarbeiten können. Sie sollten dabei die durchgeführten Rechnungen eigenständig schriftlich nachvollziehen, um eine ständige Verbesserung Ihrer mathematischen Fertigkeiten und zunehmende Sicherheit im Umgang mit den beschriebenen Verfahren und Methoden zu erreichen. Die „Denkanstöße" in den grauen Boxen sollen Sie dabei aktiv und gezielt mit einbinden.

Zudem werden auf unserem YouTube-Kanal „Brückenkurs Mathematik" ausgewählte Themen dieses Buches in Videos ausführlich dargestellt. Diese Videos sollen das Selbststudium ergänzend unterstützen.

Am Ende eines jeden Kapitels finden Sie zahlreiche Übungsaufgaben. Nutzen Sie diese Aufgaben, um die behandelten Themen zu festigen und zu vertiefen. Falls Sie bei einer Aufgabe keinen Ansatz finden, an einer Stelle nicht weiterkommen oder Ihren Lösungsweg überprüfen möchten, können Sie am Ende dieses Buches die kompletten Lösungswege Schritt für Schritt nachvollziehen.

Wir danken Frau Bianca Alton und Frau Nikoo Azarm vom Springer-Verlag für die angenehme und konstruktive Zusammenarbeit.

Die Verwendung des generischen Maskulinums in diesem Buch dient der besseren Lesbarkeit und soll niemanden ausschließen.

Wir wünschen Ihnen die nötige Muße, sich auf all diese notwendigen mathematischen Inhalte einzulassen, Interesse und Spaß beim Durchgehen der vielen Beispiele und bei der Bearbeitung der Übungsaufgaben sowie den nötigen Ehrgeiz, um den Übergang von der Schule zur Hochschule souverän zu meistern.

Duisburg, Bielefeld
im August 2023

Sabrina Proß
Thorsten Imkamp

Inhaltsverzeichnis

Kapitel 0

Algebra-Grundwissen

Dieses Kapitel richtet sich an diejenigen unter Ihnen, die noch einmal einige grundlegende Regeln, Fertigkeiten oder Kenntnisse aus der Mittelstufe wiederholen möchten. Dabei geht es im Wesentlichen um Teilbereiche der Algebra, im Schwerpunkt um Zahlenbereiche, grundlegende Rechenregeln, Terme, Termumformungen, Bruchrechnung, Binomische Formeln und ihre Verallgemeinerung, Potenz-, Wurzel- und Logarithmusgesetze sowie um das Summen- und Produktzeichen.

Sie können dieses Kapitel auch zunächst überspringen und bei Bedarf später einen Blick hineinwerfen. Sie finden auch an den entsprechenden Stellen in den weiteren Kapiteln Verweise auf die benötigten Grundlagen und können diese dann, wenn nötig, nachschlagen.

Des Weiteren werden wir in diesem Kapitel noch nicht die auf das Studium vorbereitende präzise mathematische Fachsprache verwenden, die erst in den nächsten Kapiteln entwickelt werden soll.

0.1 Zahlenbereiche

Der Zahlenbereich der *natürlichen Zahlen* umfasst alle positiven ganzen Zahlen

$$\mathbb{N} = \{1; 2; 3; \dots\}.$$

In diesem Buch beginnen wir die Menge der natürlichen Zahlen mit der Zahl 1 und definieren die Menge $\mathbb{N}$ in der oben dargestellten Weise. In der Fachliteratur sind die Bezeichnungen nicht eindeutig, sodass sich diese Bezeichnungen von Buch zu

© Springer-Verlag GmbH Deutschland, ein Teil von Springer Nature 2023
S. Proß und T. Imkamp, *Brückenkurs Mathematik für den Studieneinstieg*,
https://doi.org/10.1007/978-3-662-68303-3_1

Buch etwas unterscheiden können. So zählen einige Lehrwerke auch die 0 zu den natürlichen Zahlen.

Falls die Menge der natürlichen Zahlen um die Null erweitert wird, stellen wir das wie folgt dar

$$\mathbb{N}_0 = \{0; 1; 2; 3; \dots\}.$$

Die Menge der *ganzen Zahlen* ist eine Erweiterung der natürlichen Zahlen um negative Zahlen. Die Null gehört auch zur Menge der ganzen Zahlen. Es gilt

$$\mathbb{Z} = \{\dots; -3; -2; -1; 0; 1; 2; 3; \dots\}.$$

Werden die ganzen Zahlen um die Menge der Brüche erweitert, spricht man von *rationalen Zahlen* ($\mathbb{Q}$). Die Zahlen $\frac{1}{2}$, $\frac{34}{11}$, $-\frac{1}{9}$ sind Beispiele für rationale Zahlen.

Man kann zeigen, dass $\sqrt{2}$ sich nicht als Bruch darstellen lässt. Wir werden den Beweis in Abschn. 1.3 führen. Die Menge, die auch Zahlen umfasst, die sich nicht als Brüche darstellen lassen, nennt man *reelle Zahlen* ($\mathbb{R}$). Weitere Beispiele sind die Euler'sche Zahl e und die Kreiszahl π. Die nichtnegativen reellen Zahlen (= positive reelle Zahlen und Null) symbolisiert man mit $\mathbb{R}_+$ und die positiven Zahlen mit $\mathbb{R}_+^*$. Analog gilt für die negativen Zahlen mit und ohne Null $\mathbb{R}_-$ bzw. $\mathbb{R}_-^*$.

In Kap. 5 werden Sie einen weiteren Zahlenbereich kennenlernen, den der *komplexen Zahlen*. In Abb. 0.1 sind die Zahlenbereiche dargestellt.

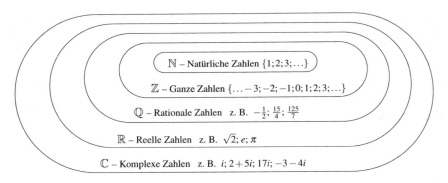

Abb. 0.1: Zahlenbereiche

0.2 Elementare Rechengesetze

Sie haben in der Unter- und Mittelstufe verschiedene Zahlentypen kennengelernt: natürliche Zahlen, ganze Zahlen, Bruchzahlen (rationale Zahlen) und reelle Zahlen.

Für all diese Zahlen gelten bestimmte allgemeingültige Regeln und Gesetze. An drei Gesetze mit sehr markanten Namen werden Sie sich vermutlich noch erinnern.

Kommutativgesetz (Vertauschungsgesetz)

$$a+b = b+a$$
$$a \cdot b = b \cdot a$$

Dieses Gesetz besagt: Die Reihenfolge spielt bei Addition und Multiplikation von Zahlen keine Rolle.

Beispiel 0.1.

(1) $5+4 = 4+5$

(2) $5+(-4) = (-4)+5$

(3) $\dfrac{1}{3} + \dfrac{1}{5} = \dfrac{1}{5} + \dfrac{1}{3}$

(4) $\dfrac{1}{2} \cdot \dfrac{1}{9} = \dfrac{1}{9} \cdot \dfrac{1}{2}$

(5) $2a + 5b = 5b + 2a$ ◀

Assoziativgesetz (Verbindungsgesetz)

$$(a+b)+c = a+(b+c)$$
$$(a \cdot b) \cdot c = a \cdot (b \cdot c)$$

Dieses Gesetz besagt: Man darf *Summanden* bei der Addition und *Faktoren* bei der Multiplikation in beliebiger Reihenfolge zusammenfassen.

Beispiel 0.2.

(1) $(5+4)+3 = 5+(4+3)$

(2) $(5+4)+(-3) = 5+(4+(-3))$

(3) $\dfrac{1}{3} + \left(\dfrac{1}{5} + \dfrac{1}{7} \right) = \left(\dfrac{1}{3} + \dfrac{1}{5} \right) + \dfrac{1}{7}$

(4) $\left(\dfrac{1}{2} \cdot \dfrac{1}{9} \right) \cdot \dfrac{3}{8} = \dfrac{1}{2} \cdot \left(\dfrac{1}{9} \cdot \dfrac{3}{8} \right)$

(5) $6x + (5y + 3z) = (6x + 5y) + 3z$ ◀

Distributivgesetz (Verteilungsgesetz)

$$a \cdot (b + c) = ab + ac$$
$$(a + b) \cdot c = ac + bc$$

Dieses Gesetz besagt, wie man Klammern ausmultiplizieren muss.

Beispiel 0.3.

(1) $\dfrac{1}{3} \cdot \left(\dfrac{1}{5} + \dfrac{1}{7} \right) = \dfrac{1}{3} \cdot \dfrac{1}{5} + \dfrac{1}{3} \cdot \dfrac{1}{7}$

(2) $(6 + 4) \cdot (-8) = 6 \cdot (-8) + 4 \cdot (-8)$

(3) $6x \cdot (5y + 3z) = 6x \cdot 5y + 6x \cdot 3z$ ◀

Die letzten Beispiele zu den jeweiligen Rechenregeln enthalten so genannte *Variable* wie a, b, x oder y. Diese stehen als Platzhalter für Zahlen, sodass man mit ihnen ähnlich wie mit Zahlen umgehen kann. Bei der Formulierung der Regeln haben wir ja solche ebenfalls schon benutzt.

Alle aus Zahlen, Variablen und Operationssymbolen wie $+, -, \cdot$ und $/$ nach gewissen Regeln zusammengesetzten Ausdrücke nennt man *Terme*. Terme der Form $a + b$ heißen *Summenterme*, wobei natürlich auch mehr als zwei Summanden vorkommen dürfen. Entsprechend stellt $a - b$ einen *Differenzterm* dar, $a \cdot b$ einen *Produktterm*, bestehend aus den Faktoren a und b, und schließlich ist $\frac{a}{b}$ ein *Quotiententerm*, vorausgesetzt, b ist ungleich 0.

Differenzterme darf man als Spezialfälle von Summentermen ansehen, denn es gilt

$$a - b = a + (-b).$$

Ebenso ist ein Quotiententerm ein Spezialfall eines Produktterms, da gilt

$$\frac{a}{b} = a \cdot \frac{1}{b}.$$

Die obigen Regeln dienen dem Rechnen mit Termen und deren Vereinfachung. Z. B. kann das Distributivgesetz dazu verwendet werden, um gemeinsame Faktoren auszuklammern.

Beispiel 0.4.

(1) $2x + 4y - 6z = 2 \cdot (x + 2y - 3z)$

(2) $2x + 4y - 6z = (-2)(-x - 2y + 3z)$

(3) $3x + 5y + 4x - 2y = (3 + 4)x + (5 - 2)y = 7x + 3y$ ◀

Der „Malpunkt" wird zwischen Klammern oder Zahlen und Klammern sowie zwischen Variablen weggelassen. In den ersten beiden Beispielen wurde ein Summenterm durch einen Produktterm ersetzt. Dies nennt man *Faktorisieren* eines Terms.

Auch das Ausmultiplizieren von Klammern kann auf das Distributivgesetz zurückgeführt werden.

Beispiel 0.5.
$$(x + 2)(y + 4) = x(y + 4) + 2(y + 4) = xy + 4x + 2y + 8$$

Dabei haben wir das Distributivgesetz zweimal angewendet: Wir haben zunächst den Faktor x mit $(y + 4)$ ausmultipliziert und dann den Faktor 2 mit $(y + 4)$ ausmultipliziert. Hier wurde ein Produktterm durch einen Summenterm ersetzt. ◀

Zu jeder Zahl a kann man eine Gegenzahl $-a$ finden, sodass die Summe der beiden Null ergibt:
$$a + (-a) = -a + a = 0.$$

Beachten Sie hierbei stets die *Vorzeichenregeln*:

$$-(-a) = a \qquad a \cdot (-b) = -ab \qquad (-a) \cdot b = -ab \qquad (-a) \cdot (-b) = ab$$

Das bedeutet: Die Gegenzahl der Gegenzahl einer Zahl ist wieder die Zahl selbst, Plus mal Minus ergibt Minus, Minus mal Plus ergibt Minus und Minus mal Minus ergibt Plus.

Beispiel 0.6.

$$\begin{aligned}
(2a - 3)(4b - 5) &= (2a + (-3))(4b + (-5)) \\
&= 2a \cdot 4b + (-3) \cdot 4b + 2a \cdot (-5) + (-3) \cdot (-5) \\
&= 8ab + (-12b) + (-10a) + 15 \\
&= 8ab - 10a - 12b + 15
\end{aligned}$$

Hier haben wir das Distributivgesetz und die Vorzeichenregeln angewendet sowie im letzten Schritt das Kommutativgesetz auf die Terme $-10a$ und $-12b$. Es ist guter Stil, wenn man beim Aufschreiben von Termen eine vernünftige, also z. B. alphabetische, Reihenfolge wählt. ◀

0.3 Bruchrechnung

In diesem Abschnitt wiederholen wir die Grundlagen und Regeln der Bruchrechnung. Ein *Bruch* ist eine Zahl der Form $\frac{a}{b}$, wobei sowohl a als auch b ganze Zahlen sind. a heißt *Zähler* des Bruches und b *Nenner*. Dabei darf der Nenner b nicht gleich 0 sein!

Gilt $\frac{a}{b} < 1$, so spricht man von einem *echten Bruch*, anderenfalls, also im Falle $\frac{a}{b} \geq 1$, von einem *unechten Bruch*.

Ein Minuszeichen kann im Zähler, im Nenner oder vor dem gesamten Bruch stehen. Es gilt:
$$\frac{-a}{b} = \frac{a}{-b} = -\frac{a}{b}.$$

Brüche kann man erweitern und kürzen. Erweitern bedeutet, den Zähler und den Nenner mit der gleichen ganzen Zahl (ungleich 0!) zu multiplizieren, kürzen bedeutet, den Zähler und den Nenner durch die gleiche ganze Zahl (ungleich 0!) zu dividieren.

Beispiel 0.7.

(1) Wir erweitern den Bruch $\frac{2}{5}$ mit der Zahl 3:
$$\frac{2}{5} = \frac{2 \cdot 3}{5 \cdot 3} = \frac{6}{15}$$

(2) Wir kürzen den Bruch $\frac{20}{25}$ mit der Zahl 5:
$$\frac{20}{25} = \frac{20 : 5}{25 : 5} = \frac{4}{5} \qquad \blacktriangleleft$$

Hinweis

Verwenden Sie in Klausuren und auch sonst im Leben bitte immer nur vollständig gekürzte Brüche! Ihre Lehrer, Dozenten und alle anderen Mitmenschen werden es Ihnen danken!

Den *Kehrwert* (oder *Reziprokwert* oder *Kehrbruch*) eines Bruches erhält man durch Vertauschen von Zähler und Nenner:

$\frac{b}{a}$ ist der Kehrwert von $\frac{a}{b}$

$\frac{1}{a}$ ist der Kehrwert von a.

Das Rechnen mit Brüchen erfolgt nach folgenden Regeln.

Bruchrechenregeln: Addition

Zwei Brüche werden addiert (subtrahiert), indem man sie zunächst durch geeignetes Erweitern oder Kürzen auf einen gemeinsamen Nenner bringt. Danach werden die neuen Zähler addiert (subtrahiert) und der (gemeinsame) Nenner beibehalten:

$$\frac{a}{c} \pm \frac{b}{c} = \frac{a \pm b}{c}.$$

Beispiel 0.8.

(1) $\dfrac{1}{4} + \dfrac{2}{3} = \dfrac{1 \cdot 3}{4 \cdot 3} + \dfrac{2 \cdot 4}{3 \cdot 4} = \dfrac{3}{12} + \dfrac{8}{12} = \dfrac{11}{12}$

(2) $\dfrac{2}{5} - \dfrac{1}{6} = \dfrac{2 \cdot 6}{5 \cdot 6} - \dfrac{1 \cdot 5}{6 \cdot 5} = \dfrac{12}{30} - \dfrac{5}{30} = \dfrac{7}{30}$ ◀

Bruchrechenregeln: Multiplikation

Zwei Brüche werden multipliziert, indem man die Zähler miteinander multipliziert und die Nenner miteinander multipliziert:

$$\frac{a}{c} \cdot \frac{b}{d} = \frac{a \cdot b}{c \cdot d}.$$

Beispiel 0.9.

(1) Multiplikation von zwei Brüchen:

$$\frac{3}{8} \cdot \frac{5}{7} = \frac{3 \cdot 5}{8 \cdot 7} = \frac{15}{56}$$

(2) Bei Brüchen gelten auch die oben gelernten Kürzungs- und Vorzeichenregeln:

$$\frac{3}{8} \cdot \frac{-2}{7} = \frac{3 \cdot (-2)}{8 \cdot 7} = \frac{-6}{56} = \frac{-3}{28} = -\frac{3}{28}$$

Man hätte auch schon vorher die 2 mit der 8 kürzen können!

(3) Spezialfall: Multiplikation eines Bruches mit einer ganzen Zahl:

$$\frac{3}{8} \cdot 5 = \frac{3}{8} \cdot \frac{5}{1} = \frac{3 \cdot 5}{8 \cdot 1} = \frac{15}{8}$$

oder einfacher:

$$\frac{3}{8} \cdot 5 = \frac{3 \cdot 5}{8} = \frac{15}{8}$$

Hier genügt es, den Zähler mit der ganzen Zahl zu multiplizieren und den Nenner beizubehalten. ◄

Bruchrechenregeln: Division

Zwei Brüche werden durcheinander dividiert, indem man den ersten mit dem Kehrbruch des zweiten multipliziert:

$$\frac{a}{c} : \frac{b}{d} = \frac{a}{c} \cdot \frac{d}{b} = \frac{a \cdot d}{c \cdot b}.$$

Beispiel 0.10.

(1) Division von zwei Brüchen:

$$\frac{3}{8} : \frac{5}{7} = \frac{3}{8} \cdot \frac{7}{5} = \frac{3 \cdot 7}{8 \cdot 5} = \frac{21}{40}$$

(2) Auf diese Art löst man auch lästige Doppelbrüche auf:

$$\frac{\frac{3}{2}}{\frac{5}{7}} = \frac{3}{2} : \frac{5}{7} = \frac{3}{2} \cdot \frac{7}{5} = \frac{21}{10} \qquad ◄$$

Hinweis

Auch hier gilt wieder: Wenn Sie unter Lehrern, Dozenten oder anderen Mitmenschen Freunde gewinnen wollen, lösen Sie die Doppelbrüche auf!

Ein wichtiger Spezialfall sind Brüche mit dem Nenner 100. Diese werden häufig als *Prozentsätze* geschrieben. Z. B. gilt

$$\frac{5}{100} = 5\% \quad \text{oder} \quad \frac{19}{25} = \frac{76}{100} = 76\%.$$

Mithilfe von Prozentsätzen lassen sich Anteile gut vergleichen.

Beispiel 0.11. Angenommen, in zwei Kursen einer Jahrgangsstufe werden die Kurssprecher gewählt. In Kurs 1 erhält der Sieger von 25 abgegebenen Stimmen 15, in Kurs 2 stimmen von 20 Stimmberechtigten 13 für den Sieger. Wenn Sie zum

Vergleich den prozentualen Anteil berechnen wollen, mit dem die Kurssprecher gewählt wurden, müssen Sie die Prozentsätze für die Siegerstimmen berechnen.

In Kurs 1 gilt:
$$\frac{15}{25} = \frac{60}{100} = 60\,\%.$$

In Kurs 2 gilt:
$$\frac{13}{20} = \frac{65}{100} = 65\,\%.$$

Die Zustimmung ist also im 2. Kurs größer. ◀

Gewöhnliche Brüche können in *Dezimalbrüche* umgewandelt werden, indem man den Zähler durch den Nenner dividiert. Wenn möglich, kann man sie aber auch auf einen Nenner erweitern, der ein Vielfaches von 10 ist.

Beispiel 0.12.

(1)
$$\frac{15}{25} = \frac{3}{5} = \frac{6}{10} = 0,6$$

Hier kann man auf 10 erweitern.

(2)
$$\frac{1}{9} = 0,111\ldots$$

Hier kann man nicht auf 10 erweitern, wir müssen dividieren und erhalten einen *rein-periodischen Dezimalbruch.*

(3)
$$\frac{7}{30} = 0,2333\ldots$$

Wir erhalten durch die Division einen so genannten *gemischt-periodischen Dezimalbruch.* ◀

Mit periodischen Dezimalbrüchen werden wir uns in Kap. 6.4 etwas genauer beschäftigen, insbesondere mit der Umwandlung solcher Dezimalbrüche in gewöhnliche Brüche.

0.4 Binomische Formeln

Diese wichtigen Regeln für das Rechnen mit Zahlen und Variablen lauten folgendermaßen:

1. Binomische Formel: $(a+b)^2 = a^2 + 2ab + b^2$

2. Binomische Formel: $(a-b)^2 = a^2 - 2ab + b^2$

3. Binomische Formel: $(a+b) \cdot (a-b) = a^2 - b^2$

Wir können sie mithilfe des Distributivgesetzes herleiten:

$$(a+b)^2 = (a+b) \cdot (a+b) = a^2 + ab + ab + b^2 = a^2 + 2ab + b^2$$
$$(a-b)^2 = (a-b) \cdot (a-b) = a^2 - ab - ab + b^2 = a^2 - 2ab + b^2$$
$$(a+b) \cdot (a-b) = a^2 - ab + ab - b^2 = a^2 - b^2$$

Denkanstoß

Machen Sie sich bei allen Beispielen die einzelnen Schritte klar, die zum Ergebnis führen!

Beispiel 0.13.

(1) $(3x+2)^2 = 9x^2 + 12x + 4$

(2) $(-6x+2y)^2 = 36x^2 - 24xy + 4y^2$

(3) $(3x-9y)^2 = 9x^2 - 54xy + 81y^2$

(4) $(2-4z)^2 = 4 - 16z + 16z^2$

(5) $(x-8)(x+8) = x^2 - 64$

(6) $(2a+8b)(2a-8b) = 4a^2 - 64b^2$ ◀

Man kann auch umgekehrt von einem Summenterm ausgehen und ihn mithilfe der binomischen Formeln faktorisieren.

Beispiel 0.14.

(1) $9x^2 - 121 = (3x)^2 - 11^2 = (3x-11)(3x+11)$

(2) $2x^2 + 4x + 2 = 2(x^2 + 2x + 1) = 2(x+1)^2$ ◀

Sie können die Binomischen Formeln auch dazu verwenden, um einfache Rechnungen im Kopf (!) durchzuführen.

Beispiel 0.15.

(1) $51^2 = (50+1)^2 = 50^2 + 2 \cdot 50 + 1^2 = 2500 + 100 + 1 = 2601$

(2) $99^2 = (100-1)^2 = 100^2 - 2 \cdot 100 + 1^2 = 10000 - 200 + 1 = 9801$

(3) $19 \cdot 21 = (20-1)(20+1) = 400 - 1 = 399$ ◀

Denkanstoß

Stellen Sie sich ein paar weitere Aufgaben dieser Art zur Übung, denn diese macht bekanntlich den Meister!

0.5 Potenzgesetze

Potenzen tauchen z. B. bei der Berechnung von Flächen oder Volumina auf. So hat ein Quadrat mit der Seitenlänge x den Flächeninhalt $x \cdot x = x^2$, ein Würfel mit der Kantenlänge x hat das Volumen $x \cdot x \cdot x = x^3$.

Allgemein schreibt man für natürliche Zahlen n:

$$\underbrace{a \cdot a \cdot a \cdot \ldots \cdot a \cdot a}_{n \text{ Faktoren}} = a^{n \leftarrow \text{Exponent}}_{\uparrow \text{ Basis}}$$

Die Zahl a^n heißt *Potenz*, die Zahl a heißt *Basis* der Potenz, die Zahl n *Exponent*. Dabei kann a eine beliebige reelle Zahl sein. Statt a^1 schreibt man häufig nur a, und es gilt $a^0 = 1$ für $a \neq 0$. Der Wert der Potenz 0^0 ist eine Frage der Konvention. In vielen Lehrbüchern ist 0^0 ein nicht definierter Ausdruck.

Potenzen kann man auch für negative Exponenten definieren durch

$$a^{-n} = \frac{1}{a^n} \qquad \text{für } a \neq 0.$$

Für das Rechnen mit Potenzen gelten einige einfache Regeln, die wir im Folgenden aufführen. Bei allen Regeln sind a und b von Null verschiedene reelle Zahlen und m und n ganze Zahlen.

Potenzgesetze

(1) $a^m \cdot a^n = a^{m+n}$

(2) $\dfrac{a^m}{a^n} = a^{m-n}$

(3) $(a^m)^n = a^{m \cdot n}$

(4) $(ab)^n = a^n b^n$

(5) $\left(\dfrac{a}{b}\right)^n = \dfrac{a^n}{b^n}$

Bemerkung 0.1. Falls $a, b > 0$, gelten die Regeln (1) bis (5) auch für reelle Exponenten n, m.

Beispiel 0.16.

(1) $3^5 \cdot 3^2 = \underbrace{3 \cdot 3 \cdot 3 \cdot 3 \cdot 3}_{5} \cdot \underbrace{3 \cdot 3}_{2} = 3^7 = 3^{5+2}$

(2) $\dfrac{2^7}{2^3} = \dfrac{2 \cdot 2 \cdot 2 \cdot 2 \cdot 2 \cdot 2 \cdot 2}{2 \cdot 2 \cdot 2} = 2 \cdot 2 \cdot 2 \cdot 2 = 2^4 = 2^{7-3}$

(3) $(3^2)^4 = \underbrace{3 \cdot 3}_{2} \cdot \underbrace{3 \cdot 3}_{2} \cdot \underbrace{3 \cdot 3}_{2} \cdot \underbrace{3 \cdot 3}_{2} = 3^8 = 3^{(2 \cdot 4)}$

(4) $(3 \cdot (-2))^3 = (3 \cdot (-2)) \cdot (3 \cdot (-2)) \cdot (3 \cdot (-2))$

$\quad = 3 \cdot 3 \cdot 3 \cdot (-2) \cdot (-2) \cdot (-2) = 3^3 \cdot (-2)^3$

(5) $\left(\dfrac{6}{5}\right)^2 = \dfrac{6}{5} \cdot \dfrac{6}{5} = \dfrac{6 \cdot 6}{5 \cdot 5} = \dfrac{6^2}{5^2}$ ◀

Mithilfe der Potenzgesetze und der Regeln aus Abschn. 0.2 können wir jetzt auch kompliziertere Terme behandeln.

Beispiel 0.17.

$(2a^2 - 3b + 1)(a^4 + b^2 - b + 2)$

$\quad = 2a^2(a^4 + b^2 - b + 2) - 3b(a^4 + b^2 - b + 2) + (a^4 + b^2 - b + 2)$

$\quad = 2a^6 + 2a^2b^2 - 2a^2b + 4a^2 - 3ba^4 - 3b^3 + 3b^2 - 6b + a^4 + b^2 - b + 2$

$\quad = 2a^6 + a^4 + 4a^2 - 3a^4b + 2a^2b^2 - 2a^2b - 3b^3 + 3b^2 + b^2 - 6b - b + 2$

$$= 2a^6 + a^4 + 4a^2 - 3a^4 b + 2a^2 b^2 - 2a^2 b - 3b^3 + 4b^2 - 7b + 2 \qquad \blacktriangleleft$$

Dabei haben wir im ersten Schritt das Distributivgesetz angewendet und die Produktterme mithilfe der Potenzgesetze zusammengefasst. Im zweiten Schritt wurde das Kommutativgesetz angewendet und dann die Terme absteigend nach Potenzen von a und b, bei kombinierten Termen absteigend nach a und aufsteigend nach b geordnet. Im letzten Schritt haben wir schließlich alle gleichartigen Terme, hier also $3b^2$ und b^2 sowie $-6b$ und $-b$, zusammengefasst.

Will man bei Potenzen auch Bruchzahlen als Exponenten zulassen, so führt dies auf das Problem der *Wurzelrechnung* und der *Wurzelgesetze*.

0.6 Wurzelgesetze

Ist der Flächeninhalt eines Quadrates bekannt, so erhält man die Seitenlänge durch Wurzelziehen. Ein Quadrat der Fläche $4\,\text{cm}^2$ hat eine Seitenlänge von $\sqrt{4\,\text{cm}^2} = 2\,\text{cm}$.

Allgemein versteht man unter der *Quadratwurzel* $\sqrt{a}$ einer nicht-negativen Zahl a diejenige nicht-negative Zahl, deren Quadrat gleich a ist:

$$(\sqrt{a})^2 = a.$$

Beim Volumen eines Würfels muss man die 3. Wurzel (*Kubikwurzel*) ziehen, um seine Kantenlänge zu berechnen: Hat der Würfel das Volumen $27\,\text{cm}^3$, so hat die Kante die Länge $\sqrt[3]{27\,\text{cm}^3}$. Hier gilt allgemein:

$$(\sqrt[3]{a})^3 = a.$$

Allgemein heißt bei der n-ten Wurzel einer Zahl a (also $\sqrt[n]{a}$) die Zahl n der *Wurzelexponent* und die Zahl a *Radikand*. Im Falle $n = 2$, also bei der Quadratwurzel, lässt man den Wurzelexponenten weg:

$$\sqrt[2]{a} = \sqrt{a}.$$

Es gelten die folgenden Regeln.

Regeln für Wurzeln

Ist der Wurzelexponent n eine gerade Zahl, so ist die Wurzel nur im Fall $a \geq 0$ definiert. Ist der Wurzelexponent n eine ungerade Zahl, so ist die Wurzel für beliebige reelle Zahlen a definiert.

Beispiel 0.18.

(1) $\sqrt{9} = 3$, denn $3^2 = 9$

(2) $\sqrt[4]{625} = 5$, denn $5^4 = 625$

(3) $\sqrt{-9}$ ist nicht definiert

(4) $\sqrt[3]{-27} = -3$, denn $(-3)^3 = -27$ ◄

Eine Anwendung der n-ten Wurzel ist die Renditenberechnung bei einer Kapitalanlage. Wir betrachten ein Beispiel.

Beispiel 0.19. Nehmen Sie einmal an, Sie legen 2000 € für fünf Jahre bei einer Bank an, die Ihnen verspricht, dass Sie nach Ablauf der fünf Jahre 2200 € ausbezahlt bekommen. Sie erhalten also für die fünf Jahre insgesamt 10 % Zinsen. Wie groß ist die jährliche Rendite, d. h. der effektive Jahreszins?

Wir betrachten den Wachstumsfaktor x, um den sich Ihr Kapital jährlich vermehrt. Da Sie 2000 € festgelegt haben, erhalten Sie nach fünf Jahren

$$2000\,€ \cdot x^5 = 2200\,€.$$

Somit gilt

$$x^5 = \frac{2200\,€}{2000\,€} = \frac{11}{10} = 1,1.$$

Somit gilt für den Wachstumsfaktor x:

$$x = \sqrt[5]{1,1} \approx 1,01924.$$

Der effektive Jahreszins beträgt also etwa 1,92 %.   ◄

Wir betrachten jetzt allgemein die Gleichung $x^n = a$. Für die Lösung gilt (im Rahmen der eben genannten Regeln für mögliche Zahlen)

$$x = \sqrt[n]{a}.$$

Wir können diese Lösung aber auch anders schreiben. Wenn wir die Potenzgesetze aus Abschn. 0.5 auch für rationale Exponenten zulassen, so erkennen wir, dass dann gilt

$$\left(a^{\frac{1}{n}}\right)^n = a^{\frac{1}{n} \cdot n} = a.$$

Wir definieren den Ausdruck $a^{\frac{1}{n}}$ über die Wurzel:

$$a^{\frac{1}{n}} = \sqrt[n]{a}.$$

Ebenso definiert man allgemeiner:

$$a^{\frac{m}{n}} = \sqrt[n]{a^m} \qquad \text{und} \qquad a^{-\frac{m}{n}} = \frac{1}{\sqrt[n]{a^m}}.$$

Falls $a < 0$, kann man diese Definitionen nur dann anwenden, wenn n ungerade ist (siehe etwa Bsp. 0.20 (2) und (3)).

Beispiel 0.20.

(1) $2^{\frac{5}{2}} = \sqrt{2^5} = \sqrt{32}$

(2) $(-3)^{\frac{4}{3}} = \sqrt[3]{(-3)^4} = \sqrt[3]{81}$

(3) $(-2)^{5/3} = \sqrt[3]{(-2)^5} = \sqrt[3]{-32}$ erlaubt!

(4) $a^{-\frac{1}{3}} = \dfrac{1}{a^{\frac{1}{3}}} = \dfrac{1}{\sqrt[3]{a}}$ ◀

Damit können wir die Potenzgesetze übertragen und im Falle rationaler Exponenten als *Wurzelgesetze* schreiben. Es gelten folgende Regeln.

Wurzelgesetze

(1) $\sqrt[n]{a} \cdot \sqrt[n]{b} = \sqrt[n]{a \cdot b}$

(2) $\dfrac{\sqrt[n]{a}}{\sqrt[n]{b}} = \sqrt[n]{\dfrac{a}{b}}$

(3) $\sqrt[n]{\sqrt[m]{a}} = \sqrt[n \cdot m]{a}$

Beispiel 0.21.

(1) $\sqrt[5]{81} \cdot \sqrt[5]{3} = \sqrt[5]{81 \cdot 3} = \sqrt[5]{243} = 3$

(2) $\dfrac{\sqrt[3]{128}}{\sqrt[3]{2}} = \sqrt[3]{\dfrac{128}{2}} = \sqrt[3]{64} = 4$

(3) $\sqrt[5]{\sqrt[2]{1024}} = \sqrt[5 \cdot 2]{1024} = \sqrt[10]{1024} = 2$ ◀

0.7 Logarithmusgesetze

Um uns den wichtigen Begriff des *Logarithmus* noch einmal zu vergegenwärtigen, geben wir die folgende Definition, die Ihnen in der Schule bereits begegnet ist.

Definition 0.1. Seien y und b zwei positive Zahlen mit $b \neq 1$. Der *Logarithmus* von y zur Basis b ist diejenige Zahl x, mit der man b potenzieren muss, um y zu erhalten:

$$b^x = y.$$

Man schreibt

$$x = \log_b y.$$

Erinnerung: Der *natürliche Logarithmus* hat die Basis e, geschrieben $\log_e y$, und wir schreiben abkürzend $\ln y$, also

$$\log_e y = \ln y.$$

Es gibt weitere Abkürzungen, z. B. schreibt man für die *Zehnerlogarithmen* einfach lg, also

$$\log_{10} y = \lg y.$$

Beispiel 0.22.

(1) $\log_3(9) = 2$, da $3^2 = 9$

(2) $\lg(100) = 2$, da $10^2 = 100$

(3) $\ln(e) = 1$, da $e^1 = e$

(4) $\ln(1) = 0$, da $e^0 = 1$. ◄

Wir fassen die Ihnen aus der Schulzeit bekannten *Logarithmengesetze*, hier noch einmal zusammenfassen.

Satz 0.1 (Logarithmengesetze). Sei $b > 0$, $b \neq 1$, $u, v \in \mathbb{R}_+^*$, $r \in \mathbb{R}$. Dann gilt

(1) $\log_b(uv) = \log_b(u) + \log_b(v)$

(2) $\log_b\left(\dfrac{u}{v}\right) = \log_b(u) - \log_b(v)$

(3) $\log_b u^r = r \cdot \log_b u$

Die Gesetze lassen sich auf die bekannten Potenzgesetze (siehe Abschn. 0.5) zurückführen.

Beweis. Wir beweisen (1): Es gilt nach Def. 0.1

$$u = b^{\log_b u} \quad \text{und} \quad v = b^{\log_b v}.$$

Damit ist nach den bekannten Potenzgesetzen

$$uv = b^{\log_b u} \cdot b^{\log_b v} = b^{\log_b u + \log_b v}.$$

Wiederum gilt nach Def. 0.1 die Beziehung

$$uv = b^{\log_b(uv)}.$$

Ein Vergleich der Exponenten liefert die Behauptung. $\qquad\square$

Denkanstoß

Führen Sie die Beweise von (2) und (3) durch (siehe Aufg. 0.11)!

Beispiel 0.23.

(1) $\ln(a \cdot b^2) = \ln(a) + \ln(b^2) = \ln(a) + 2\ln(b)$

(2) $\lg(20) - \lg(2) = \lg\left(\dfrac{20}{2}\right) = \lg(10) = 1$

(3) $\log_2\left(\sqrt{2}\right) = \log_2\left(2^{\frac{1}{2}}\right) = \dfrac{1}{2}\log_2(2) = \dfrac{1}{2}.$ ◄

Da der Taschenrechner meist nur den natürlichen und den Zehnerlogarithmus auswerten kann, ist es nützlich folgenden Zusammenhang zu kennen:

$$\log_b(a) = \frac{\log_c(a)}{\log_c(b)}.$$

Man kann einen Logarithmus zu einer beliebigen Basis $b > 0$ in einen Logarithmus zu einer belieben anderen Basis $c > 0$ umwandeln.

Diesen Zusammenhang verdeutlichen wir noch etwas allgemeiner in der folgenden Bemerkung.

Bemerkung 0.2. Allgemein gilt die Gleichung

$$\log_b x \cdot \log_c b = \log_c x$$

für $b, c, x > 0$ und $b, c \neq 1$. Es gilt nach der Definition des Logarithmus die Gleichung

$$b^{\log_b x} = x,$$

woraus durch Anwendung von $\log_c$ auf beiden Seiten folgt

$$\log_c(b^{\log_b x}) = \log_c x$$

und mit dem 3. Logarithmengesetz ergibt sich daraus

$$\log_b x \cdot \log_c b = \log_c x.$$

Beispiel 0.24.

$$\log_3(8) = \frac{\ln(8)}{\ln(3)}.$$

0.8   Summen- und Produktzeichen

Häufig haben wir es mit Summen zu tun, z. B. die Summe der ersten n natürlichen Zahlen

$$1 + 2 + 3 + \cdots + n.$$

Dabei ist es sehr lästig und umständlich, alle Summanden hinzuschreiben und damit die Summe voll auszuschreiben. Daher gibt es ein Symbol, das *Summenzeichen*. Man schreibt zum Beispiel

$$\sum_{i=1}^{n} i = 1 + 2 + 3 + \ldots + n,$$

wenn man die ersten n natürlichen Zahlen addieren möchte.

Gelesen wird das Ganze: Summe über i für i gleich 1 bis n. Dabei ist i der sogenannte *Laufindex*. Das Symbol $\sum$ stellt den griechischen Großbuchstaben „Sigma" dar. Betrachten wir weitere Beispiele.

Beispiel 0.25.

$$\sum_{k=1}^{n} k^2 = 1^2 + 2^2 + 3^2 + \ldots + n^2.$$

Der Laufindex ist hier k. Man kann auch bei einer anderen Zahl beginnen und bei einer konkreten Zahl aufhören zu summieren:

$$\sum_{k=4}^{8} k^2 = 4^2 + 5^2 + 6^2 + 7^2 + 8^2. \qquad \blacktriangleleft$$

Betrachten wir etwas kompliziertere Beispiele.

Beispiel 0.26.

(1) $\displaystyle\sum_{i=1}^{5} i(i+1) = 1(1+1) + 2(2+1) + 3(3+1) + 4(4+1) + 5(5+1)$

(2) $\displaystyle\sum_{j=0}^{4} \sqrt{j+1} = \sqrt{0+1} + \sqrt{1+1} + \sqrt{2+1} + \sqrt{3+1} + \sqrt{4+1}$

(3) $\displaystyle\sum_{i=1}^{3} \frac{1}{i} = \frac{1}{1} + \frac{1}{2} + \frac{1}{3}$

(4) $\displaystyle\sum_{i=1}^{5} 2 = 2 + 2 + 2 + 2 + 2 = 10$ $\qquad \blacktriangleleft$

Summenzeichen können auch kombiniert vorkommen, wie das folgende Beispiel zeigt.

Beispiel 0.27.

$$\sum_{i=2}^{3}\sum_{j=3}^{4} i^2 j^3 = 2^2 \cdot 3^3 + 3^2 \cdot 3^3 + 2^2 \cdot 4^3 + 3^2 \cdot 4^3 = \sum_{j=3}^{4}\sum_{i=2}^{3} i^2 j^3.$$

Die Summenzeichen sind bei endlichen Summen vertauschbar. $\qquad \blacktriangleleft$

Es gelten folgende Rechenregeln für Summen.

Satz 0.2 (Rechenregeln für das Summenzeichen).

(1) $\displaystyle\sum_{i=1}^{n} a_i = \sum_{i=1}^{k} a_i + \sum_{i=k+1}^{n} a_i$ mit $k \in \{1, \ldots, n\}$

(2) $\displaystyle\sum_{i=1}^{n} (c \cdot a_i) = c \left(\sum_{i=1}^{n} a_i \right)$

(3) $\displaystyle\sum_{i=1}^{n} (a_i + b_i) = \sum_{i=1}^{n} a_i + \sum_{i=1}^{n} b_i$

(4) $\displaystyle\sum_{i=1}^{m} \sum_{j=1}^{n} a_{ij} = \sum_{j=1}^{n} \sum_{i=1}^{m} a_{ij}$

Wir beweisen die Regel (2).

Beweis. Es gilt

$$\sum_{i=1}^{n} (c \cdot a_i) = c \cdot a_1 + c \cdot a_2 + c \cdot a_3 + \cdots + c \cdot a_n$$

$$= c (a_1 + a_2 + a_3 + \cdots + a_n)$$

$$= c \left(\sum_{i=1}^{n} a_i \right) \qquad\qquad \square$$

Denkanstoß

Führen Sie die Beweise der anderen Rechenregeln für Summen in Aufg. 0.15 durch.

Beispiel 0.28.

$$\sum_{i=1}^{5} (3i + 7i^2) = 3 \sum_{i=1}^{5} i + 7 \sum_{i=1}^{5} i^2 \qquad\blacktriangleleft$$

Hinweis

Bei Summen, die bis ins Unendliche reichen, spricht man von *Reihen*. Sie werden dazu mehr in Abschn. 6.4 erfahren.

Manchmal ist es nützlich die Summationsgrenzen zu verschieben. Man nennt diesen Vorgang *Indexverschiebung*. Wir betrachten einige Beispiele dazu.

Beispiel 0.29.

(1) $\displaystyle\sum_{i=1}^{4} a_i = a_1 + a_2 + a_3 + a_4 = \sum_{i=3}^{6} a_{i-2}$

(2) $\displaystyle\sum_{k=2}^{7} k = 2 + 3 + 4 + 5 + 6 + 7 = \sum_{k=3}^{8} (k-1)$

(3) $\displaystyle\sum_{j=2}^{7} j = 2 + 3 + 4 + 5 + 6 + 7 = \sum_{j=1}^{6} (j+1)$ ◄

Es gibt auch für Produkte ein Symbol, das sogenannte *Produktzeichen*, welches durch ein großes Pi dargestellt wird. Es ist z. B.

$$\prod_{i=1}^{n} i = 1 \cdot 2 \cdot 3 \cdot \ldots \cdot (n-1) \cdot n = n!.$$

Dabei steht das Symbol $n!$ (gelesen „n Fakultät") für den Ausdruck

$$n! = n \cdot (n-1) \cdot (n-2) \cdot \ldots \cdot 3 \cdot 2 \cdot 1,$$

also für das Produkt der ersten n natürlichen Zahlen, z. B.

$$4! = 4 \cdot 3 \cdot 2 \cdot 1 = 24.$$

Dabei ist definitionsgemäß
$$0! = 1.$$

Beispiel 0.30.

(1) $\displaystyle\prod_{i=2}^{5} 2i = 2 \cdot 2 \cdot 2 \cdot 3 \cdot 2 \cdot 4 \cdot 2 \cdot 5 = 2^4 \prod_{i=2}^{5} i = 16 \prod_{i=2}^{5} i$

(2) $\displaystyle 6! = \prod_{i=1}^{6} i = 1 \cdot 2 \cdot 3 \cdot 4 \cdot 5 \cdot 6 = 720$ ◄

0.9 Verallgemeinerung der Binomischen Formeln – Pascal'sches Dreieck

Mithilfe des Distributivgesetzes lassen sich auch höhere Potenzen von Termen der Form $a + b$ berechnen. So gilt z. B.

$$
\begin{aligned}
(a+b)^3 &= (a+b)^2 \cdot (a+b) \\
&= (a^2 + 2ab + b^2) \cdot (a+b) \\
&= a^3 + a^2 b + 2a^2 b + 2ab^2 + ab^2 + b^3 \\
&= a^3 + 3a^2 b + 3ab^2 + b^3.
\end{aligned}
$$

Entsprechend können wir höhere Potenzen berechnen. Es ergibt sich etwa für den Exponenten $n = 4$:

$$
\begin{aligned}
(a+b)^4 &= (a+b)^2 \cdot (a+b)^2 \\
&= (a^2 + 2ab + b^2) \cdot (a^2 + 2ab + b^2) \\
&= a^4 + 2a^3 b + a^2 b^2 + 2a^3 b + 4a^2 b^2 + 2ab^3 + a^2 b^2 + 2ab^3 + b^4 \\
&= a^4 + 4a^3 b + 6a^2 b^2 + 4ab^3 + b^4.
\end{aligned}
$$

Was fällt auf? Zunächst nehmen beide Male die Exponenten der a-Potenz mit jedem Summanden um 1 ab, die Exponenten der b-Potenz hingegen um 1 zu. Tatsächlich gilt dies bei allen weiteren Termen der Form $(a + b)^n$ auch.

Interessant sind aber auch die Zahlenfaktoren vor den sich ergebenden Summanden des Summenterms. Man nennt sie *Binomialkoeffizienten*, und sie lassen sich im so genannten *Pascal'schen Dreieck* anordnen (Blaise Pascal, 1623-1662, französischer Mathematiker, Physiker und Philosoph, siehe Abb. 0.2).

$(a+b)^0$					1				
$(a+b)^1$				1		1			
$(a+b)^2$			1		2		1		
$(a+b)^3$		1		3		3		1	
$(a+b)^4$	1		4		6		4		1
$(a+b)^5$	1		5		10		10		5	1
$(a+b)^6$	1		6		15		20		15	6	1
$(a+b)^7$	1		7		21		35		35	21	7	1

Abb. 0.2: Pascal'sches Dreieck bis zur 7. Potenz

In diesem Dreieck stehen am Rand nur Einsen, und man erhält jede andere Zahl, indem man die beiden direkt darüberstehenden Zahlen addiert. Das Dreieck ist zur senkrechten Mittelachse symmetrisch, da man die Zahlen a und b vertauschen kann. Es gilt ja $(a+b)^n = (b+a)^n$ für jede natürliche Zahl n. Man kann also mithilfe des Pascal'schen Dreiecks Ausdrücke der Form $(a+b)^n$ als Summe schreiben, ohne vorher mühsam Term für Term mithilfe des Distributivgesetzes auszumultiplizieren. So können wir sofort die nächste Zeile berechnen. Sie besteht aus den Zahlen 1, 8, 28, 56, 70, 56, 28, 8, 1. Das bedeutet, dass gilt:

$$(a+b)^8 = a^8 + 8a^7b + 28a^6b^2 + 56a^5b^3 + 70a^4b^4 + 56a^3b^5 + 28a^2b^6 + 8ab^7 + b^8.$$

Ersetzen wir die Zahl b durch ihre Gegenzahl, so können wir auch alle Ausdrücke der Form $(a-b)^n$ berechnen. Wir brauchen dann nur alle Terme, in denen b mit einem ungeraden Exponenten vorkommt, mit einem negativen Vorzeichen zu versehen. So gilt z. B.

$$(a-b)^3 = (a+(-b))^3 = a^3 + 3a^2(-b) + 3a(-b)^2 + (-b)^3 = a^3 - 3a^2b + 3ab^2 - b^3$$

oder

$$(a-b)^5 = a^5 - 5a^4b + 10a^3b^2 - 10a^2b^3 + 5ab^4 - b^5.$$

Die Binomialkoeffizienten bleiben dabei unverändert.

> **Hinweis**
>
> Der allgemeine Fall, der so genannte *Binomische Lehrsatz*, wird am Ende des Abschn. 1.1 bewiesen. Auch für die 3. Binomische Formel gibt es eine Verallgemeinerung, die in Aufg. 1.3 d) bewiesen werden soll.

Für die Binomialkoeffizienten gibt es auch eine eigene Schreibweise. Wir schreiben das Pascal'sche Dreieck in dieser Weise hin.

$$\binom{0}{0}$$
$$\binom{1}{0} \quad \binom{1}{1}$$
$$\binom{2}{0} \quad \binom{2}{1} \quad \binom{2}{2}$$
$$\binom{3}{0} \quad \binom{3}{1} \quad \binom{3}{2} \quad \binom{3}{3}$$
$$\binom{4}{0} \quad \binom{4}{1} \quad \binom{4}{2} \quad \binom{4}{3} \quad \binom{4}{4}$$
$$\binom{5}{0} \quad \binom{5}{1} \quad \binom{5}{2} \quad \binom{5}{3} \quad \binom{5}{4} \quad \binom{5}{5}$$

Abb. 0.3: Pascal'sches Dreieck mit Binomialkoeffizienten

Es gilt also z. B. für $n = 4$:

$$\binom{4}{0} = 1, \binom{4}{1} = 4, \binom{4}{2} = 6, \binom{4}{3} = 4, \binom{4}{4} = 1.$$

Gelesen werden diese Zahlen „4 über 0", „4 über 1" usw.

Allgemein wird der Binomialkoeffizient $\binom{n}{k}$ gelesen „n über k" und wird wie folgt definiert

$$\binom{n}{k} = \frac{n!}{k!(n-k)!}.$$

Es gelten die folgenden Regeln:

$$\binom{n}{0} = 1, \quad \binom{n}{1} = n \quad \text{und} \quad \binom{n}{n} = 1$$

$$\binom{n}{k} = \binom{n-1}{k-1} + \binom{n-1}{k},$$

wobei sich die letzte Gleichung aus der Tatsache ergibt, dass eine Zahl im Pascal'schen Dreieck gleich der Summe der beiden über ihr stehenden Zahlen ist, wie wir oben festgestellt haben. Wegen der Symmetrie des Pascal'schen Dreiecks gilt:

$$\binom{n}{k} = \binom{n}{n-k}.$$

Beispiel 0.31.

(1) $\binom{100}{0} = 1$

(2) $\binom{100}{100} = 1$

(3) $\binom{100}{99} = \binom{100}{1} = 100$

(4) $\binom{100}{98} = \frac{100!}{98!2!} = \frac{100 \cdot 99 \cdot 98 \cdot 97 \cdot \ldots}{98 \cdot 97 \cdot \ldots \cdot 2!} = \frac{100 \cdot 99}{2} = 4950$ ◀

Hinweis

Der Binomialkoeffizient spielt eine wichtige Rolle in der Kombinatorik, einem Teilgebiet der Stochastik. Er gibt an, wie viele Möglichkeiten es gibt aus einer Menge von n Objekten k auszuwählen. Hierbei werden die Objekte nicht zurückgelegt und die Reihenfolge wird nicht beachtet. Für weitere Informationen dazu sei auf Imkamp und Proß 2021 verwiesen.

0.10 Aufgaben

Aufgabe 0.1. Zu welchen Zahlenbereichen gehören die folgenden Zahlen? Kreuzen Sie an! **(357 Lösung)**

	$\mathbb{N}$	$\mathbb{Z}$	$\mathbb{Q}$	$\mathbb{R}$
0				
4				
$\frac{1}{4}$				
$\sqrt{3}$				
$\sqrt{4}$				
2π				
-9				
$-\frac{10}{2}$				

Aufgabe 0.2. Multiplizieren Sie aus und fassen Sie wenn möglich zusammen: **(357 Lösung)**

a) $2x(-y+2z-3)$ b) $(a-2b)(3c+4d)$

c) $(x-2)(2+y)(4w-9z)$

Aufgabe 0.3. Berechnen Sie. Kürzen Sie wenn möglich: **(358 Lösung)**

a) $\frac{3}{5}+\frac{7}{8}$ b) $\frac{3}{2}+\frac{5}{3}-\frac{7}{5}$ c) $\left(\frac{1}{2}+\frac{7}{16}\right)\cdot\frac{4}{3}$

d) $\left(\frac{1}{3}+\frac{2}{9}\right)\cdot\left(\frac{11}{8}-\frac{1}{4}\right)$ e) $\left(\frac{13}{2}:\frac{169}{12}\right):\frac{3}{26}$

Aufgabe 0.4. Vereinfachen Sie soweit wie möglich: **(358 Lösung)**

a) $\frac{1}{\frac{2}{9}+\frac{1}{3}}+\frac{2}{5}$ b) $\frac{2a}{a\frac{a+b}{a^2-b^2}}$ c) $\frac{2x}{5-2x+\frac{1}{1-x^2}-\frac{x}{\frac{1}{x}-x}}$

Aufgabe 0.5. Schreiben Sie den Bruch als Dezimalbruch und als Prozentsatz: **(358 Lösung)**

a) $\frac{1}{5}$ b) $\frac{6}{10}$ c) 1 d) $\frac{2}{3}$ e) $\frac{2}{15}$ f) $\frac{2}{7}$

Aufgabe 0.6. Lösen Sie mithilfe der Binomischen Formeln auf: **(358 Lösung)**

a) $(2y + 6z)^2$

b) $(a - 4b)^2$

c) $(2c + 5)(2c - 5)$

d) $(4x + 5y + z)^2$

e) $(2m - 6n)(m - 3n)$

Aufgabe 0.7. Faktorisieren Sie mithilfe der Binomischen Formeln: **(358 Lösung)**

a) $x^2 + 6x + 9$

b) $4y^2 - \frac{1}{25}$

c) $4a^2 - 24a + 36$

d) $-2x^2 + 8x - 8$

Aufgabe 0.8. Wenden Sie die Potenzgesetze an und fassen Sie so weit wie möglich zusammen: **(358 Lösung)**

a) $s^2 \cdot t^2 \cdot u^2$

b) $a^2 \cdot a^5 \cdot b^{-3} \cdot a^{-6} \cdot b^3$

c) $(x^3)^{-4} \cdot (y^{-1})^{-6} \cdot xy$

d) $s^3 \cdot t^{-8} \cdot \frac{s^{-1}}{t^3} \cdot \frac{s}{t^2}$

e) $\frac{2a^2 \cdot 6b^3 \cdot 3c}{4abc}$

f) $5(t^5)^2 \cdot 2m \cdot 2(3n)^3 \cdot \frac{m^{-1}}{n^{-1}} \cdot \frac{5n^2}{6mn} \cdot lm^{-3}$

Aufgabe 0.9. Berechnen bzw. vereinfachen Sie so weit wie möglich im Kopf: **(359 Lösung)**

a) $4^{\frac{3}{2}}$

b) $\left(\frac{1}{343}\right)^{\frac{1}{3}}$

c) $\left(6^{\frac{3}{2}}\right)^2$

d) $\left(5^{-\frac{3}{2}}\right)^{\frac{2}{3}} \cdot 25^{\frac{1}{2}}$

e) $a^{\frac{2}{3}} \cdot b^{\frac{2}{3}} \cdot a \cdot b^{\frac{1}{3}} \cdot (ab)^{\frac{2}{3}}$

Aufgabe 0.10. Berechnen Sie mithilfe der Wurzelgesetze: **(359 Lösung)**

a) $\sqrt{3} \cdot \sqrt{12}$

b) $\frac{\sqrt[3]{256}}{\sqrt[3]{4}}$

c) $\sqrt[3]{\sqrt[3]{512}}$

d) $\frac{\sqrt[4]{96}}{\sqrt[4]{2} \cdot \sqrt[4]{3}}$

e) $\frac{\sqrt[5]{a^7} \cdot \sqrt[5]{a^{20}}}{\sqrt[5]{a^2}}$

f) $\frac{\sqrt[7]{(ab)^7} \cdot \sqrt[7]{a^9 b^{15}}}{\sqrt[7]{a^2} \cdot \sqrt[7]{b}}$

Aufgabe 0.11. Beweisen Sie die Logarithmengesetze (2) und (3) in Satz 0.1. **(359 Lösung)**

Aufgabe 0.12. Berechnen Sie folgende Logarithmen ohne die Verwendung eines Taschenrechners: **(360 Lösung)**

a) $\log_2(8)$

b) $\log_4(16)$

c) $\lg(1)$

d) $\lg(10)$

e) $\log_2\left(\frac{1}{8}\right)$

f) $\log_9(9^z)$

Aufgabe 0.13. Fassen Sie die folgenden Ausdrücke zusammen: **(360 Lösung)**

a) $\log_x(7) + \log_x(9)$

b) $\log_x(42) - \log_x(2)$

c) $2\lg(3) + \lg(9) - 3\lg(2)$

d) $\frac{1}{3}\ln(x) + \frac{1}{9}\ln(x^3) - \frac{1}{4}\ln(x^4)$

Aufgabe 0.14. Schreiben Sie die folgenden Terme als Summe: **(360 Lösung)**

a) $\ln\left(5x^2\right)$

b) $\ln\left(\left(\frac{12xy}{a^3}\right)^5\right)$

c) $\ln\left(\sqrt{\frac{xy^2}{27z}}\right)$

Aufgabe 0.15. Beweisen Sie die Rechenregeln (1) und (3) für Summen in Satz 0.2.
(360 Lösung)

Aufgabe 0.16. Schreiben Sie die folgenden Summen ausführlich hin:**(361 Lösung)**
(Beispiel: $\sum\limits_{k=2}^{4} k^2 = 2^2 + 3^2 + 4^2$)

a) $\sum\limits_{i=1}^{5} i^3$

b) $\sum\limits_{i=3}^{6} \frac{1}{i}$

c) $\sum\limits_{k=6}^{10} \sqrt{k}$

d) $\sum\limits_{j=1}^{4} \frac{1}{j^3}$

e) $\sum_{i=1}^{3} \sum_{j=3}^{4} ij$

Aufgabe 0.17. Schreiben Sie die folgenden Summen mit dem Summenzeichen:
(361 Lösung)

a) $3+4+5+6+7$

b) $2+4+6+8+10$

c) $1+3+5+7$

d) $\frac{1}{2} + \frac{1}{4} + \frac{1}{8} + \frac{1}{16} + \frac{1}{32}$

Aufgabe 0.18. Schreiben Sie die folgenden Produkte mit dem Produktzeichen:
(361 Lösung)

a) $1 \cdot 2 \cdot 3 \cdot 4$

b) $3 \cdot 3 \cdot 3 \cdot 3 \cdot 3$

c) $(-1) \cdot 1 \cdot (-1) \cdot 1 \cdot (-1)$

d) $\frac{1}{10} \cdot 1 \cdot 10 \cdot 100 \cdot 1000$

Aufgabe 0.19. Berechnen Sie mithilfe des Pascal'schen Dreiecks: **(361 Lösung)**

a) $(2y-3z)^3$ b) $(-a+3b)^3$ c) $(x+y)^9$ d) $(3a+7b)^5$ e) $(2y-1)^6$

Aufgabe 0.20. Bestimmen Sie die Werte der Binomialkoeffizienten: **(361 Lösung)**

a) $\binom{4}{2}$ b) $\binom{5}{3}$ c) $\binom{444}{0}$ d) $\binom{8}{5}$ e) $\binom{8}{3}$ f) $\binom{10}{6}$

Kapitel 1

Beweisverfahren

Mathematik lebt davon, dass ihre Aussagen sich einem *Beweis* unterziehen müssen, um als mathematische Sätze Gültigkeit zu erlangen. Dabei reicht es nicht aus, sich einige Beispiele anzuschauen und dann von der Richtigkeit dieser Beispiele auf die Allgemeingültigkeit der Aussage zu schließen. In der Schulmathematik begnügt man sich häufig damit, einige Spezialfälle behandelt zu haben und daraus auf einen allgemeinen Zusammenhang zu schließen. In den Naturwissenschaften wie Physik, Chemie und Biologie ist dieser so genannte *induktive* Schluss sogar ein wesentlicher Teil der fachlichen Methode: Wenn ein Experiment einige Male das gleiche Ergebnis geliefert hat, schließt etwa der Physiker hier auf eine kausale Gültigkeit. Unter den gleichen Bedingungen liefert ein (klassischer) Versuch das gleiche Ergebnis.

Beweisen im Sinne der Mathematik bedeutet jedoch, dass man die Gültigkeit einer Aussage bzw. eines mathematischen Zusammenhangs auf andere Tatsachen zurückführt, die bereits bewiesen wurden und somit als mathematische Lehrsätze anerkannt sind. Diese wiederum lassen sich auf andere, elementarere mathematische Zusammenhänge zurückführen. So geht das Spiel weiter, bis man schließlich bei Aussagen landet, die man nicht mehr auf einfachere Aussagen zurückführen kann, deren Gültigkeit man aber aufgrund ihrer Evidenz als gegeben annehmen kann. Solche Grundaussagen nennt man *Axiome*. Diese setzt man an den Anfang und kann aus ihnen mithilfe logischer Schlüsse mathematische Sätze gewinnen (beweisen). Aus diesen kann man wiederum andere Gesetzmäßigkeiten herleiten (im Sinne von beweisen), wobei man nur bisher schon Bewiesenes benutzen darf. Letztlich basiert diese *deduktive* Methode auf der Annahme der Gültigkeit grundlegender Axiome.

In diesem Kapitel werden wir uns mit anerkannten Beweisverfahren beschäftigen, deren Kenntnis ihrer Methodik unabdingbar ist, um ernsthaft Mathematik betreiben zu können oder auch nur um den Grundvorlesungen an einer Hochschule folgen zu können.

© Springer-Verlag GmbH Deutschland, ein Teil von Springer Nature 2023
S. Proß und T. Imkamp, *Brückenkurs Mathematik für den Studieneinstieg*,
https://doi.org/10.1007/978-3-662-68303-3_2

1.1 Vollständige Induktion

Um die Idee des Beweisverfahrens der *vollständigen Induktion* zu verstehen, betrachten wir ganz viele Dominosteine, die hintereinander aufgebaut sind. Beim so genannten Domino Day werden regelmäßig Rekordversuche gestartet, insbesondere was die Anzahl der Dominosteine betrifft. Der Weltrekord aus dem Jahr 2009 liegt z. B. bei 4.491.863 Steinen, die in einer Kettenreaktion gefallen sind.

Ziel ist es, durch das Anstoßen eines Dominosteines alle Steine zum Fallen zu bringen. Überlegen wir kurz, welche Bedingungen erfüllt sein müssen, damit dieses Ziel erreicht wird.

1. Der erste Dominostein muss angestoßen werden, sodass er umfällt.

2. Es muss garantiert werden, dass das Fallen jedes beliebigen Steines auch das Fallen seines nächsten Nachbarn bewirkt.

Was hat diese Überlegung mit einem mathematischen Beweisverfahren zu tun?

Wir denken uns die Dominosteine durch natürliche Zahlen ersetzt. Die Menge der natürlichen Zahlen wird durch den gestrichenen Buchstaben $\mathbb{N}$ symbolisiert und in aufzählender Form so geschrieben:

$$\mathbb{N} = \{1; 2; 3; 4; 5; \ldots\}$$

(siehe Abschn. 0.1 und Abb. 0.1).

Da die Menge der natürlichen Zahlen unendlich viele Elemente besitzt, haben wir jetzt sozusagen unendlich viele Dominosteine. An die Stelle des Fallens von Dominosteinen treten jetzt Aussagen über natürliche Zahlen: Der n-te Stein fällt bedeutet, dass die natürliche Zahl n eine bestimmte Eigenschaft hat. Betrachten wir ein Beispiel, das uns zugleich einige in der Mathematik häufig verwendete Symbole erklärt.

Beispiel 1.1 (Kleiner Gauß). Eine nette Geschichte über den deutschen Mathematiker Carl Friedrich Gauß (1777-1855) erzählt, wie dieser als neunjähriger Schüler an der Katharinengrundschule in Braunschweig gemeinsam mit seinen Klassenkameraden von seinem Lehrer die Aufgabe gestellt bekam, die ersten 100 natürlichen Zahlen zu addieren. Entgegen der Erwartung seines Lehrers war der kleine Carl Friedrich sehr schnell mit seiner Rechnung fertig. Er hatte erkannt, dass man die Addition abkürzen kann, indem man nicht von vorne bis hinten alle Summanden aufaddiert, sondern den ersten und den letzten addiert, dann den zweiten und den vorletzten usw.:

$$\left.\begin{array}{r} 1 + 100 = 101 \\ 2 + 99 = 101 \\ 3 + 98 = 101 \\ \vdots \\ 49 + 52 = 101 \\ 50 + 51 = 101 \end{array}\right\} = 50 \cdot 101.$$

Es genügt also, $50 \cdot 101$ zu rechnen:

$$1 + 2 + 3 + \ldots + 100 = 5050 = \frac{100}{2} \cdot 101. \quad \blacktriangleleft$$

Dies lässt sich verallgemeinern, indem man die Zahl 100 durch eine beliebige natürliche Zahl n ersetzt und sich überlegt, dass man die Summe der ersten n natürlichen Zahlen auf folgende Weise erhält:

$$1 + 2 + 3 + \ldots + n = \frac{n}{2}(n + 1).$$

Man muss also, um diese Summe auszurechnen, n nur durch 2 dividieren und das Ergebnis mit $n + 1$ multiplizieren. Man erhält jedes Mal das korrekte Ergebnis.

Denkanstoß

Probieren Sie es anhand von Beispielen aus!

Hinweis

Da die obige Formel für alle natürlichen Zahlen gilt, sollte man dies auch als Hinweis hinter die Formel schreiben. Anstatt „für alle" ständig auszuschreiben, verwendet man in der Mathematik das Symbol $\forall$, den so genannten „*Allquantor*".

Wenn die obige Summenregel (die streng genommen in dieser Weise nur eine *Aussageform* darstellt) also für alle natürlichen Zahlen gelten soll, nämlich für alle Elemente der Menge $\mathbb{N}$, so schreibt man

$$1 + 2 + 3 + \ldots + n = \frac{n}{2}(n + 1) \; \forall \, n \in \mathbb{N}.$$

Erst in dieser Form wird eine mathematische Aussage dargestellt.

Wir verwenden abkürzend das *Summenzeichen* (siehe Abschn. 0.8) und schreiben

$$\sum_{i=1}^{n} i = 1 + 2 + 3 + \ldots + n.$$

Wir wollen jetzt die Aussage

$$\sum_{i=1}^{n} i = \frac{n}{2}(n+1) \qquad \forall\, n \in \mathbb{N}$$

durch vollständige Induktion beweisen.

Wir müssen, wie beim Domino Day, zwei Dinge sicherstellen, die hier wie folgt in die Mathematik übersetzt werden (siehe Abb. 1.1):

1. Die Aussage ist für $n = 1$ richtig („Der erste Stein fällt"). Dies nennen wir den *Induktionsanfang*.

2. Wenn die Aussage für eine natürliche Zahl n gilt, dann auch für $(n+1)$ („Wenn der n-te Stein fällt, dann auch der $(n+1)$-te, d. h., der Abstand zwischen zwei Steinen ist dazu geeignet, dass der n-te den $(n+1)$-ten umschmeißen kann"). Dies nennen wir den *Induktionsschritt*.

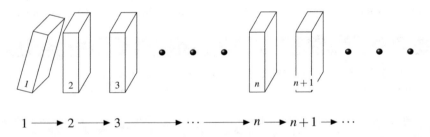

Abb. 1.1: Zur Verdeutlichung des Prinzips der vollständigen Induktion

Wenn dies beides gezeigt ist, können wir sicher sein, dass die Aussage für alle natürlichen Zahlen gilt. Die Richtigkeit der Aussage für die Zahl n bezeichnet man als *Induktionsannahme*.

1. Induktionsanfang ($n = 1$):

$$\sum_{i=1}^{1} i = 1 = \frac{1 \cdot (1+1)}{2}.$$

Dies ist offensichtlich korrekt.

2. Induktionsschritt $(n \curvearrowright n+1)$:

$$\sum_{i=1}^{n+1} i = \underbrace{\sum_{i=1}^{n} i}_{} + (n+1)$$
$$\downarrow \text{Induktionsannahme}$$
$$= \frac{n(n+1)}{2} + (n+1)$$
$$= \frac{n(n+1)}{2} + \frac{2(n+1)}{2}$$
$$= \frac{n(n+1) + 2(n+1)}{2}$$
$$= \frac{(n+1)(n+2)}{2}$$
$$= \frac{(n+1)((n+1)+1)}{2}.$$

$\square$

Hier wird beim zweiten Gleichheitszeichen die Induktionsannahme verwendet, nämlich dass die Aussage für n gilt.

Denkanstoß

Überprüfen Sie die Gültigkeit der einzelnen Schritte sorgfältig!

Das hier beschriebene Beweisverfahren der vollständigen Induktion dient dazu, allgemeine Aussagen über Eigenschaften natürlicher Zahlen zu beweisen. Man kann mithilfe der zwei Schritte, nämlich Induktionsanfang und Induktionsschritt (Letzteres wird in der Fachliteratur auch als *Induktionsschluss* bezeichnet), somit unendlich viele Aussagen beweisen!

Beispiel 1.2. Wir formulieren die Aussage mithilfe unserer gelernten Symbole:

$$\sum_{i=1}^{n} i^2 = \frac{n(n+1)(2n+1)}{6} \qquad \forall\, n \in \mathbb{N}.$$

1. Induktionsanfang $(n = 1)$:

$$\sum_{i=1}^{1} i^2 = 1 = \frac{1(1+1)(2 \cdot 1 + 1)}{6} \qquad \checkmark.$$

2. Induktionsschritt ($n \curvearrowright n+1$):

$$\sum_{i=1}^{n+1} i^2 = \underbrace{\sum_{i=1}^{n} i^2} + (n+1)^2$$

$$\downarrow \text{Induktionsannahme}$$

$$= \frac{n(n+1)(2n+1)}{6} + (n+1)^2$$

$$= \frac{n(n+1)(2n+1)}{6} + \frac{6(n+1)^2}{6}$$

$$= \frac{n(n+1)(2n+1) + 6(n+1)^2}{6}$$

$$= \frac{(n+1)(n(2n+1) + 6(n+1))}{6}$$

$$= \frac{(n+1)(2n^2 + n + 6n + 6)}{6}$$

$$= \frac{(n+1)(2n^2 + 7n + 6)}{6}$$

$$= \frac{(n+1)(n+2)(2n+3)}{6}$$

$$= \frac{(n+1)((n+1)+1)(2(n+1)+1)}{6}. \qquad \qquad \square$$

Beim zweiten Gleichheitszeichen wird wieder die Induktionsannahme verwendet.   ◄

Beispiel 1.3. Man kann mithilfe des Verfahrens der vollständigen Induktion auch allgemeine Aussagen über die Teilbarkeit natürlicher Zahlen beweisen. Betrachten wir etwa die Zahlen

$$8^n - 1,$$

wobei n eine natürliche Zahl ist. Die Behauptung ist, dass die Zahl 7 stets ein Teiler von $8^n - 1$ ist, egal wie wir n wählen. Formal:

$$7 | 8^n - 1 \qquad \forall\, n \in \mathbb{N}.$$

1. Induktionsanfang ($n = 1$):

$$7 | 8^1 - 1 = 7 \qquad \sqrt{}.$$

2. Induktionsschritt ($n \curvearrowright n+1$):

$$8^{n+1} - 1 = 8 \cdot 8^n - 1$$

$$= 7 \cdot 8^n + \underbrace{8^n - 1}$$

$$\downarrow \text{Induktionsannahme}$$

$$= 7 \cdot 8^n + \quad 7 \cdot k \qquad (k \in \mathbb{N})$$

$$= 7(8^n + k). \qquad \qquad \square$$

Beispiel 1.4.

$$\text{z. z.} \quad 5 \mid 7^n - 2^n \qquad \forall\, n \in \mathbb{N}.$$

1. Induktionsanfang ($n = 1$):

$$5 \mid 7^1 - 2^1 \quad \sqrt{}.$$

2. Induktionsschritt ($n \curvearrowright n + 1$):

$$7^{n+1} - 2^{n+1}$$

$$= 7 \cdot 7^n - 2 \cdot 2^n$$

$$= 5 \cdot 7^n + 2 \cdot 7^n - 2 \cdot 2^n$$

$$= 5 \cdot 7^n + 2 \cdot \underbrace{(7^n - 2^n)}$$

$$\downarrow \text{Induktionsannahme}$$

$$= 5 \cdot 7^n + 2 \cdot \quad 5k \qquad (k \in \mathbb{N})$$

$$= 5 \cdot (7^n + 2k). \qquad \qquad \square$$

Bemerkung 1.1. Die Abkürzung z. z. steht für „zu zeigen".

Bemerkung 1.2.

(1) Das Beweisverfahren der vollständigen Induktion ist im Sinne der Einleitung ein *deduktives* Verfahren, bei dem die Behauptung nur aus als wahr anerkannten Sätzen erschlossen wird.

(2) Es ist wichtig, dass sowohl der Induktionsanfang als auch der Induktionsschritt durchgeführt werden. Im folgenden Beispiel lässt sich der Induktionsschritt gut durchführen, wobei man hier die Induktionsannahme als richtig voraussetzt. Jedoch ist die Aussage für alle natürlichen Zahlen falsch! Es lässt sich also kein Induktionsanfang finden.

Beispiel 1.5.

$$\text{z. z.} \quad 2 | 3^n + 4 \qquad \forall\, n \in \mathbb{N}.$$

Induktionsschritt $(n \curvearrowright n+1)$:

$$3^{n+1} + 4$$
$$= 3^n \cdot 3^1 + 4$$
$$= 2 \cdot 3^n + \underbrace{3^n + 4}$$
$$\qquad\qquad \downarrow \text{Induktionsannahme}$$
$$= 2 \cdot 3^n + \quad 2k \qquad (k \in \mathbb{N})$$
$$= 2 \cdot (3^n + k).$$

Aber:

$$3^1 + 4 = 7.$$

Für alle anderen natürlichen Exponenten erhält man ebenfalls ungerade Zahlen. Die Aussage ist somit falsch!   ◄

Man kann den Induktionsanfang auch bei einer anderen Zahl als $n = 1$ setzen.

Beispiel 1.6.

$$\text{z. z.} \quad 2^n > n^2 \qquad \forall\, n \in \mathbb{N},\ n \geq 5.$$

Die Gültigkeit dieser Ungleichung lässt sich allgemein erst für natürliche Zahlen $n \geq 5$ beweisen.

Bevor wir diesen Satz mithilfe vollständiger Induktion beweisen können, benötigen wir einen Hilfssatz, den wir *direkt* beweisen, d. h., wir führen die behauptete Ungleichung auf eine offensichtlich gültige Ungleichung zurück. Einen wichtigen Hilfssatz bezeichnet man in der Mathematik auch als *Lemma*.

Lemma 1.1.

$$n^2 > 2n + 1 \qquad \forall\, n \in \mathbb{N},\ n \geq 3.$$

Beweis. Es gilt:

$$(n-1)^2 > 2 \ \forall\, n \in \mathbb{N},\ n \geq 3,$$

also gilt für $n \geq 3$

$$n^2 - 2n + 1 > 2$$
$$n^2 - 2n > 1$$
$$n^2 > 2n + 1 \qquad\qquad\qquad \text{q. e. d.}$$

> **Hinweis**
>
> Das Kürzel q. e. d. findet man häufig am Ende von Beweisen. Es ist die Abkürzung des lateinischen „quod erat demonstrandum" („was zu beweisen war"). Wir verwenden in diesem Buch jedoch das ebenfalls weit verbreitete Beweisabschlusszeichen in Form eines kleinen Quadrats, so wie es oben schon häufiger erfolgt ist.

Jetzt können wir unseren Satz (siehe Bsp. 1.6) beweisen:

$$\text{z. z. } 2^n > n^2 \qquad \forall\, n \in \mathbb{N}, \ n \geq 5.$$

1. Induktionsanfang ($n = 5$):

$$2^5 = 32 > 5^2 = 25 \qquad \sqrt{}.$$

2. Induktionsschritt ($n \curvearrowright n+1$):

$$2^{n+1} = 2 \cdot 2^n \underset{\substack{\text{Induktionsan-}\\\text{nahme}}}{>} 2 \cdot n^2 = n^2 + n^2 \underset{\text{Lemma}}{>} n^2 + 2n + 1 = (n+1)^2. \qquad \square$$

Ein etwas schwererer Brocken, den man ebenfalls mit vollständiger Induktion beweisen kann, ist der *Binomische Lehrsatz*.

> **Satz 1.1 (Binomischer Lehrsatz).** Für alle $a, b \in \mathbb{R}$ und $n \in \mathbb{N}$ gilt
>
> $$(a+b)^n = \sum_{k=0}^{n} \binom{n}{k} a^{n-k} b^k.$$

> **Bemerkung 1.3.** Trivialerweise gilt der Satz auch im Falle $n = 0$.

Beweis (Binomischer Lehrsatz). Dieser Beweis mithilfe der vollständigen Induktion ist etwas schwieriger wegen der durchzuführenden Indexverschiebungen und geeigneten Zusammenfassungen von Termen. Das Durcharbeiten dieses Beweises ist für Sie eine gute Übung zum Umgang mit Summen und dem Summenzeichen. Nehmen Sie deshalb ruhig die Strapazen auf sich und verfolgen Sie aufmerksam Schritt für Schritt, bis Sie jeden einzelnen verstanden haben.

1. Induktionsanfang ($n = 1$):

$$(a+b)^1 = a+b = \sum_{k=0}^{1} \binom{1}{k} a^{1-k} b^k = \binom{1}{0} a^{1-0} b^0 + \binom{1}{1} a^{1-1} b^1 = a+b \quad \checkmark.$$

2. Induktionsschritt ($n \curvearrowright n+1$):

$$(a+b)^{n+1} = (a+b) \cdot (a+b)^n.$$

Induktionsannahme $(a+b)^n = \sum_{k=0}^{n} \binom{n}{k} a^{n-k} b^k$ verwenden:

$$(a+b)^{n+1} = (a+b) \cdot \sum_{k=0}^{n} \binom{n}{k} a^{n-k} b^k.$$

Distributivgesetz anwenden:

$$(a+b)^{n+1} = a \cdot \sum_{k=0}^{n} \binom{n}{k} a^{n-k} b^k + b \cdot \sum_{k=0}^{n} \binom{n}{k} a^{n-k} b^k.$$

Faktoren a und b in die jeweilige Summe multiplizieren:

$$(a+b)^{n+1} = \sum_{k=0}^{n} \binom{n}{k} a^{n-k+1} b^k + \sum_{k=0}^{n} \binom{n}{k} a^{n-k} b^{k+1}.$$

Index der zweiten Summe verschieben:

$$(a+b)^{n+1} = \sum_{k=0}^{n} \binom{n}{k} a^{n-k+1} b^k + \sum_{k=1}^{n+1} \binom{n}{k-1} a^{n-k+1} b^k.$$

Aus der ersten Summe den ersten und aus der zweiten Summe den letzten Summanden herausziehen:

$$(a+b)^{n+1} = \binom{n}{0} a^{n+1} b^0 + \sum_{k=1}^{n} \binom{n}{k} a^{n-k+1} b^k + \sum_{k=1}^{n} \binom{n}{k-1} a^{n-k+1} b^k + \binom{n}{n} a^0 b^{n+1}.$$

Summen zu einer Summe zusammenfassen (siehe auch Abschn. 0.9):

$$(a+b)^{n+1} = a^{n+1} + \sum_{k=1}^{n} \left[\binom{n}{k} + \binom{n}{k-1} \right] a^{n-k+1} b^k + b^{n+1}.$$

Binomialkoeffizienten in der Summe addieren:

$$(a+b)^{n+1} = a^{n+1} + \sum_{k=1}^{n} \binom{n+1}{k} a^{n-k+1} b^k + b^{n+1}.$$

Summanden a^{n+1} und b^{n+1} umschreiben, um sie anschließend mit in die Summe ziehen zu können:

$$(a+b)^{n+1} = \binom{n+1}{0} a^{n+1}b^0 + \sum_{k=1}^{n} \binom{n+1}{k} a^{n-k+1}b^k + \binom{n+1}{n+1} a^0 b^{n+1}.$$

Terme zu einer Summe zusammenfassen:

$$(a+b)^{n+1} = \sum_{k=0}^{n+1} \binom{n+1}{k} a^{n+1-k}b^k. \qquad \square$$

Damit ist der Binomische Lehrsatz bewiesen.

1.2 Der direkte Beweis

Beim direkten Beweis wird aus mehreren bekannten Aussagen eine neue Aussage direkt abgeleitet.

Beispiel 1.7. Wir beweisen direkt die Behauptung:

Das Produkt einer geraden Zahl mit einer beliebigen ganzen Zahl ist wieder eine gerade Zahl.

Beweis. Sei n eine gerade Zahl, dann kann diese Zahl als Vielfaches von zwei dargestellt werden

$$n = 2m,$$

mit $m \in \mathbb{Z}$. Dann gilt für eine beliebige ganze Zahl $k \in \mathbb{Z}$

$$n \cdot k = 2m \cdot k = 2 \cdot (m \cdot k).$$

Da sich das Produkt einer geraden Zahl mit einer beliebigen ganzen Zahl wieder als Vielfaches von zwei darstellen lässt, ist es somit immer eine gerade Zahl. $\qquad \square$

Beispiel 1.8. Wir betrachten die Behauptung:

Das Quadrat einer ungeraden Zahl ist ungerade.

Beweis. Sei n eine ungerade Zahl, dann kann diese Zahl wie folgt dargestellt werden

$$n = 2m+1,$$

mit $m \in \mathbb{Z}$. Dann gilt

$$(2m+1)^2 = 4m^2 + 4m + 1 = 2(2m^2 + 2m) + 1.$$

Somit ist das Quadrat einer ungeraden Zahl ebenfalls ungerade. $\square$

1.3 Der indirekte Beweis

Neben dem direkten Beweis und dem Verfahren der vollständigen Induktion gibt es als weiteres wichtiges Beweisverfahren auch noch den so genannten *indirekten* Beweis. Hierbei wird das Gegenteil der Folgerung angenommen und daraus ein Widerspruch erzeugt.

Das Standardbeispiel für einen indirekten Beweis ist der Nachweis der Irrationalität der Zahl $\sqrt{2}$, d. h. die Tatsache, dass sich $\sqrt{2}$ nicht als Bruch der Form p/q darstellen lässt. Man führt also die Annahme

$$\sqrt{2} = \frac{p}{q}$$

auf einen Widerspruch.

> **Hinweis**
>
> Im folgenden Beweis taucht das Symbol „∃" auf. Hierbei handelt es sich um den so genannten *Existenzquantor*, ein formales Symbol für „es existiert ein".

> **Satz 1.2.** $\sqrt{2}$ ist irrational.

Beweis (indirekt). Angenommen:

$$\sqrt{2} = \frac{p}{q}$$

mit $p,\ q \in \mathbb{N}$, $q > 1$, ggT$(p,q) = 1$. Dann gilt:

$$2 = \frac{p^2}{q^2} \qquad | \cdot q^2$$

$$p^2 = 2q^2$$

$$\Rightarrow p^2 \text{ ist gerade} \qquad \Rightarrow p \text{ ist gerade}$$

d. h.

$$\exists r \in \mathbb{N} : p = 2r$$

wegen $p^2 = 2q^2$ gilt also:

$$(2r)^2 = 2q^2$$
$$4r^2 = 2q^2 \qquad | : 2$$
$$2r^2 = q^2$$
$$\Rightarrow q^2 \text{ gerade, also auch } q!$$

Das ist ein Widerspruch zur Annahme $ggT(p,q) = 1$.   □

Hinweis

Die Abkürzung $ggT(p,q) = 1$ bedeutet „größter gemeinsamer Teiler von p und q ist gleich 1".

Ein weiteres Standardbeispiel für einen indirekten Beweis ist über 2000 Jahre alt und geht auf Euklid zurück.

Satz 1.3. Es gibt unendlich viele Primzahlen.

Beweis (indirekt). Angenommen, es gäbe nur endlich viele Primzahlen, die wir $p_1, p_2, ..., p_k$ nennen. Sei

$$N := p_1 p_2 ... p_k.$$

Die Zahl

$$N + 1 = p_1 p_2 ... p_k + 1$$

ist größer als N, kann also keine dieser Primzahlen sein, und ist auch durch keine dieser Primzahlen teilbar. Daher ist $N + 1$ entweder selbst eine Primzahl oder enthält einen Primfaktor, der in der obigen Liste nicht vorkommt. Damit ergibt sich in jedem Fall ein Widerspruch zur Annahme.   □

1.4 Aufgaben

Aufgabe 1.1. Beweisen Sie durch vollständige Induktion nach n: (**363 Lösung**)

a) $1 + 3 + 5 + \cdots + (2n - 1) = n^2 \quad \forall \, n \in \mathbb{N}$

b) $\sum_{i=1}^{n} (3i - 2) = \frac{n(3n-1)}{2} \quad \forall \, n \in \mathbb{N}$

c) $\sum_{i=1}^{n} (4i - 1) = 2n^2 + n \quad \forall \, n \in \mathbb{N}$

d) $1 + 2 + 4 + 8 + 16 + \cdots + 2^n = 2^{n+1} - 1 \quad \forall \, n \in \mathbb{N}_0$

e) $\sum_{i=1}^{n} i(i+1) = \frac{n(n+1)(n+2)}{3} \quad \forall \, n \in \mathbb{N}$

f) $\sum_{i=0}^{n} q^i = \frac{q^{n+1}-1}{q-1} \quad \forall \, n \in \mathbb{N}_0$ und $q \neq 1$

g) $\sum_{i=0}^{n-1} \frac{1}{3^i} = \frac{3}{2}\left(1 - \frac{1}{3^n}\right) \quad \forall \, n \in \mathbb{N}$

Aufgabe 1.2. Beweisen Sie durch vollständige Induktion nach n: (**367 Lösung**)

a) $2 | n^2 + n \quad \forall \, n \in \mathbb{N}$ b) $3 | n^3 + 2n \quad \forall \, n \in \mathbb{N}$

c) $4 | 5^n + 7 \quad \forall \, n \in \mathbb{N}$ d) $3 | n^3 + 5n + 3 \quad \forall \, n \in \mathbb{N}$

e) $3 | 13^n + 2 \quad \forall \, n \in \mathbb{N}$

Aufgabe 1.3. Beweisen Sie direkt, also ohne vollständige Induktion zu benutzen: (**369 Lösung**)

a) Das Quadrat einer geraden Zahl ist gerade.

b) $3 | n^3 - n \quad \forall \, n \in \mathbb{N}$

c) Ist $p > 3$ eine Primzahl, so gilt $3 | p^2 - 1$

d) Die Verallgemeinerung der 3. Binomischen Formel

$$a^{n+1} - b^{n+1} = (a - b) \sum_{k=0}^{n} a^{n-k} b^k$$

Aufgabe 1.4. Beweisen Sie indirekt: Wenn $n \in \mathbb{N}$ und $2^n - 1$ eine Primzahl ist, dann gilt dies auch für n. (**370 Lösung**)

Aufgabe 1.5. Beweisen Sie indirekt die Ungleichung vom *arithmetischen und geometrischen Mittel*:

$$\frac{a+b}{2} \geq \sqrt{ab} \qquad \forall \, a, b \in \mathbb{R}_+.$$

Dabei ist $\mathbb{R}_+$ die Menge aller nicht-negativen reellen Zahlen. (**370 Lösung**)

Aufgabe 1.6. Beweisen Sie mit einem von Ihnen zu wählenden Verfahren die so genannte *Bernoulli'sche Ungleichung*: **(371 Lösung)**

$$(1+x)^n \geq 1+nx \qquad \forall\, n \in \mathbb{N},\ x > -1.$$

Aufgabe 1.7. Erinnern Sie sich daran, dass Sie sich in der Oberstufe mit der e-Funktion befasst haben. Ausgehend von dieser definiert man

$$\cosh(x) := \frac{e^x + e^{-x}}{2} \quad \text{bzw.} \quad \sinh(x) := \frac{e^x - e^{-x}}{2}$$

und nennt die so erklärten Funktionen *Kosinus hyperbolicus* bzw. *Sinus hyperbolicus*. Diese Funktionen heißen auch *Hyperbelfunktionen*. **(371 Lösung)**

a) Beweisen Sie, dass für alle $x \in \mathbb{R}$ die Gleichung

$$\cosh(2x) = 1 + 2\sinh^2(x)$$

gilt. Dabei gilt: $\sinh^2(x) := (\sinh(x))^2$.

b) Bestimmen Sie den Wert des Terms

$$\cosh^2(x) - \sinh^2(x)$$

für beliebige $x \in \mathbb{R}$.

Kapitel 2

Aussagenlogik und Mengenlehre

In diesem Kapitel sollen zunächst einige Grundbegriffe und Grundregeln der Aussagenlogik formuliert werden, da ein grundlegendes mathematisches Verständnis darauf beruht. Im Anschluss betrachten wir einige wesentliche Grundbegriffe der Mengenlehre, die ebenfalls für das Verständnis vieler mathematischer Zusammenhänge notwendig sind. Des Weiteren bilden diese Grundbegriffe die Grundlage für das Verständnis der mathematischen Fachsprache, deren Kenntnis an der Hochschule vorausgesetzt wird.

Die Einführung dieser Grundlagen an dieser Stelle ist notwendig, da sowohl die aussagenlogischen als auch die mengentheoretischen Fundamente der Mathematik, die in den siebziger und achtziger Jahren des letzten Jahrhunderts noch standardmäßig in der Oberstufe der Gymnasien unterrichtet wurden, leider aus den Lehrplänen der Schulen vollständig verschwunden sind.

Im letzten Abschnitt des Kapitels lernen Sie die wichtigsten *algebraischen Strukturen* kennen, die eine wichtige Basis für das Verständnis der Grundlagen der modernen Mathematik bilden.

2.1 Grundbegriffe der Aussagenlogik

Mathematik basiert auf Logik. Die Logik wiederum beschäftigt sich mit dem Wahrheitswert von Aussagen.

> **Definition 2.1.** Unter einer *Aussage* verstehen wir ein sprachliches Konstrukt, das entweder wahr oder falsch ist.

In der von uns verwendeten zweiwertigen Logik kann man jeder Aussage den Wahrheitswert wahr (*w*) oder den Wahrheitswert falsch (*f*) zuordnen. Wir beschränken uns in diesem Buch ausschließlich auf diese zweiwertige Aussagenlogik.

Beispiel 2.1. Wir betrachten die Aussagen

$$A: 5 \text{ ist eine Primzahl.}$$
$$B: 8 \text{ ist eine Quadratzahl.}$$

Die Aussage A hat den Wahrheitswert w, die Aussage B hat den Wahrheitswert f.   ◄

Betrachten wir den Satz:

$$x \text{ ist eine Primzahl.}$$

Diesem Satz lässt sich offenbar kein Wahrheitswert zuordnen. Es handelt sich um keine Aussage, sondern um eine Aussageform im Sinne der folgenden Definition.

> **Definition 2.2.** Unter einer *Aussageform* verstehen wir ein sprachliches Konstrukt mit mindestens einer Variablen, das entweder wahr oder falsch wird, wenn die Variable durch einen konkreten Wert ersetzt wird.

Somit wird die Aussageform

$$x \text{ ist eine Primzahl}$$

für $x = 5$ zu einer wahren Aussage, für $x = 4$ jedoch zu einer falschen Aussage.

Dabei darf man hier für die Variable x sinnvollerweise nur natürliche Zahlen einsetzen (also keine Orte, Vornamen ...). Wir nennen die Menge $\mathbb{N}$ der natürlichen Zahlen somit die *Grundmenge* oder *Definitionsmenge* der Aussageform, die Menge aller Elemente der Grundmenge, die die Aussageform erfüllen. Man schreibt

$$\mathbb{D} = \mathbb{N}.$$

Die *Lösungsmenge* der Aussageform, auch *Erfüllungsmenge* genannt, umfasst hier die Menge $\mathbb{P}$ der Primzahlen, d. h.

$$\mathbb{L} = \mathbb{P}.$$

Man kann eine Aussage verneinen. Die *Verneinung* der Aussage *A* aus dem obigen Beispiel lautet

5 ist keine Primzahl,

und dies ist falsch. Die Verneinung von Aussage *B* ist

8 ist keine Quadratzahl,

und dies ist wahr.

Allgemein schreibt man für die Verneinung (oder *Negation*) einer Aussage *A* symbolisch $\neg A$ (gelesen: nicht *A*). Wenn die Aussage *A* den Wahrheitswert *w* hat, hat $\neg A$ den Wahrheitswert *f* und umgekehrt.

Aussagen können logisch verknüpft werden durch *und* (symbolisiert durch $\wedge$) und *oder* (symbolisiert durch $\vee$). Die Und-Verknüpfung von Aussagen nennt man auch *Konjunktion*, die Oder-Verknüpfung *Disjunktion* (oder *Alternative*).

Die sich für die Konjunktion und Disjunktion ergebenden Wahrheitswerte resultieren aus den *Wahrheitstabellen*, auch *Wahrheitstafeln* genannt. Dabei stehen in der linken Spalte die Wahrheitswerte für die Aussage *A*, in der mittleren Spalte die Wahrheitswerte für die Aussage *B* und in der rechten Spalte die Wahrheitswerte für die zusammengesetzte Aussage (siehe Tab. 2.1 und 2.2).

Tab. 2.1: Wahrheitstabelle der Konjunktion

A	B	$A \wedge B$
w	w	w
w	f	f
f	w	f
f	f	f

Tab. 2.2: Wahrheitstabelle der Disjunktion

A	B	$A \vee B$
w	w	w
w	f	w
f	w	w
f	f	f

Beispiel 2.2. Wir betrachten die Aussagen aus Bsp. 2.1 mit den Aussagen

A: 5 ist eine Primzahl.
B: 8 ist eine Quadratzahl.

Hier hat die Aussage $A \wedge B$ den Wahrheitswert *f* und die Aussage $A \vee B$ den Wahrheitswert *w*. ◄

Wir betrachten eine aus dem Schulunterricht der Mittelstufe bekannte Aussage über rechtwinklige Dreiecke, den Satz des Pythagoras (siehe Abb. 2.1):

Wenn ein Dreieck ABC bei C rechtwinklig ist, dann gilt $c^2 = a^2 + b^2$.

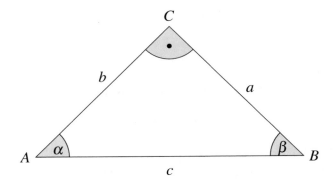

Abb. 2.1: Rechtwinkliges Dreieck mit Standardbezeichnungen

In dieser Aussage stecken streng genommen zwei Aussagen, die miteinander über eine Wenn-Dann-Beziehung verknüpft werden.

Aus der Aussage A: Ein Dreieck ist bei C rechtwinklig (wir nennen diese Aussage die *Prämisse*) folgt die Aussage B: Es gilt $c^2 = a^2 + b^2$ (wir nennen diese Aussage die *Folgerung*). Eine derartige Verknüpfung von Aussagen über eine Wenn-Dann-Beziehung nennt man in der Mathematik eine *Subjunktion* oder *Implikation*. Formal benutzt man hier das Implikationszeichen „$\Rightarrow$" und schreibt $A \Rightarrow B$, gelesen: Wenn A, dann B.

In unserem Beispiel des Satzes von Pythagoras gilt also:

$$\textit{Dreieck ABC ist bei C rechtwinklig} \Rightarrow c^2 = a^2 + b^2.$$

Die Wahrheitswerte solcher Aussagen lassen sich aus der folgenden Wahrheitstafel ablesen. Dabei steht wieder der Wahrheitswert der Aussage A in der linken Spalte, der Wahrheitswert der Aussage B in der mittleren Spalte und der Wahrheitswert der zusammengesetzten Aussage in der rechten Spalte (siehe Tab. 2.3).

Tab. 2.3: Wahrheitstabelle der Implikation

A	B	$A \Rightarrow B$
w	w	w
w	f	f
f	w	w
f	f	w

Aus der Tabelle kann man ablesen, dass im Falle einer falschen Prämisse eine Implikationsaussage immer logisch wahr ist. So ist zum Beispiel der Satz:

Wenn 6 eine Primzahl ist, dann ist der Mond lila

zwar unsinnig, aber eine logisch wahre Aussage!

Kommen wir auf unser Beispiel von eben zurück. Die Umkehrung des Satzes des Pythagoras ist ebenfalls eine wahre Aussage:

Wenn in einem Dreieck ABC die Gleichung $c^2 = a^2 + b^2$ gilt, dann ist das Dreieck rechtwinklig.

Allgemein: Die Umkehraussage einer Implikationsaussage $A \Rightarrow B$ lautet $B \Rightarrow A$. Hat die Umkehraussage auch den Wahrheitswert w, so gilt sowohl $A \Rightarrow B$ als auch $B \Rightarrow A$.

In diesem Fall nennt man die Aussagen A und B *äquivalent* und schreibt $A \Leftrightarrow B$. Man sagt auch: A gilt genau dann, wenn B gilt.

Im Beispiel gilt also

Dreieck ABC ist bei C rechtwinklig $\Leftrightarrow c^2 = a^2 + b^2$.

Auch für die Äquivalenz von Aussagen gibt es eine Wahrheitstafel (siehe Tab. 2.4).

Tab. 2.4: Wahrheitstabelle der Äquivalenz

A	B	$A \Leftrightarrow B$
w	w	w
w	f	f
f	w	f
f	f	w

Bemerkung 2.1. Wenn die Implikationsaussage $A \Rightarrow B$ zutrifft, sagt man auch, A ist *hinreichend* für B. Das bedeutet, dass die Gültigkeit der Aussage A (Wahrheitswert w) hinreicht, um sicher zu sein, dass auch Aussage B zutrifft (also den Wahrheitswert w hat). Eine äquivalente Formulierung von $A \Rightarrow B$ lautet: B ist *notwendig* für A. Das bedeutet, dass die Ungültigkeit von B (Wahrheitswert f) die Ungültigkeit von A nach sich zieht (Wahrheitswert f).

Betrachten wir zur Verdeutlichung die Aussagen

A: Die Zahl ist durch 4 teilbar.
B: Die Zahl ist durch 2 teilbar.

Dann bedeutet

A ist hinreichend für B:

> *Wenn eine Zahl durch 4 teilbar ist, dann ist sie auch durch 2 teilbar.*

B ist notwendig für A:

> *Wenn eine Zahl nicht durch 2 teilbar ist, dann kann sie auch nicht durch 4 teilbar sein.*

Allgemein sind die Aussagen $A \Rightarrow B$ und $\neg B \Rightarrow \neg A$ für beliebige Aussagen A und B äquivalent. Dies nennt man die *Kontrapositionsregel der Logik*:

$$(A \Rightarrow B) \Leftrightarrow (\neg B \Rightarrow \neg A).$$

Wir zeigen die Gültigkeit dieser Regel anhand einer erweiterten Wahrheitstabelle (siehe Tab. 2.5). Wie Sie sehen, haben die Aussagen $A \Rightarrow B$ und $\neg B \Rightarrow \neg A$ stets die gleichen Wahrheitswerte und sind somit äquivalent.

Tab. 2.5: Beweis der Kontrapositionsregel

A	B	$A \Rightarrow B$	$\neg B$	$\neg A$	$\neg B \Rightarrow \neg A$
w	w	w	f	f	w
w	f	f	w	f	f
f	w	w	f	w	w
f	f	w	w	w	w

Beispiel 2.3. Wir betrachten die wahre Aussage:

$$\forall\, x \in \mathbb{R}_+ : 0 < x < 1 \Rightarrow x^2 < x.$$

Die Kontraposition lautet

$$\forall\, x \in \mathbb{R}_+ : x^2 \geq x \Rightarrow x \geq 1. \qquad \blacktriangleleft$$

Für jede Aussageform $A(x)$ gilt die Äquivalenz der folgenden Aussagen:

$$\neg(\,\forall\, x : A(x)) \qquad \text{„Nicht für alle } x \text{ gilt } A(x)\text{“}$$

und

$$\exists x : \neg A(x) \qquad \text{„Es existiert ein } x\text{, sodass } A(x) \text{ nicht gilt“.}$$

Formal:
$$\neg(\,\forall\, x : A(x)) \Leftrightarrow \exists x : \neg A(x).$$

Beispiel 2.4. Wir betrachten die (falsche) Aussage:

Alle Primzahlen sind ungerade.

Sei $\mathbb{P}$ die Menge der Primzahlen. Die obige Aussage kann formal formuliert werden als:
$$\forall\, x \in \mathbb{P} : x \text{ ist ungerade.}$$

Die Negation einer falschen Aussage ist wahr, somit ist die Aussage
$$\neg(\forall\, x \in \mathbb{P} : x \text{ ist ungerade})$$

wahr. Wir können letztere Aussage auch so formulieren:
$$\exists x \in \mathbb{P} : x \text{ ist gerade.}$$

Wir weisen hier ausdrücklich darauf hin, dass die letzte Aussage bedeutet

Nicht alle Primzahlen sind ungerade

oder auch

Es existiert mindestens eine gerade Primzahl.

KEINESWEGS darf diese Aussage als

Keine Primzahl ist ungerade

oder

Alle Primzahlen sind gerade

interpretiert werden. Gerade derartige logische Fehler schleichen sich häufig ein! ◀

Die Äquivalenz bleibt auch dann richtig, wenn der Allquantor und der Existenzquantor ausgetauscht werden (siehe Aufg. 2.6).

2.2 Grundbegriffe der Mengenlehre

Der Mengenbegriff ist einer der fundamentalen Begriffe der Mathematik und aus ihrer modernen axiomatischen Form nicht mehr wegzudenken. Der deutsche Mathematiker Georg Cantor (1845-1918) formulierte im Jahre 1895 in seinem Artikel

„*Beiträge zur Begründung der transfiniten Mengenlehre*" in den *Mathematischen Annalen* die folgende Definition einer Menge.

> **Definition 2.3.** Unter einer *Menge* verstehen wir jede Zusammenfassung M von bestimmten wohlunterschiedenen Objekten m unserer Anschauung oder unseres Denkens (welche die Elemente von M genannt werden) zu einem Ganzen.

Diese naive Definition des Begriffs Menge führte jedoch bei näherer Betrachtung und speziellen „Mengen" zu Widersprüchen, mit denen wir uns in diesem einführenden Lehrbuch nicht beschäftigen können. Wir benutzen für die einfachen Mengen, die wir hier verwenden, die obige naive Vorstellung von Mengen als Zusammenfassungen von Elementen.

Um Mengen darstellen zu können, muss eindeutig festgelegt werden, welche Elemente zu der Menge gehören. In Abschn. 0.1 haben wir schon die *aufzählende Darstellung* der Menge der natürlichen Zahlen

$$\mathbb{N} = \{1; 2; 3; 4; \dots\}$$

kennengelernt. Bei dieser Darstellungsform werden die einzelnen Elemente innerhalb von geschweiften Klammern, den sogenannten *Mengenklammern*, aufgelistet.

Bei der *beschreibenden Darstellungsform* werden die Elemente durch eine eindeutige Charakterisierung, z. B. mit Worten oder mit mathematischen Symbolen, festgelegt.

Beispiel 2.5. Die Elemente der Menge Z der natürlichen Zahlen größer gleich 2 und kleiner 9 könnte man wie folgt festlegen:

- Aufzählende Darstellung: $Z = \{2; 3; 4; 5; 6; 7; 8\}$
- Beschreibende Darstellung: $Z = \{x \in \mathbb{N} | 2 \leq x < 9\}$ ◄

> Hinweis
>
> Der gerade Stich | wird gelesen: „Unter der Bedingung …" oder „Für die gilt …".

Wir betrachten jetzt die folgenden Beispielmengen:

$$A = \{2; 3; 5; 7; 11; 13; 17\}$$
$$B = \{2; 3; 5\}$$
$$C = \{7; 11; 13; 17\}.$$

> **Hinweis**
>
> Die Elemente einer Menge sollten stets durch ein Semikolon getrennt werden, da die Verwendung von Kommata zu Verwechslungen führen kann.

Wir sehen hier, dass alle Elemente der Menge B und auch alle Elemente der Menge C in der Menge A enthalten sind. Man sagt, dass B und C *Teilmengen* von A sind. Formal verwendet man das Symbol „$\subset$" und schreibt:

$$B \subset A \text{ (lies: } B \text{ ist Teilmenge von } A\text{)}.$$
$$C \subset A \text{ (lies: } C \text{ ist Teilmenge von } A\text{)}.$$

> **Definition 2.4.** Eine Menge M ist genau dann *Teilmenge* einer Menge N, wenn für alle Elemente von M gilt, dass sie auch Element von N sind. Formal schreibt man dies so:
>
> $$M \subset N \Leftrightarrow \forall x: x \in M \Rightarrow x \in N.$$

Beispiel 2.6. Wir betrachten die Mengen

$$M_1 = \{2;3;5;7;11;13;17\}, \quad M_2 = \{7;11;13;17\} \quad \text{und} \quad M_3 = \{1;2;3;17\}.$$

M_2 ist eine Teilmenge von M_1 $(M_2 \subset M_1)$, da alle Elemente von M_2 auch in M_1 enthalten sind.

M_3 ist hingegen keine Teilmenge von M_1, da das Element 1 kein Element von M_1 ist. Man schreibt $1 \notin M_1$ und $M_3 \not\subset M_1$. ◀

> **Definition 2.5.** Unter der *Vereinigungsmenge* zweier Mengen M und N versteht man die Menge, die aus allen Elementen besteht, die in M oder in N enthalten sind. Formal:
>
> $$M \cup N = \{x | x \in M \vee x \in N\}$$
>
> (gelesen: M vereinigt N). Die Disjunktion „oder" wird hier wieder formal durch das Symbol $\vee$ dargestellt. Der gerade Strich wird gelesen: „für die gilt". Somit lesen wir die formale Zeile folgendermaßen: M vereinigt N ist die Menge aller x, für die gilt, x ist Element von M oder x ist Element von N.

Beispiel 2.7.

(1) $M = \{a_1; a_2; a_3\}$, $N = \{b_1; b_2; b_3\}$ $\Rightarrow$ $M \cup N = \{a_1; a_2; a_3; b_1; b_2; b_3\}$

(2) Mit den obigen Beispielmengen gilt: $A = B \cup C$

(3) Mit den Mengen aus Bsp. 2.6 gilt: $M_2 \cup M_3 = \{1; 2; 3; 7; 11; 13; 17\}$ ◄

Definition 2.6. Unter der *Schnittmenge* zweier Mengen M und N versteht man die Menge, die aus allen Elementen besteht, die in M und in N enthalten sind. Formal:

$$M \cap N = \{x | x \in M \wedge x \in N\}$$

(gelesen: *M geschnitten N*). Die Konjunktion „und" wird hier wieder formal durch das Symbol $\wedge$ dargestellt. Die gesamte Zeile wird analog der obigen Erklärung gelesen.

Beispiel 2.8.

(1) Mit den obigen Beispielen gilt:
$A \cap B = \{2; 3; 5\}$ und $B \cap C = \{\} = \varnothing$ (leere Menge)

(2) Mit den Mengen aus Bsp. 2.6 gilt:
$M_1 \cap M_2 = M_2$ und $M_2 \cap M_3 = 17$. ◄

Hinweis

Die Symbole $\{\}$ und $\varnothing$ werden für die Menge verwendet, die keine Elemente besitzt, die so genannte *leere Menge*.

Ein weiterer wichtiger Begriff ist der der Differenzmenge.

Definition 2.7. Unter der *Differenzmenge* zweier Mengen M und N versteht man die Menge, die aus allen Elementen von M besteht, die in N nicht enthalten sind. Formal:

$$M \setminus N = \{x \in M | x \notin N\}$$

> (gelesen: M ohne N ist gleich der Menge der Elemente x aus M, für die gilt: x ist kein Element von N).

Beispiel 2.9.

(1) Mit den obigen Mengen A, B und C gilt:
$$A \setminus B = C, \quad A \setminus C = B \quad \text{und} \quad B \setminus C = B$$

(2) Mit den Mengen aus Bsp. 2.6 gilt:
$$M_1 \setminus M_2 = \{2;3;5\} \quad \text{und} \quad M_3 \setminus M_2 = \{1;2;3\}. \qquad \blacktriangleleft$$

Beispiel 2.10. Als weiteres Beispiel betrachten wir die Menge der ganzen Zahlen und die Menge der ganzen Zahlen ohne die natürlichen Zahlen einschließlich der Null ($\mathbb{N}_0 := \{0;1;2;\ldots\}$):
$$\mathbb{Z} = \{0; \pm 1; \pm 2; \pm 3; \ldots\}$$
$$\mathbb{Z} \setminus \mathbb{N}_0 = \{-1; -2; -3; \ldots\}$$

Die letzte Menge nennt man auch die *Komplementmenge* von $\mathbb{N}_0$ in Bezug auf $\mathbb{Z}$. $\qquad \blacktriangleleft$

> **Definition 2.8.** Seien X eine Grundmenge und $A \subset X$ eine Menge. Das *Komplement* von A bezüglich X ist die Menge
>
> $$\overline{A} = X \setminus A = \{x \in X | x \notin A\}$$
>
> (siehe Abb. 2.2).

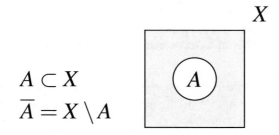

$$A \subset X$$
$$\overline{A} = X \setminus A$$

Abb. 2.2: Bei gegebener Grundmenge X wird die Komplementmenge von A mit $\overline{A} = X \setminus A$ bezeichnet (grauer Bereich)

Beispiel 2.11. Sei die Grundmenge $X = \{1; 2; 3; 4; 5; 6; 7; 8; 9; 10\}$ und $A = \{1; 2; 3\}$, dann ergibt sich für die Komplementmenge von A bezüglich X

$$\overline{A} = X \setminus A = \{4; 5; 6; 7; 8; 9; 10\}. \qquad \blacktriangleleft$$

Für die Beweise einiger Aussagen und Gesetze über Mengen ist es häufig günstig, die Situation zu visualisieren. Dazu verwendet man so genannte *Euler-Venn-Diagramme* (siehe Abb. 2.3).

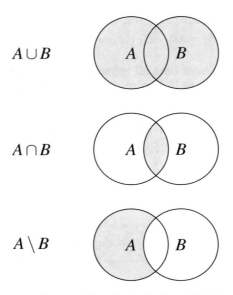

Abb. 2.3: Die Mengen A und B werden durch Kreise oder Ovale dargestellt, der graue Bereich stellt jeweils die nebenstehende Menge dar

Das Euler-Venn-Diagramm für drei Mengen ist in Abb. 2.4 dargestellt. Sie benötigen es für die Bearbeitung von Aufg. 2.14.

Mithilfe dieser Diagramme kann man anschaulich die Gültigkeit von Gesetzen über Mengen überprüfen. Natürlich muss man zusätzlich formal einen mathematischen Beweis führen.

Definition 2.9. Die Anzahl der Elemente einer Menge A wird *Mächtigkeit* genannt und mit $|A|$ bezeichnet.

Beispiel 2.12. Die Menge $M = \{1; 5; 9; 27; 30\}$ hat die Mächtigkeit $|M| = 5$, da die Menge fünf Elemente hat. $\qquad \blacktriangleleft$

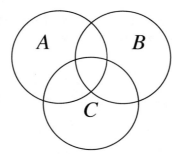

Abb. 2.4: Euler-Venn-Diagramm für drei Mengen

Ein letzter wichtiger Begriff ist der der Potenzmenge einer Menge M.

> **Definition 2.10.** Die *Potenzmenge* $\wp(M)$ ist die Menge aller Teilmengen von M.

Beispiel 2.13. Sei $M = \{a; b; c\}$. Diese Menge besitzt die Teilmengen

$$\varnothing; \{a\}; \{b\}; \{c\}; \{a; b\}; \{a; c\}; \{b; c\}; M.$$

Die Potenzmenge von M besteht genau aus diesen Elementen

$$\wp(M) = \{\varnothing; \{a\}; \{b\}; \{c\}; \{a; b\}; \{a; c\}; \{b; c\}; M\}. \qquad \blacktriangleleft$$

> **Satz 2.1.** Sei M eine Menge mit n Elementen. Die Mächtigkeit der Potenzmenge von M ist
> $$|\wp(M)| = 2^{|M|} = 2^n.$$

> **Denkanstoß**
>
> Führen Sie den Beweis mithilfe vollständiger Induktion in Aufg. 2.13 durch!

Beispiel 2.14. Für die Mächtigkeit der Potenzmenge der Menge M in Bsp. 2.13 ergibt sich

$$|\wp(M)| = 2^{|M|} = 2^3 = 8. \qquad \blacktriangleleft$$

Ähnlich wie für natürliche Zahlen gelten auch für Mengen bekannte Gesetze, wie Kommutativ-, Assoziativ- und Distributivgesetz.

Satz 2.2. Für beliebige Mengen A, B und C gilt:

(1) Kommutativgesetz

$$A \cup B = B \cup A$$
$$A \cap B = B \cap A$$

(2) Assoziativgesetz

$$A \cup (B \cup C) = (A \cup B) \cup C$$
$$A \cap (B \cap C) = (A \cap B) \cap C$$

(3) Distributivgesetz

$$A \cap (B \cup C) = (A \cap B) \cup (A \cap C)$$
$$A \cup (B \cap C) = (A \cup B) \cap (A \cup C)$$

Es gibt weitere Gesetze, die in unserem Rahmen nicht alle aufgezählt werden können. Wichtig sind aber noch die für Komplementmengen geltenden so genannten *de Morgan'schen Regeln*.

Satz 2.3 (de Morgan'schen Regeln). Für beliebige Mengen A und B gilt:

$$\overline{A} \cap \overline{B} = \overline{A \cup B}.$$

Beweis.

$$
\begin{aligned}
x \in \overline{A \cup B} &\Leftrightarrow x \in X \land x \notin A \cup B \\
&\Leftrightarrow x \in X \land x \notin A \land x \notin B \\
&\Leftrightarrow (x \in X \land x \notin A) \land (x \in X \land x \notin B) \\
&\Leftrightarrow x \in X \setminus A \land x \in X \setminus B \\
&\Leftrightarrow x \in \overline{A} \land x \in \overline{B} \\
&\Leftrightarrow x \in \overline{A} \cap \overline{B}.
\end{aligned}
$$

$\square$

Sieht auf den ersten Blick ziemlich kompliziert aus, oder?

Wir gehen deshalb den Beweis Schritt für Schritt durch. Das Symbol „$\Leftrightarrow$" bedeutet, dass die Aussagen in den einzelnen Zeilen äquivalent sind. Beginnen wir ganz oben (siehe dazu Abb. 2.5):

$$x \in \overline{A \cup B}.$$

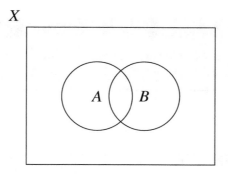

Abb. 2.5: Abbildung zum Beweis der de Morgan'schen Regeln

Wir nehmen also ein beliebiges x, das ein Element der Komplementmenge von $A \cup B$ ist. Wir müssen mithilfe einer Kette äquivalenter Aussagen zeigen, dass dies genau dann der Fall ist, wenn x ein Element von $\overline{A} \cap \overline{B}$ ist. Dies sollte am Ende der Kette stehen. Betrachten wir die erste Zeile:

$$x \in X \wedge x \notin A \cup B.$$

Dies ist lediglich eine Übersetzung der Tatsache, dass x ein Element der Grundmenge X ist, jedoch nicht in der Vereinigungsmenge $A \cup B$ liegt. Diese beiden Aussagen sind durch ein Und-Symbol $\wedge$ verknüpft, denn beide sind erfüllt.

$$x \in X \wedge x \notin A \wedge x \notin B.$$

Wenn x kein Element von $A \cup B$ ist, dann darf es weder ein Element von A sein, noch ein Element von B.

$$(x \in X \wedge x \notin A) \wedge (x \in X \wedge x \notin B).$$

Diese Zeile kombiniert lediglich die Bedingungen anders.

$$x \in X \setminus A \wedge x \in X \setminus B.$$

Die beiden Aussagen, die in der Zeile darüber kombiniert wurden, sind lediglich andere Formulierungen dafür, dass x sowohl im Komplement von A liegt als auch im Komplement von B.

$$x \in \overline{A} \wedge x \in \overline{B}.$$

Die Mengen tragen lediglich andere Bezeichnungen.

$$x \in \overline{A} \cap \overline{B}.$$

Wenn x sowohl im Komplement von A liegt als auch im Komplement von B, dann liegt x auch im Durchschnitt der beiden Komplemente.

Damit sollte der Beweis gut verständlich sein.

Denkanstoß

Zur Übung einer solchen Argumentation in Form einer Kette logisch äquivalenter Aussagen sollten Sie möglichst zeitnah die Aufg. 2.15 bearbeiten!

2.3 Die Menge der reellen Zahlen

Besonders wichtig sowohl in der Schule als auch in den ersten Semestern des Studiums sind Teilmengen der Menge $\mathbb{R}$ der reellen Zahlen, auch wenn sie in der Schule nicht immer explizit als solche betrachtet werden. Man kann die Menge der reellen Zahlen als eine Punktmenge betrachten und durch eine Gerade (etwa die x-Achse) visualisieren. Die Punkte dieser Geraden können mit den reellen Zahlen identifiziert werden.

Insbesondere werden häufig so genannte *Intervalle* benötigt. Man unterscheidet zwischen vier verschiedenen Typen.

Definition 2.11. Seien a und b reelle Zahlen mit $a < b$. Die Menge

$$[a;b] := \{x \in \mathbb{R} \mid a \leq x \leq b\}$$

heißt *abgeschlossenes Intervall* mit den Randpunkten a und b.
Die Menge

$$]a;b[:= \{x \in \mathbb{R} \mid a < x < b\}$$

heißt *offenes Intervall* mit den Randpunkten a und b.
Schließlich betrachtet man noch *rechts- und linksseitig halboffene* Intervalle:

$$[a;b[:= \{x \in \mathbb{R} \mid a \leq x < b\}$$
$$]a;b] := \{x \in \mathbb{R} \mid a < x \leq b\}$$

> **Bemerkung 2.2.** Anstatt nach außen geöffneten eckigen Klammern, wer-
> den für (halb-)offene Intervalle auch nach innen geöffnete runde Klammern
> verwendet. Es gilt z. B.
>
> $$[a;b) := \{x \in \mathbb{R} | a \leq x < b\}.$$

Beispiel 2.15.

(1) Das abgeschlossene Intervall

$$[2;4] := \{x \in \mathbb{R} | 2 \leq x \leq 4\}$$

ist die Menge aller reellen Zahlen, die zwischen 2 und 4 liegen, wobei 2 und 4
zum Intervall dazugehören (siehe Abb. 2.6).

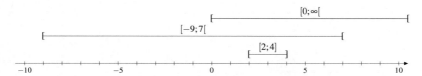

Abb. 2.6: Darstellung der Intervalle aus Bsp. 2.15 am Zahlenstrahl

(2) Das rechtsseitig halboffene Intervall

$$[-9;7[:= \{x \in \mathbb{R} | -9 \leq x < 7\}$$

ist die Menge aller reellen Zahlen zwischen -9 und 7, wobei jetzt die Zahl -9
zum Intervall gehört, die Zahl 7 jedoch nicht.

(3) Grundsätzlich können Intervalle auch unendlich groß sein, z. B. ist

$$[0;\infty[:= \{x \in \mathbb{R} | x \geq 0\}$$

die Menge aller nicht-negativen reellen Zahlen, d. h. die Menge der positiven
Zahlen und der Null. Ein Intervall mit mindestens einer nicht endlichen Grenze
(links $-\infty$ bzw. rechts ∞) nennt man auch *uneigentliches Intervall*.   ◄

Mit Intervallen kann man auch die Mengenoperationen aus diesem Kapitel durchführen wie Vereinigungsmengenbildung, Schnittmengenbildung und Differenzmen-
genbildung.

Beispiel 2.16.

(1) Vereinigungsmengen (siehe Abb. 2.7):

$$[3;5[\cup[5;8] = [3;8]$$
$$]1;7[\cup]5;9[\,=\,]1;9[$$

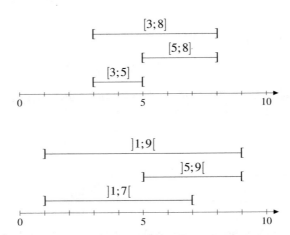

Abb. 2.7: Darstellung der Vereinigungsmengen aus Bsp. 2.16 am Zahlenstrahl

(2) Schnittmengen (siehe Abb. 2.8):

$$[3;5[\cap[5;8] = \{\}$$
$$[-8;8[\cap[-4;9] = [-4;8[$$

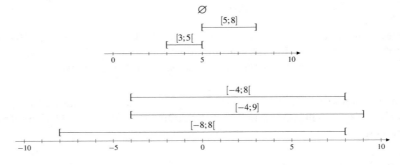

Abb. 2.8: Darstellung der Schnittmengen aus Bsp. 2.16 am Zahlenstrahl

Im ersten Fall handelt es sich um eine *disjunkte Vereinigung*, weil sich die Intervalle nicht überlappen.

(3) Differenzmengen (siehe Abb. 2.9):

$$[0;5[\,\backslash\,[3;5[\;=\;[0;3[$$
$$[1;10]\,\backslash\,]3;7[\;=\;[1;3]\cup[7;10]\qquad\blacktriangleleft$$

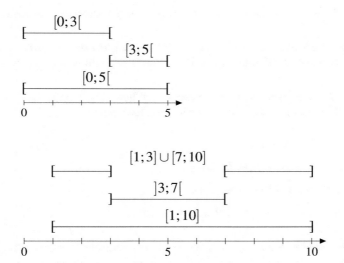

Abb. 2.9: Darstellung der Differenzmengen aus Bsp. 2.16 am Zahlenstrahl

2.4 Algebraische Strukturen: Gruppen und Körper

Wir haben uns in diesem Kapitel ausführlich mit den Grundlagen der Mengentheorie beschäftigt, wie sie als Basis für Ihr Studium notwendig sind. In diesem Abschnitt betrachten wir *Strukturen*. Er richtet sich insbesondere an Leserinnen und Leser, die an den theoretischen Grundlagen der Mathematik interessiert sind. Da die folgenden Inhalte für das weitere Verständnis nicht benötigt werden, kann dieser Abschnitt auch übersprungen werden.

Unter Strukturen versteht man in der Mathematik allgemein (nicht-leere) Mengen mit einer auf dieser Menge definierten Operation, also etwa einer Addition oder Multiplikation. Wichtig ist dann, die Eigenschaften dieser Strukturen in bekannten Beispielen wiederzufinden.

Wir betrachten z. B. $(\mathbb{R}, +)$, also die Menge der reellen Zahlen mit der bekannten Addition. Es gelten u. a. folgende Eigenschaften, die Ihnen aus der Mittelstufe Ihrer Schullaufbahn bekannt sind und die wir hier in unserer neuen Notation schreiben:

(1) $\forall\, a, b \in \mathbb{R}:\quad a + b = b + a$ (Kommutativgesetz)

(2) $\forall\, a, b, c \in \mathbb{R}: (a + b) + c = a + (b + c)$ (Assoziativgesetz)

(3) $\exists\, 0 \in \mathbb{R}: \forall\, a \in \mathbb{R}: a + 0 = 0 + a = a$ (Existenz des neutralen Elements)

(4) $\forall\, a \in \mathbb{R}: \exists\, -a \in \mathbb{R}: a + (-a) = (-a) + a = 0$ (Existenz des inversen Elements)

Das *neutrale Element* ist hier die reelle Zahl 0, das *inverse Element* einer Zahl ist Ihnen als Gegenzahl bekannt, also z. B. -7 als Gegenzahl zu 7 (siehe Abschn. 0.2).

Beispiel 2.17. Wir betrachten die Menge der reellen Zahlen ohne die 0, gemeinsam mit der Multiplikation, also $(\mathbb{R}^\star, \cdot)$. Es gelten die Regeln:

(1) $\forall\, a, b \in \mathbb{R}^\star: a \cdot b = b \cdot a$

(2) $\forall\, a, b, c \in \mathbb{R}^\star: a \cdot (b \cdot c) = (a \cdot b) \cdot c$

(3) $\exists\, 1 \in \mathbb{R}^\star: \forall\, a \in \mathbb{R}^\star: a \cdot 1 = 1 \cdot a = a$

(4) $\forall\, a \in \mathbb{R}^\star: \exists\, a^{-1} \in \mathbb{R}^\star: a \cdot a^{-1} = a^{-1} \cdot a = 1$

in völliger Analogie zu $(\mathbb{R}, +)$. Hier ist 1 das neutrale Element und der Kehrwert einer (von 0 verschiedenen) Zahl das inverse Element zu dieser Zahl (siehe Abschn. 0.3).   ◀

Beispiel 2.18. Wenn Sie sich an die Menge der dreidimensionalen Vektoren

$$\mathbb{R}^3 = \left\{ \begin{pmatrix} a \\ b \\ c \end{pmatrix} \middle|\, a, b, c \in \mathbb{R} \right\}$$

mitsamt der Vektoraddition erinnern, so hat auch diese Struktur $(\mathbb{R}^3, +)$ alle oben aufgeführten Eigenschaften: Die Addition ist kommutativ und assoziativ. Das inverse Element ist der Gegenvektor, das neutrale Element der Nullvektor. Diese Eigenschaften werden von den entsprechenden Eigenschaften reeller Zahlen koordinatenweise übertragen.   ◀

Im Sinne der bisherigen Beispiele ist die folgende Definition einer Gruppe zu verstehen.

Definition 2.12. Eine *Gruppe* ist ein Paar $(G, \circ)$ bestehend aus einer nicht-leeren Menge G und einer Verknüpfung $\circ : G \times G \to G$, sodass gilt:

(1) $\forall\, a, b, c \in G : a \circ (b \circ c) = (a \circ b) \circ c$
(2) $\exists\, e \in G : \forall\, a \in G = e \circ a = a$
(3) $\forall\, a \in G : \exists\, a^{-1} \in G : a^{-1} \circ a = e$

Gilt zusätzlich:

(4) $\forall\, a, b \in G : a \circ b = b \circ a$,

dann heißt die Gruppe *kommutativ* oder *abelsch*.

Für die Verknüpfung kann also „+" oder „·" stehen oder eine andere Operation mit den obigen Eigenschaften. Wichtig ist auch, dass diese Verknüpfung zwei Elementen von G wieder ein Element von G zuordnet. Diese Eigenschaft $\circ : G \times G \to G$ nennt man auch *Abgeschlossenheit* der Gruppe.

Beispiel 2.19. Überprüfen Sie die Richtigkeit der folgenden Aussagen, indem Sie die Def. 2.12 anwenden:

(1) $(\mathbb{R}, +), (\mathbb{R}^\star, \cdot), (\mathbb{R}^3, +)$ sind jeweils abelsche Gruppen

(2) $(\mathbb{Z}, +)$ ist eine abelsche Gruppe

(3) $(\mathbb{Z}^\star, \cdot)$ ist keine Gruppe

(4) $(\{0\}, +)$ ist eine abelsche Gruppe

(5) $(\{1\}, \cdot)$ ist eine abelsche Gruppe ◀

Eine weitere wichtige algebraische Struktur ist der so genannte Körper. Hier betrachten wir eine nicht-leere Menge mit zwei Operationen.

Definition 2.13. Ein *Körper* $(K, +, \cdot)$ ist ein Tripel bestehend aus einer nicht-leeren Menge K und zwei Operationen (Verknüpfungen)

$$+ : K \times K \to K$$
$$\cdot : K \times K \to K,$$

sodass gilt:

(1) $(K, +)$ ist eine abelsche Gruppe
(2) $(K^\star, \cdot)$ ist eine abelsche Gruppe
(3)   a) $\forall a, b, c \in K : (a + b) \cdot c = a \cdot c + b \cdot c$
     b) $\forall a, b, c \in K : a \cdot (b + c) = a \cdot b + a \cdot c$
     (Distributivgesetze)

Beispiel 2.20.

(1) $(\mathbb{R}, +, \cdot)$ ist ein Körper

(2) $(\mathbb{Z}, +, \cdot)$ ist kein Körper

(3) $K = \{0, 1\}$: Die Operationen sind durch folgende Tabellen definiert:

+	0	1
0	0	1
1	1	0

$\cdot$	0	1
0	0	0
1	0	1

Dann ist $(K, +, \cdot)$ ein Körper.   ◄

> **Hinweis**
>
> Einen weiteren wichtigen Körper, nämlich den der *komplexen Zahlen*, lernen Sie in Kap. 5 kennen.

2.5 Aufgaben

Aufgabe 2.1. Welche der folgenden Sätze sind Aussagen? **(373 Lösung)**

a) Wie geht es dir?
b) Die Mosel fließt in den Rhein.
c) Gib mir bitte den Taschenrechner!
d) Duisburg liegt an der Weser.
e) 1 ist eine Primzahl.
f) Viel Spaß beim Mathematik-Vorkurs.

Aufgabe 2.2. Welche der folgenden Aussagen sind wahr und welche falsch?
(373 Lösung)

a) Für jedes Dreieck gilt der Satz des Pythagoras.
b) Die Mosel fließt in den Rhein.
c) Die Euler'sche Zahl e und die Kreiszahl π sind irrationale Zahlen.
d) Duisburg liegt an der Weser.
e) 1 ist eine Primzahl.
f) $\sqrt{2}$ ist eine rationale Zahl.

Aufgabe 2.3. Verknüpfen Sie die folgenden Aussagen durch die Implikation ($\Rightarrow$) bzw. die Äquivalenz ($\Leftrightarrow$) zu wahren Aussagen. **(373 Lösung)**

a) A: Die Zahl ist eine gerade Zahl. B: Die Zahl ist durch 2 teilbar.
b) A: Die Zahl ist durch 5 teilbar. B: Die Zahl ist durch 10 teilbar.
c) A: Anne vereist nach Ägypten. B: Anne verreist nach Kairo.
d) A: Curt studiert in Gütersloh. B: Curt studiert in Gütersloh
   Wirtschaftsingenieurwesen.
e) A: Die Zahl ist durch 10 teilbar. B: Die Zahl hat die Ziffer 0 am Ende.

Aufgabe 2.4. Zeigen Sie mithilfe einer Wahrheitstabelle die Gültigkeit der *de Morgan'schen Regeln* **(373 Lösung)**

a) $\neg(A \wedge B) \Leftrightarrow \neg A \vee \neg B$ b) $\neg(A \vee B) \Leftrightarrow \neg A \wedge \neg B$

Aufgabe 2.5. Überprüfen Sie die Richtigkeit des *Satzes von der Prämissenvorschaltung*

$$A \Rightarrow (B \Rightarrow A)$$

für beliebige Aussagen A und B mithilfe der Wahrheitstabellen. **(374 Lösung)**

Aufgabe 2.6. Überzeugen Sie sich mithilfe eines selbstgewählten Beispiels von der Richtigkeit der folgenden Aussage: **(374 Lösung)**

$$\neg(\exists\, x : A(x)) \Leftrightarrow \forall\, x : \neg A(x).$$

Aufgabe 2.7. Entscheiden Sie, ob die folgenden Aussagen wahr oder falsch sind:
(**375 Lösung**)

    a) Die Elemente der leeren Menge sind blau.
    b) Die Elemente der leeren Menge sind nicht blau.
    c) Nicht alle Elemente der leeren Menge sind blau.
    d) Nicht alle Elemente der leeren Menge sind nicht blau.

Aufgabe 2.8. Stellen Sie die folgenden Mengen durch Aufzählen ihrer Elemente
dar (**375 Lösung**)

    a) $A = \{x | x \text{ ist Primzahl } \wedge x < 10\}$ b) $B = \{x \in \mathbb{R} | x^2 + 9 = 0\}$
    c) $C = \{x \in \mathbb{N} | -5 < x \le 5\}$ d) $D = \{x \in \mathbb{Z} | -2 \le x < 4\}$
    e) $E = \{x \in \mathbb{N} | x^2 \le 9\}$

Aufgabe 2.9. Geben Sie die Mengen in der beschreibenden Darstellung an
(**375 Lösung**)

    a) $A = \{1; 2; 3; 4\}$ b) $B = \{2, 4, 6, 8, 10\}$
    c) $C = \{5, 7, 9, 11, \dots\}$ d) $D = \{2, 4, 8, 16, 32, \dots\}$
    e) $E = \{1, \frac{1}{2}, \frac{1}{4}, \frac{1}{8}, \frac{1}{16}, \frac{1}{32}, \frac{1}{64}\}$ f) $F = \{\frac{2}{3}, \frac{4}{5}, \frac{6}{7}, \frac{8}{9}, \frac{10}{11}, \dots\}$

Aufgabe 2.10. Welche der folgenden Mengen sind Teilmengen der Menge $M = \{-1; 0; 2; 5; 6; 7; 17\}$? (**375 Lösung**)

    a) $A = \{2; 5; 7\}$ b) $B = \{2; 5; 8\}$ c) $C = \{0\}$
    d) $D = \varnothing$ e) $E = \{17; 0; -1\}$ f) $F = \{18; -1; 7\}$
    g) $G = \{-1; 0; 2; 5; 6; 7; 17\}$

Aufgabe 2.11. Gegeben seien die Mengen

$$A = \{1; 2; 5; 10\} \quad \text{und} \quad B = \{1; 3; 9; 27\}.$$

Bilden Sie $A \cup B$, $A \cap B$ und $A \setminus B$ in der aufzählenden Form. (**375 Lösung**)

Aufgabe 2.12. Bestimmen Sie die Potenzmenge der Menge (**375 Lösung**)

$$M = \{3; 6; 9; 13\}.$$

Aufgabe 2.13. Beweisen Sie durch vollständige Induktion nach n: Die Anzahl der
Teilmengen einer n-elementigen Menge ist 2^n (siehe Satz 2.1). (**376 Lösung**)

Aufgabe 2.14. Überzeugen Sie sich mithilfe eines Euler-Venn-Diagrammes von
der Richtigkeit des Kommutativ-, Assoziativ- und Distributivgesetzes für Mengen
A, B, C. (**376 Lösung**)

Aufgabe 2.15. Beweisen Sie analog des Beweises der ersten de Morgan'schen Regel die zweite de Morgan'sche Regel für Mengen A, B: **(377 Lösung)**

$$\overline{A \cap B} = \overline{A} \cup \overline{B}.$$

Aufgabe 2.16. Gegeben seien die folgenden Teilmengen der Menge der reellen Zahlen $\mathbb{R}$

$$A = \{x \in \mathbb{R} | 7 > x > -1\}, \quad B = \{x \in \mathbb{R} | 2 > x\}, \quad C = \{x \in \mathbb{R} | -2 < x \le 2\}.$$

Bestimmen Sie folgende Mengen und geben Sie die Ergebnisse sowohl in der beschreibenden Form als auch in der Intervallschreibweise an. **(377 Lösung)**

a) $A \cap B$

b) $A \cap C$

c) $B \cup C$

d) $B \cup A$

e) $B \setminus A$

f) $C \setminus B$

g) $(\mathbb{R} \setminus C) \cup B$

h) $(\mathbb{R} \setminus B) \cap A$

Kapitel 3

Abbildungen

In diesem Kapitel werden Ihnen einige aus dem Schulunterricht bekannte Begriffe in anderem Gewand präsentiert, z. B. der Funktionsbegriff. Insbesondere werden wir diesen Begriff auf ein sicheres mathematisches Fundament stellen. Dabei spielen die in Abschn. 2.2 formulierten mengentheoretischen Begriffe eine wichtige Rolle.

Aus dem Schulunterricht ist Ihnen der Begriff der *Funktion* als *eindeutige Zuordnung* bekannt. Als einfaches Beispiel betrachten wir die Funktion f mit der Gleichung $f(x) = x^2$. Der zugehörige Graph ist die *Normalparabel* (siehe Abb. 3.1).

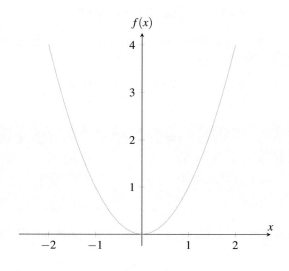

Abb. 3.1: Normalparabel

Im Sinne unserer bisherigen Darstellung können wir diesen Graphen, den wir als G_f bezeichnen, als Punktmenge auffassen. So gehören etwa die Punkte $(2|4)$ und $(-3|9)$ zum Graphen, die Punkte $(1|2)$ und $(-1|-1)$ jedoch nicht.

Somit können wir den Graphen in Mengenschreibweise darstellen:

$$G_f = \{(x|y) \in \mathbb{R} \times \mathbb{R} | y = x^2\}.$$

In dieser Darstellung stellt $\mathbb{R} \times \mathbb{R}$ ein so genanntes *kartesisches Produkt* dar, welches für zwei Mengen A und B allgemein wie folgt definiert wird.

Definition 3.1. Seien A, B Mengen. Das *kartesische Produkt* $A \times B$ ist die Menge aller geordneten Paare $(x; y)$ von Elementen $x \in A$ und $y \in B$

$$A \times B := \{(x; y) | x \in A \wedge y \in B\}.$$

Hinweis

Der Doppelpunkt bedeutet dabei „definitionsgemäß gleich".

Beispiel 3.1. Für $A = \{1; 2\}$ und $B = \{a; b\}$ ist das kartesische Produkt gegeben durch

$$A \times B = \{(1; a); (1; b); (2; a); (2; b)\}.$$

Die Bildung des kartesischen Produktes ist im Allgemeinen nicht kommutativ, d. h. $A \times B \neq B \times A$. Hier gilt

$$B \times A = \{(a; 1); (a; 2); (b; 1); (b; 2)\}. \qquad \blacktriangleleft$$

Hinweis

Die Schreibweise $(x; y)$ stellt dabei ein geordnetes Paar dar, während $(x|y)$ in der Regel einen Punkt bezeichnet, dessen Koordinaten in der Mengensprache ein geordnetes Paar darstellen.

Wir können mithilfe des kartesischen Produktes den Begriff der „Funktion" präzise fassen.

Definition 3.2. Sei $A \times B := \{(x;y) | x \in A \wedge y \in B\}$ das kartesische Produkt der Menge A und B. Dann heißen Teilmengen $R \subset A \times B$ *Zuordnungen* oder *Relationen*.

Beispiel 3.2. Gegeben seien die Mengen $A = \{1;2;3;4;5\}$ und $B = \{6;7;8;9\}$. Die Menge

$$R = \{(1;6);(2;7);(4;6);(5;8)\} \subset A \times B$$

ist eine Relation. Die Relation kann graphisch mithilfe eines Pfeildiagramms darge-stellt werden (siehe Abb. 3.2). ◄

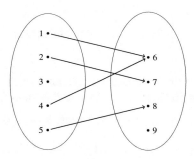

Abb. 3.2: Graphische Darstellung einer Relation mithilfe eines Pfeildiagramms

Definition 3.3. Eine Zuordnung $f : A \rightarrow B, x \mapsto f(x)$ heißt *Abbildung* oder *Funktion* von A nach B, wenn gilt:

$$\forall\, a \in A : \exists^1 b \in B : f(a) = b$$

(siehe Abb. 3.3).

Hinweis

(1) Das Symbol „$\exists^1$", also der Existenzquantor mit einer hochgestellten 1, hat die Bedeutung „es existiert genau ein". Dies symbolisiert somit die Eindeutigkeit der Zuordnung.
(2) Der Begriff Abbildung kann also synonym zum Begriff der Funktion verwendet werden.

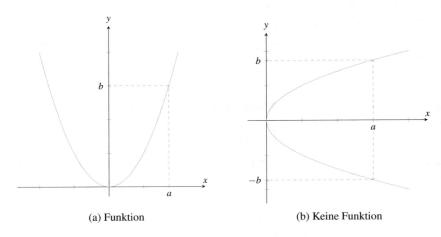

(a) Funktion   (b) Keine Funktion

Abb. 3.3: Zur Definition einer Funktion

Beispiel 3.3. Bei der Relation R in Bsp. 3.2 handelt es sich nicht um eine Funktion, da dem Element $3 \in A$ kein Element der Menge B zugeordnet wird.

Ordnen wir auch dem Element 3 ein Element aus B zu, z. B.

$$R_1 = \{(1;6);(2;7);(3;8);(4;6);(5;8)\},$$

handelt es sich um eine Funktion (siehe Abb. 3.4).

Werden dem Element 3 zwei Elemente aus B zugeordnet, z. B.

$$R_2 = \{(1;6);(2;7);(3;7);(3;8);(4;6);(5;8)\},$$

handelt es sich um keine Funktion, da definitionsgemäß jedem Element aus A nur genau ein Element aus B zugeordnet werden darf. ◄

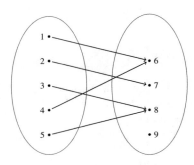

Abb. 3.4: Graphische Darstellung der Funktion aus Bsp. 3.3

> **Definition 3.4.** Die Menge A in der Def. 3.3 heißt *Definitionsbereich* der Abbildung (Funktion).

Im Beispiel der Funktion f mit $f(x) = x^2$ kann man nun x beliebig aus der Menge $\mathbb{R}$ der reellen Zahlen wählen. Somit ist diese Menge der Definitionsbereich der Funktion f, den wir hier mit $\mathbb{D}_f$ bezeichnen wollen.

Man schreibt etwas ausführlicher:

$$f : \mathbb{R} \to \mathbb{R}, \ x \mapsto f(x) = x^2$$

(gelesen: f von $\mathbb{R}$ nach $\mathbb{R}$, x wird abgebildet auf $f(x)$ gleich x^2).

Damit wird angedeutet, dass $\mathbb{R}$ der Definitionsbereich der Funktion f ist und f nur reelle Werte hat. Allerdings werden bei dieser Funktion nicht alle reellen Werte angenommen. Wir sehen am Graphen leicht (siehe Abb. 3.1), dass als y-Werte nur nicht-negative reelle Zahlen vorkommen. Die Menge aller y-Werte, die wirklich angenommen werden, nennen wir den *Wertebereich* oder die *Wertemenge* der Funktion f.

> **Definition 3.5.** Die Menge
>
> $$f(A) = \mathbb{W}_f = \{b \in B | \exists \, a \in A : f(a) = b\}$$
>
> wird *Wertebereich* von f genannt.

Beispiel 3.4. Für die Funktion mit $A = \{1; 2; 3; 4; 5\}$, $B = \{6; 7; 8; 9\}$ und

$$R_1 = \{(1; 6); (2; 7); (3; 8); (4; 6); (5; 8)\}$$

ist der Definitionsbereich

$$\mathbb{D} = A = \{1; 2; 3; 4; 5\}$$

und der Wertebereich

$$\mathbb{W} = \{6; 7; 8\}.$$

Der Wert 9 gehört nicht zum Wertebereich, da es kein $a \in A$ gibt mit $f(a) = 9$ (siehe auch Abb. 3.4). ◄

Ein weiteres Beispiel soll die Begriffe verdeutlichen.

Beispiel 3.5. Wir betrachten die Funktion f mit

$$f(x) = \sqrt{x-2}.$$

Für den Definitions- und Wertebereich ergibt sich

$$\mathbb{D}_f = \{x \in \mathbb{R} | x \geq 2\} = [2; \infty[, \qquad \mathbb{W}_f = \{x \in \mathbb{R} | x \geq 0\} = \mathbb{R}_+$$

und somit lässt sich die Funktion wie folgt darstellen

$$f : \mathbb{D}_f \to \mathbb{R}_+, \; x \mapsto f(x) := \sqrt{x-2}.$$

Der Definitionsbereich muss hier auf die reellen Zahlen, die größer gleich 2 sind, beschränkt werden, da die Quadratwurzel nur aus nicht-negativen reellen Zahlen gezogen werden kann. In der Wertemenge sind nur die nicht-negativen reellen Zahlen enthalten.   ◄

3.1 Abbildung und Umkehrabbildung

Laut Def. 3.3 wird bei einer Funktion jedem Element des Definitionsbereichs genau ein Element des Wertebereichs zugeordnet. An den Wertebereich werden keine weiteren Anforderungen gestellt. Wir sehen aber in Bsp. 3.4, das manche Werte des Wertebereichs mehrfach vorkommen und manche auch gar nicht. Der Wert 7 kommt einmal vor, die Werte 6 und 8 treten jeweils zweimal auf und der Wert 9 kommt gar nicht vor. Dies führt uns zu folgender Definition.

Definition 3.6. $f : A \to B$ sei Abbildung.

- f heißt *surjektiv*: $\Leftrightarrow f(A) = B$, d. h alle Elemente von B sind Funktionswerte. Es gibt für alle $b \in B$ mindestens ein $a \in A$ mit $f(a) = b$.

- f heißt *injektiv*: $\Leftrightarrow \forall \, x_1, x_2 \in A : f(x_1) = f(x_2) \Rightarrow x_1 = x_2$, d. h. jedem Element von B wird höchstens einem Element von A zugeordnet. Für alle $x_1, x_2 \in A$ mit $x_1 \neq x_2$ gilt $f(x_1) \neq f(x_2)$.

- f heißt *bijektiv*: $\Leftrightarrow f$ ist surjektiv und injektiv.

Beispiel 3.6.

(1) Die Funktion $f : \{1; 2; 3; 4\} \to \{6; 7; 8\}$ mit $f(1) = 6$, $f(2) = 8$, $f(3) = 8$, $f(4) = 7$ ist surjektiv, da $f(A) = B = \{6; 7; 8\}$, aber nicht injektiv, da $f(2) = f(3) = 8$.

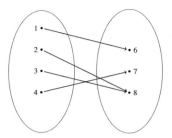

Abb. 3.5: Die Funktion ist surjektiv, aber nicht injektiv

(2) Die Funktion $f : \{1;2;3;4\} \to \{6;7;8;9;10\}$ mit $f(1) = 6,$ $f(2) = 8,$ $f(3) = 9,$ $f(4) = 7$ ist injektiv, da alle Funktionswerte verschieden sind, aber nicht surjektiv, da es kein $a \in A$ gibt mit $f(a) = 10$.

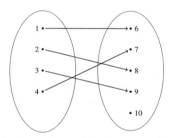

Abb. 3.6: Die Funktion ist injektiv, aber nicht surjektiv

(3) Die Funktion $f : \{1;2;3;4\} \to \{6;7;8;9\}$ mit $f(1) = 6,$ $f(2) = 8,$ $f(3) = 9,$ $f(4) = 7$ ist surjektiv, da $f(A) = B = \{6;7;8;9\}$, und injektiv, da alle Funktionswerte verschieden sind. Somit ist die Funktion bijektiv.

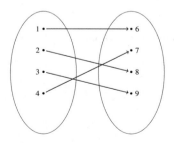

Abb. 3.7: Die Funktion ist bijektiv

(4) Die Funktion $f : \{1;2;3;4\} \rightarrow \{6;7;8;9;10\}$ mit $f(1) = 6$, $f(2) = 8$, $f(3) = 8$, $f(4) = 7$ ist weder surjektiv, da $f(A) \neq B = \{6;7;8;9;10\}$, noch injektiv, da $f(2) = f(3) = 8$.

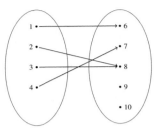

Abb. 3.8: Die Funktion ist weder surjektiv noch injektiv

Beispiel 3.7. Wir betrachten die Funktion f mit

$$f : \mathbb{R} \rightarrow \mathbb{R}_+^*, \ x \mapsto f(x) := e^x.$$

Die Funktion ist

- surjektiv, da $\mathbb{W}_f = \mathbb{R}_+^*$.
- injektiv, da x_1, $x_2 \in \mathbb{R}$ mit $e^{x_1} = e^{x_2} \Rightarrow x_1 = x_2$.
- bijektiv, da f surjektiv und injektiv ist.

Hinweis

- e ist die Ihnen hoffentlich noch bekannte *Euler'sche Zahl* $e \approx 2{,}718$ (Leonhard Euler (1707-1783) war ein berühmter Schweizer Mathematiker und einer der bedeutendsten Mathematiker überhaupt).
- In Bsp. 6.6 lernen Sie die Darstellung der Euler'schen Zahl als Zahlenfolge kennen und in Bsp. 6.14 als unendliche Reihe.
- $\mathbb{R}_+^*$ symbolisiert die Menge aller reellen Zahlen > 0.

Eine Umkehrfunktion kann man im Sinne der folgenden Definition bilden.

Definition 3.7. Sei $f : A \rightarrow B$, $x \mapsto f(x) =: y$ eine bijektive Abbildung (Funktion). Dann existiert eine *Umkehrfunktion*

$$f^{-1} : B \rightarrow A$$

(gelesen: f oben -1, damit keine Verwechslung mit einer Potenz möglich ist!), sodass $f^{-1}(y) = x$ genau dann gilt, wenn $y = f(x)$.

Beispiel 3.8. Die Umkehrfunktion der obigen Funktion f mit

$$f : \mathbb{R} \to \mathbb{R}_+^*, \ x \mapsto f(x) = e^x$$

erhält man durch Austausch von Definitions- und Wertemenge und durch Auflösen der Gleichung $y = f(x)$ nach x sowie anschließendem Tausch von x und y.

Zunächst gilt:

$$y = e^x \quad \Leftrightarrow \quad x = \ln y.$$

Dabei ist ln der Ihnen aus dem Schulunterricht bekannte *natürliche Logarithmus*, also der Logarithmus zur Basis e (siehe Abschn. 0.7). Tausch der Variablen ergibt:

$$y = \ln x.$$

Somit lautet die Umkehrfunktion:

$$f^{-1} : \mathbb{R}_+^* \to \mathbb{R}, \ x \mapsto f^{-1}(x) = \ln x.$$

Die Funktion f^{-1} mit $f^{-1}(x) = \ln x$ ist somit nur für positive Zahlen definiert. Der Wertebereich umfasst den gesamten reellen Zahlenbereich. Die beiden Funktionen sind zusammen in Abb. 3.9 dargestellt.

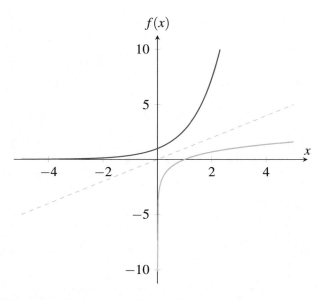

Abb. 3.9: Die e-Funktion (blau) und die ln-Funktion (grün, Umkehrfunktion der e-Funktion)

Die Graphen der e-Funktion und ihrer Umkehrfunktion verlaufen spiegelsymmetrisch zur Winkelhalbierenden des 1. und 3. Quadranten, d. h. zur Geraden mit $f(x) = x$. ◀

Beispiel 3.9. Wir betrachten die Funktion f mit

$$f : \mathbb{R} \to \mathbb{R}_+, \ x \mapsto f(x) = x^2.$$

Auf dem gesamten reellen Zahlenbereich ist diese Funktion nicht umkehrbar, da sie nicht injektiv ist. Es gilt z. B. $f(2) = f(-2) = 4$.

Wenn wir allerdings nur den positiven Parabelarm betrachten, indem wir den Definitionsbereich auf die nichtnegativen ganzen Zahlen beschränken

$$f : \mathbb{R}_+ \to \mathbb{R}_+, \ x \mapsto f(x) = x^2,$$

ist die Funktion bijektiv und somit umkehrbar. Es gilt

$$y = x^2 \quad \Leftrightarrow \quad x = \sqrt{y}.$$

Damit ergibt sich die Umkehrfunktion (siehe auch Abb. 3.10)

$$f^{-1} : \mathbb{R}_+ \to \mathbb{R}_+, \ x \mapsto f^{-1}(x) = \sqrt{x}. \quad ◀$$

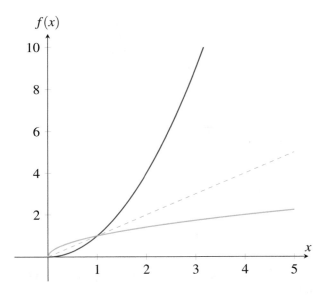

Abb. 3.10: Die quadratische Funktion mit $f(x) = x^2$ (blau) und ihre Umkehrfunktion (grün, Wurzelfunktion)

Ein weiterer wichtiger Begriff ist der der *Monotonie*.

Definition 3.8. Sei $f : A \to \mathbb{R}$ eine Funktion und $x_1, x_2 \in A$. f heißt

- *(streng) monoton wachsend*, wenn aus $x_1 < x_2$ folgt $f(x_1) \leq f(x_2)$ $(f(x_1) < f(x_2))$ und
- *(streng) monoton fallend*, wenn aus $x_1 < x_2$ folgt $f(x_1) \geq f(x_2)$ $(f(x_1) > f(x_2))$.

Beispiel 3.10. Die Funktion $f : \mathbb{R} \to \mathbb{R}_+^*$, $x \mapsto f(x) = e^x$ ist streng monoton wachsend, da aus $x_1 < x_2$ folgt $e^{x_1} < e^{x_2}$ (siehe Abb. 3.9). ◀

Hinweis

In Abschn. 8.3 werden wird das Monotonieverhalten mithilfe der ersten Ableitung untersucht.

Satz 3.1. Die Funktion $f : A \to \mathbb{R}$ sei streng monoton. Dann ist f injektiv.

Beweis. Sei $x_1 \neq x_2$. Dann gilt entweder $x_1 < x_2$ oder $x_1 > x_2$. Wegen der strengen Monotonie gilt dann entweder $f(x_1) < f(x_2)$ oder $f(x_1) > f(x_2)$, also $f(x_1) \neq f(x_2)$. Damit ist f injektiv. □

Bemerkung 3.1. Ist eine streng monotone Funktion f zusätzlich surjektiv, so ist sie nach Satz 3.1 bijektiv und damit umkehrbar.

3.2 Trigonometrische Abbildungen

Um genügend Beispielmaterial in den nächsten Kapiteln zu haben, fügen wir die wichtigen *trigonometrischen Funktione*n bereits an dieser Stelle ein. Die Begriffe *Sinus*, *Kosinus* und *Tangens* sind Ihnen aus der Schule als Verhältnisse von Seiten in rechtwinkligen Dreiecken bekannt.

Wir erinnern uns:

In einem rechtwinkligen Dreieck gilt

$$\text{Sinus eines Winkels} = \frac{\text{Gegenkathete des Winkels}}{\text{Hypotenuse}}$$

$$\text{Kosinus eines Winkels} = \frac{\text{Ankathete des Winkels}}{\text{Hypotenuse}}$$

In Abb. 3.11 sind die üblichen Bezeichnungen für rechtwinklige Dreiecke gewählt worden. Somit gilt:

$$\sin(\alpha) = \frac{a}{c} \qquad \text{und} \qquad \cos(\alpha) = \frac{b}{c}.$$

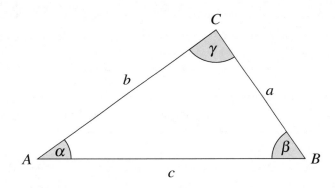

Abb. 3.11: Rechtwinkliges Dreieck ($\gamma = 90°$)

Des Weiteren definiert man

$$\tan(\alpha) = \frac{\sin(\alpha)}{\cos(\alpha)}.$$

Somit gilt:

$$\text{Tangens eines Winkels} = \frac{\text{Gegenkathete des Winkels}}{\text{Ankathete des Winkels}}.$$

Sinus, Kosinus und Tangens kann man sich mithilfe des *Einheitskreises* veranschaulicht denken (siehe Abb. 3.12).

Mithilfe des Satzes von Pythagoras kann man hier die nützliche Gleichung, den sogenannten *trigonometrischen Pythagoras*,

$$\sin^2(\alpha) + \cos^2(\alpha) = 1$$

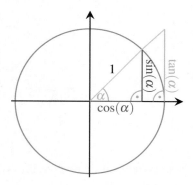

Abb. 3.12: sin, cos und tan am Einheitskreis

ablesen mit $\sin^2(\alpha) := (\sin(\alpha))^2$, die wir noch häufiger benötigen werden.
Am Einheitskreis wird auch deutlich (siehe Abb. 3.13), dass

$$\sin(-\alpha) = -\sin(\alpha) \quad \text{und} \quad \cos(-\alpha) = \cos(\alpha)$$

gilt.

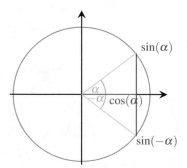

Abb. 3.13: sin, cos und tan am Einheitskreis

Der Einheitskreis ist auch nützlich, um die Definition der Begriffe Sinus, Kosinus und Tangens auf Winkel > 90° auszudehnen (siehe Abb. 3.14).

Wenn wir, wie es in diesem Buch häufig der Fall ist, statt Winkelgrößen in Grad reelle Zahlen als Winkelmaße benutzen wollen, benötigen wir eine Übersetzungsregel, die jedem Winkel in Grad in beide Richtungen eindeutig eine reelle Zahl zuordnet. Das zugehörige Maß heißt *Bogenmaß*.

Wir betrachten die Abb. 3.15. Die Länge des Kreisbogens b ist bei gegebenem Radius r offensichtlich ein Maß für die Größe des Mittelpunktwinkels α. Ein Winkel-

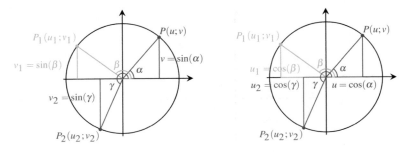

Abb. 3.14: Einheitskreis mit sin und cos für Winkel $> 90°$

maß muss jedoch unabhängig vom Kreisradius sein. Anschaulich gilt jedoch, dass das Verhältnis von Kreisbogenlänge b und dem Umfang $2\pi r$ des Kreises so groß ist wie das Verhältnis von α zum Vollwinkel von $360°$:

$$\frac{b}{2\pi r} = \frac{\alpha}{360°}.$$

Umgeformt ergibt sich

$$\frac{b}{r} = 2\pi \cdot \frac{\alpha}{360°} = \frac{\alpha}{180°} \cdot \pi.$$

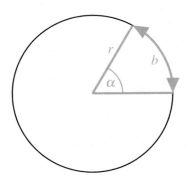

Abb. 3.15: Bogenmaß eines Winkels

Das Bogenmaß ist wie folgt definiert.

> **Definition 3.9.** Unter dem *Bogenmaß* des Winkels α versteht man das Verhältnis
>
> $$\frac{b}{r} = \frac{\alpha}{180°} \cdot \pi$$
>
> und somit die Bogenlänge des Winkels im Einheitskreis.
> Die Einheit hat die Dimension 1 und wird als *Radiant* bezeichnet (1 *rad*).
> Sie wird jedoch häufig nicht genannt. Das Bogenmaß eines Winkels ist eine reelle Zahl.

Beispiel 3.11.

(1) Der Vollwinkel 360° entspricht 2π im Bogenmaß.

(2) Der Winkel 180° entspricht π im Bogenmaß.

(3) Der Winkel 45° entspricht $\frac{1}{4}\pi$ im Bogenmaß.

(4) Der Winkel 30° entspricht $\frac{1}{6}\pi$ im Bogenmaß.   ◀

Mithilfe des Bogenmaßes können wir Sinus und Kosinus für reelle Zahlen bestimmen und sie somit auffassen als Abbildungen $\mathbb{R} \to \mathbb{R}$. Man spricht dann von trigonometrischen Funktionen:

$$\sin : \mathbb{R} \to \mathbb{R}, \, x \mapsto \sin x \quad \text{und} \quad \cos : \mathbb{R} \to \mathbb{R}, \, x \mapsto \cos x$$

mit dem jeweiligen Wertebereich $[-1; 1]$. Mit

$$\tan x = \frac{\sin x}{\cos x}$$

wird tan zu einer weiteren trigonometrischen Funktion

$$\tan : \mathbb{R} \setminus \left\{ (2n-1)\frac{\pi}{2} | n \in \mathbb{Z} \right\} \to \mathbb{R}, \, x \mapsto \tan x$$

mit dem Wertebereich $\mathbb{R}$.

Die Graphen in der Abb. 3.16 verdeutlichen dies.

Die folgenden Tab. 3.1 und 3.2 zeigen einige nützliche Werte von sin, cos und tan für spezielle Winkel.

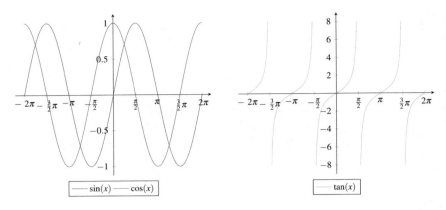

Abb. 3.16: Die Graphen von sin, cos und tan

Tab. 3.1: Spezielle Werte von Sinus, Kosinus und Tangens (0° bis 180°)

Winkel (Grad)	0°	30°	45°	60°	90°	120°	135°	150°	180°
Bogenmaß	0	$\frac{\pi}{6}$	$\frac{\pi}{4}$	$\frac{\pi}{3}$	$\frac{\pi}{2}$	$\frac{2}{3}\pi$	$\frac{3}{4}\pi$	$\frac{5}{6}\pi$	π
Sinus	0	$\frac{1}{2}$	$\frac{1}{2}\sqrt{2}$	$\frac{1}{2}\sqrt{3}$	1	$\frac{1}{2}\sqrt{3}$	$\frac{1}{2}\sqrt{2}$	$\frac{1}{2}$	0
Kosinus	1	$\frac{1}{2}\sqrt{3}$	$\frac{1}{2}\sqrt{2}$	$\frac{1}{2}$	0	$-\frac{1}{2}$	$-\frac{1}{2}\sqrt{2}$	$-\frac{1}{2}\sqrt{3}$	-1
Tangens	0	$\frac{1}{3}\sqrt{3}$	1	$\sqrt{3}$	–	$-\sqrt{3}$	-1	$-\frac{1}{3}\sqrt{3}$	0

Tab. 3.2: Spezielle Werte von Sinus, Kosinus und Tangens (210° bis 360°)

Winkel (Grad)	210°	225°	240°	270°	300°	315°	330°	360°
Bogenmaß	$\frac{7}{6}\pi$	$\frac{5}{4}\pi$	$\frac{4}{3}\pi$	$\frac{3}{2}\pi$	$\frac{5}{3}\pi$	$\frac{7}{4}\pi$	$\frac{11}{6}\pi$	2π
Sinus	$-\frac{1}{2}$	$-\frac{1}{2}\sqrt{2}$	$-\frac{1}{2}\sqrt{3}$	-1	$-\frac{1}{2}\sqrt{3}$	$-\frac{1}{2}\sqrt{2}$	$-\frac{1}{2}$	0
Kosinus	$-\frac{1}{2}\sqrt{3}$	$-\frac{1}{2}\sqrt{2}$	$-\frac{1}{2}$	0	$\frac{1}{2}$	$\frac{1}{2}\sqrt{2}$	$\frac{1}{2}\sqrt{3}$	1
Tangens	$\frac{1}{3}\sqrt{3}$	1	$\sqrt{3}$	–	$-\sqrt{3}$	-1	$-\frac{1}{3}\sqrt{3}$	0

Beispiel 3.12. Die Sinusfunktion kann durch Einschränkung auf ein geeignetes Intervall bijektiv gemacht werden (siehe Abb. 3.17), und die Umkehrfunktion arcsin ist die so genannte *Arkussinus*funktion:

$$\sin : \left[-\frac{\pi}{2}; \frac{\pi}{2}\right] \to [-1; 1], \ x \mapsto \sin(x)$$

$$x = \sin y$$

$$\arcsin x = y$$

$$\arcsin : [-1; 1] \to \left[-\frac{\pi}{2}; \frac{\pi}{2}\right], \ x \mapsto \arcsin(x)$$

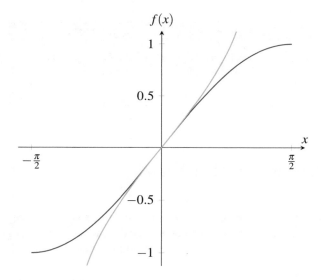

Abb. 3.17: Die Sinusfunktion von $-\frac{\pi}{2}$ bis $\frac{\pi}{2}$ (blau) und ihre Umkehrfunktion arcsin (grün)

Analog gibt es auch den *Arkuskosinus* (arccos) und den *Arkustangens* (arctan) (siehe Aufg. 3.6 und 3.7). Allgemein heißen diese Funktionen *Arkusfunktionen* oder *zyklometrische Funktionen*. ◄

Für einige Umformungen von trigonometrischen Funktionen, die uns in diesem Buch noch begegnen werden, ist die Kenntnis der Additionstheoreme unerlässlich.

Satz 3.2 (Additionstheoreme).

$$\cos(x \pm y) = \cos x \cdot \cos y \mp \sin x \cdot \sin y \qquad \forall\, x, y \in \mathbb{R}$$
$$\sin(x \pm y) = \sin x \cdot \cos y \pm \cos x \cdot \sin y \qquad \forall\, x, y \in \mathbb{R}$$

Hinweis

Wir werden in Abschn. 6.4 die Additionstheoreme mithilfe der Euler'schen Gleichung beweisen.

Denkanstoß

Mithilfe der Additionstheoreme können weitere Beziehungen zwischen trigonometrischen Funktionen hergeleitet werden. Bearbeiten Sie dazu Aufg. 3.8.

3.3 Verkettung von Abbildungen

Abbildungen (oder Funktionen) können nicht nur addiert oder multipliziert werden, sondern auch in gewisser Weise miteinander verschachtelt. Eine derartige Operation nennt man *Verkettung* oder *Komposition* von Funktionen im Sinne der folgenden Definition.

Definition 3.10. Seien $f : A \to \mathbb{W}_f$ und $g : B \to \mathbb{W}_g$ Funktionen mit $f(A) \subset B$. Dann heißt die Funktion

$$g \circ f : A \to \mathbb{W}_g$$

(gelesen: g Kreis f oder g komponiert mit f) mit $(g \circ f)(x) := g(f(x))$ für $x \in A$ die *Verkettung* oder *Komposition* von g und f.

In den folgenden Beispielen schreiben wir alle Funktionen stets in ihrer surjektiven Form $f : A \to f(A)$.

Beispiel 3.13.

(1) Sei $f : \mathbb{R} \to \mathbb{R}_+^*$, $x \mapsto f(x) = e^x$ und $g : \mathbb{R}_+ \to \mathbb{R}_+$, $x \mapsto g(x) = \sqrt{x}$.

Die Voraussetzungen der Definition sind gegeben, da die e-Funktion nur positive Funktionswerte hat. Es gilt $\mathbb{R}_+^* \subset \mathbb{R}_+$. Somit ist $g \circ f : \mathbb{R} \to \mathbb{R}_+$ gegeben durch

$$(g \circ f)(x) = \sqrt{e^x}.$$

(2) Sei $f : \mathbb{R} \to [1; \infty[$, $x \mapsto f(x) = 5x^2 + 1$ und $g : \mathbb{R}^* \to \mathbb{R}^*$, $x \mapsto g(x) = \frac{1}{x}$.

Da $f(x) > 0$ ist für alle reellen Zahlen x, also $[1; \infty[\subset \mathbb{R}^*$, dürfen wir $(g \circ f)(x)$ bilden und erhalten

$$(g \circ f)(x) = \frac{1}{5x^2 + 1}.$$

(3) Falls sich sowohl $g \circ f$ als auch $f \circ g$ bilden lassen, so gilt im Allgemeinen $g \circ f \neq f \circ g$, wie das folgende Beispiel zeigt:

Sei $f : \mathbb{R} \to \mathbb{R}$, $x \mapsto f(x) = 3x + 1$ und $g : \mathbb{R} \to \mathbb{R}$, $x \mapsto g(x) = -5x - 2$. Es gilt

$$(g \circ f)(x) = -5(3x + 1) - 2 = -15x - 7$$

und

$$(f \circ g)(x) = 3(-5x - 2) + 1 = -15x - 5.$$

(4) Verkettet man eine Funktion mit ihrer Umkehrfunktion, so gilt stets

$$f \circ f^{-1} = f^{-1} \circ f,$$

und es ergibt sich in beiden Fällen die identische Abbildung mit dem Term x auf jeweils unterschiedlichen Definitionsbereichen.

Als Beispiel dienen die e-Funktion und ihre Umkehrfunktion, der natürliche Logarithmus:

$$f : \mathbb{R} \to \mathbb{R}_+^*, \ x \mapsto f(x) = e^x \quad \text{und} \quad f^{-1} : \mathbb{R}_+^* \to \mathbb{R}, \ x \mapsto f(x) = \ln x.$$

Es ist

$$f^{-1} \circ f : \mathbb{R} \to \mathbb{R}, \ x \mapsto (f^{-1} \circ f)(x) = \ln(e^x) = x$$

und

$$f \circ f^{-1} : \mathbb{R}_+^* \to \mathbb{R}_+^*, \ x \mapsto (f \circ f^{-1})(x) = e^{\ln x} = x. \quad \blacktriangleleft$$

3.4 Aufgaben

Aufgabe 3.1. Gegeben seien die Mengen $A = \{2;5;6\}$ und $B = \{7;9\}$. Bestimmen Sie die kartesischen Produkte $A \times B$ und $B \times A$. **(379 Lösung)**

Aufgabe 3.2. Gegeben seien die Mengen $A = \{2;5;6\}$ und $B = \{7;9\}$. Entscheiden Sie jeweils, ob es sich bei den folgenden Mengen um Funktionen $f : A \to B$ handelt: **(379 Lösung)**

a) $R = \{(2;7);(5;9);(6;9)\}$ b) $R = \{(2;7);(5;9);(2;9);(6;9)\}$
c) $R = \{(2;7);(5;9)\}$ d) $R = \{(2;7);(5;9);(6;10)\}$
e) $R = \{(2;9);(5;9);(6;9)\}$

Aufgabe 3.3. Bestimmen Sie jeweils den maximalen Definitionsbereich und den Wertebereich der folgenden Funktionen: **(379 Lösung)**

a) $f(x) = \sqrt{x^2 - 4}$ b) $f(x) = 2\sin(x)$ c) $f(x) = \ln(x^3 - 1)$
d) $f(x) = e^{x-1}$ e) $f(x) = \frac{1}{x^2+1}$ f) $f(x) = \frac{1}{x^2-1}$
g) $f(x) = \frac{1}{\sqrt{x^2-1}}$

Aufgabe 3.4. Prüfen Sie die folgenden Funktionen auf Surjektivität, Injektivität und Bijektivität. **(380 Lösung)**

a) $f : \{1;2;3;4\} \to \{a;b;c\}$ mit $f(1) = a$, $f(2) = a$, $f(3) = b$, $f(4) = c$
b) $f : \{1;2;3\} \to \{a;b;c;d\}$ mit $f(1) = a$, $f(2) = c$, $f(3) = d$
c) $f : \{1;2;3;4\} \to \{a;b;c;d\}$ mit $f(1) = a$, $f(2) = d$, $f(3) = b$, $f(4) = c$
d) $f : \{1;2;3;4\} \to \{a;b;c;d\}$ mit $f(1) = a$, $f(2) = a$, $f(3) = b$, $f(4) = c$

Aufgabe 3.5. Untersuchen Sie die folgenden Abbildungen auf Bijektivität: **(381 Lösung)**

a) $f : \mathbb{R}_+ \to \mathbb{R}_+$, $x \mapsto f(x) := \sqrt{x}$
b) $f :]-\frac{\pi}{2};\frac{\pi}{2}[\to \mathbb{R}$, $x \mapsto f(x) := \tan(x)$
c) $f : [0;1] \to [0;3]$, $x \mapsto f(x) := x^2$
d) $f : [-1;1] \to [4;5]$, $x \mapsto f(x) := x^2 + 4$
e) $f : [0;4] \to [0;1]$, $x \mapsto f(x) := \begin{cases} 1 & \text{für } 0 \le x \le 1 \\ 0 & \text{sonst} \end{cases}$

Aufgabe 3.6. Bestimmen Sie jeweils die Umkehrfunktionen: **(381 Lösung)**

a) $f : [0;\pi] \to [-1;1]$, $x \mapsto f(x) := \cos(x)$
b) $f : \mathbb{R}_+ \to \mathbb{R}_+$, $x \mapsto f(x) := x^4$
c) $f : \mathbb{R} \to \mathbb{R}_+^*$, $x \mapsto f(x) := \frac{1}{4}e^{2x}$
d) $f :]0;\infty[\to \mathbb{R}$, $x \mapsto f(x) := \lg\left(7x^2\right)$

Aufgabe 3.7. Geben Sie Intervalle an, in denen die durch folgende Gleichungen gegebenen Funktionen umkehrbar sind: **(382 Lösung)**

a) $f(x) = \tan(x)$ b) $f(x) = e^{x-3}$ c) $f(x) = 2x - 1$ d) $f(x) = 5x^2$

Aufgabe 3.8. Beweisen Sie mithilfe der Additionstheoreme für $x \in \mathbb{R}$: **(382 Lösung)**

a) $\sin(2x) = 2\sin(x)\cos(x)$ und $\cos(2x) = \cos^2(x) - \sin^2(x)$
(Tipp: Verwenden Sie die Additionstheoreme mit $x = y$ und formen Sie geschickt um.)

b) $\sin(3x) = 3\sin x - 4\sin^3 x$ und $\cos(3x) = 4\cos^3 x - 3\cos x$
(Tipp: Verwenden Sie auch den trigonometrischen Pythagoras $\cos^2(x) + \sin^2(x) = 1$.)

Aufgabe 3.9. Beweisen Sie die Additionstheoreme des Tangens: **(383 Lösung)**

$$\tan(x \pm y) = \frac{\tan x \pm \tan y}{1 \mp \tan x \tan y}.$$

Aufgabe 3.10. Schreiben Sie die Funktionen in der surjektiven Form und bilden Sie, falls möglich, $g \circ f$ bzw. $f \circ g$: **(383 Lösung)**

a) $f(x) = x^4$, $g(x) = \cos(x)$ b) $f(x) = e^x$, $g(x) = \frac{1}{x^2}$
c) $f(x) = 2x^3$, $g(x) = \ln(x^2)$

Kapitel 4

Gleichungen und Ungleichungen

In diesem Kapitel werden wir verschiedene Gleichungstypen behandeln, mit denen man in der Schule nur am Rande in Berührung kommt. Es handelt sich um Betragsgleichungen, Bruchgleichungen und Wurzelgleichungen. Wir werden zeigen, dass man diese Gleichungen häufig auf einfachere Gleichungen wie lineare oder quadratische Gleichungen zurückführen kann. Man muss jedoch dabei in vielen Fällen eine gewisse Vorsicht walten lassen, was die Lösungsmenge betrifft. Des Weiteren werden wir uns in diesem Kapitel mit Ungleichungen beschäftigen, die z. B. bei Abschätzungen in den folgenden Kapiteln vorkommen.

Zur Lösung von Gleichungen haben Sie bereits in Ihrer Schulzeit sogenannte *Äquivalenzumformungen* verwendet. Für derartige Umformungen gilt:

- Es existiert eine Umkehrung der Umformung, mit der die Umformung rückgängig gemacht werden kann.

- Die Lösungsmenge der Gleichung wird durch die Umformung nicht verändert.

Bei folgenden Umformungen handelt es sich um Äquivalenzumformungen von Gleichungen:

- Addition eines Terms,

- Subtraktion eines Terms,

- Multiplikation mit einem Term ungleich 0,

- Division durch einen Term ungleich 0 und

- Anwendung einer injektiven Funktion.

Wir werden im Folgenden verschiedene (Un-)gleichungstypen und deren Lösung betrachten.

4.1 Quadratische Gleichungen, biquadratische Gleichungen und Polynome

Da *quadratische Gleichungen* sehr wichtig sind, insbesondere deshalb, weil viele der folgenden Gleichungstypen auf quadratische Gleichungen zurückgeführt werden, sollen sie an dieser Stelle noch einmal behandelt werden. Wir behandeln die Herleitung der *p-q-Formel* mittels quadratischer Ergänzung sowie die Anwendung dieser Formel. Des Weiteren werden wir zeigen, wie mittels Substitution die Lösung biquadratischer Gleichungen erfolgen kann.

Betrachten wir die allgemeine Form einer quadratischen Gleichung:

$$ax^2 + bx + c = 0$$

mit $a, b, c \in \mathbb{R}, a \neq 0$. Wir dividieren durch a und erhalten mit

$$p := \frac{b}{a} \quad \text{und} \quad q := \frac{c}{a}$$

die Gleichung

$$x^2 + px + q = 0.$$

Wir leiten jetzt die p-q-Formel mittels *quadratischer Ergänzung* her. Dazu ergänzen wir den Term $\left(\frac{p}{2}\right)^2$ und subtrahieren ihn sofort wieder:

$$x^2 + px \underbrace{+ \left(\frac{p}{2}\right)^2 - \left(\frac{p}{2}\right)^2}_{\text{quadratische Ergänzung}} + q = 0.$$

Jetzt können wir die ersten drei Terme nach der 1. Binomischen Formel zusammenfassen (siehe Abschn. 0.4) und erhalten

$$\underbrace{x^2 + px + \left(\frac{p}{2}\right)^2}_{\text{1. Binomische Formel}} - \left(\frac{p}{2}\right)^2 + q \quad = \quad 0$$

$$\left(x + \frac{p}{2}\right)^2 \quad = \quad \left(\frac{p}{2}\right)^2 - q.$$

Somit folgt durch Wurzelziehen

$$x + \frac{p}{2} = \sqrt{\left(\frac{p}{2}\right)^2 - q} \quad \vee \quad x + \frac{p}{2} = -\sqrt{\left(\frac{p}{2}\right)^2 - q}$$

$$x = -\frac{p}{2} + \sqrt{\left(\frac{p}{2}\right)^2 - q} \quad \vee \quad x = -\frac{p}{2} - \sqrt{\left(\frac{p}{2}\right)^2 - q}$$

und im Falle, dass der Term unter der Wurzel, die so genannte *Diskriminante* $\left(\frac{p}{2}\right)^2 - q$, nicht-negativ ist, folgt für die Lösungsmenge

$$\mathbb{L} = \left\{ -\frac{p}{2} + \sqrt{\left(\frac{p}{2}\right)^2 - q}; \ -\frac{p}{2} - \sqrt{\left(\frac{p}{2}\right)^2 - q} \right\}.$$

Ist die Diskriminante

- positiv, so erhält zwei verschiedene reelle Lösungen,
- gleich Null, so erhält man lediglich die eine Lösung $x = -\frac{p}{2}$,
- negativ, so ist die Lösungsmenge leer.

Beispiel 4.1. Wir betrachten die quadratische Gleichung

$$x^2 + 4x - 5 = 0.$$

Hier ist also $p = 4$ und $q = -5$. Somit sieht der Lösungsweg folgendermaßen aus:

$$
\begin{aligned}
x &= -2 + \sqrt{4+5} \quad &\vee \quad x &= -2 - \sqrt{4+5} \\
x &= -2 + 3 \quad &\vee \quad x &= -2 - 3 \\
x &= 1 \quad &\vee \quad x &= -5 \\
\mathbb{L} &= \{-5; \ 1\}.
\end{aligned}
$$

Wir können den ursprünglichen Term $x^2 + 4x - 5$ mithilfe dieser Lösungen auch als Produkt von *Linearfaktoren* schreiben, nämlich

$$x^2 + 4x - 5 = (x+5)(x-1).$$

Die erste Klammer wird durch Einsetzen der Lösung -5 Null, die zweite Klammer durch Einsetzen der Lösung 1. ◄

Beispiel 4.2. Wichtig ist, dass man die quadratische Gleichung immer auf die Form $x^2 + px + q = 0$ bringt, bevor man die p-q-Formel anwendet.

Betrachten wir die Gleichung

$$2x^2 + 20x - 78 = 0.$$

Wir dividieren durch 2 und erhalten die benötigte Form

$$x^2 + 10x - 39 = 0.$$

Anwenden der p-q-Formel

$$x = -5 + \sqrt{25 + 39} \quad \vee \quad x = -5 - \sqrt{25 + 39}$$
$$x = -5 + 8 \qquad\qquad \vee \quad x = -5 - 8$$
$$x = 3 \qquad\qquad\quad \vee \quad x = -13$$

liefert die Lösungen $x = 3 \vee x = -13$. Somit können wir den quadratischen Term unter Berücksichtigung des Faktors 2 als Produkt von Linearfaktoren schreiben

$$2x^2 + 20x - 78 = 2 \cdot (x^2 + 10x - 39) = 2(x - 3)(x + 13).$$

Hier ist es wichtig zu beachten, dass der Faktor 2 ausgeklammert wird! ◀

Hat man Lösungen einer quadratischen Gleichung gefunden, so kann man ihre Richtigkeit schnell mit dem *Wurzelsatz von Vieta* überprüfen, benannt nach dem französischen Mathematiker Francois Viete, latinisiert Vieta (1540-1603).

Satz 4.1 (Wurzelsatz von Vieta). Für die Lösungen x_1 und x_2 der quadratischen Gleichung $x^2 + px + q = 0$, die auch zusammenfallen können, gilt:

$$x_1 + x_2 = -p \quad \text{und} \quad x_1 \cdot x_2 = q.$$

Beweis. Anwenden der p-q-Formel.

Denkanstoß

Führen Sie den Beweis als Übung durch (siehe Aufg. 4.2)!

Beispiel 4.3. Die Gleichung
$$x^2 - 2x - 8 = 0$$

($p = -2, q = -8$) hat die Lösungen

$$x_1 = -2 \quad \text{und} \quad x_2 = 4,$$

wie Sie leicht mit der p-q-Formel herleiten können. Es gilt

$$x_1 + x_2 = 2 = -p$$

und

$$x_1 \cdot x_2 = -8 = q. \qquad \blacktriangleleft$$

Betrachten wir jetzt eine *biquadratische Gleichung*, also eine Gleichung der Form

$$ax^4 + bx^2 + c = 0$$

mit $a, b, c \in \mathbb{R}$, $a \neq 0$.

Beispiel 4.4. Wir betrachten folgende Gleichung

$$x^4 - 11x^2 + 18 = 0.$$

Wir *substituieren* zunächst

$$z := x^2$$

und erhalten die quadratische Gleichung

$$z^2 - 11z + 18 = 0.$$

Anwenden der *p-q*-Formel

$$x = -\frac{11}{2} + \sqrt{\frac{121}{4} - 18} \quad \vee \quad x = -\frac{11}{2} - \sqrt{\frac{121}{4} - 18}$$

$$x = -\frac{11}{2} + \frac{7}{2} \qquad\qquad \vee \quad x = -\frac{11}{2} - \frac{7}{2}$$

$$x = 9 \qquad\qquad\qquad \vee \quad x = 2$$

liefert die Lösungen

$$x^2 = z = 9 \quad \text{bzw.} \quad x^2 = z = 2.$$

Damit hat die ursprüngliche Gleichung die vier Lösungen (Wurzelziehen!)

$$x = 3 \vee x = -3 \vee x = \sqrt{2} \vee x = -\sqrt{2}.$$

Die Linearfaktordarstellung des biquadratischen Terms lautet demnach

$$x^4 - 11x^2 + 18 = (x - 3)(x + 3)(x - \sqrt{2})(x + \sqrt{2}). \qquad \blacktriangleleft$$

In der gymnasialen Oberstufe beschäftigt man sich viel mit dem Lösen so genannter Polynomgleichungen. Wir wollen daher an dieser Stelle einige Aspekte über Polynome aufgreifen und vertiefen.

Definition 4.1. Unter einem *Polynom n-ten Grades* versteht man einen Ausdruck der Form

$$p(x) = a_n x^n + a_{n-1} x^{n-1} + a_{n-2} x^{n-2} + \ldots + a_1 x + a_0$$

mit $a_i \in \mathbb{R} \ \forall \ i \in \{0, 1, 2, 3 \ldots, n\}$ und $a_n \neq 0$. Die Zahlen a_i heißen die *Koeffizienten* des Polynoms.

Mithilfe des Summenzeichens können wir das Polynom $p(x)$ auch kompakter schreiben als

$$p(x) = \sum_{i=0}^{n} a_i x^i.$$

So ist z. B.

$$2x^2 + 20x - 78$$

ein Polynom 2. Grades (auch *quadratisches Polynom* genannt). Hier ist also $a_2 = 2$, $a_1 = 20$ und $a_0 = -78$. Polynome ersten Grades nennt man auch *lineare Polynome*, wie z. B. $3x - 9$, Polynome 0. Grades sind Konstanten. Der Ausdruck $x^4 - 11x^2 + 18$ ist ein Polynom 4. Grades.

Wir haben oben schon gesehen, dass man einige Polynome als Produkte von Linearfaktoren schreiben kann. Im Allgemeinen sind solche Linearfaktoren jedoch schwer zu finden. Für quadratische Polynome gibt es eine geschlossene Formel zum Auffinden der Nullstellen und somit der Linearfaktoren, nämlich die oben bereits erwähnte *p-q*-Formel. Für Polynome 3. und 4. Grades gibt es solche Formeln auch. Diese sind aber nur sehr schwer handhabbar und werden daher an dieser Stelle nicht näher erläutert.

Es gibt jedoch einige Ausnahmen. Betrachten wir als Beispiel etwa das Polynom 3. Grades

$$x^3 - 6x^2 - x + 6.$$

Das Problem, die Linearfaktoren dieses Polynoms zu finden, resultierte in der Oberstufe aus der Aufgabe, die Nullstellen der ganzrationalen Funktion f mit der Gleichung $f(x) = x^3 - 6x^2 - x + 6$ zu finden, also die Lösungen der Gleichung $x^3 - 6x^2 - x + 6 = 0$. Um dieses Problem zu lösen, hat man zunächst nur die Möglichkeit, ganzzahlige Lösungen zu suchen, die man, sofern sie existieren, unter den Teilern (beiderlei Vorzeichens) des absoluten Gliedes 6 findet. Dies wird Ihnen klar, wenn Sie sich überlegen, dass die Linearfaktoren des Polynoms ausmultipliziert wieder das Polynom ergeben und somit die absoluten Zahlen hinten das Produkt 6 haben müssen.

Wir sehen auf diese Weise, dass z. B. die Zahl 1 eine Lösung der Gleichung ist. Deshalb muss sich das gewählte Polynom dritten Grades als Produkt aus einem Linearfaktor $x - 1$ (der eben durch Einsetzen der Zahl 1 Null wird) und einem quadratischen Polynom schreiben lassen:

$$x^3 - 6x^2 - x + 6 = (x-1)(ax^2 + bx + c).$$

Das bedeutet, dass die Differenz

$$x^3 - 6x^2 - x + 6 - (ax^2 + bx + c)(x-1)$$

für alle reellen Zahlen x den Wert 0 annehmen muss.

Wir subtrahieren schrittweise:

$$x^3 - 6x^2 - x + 6 - ax^2(x-1) \text{ im ersten Schritt}$$
$$-bx(x-1) \text{ im zweiten Schritt}$$
$$-c(x-1) \text{ im dritten Schritt}$$

Dabei wählen wir die Koeffizienten a, b und c so, dass wir den Grad bei jedem Schritt verringern.

1. Schritt: $x^3 - 6x^2 - x + 6 - ax^2(x-1)$. Wählen wir $a = 1$, so bleibt der Term $-5x^2 - x + 6$ übrig.

2. Schritt: $-5x^2 - x + 6 - bx(x-1)$. Wählen wir $b = -5$, so bleibt der Term $-6x + 6$ übrig.

3. Schritt: $-6x + 6 - c(x-1)$. Wählen wir $c = -6$, so bleibt 0 übrig, und wir sind fertig.

Mithilfe dieses Verfahrens dividieren wir faktisch das Ausgangspolynom durch den Linearfaktor $(x-1)$. Das ganze Verfahren mit den obigen drei Schritten sieht schematisch wie folgt aus und nennt sich *Polynomdivision*:

$$
\begin{array}{l}
\left(\ \ x^3 - 6x^2\ \ -x + 6\right) : (x-1) = x^2 - 5x - 6 \\
\ \underline{-x^3\ \ +x^2} \\
\qquad -5x^2\ \ -x \\
\qquad \underline{5x^2 - 5x} \\
\qquad\qquad -6x + 6 \\
\qquad\qquad \underline{6x - 6} \\
\qquad\qquad\qquad 0
\end{array}
$$

Das quadratische Polynom im Ergebnis lässt sich wiederum schreiben als

$$x^2 - 5x - 6 = (x+1)(x-6),$$

wie man leicht mithilfe der p-q-Formel sieht. Somit gilt insgesamt

$$x^3 - 6x^2 - x + 6 = (x-1)(x+1)(x-6).$$

Beispiel 4.5. Wir betrachten das Polynom

$$x^3 + 6x^2 + 3x - 10.$$

Durch Überprüfen der Teiler der Zahl 10 erhalten wir mit -5 einen Treffer. Also dividieren wir durch den Linearfaktor $(x+5)$ nach dem bekannten Schema:

$$
\begin{array}{l}
(\quad x^3 + 6x^2 + 3x - 10) : (x+5) = x^2 + x - 2 \\
\underline{-x^3 - 5x^2} \\
x^2 + 3x \\
\underline{-x^2 - 5x} \\
-2x - 10 \\
\underline{2x + 10} \\
0
\end{array}
$$

Als Linearfaktordarstellung ergibt sich

$$x^3 + 6x^2 + 3x - 10 = (x+5)(x-1)(x+2). \qquad \blacktriangleleft$$

Mit der gleichen Methode kann man auch durch Polynome höheren Grades dividieren, wie das folgende Beispiel zeigt.

Beispiel 4.6. Wir dividieren ein Polynom 5. Grades durch ein quadratisches Polynom:

$$
\begin{array}{l}
(\quad x^5 + 3x^4 - 6x^3 - 2x^2 + 8x - 5) : (x^2 + 3x - 5) = x^3 - x + 1 \\
\underline{-x^5 - 3x^4 + 5x^3} \\
-x^3 - 2x^2 + 8x \\
\underline{x^3 + 3x^2 - 5x} \\
x^2 + 3x - 5 \\
\underline{-x^2 - 3x + 5} \\
0
\end{array}
$$

$\blacktriangleleft$

Denkanstoß

Machen Sie sich insbesondere bei diesem schwierigeren Beispiel das Prinzip noch einmal gründlich klar!

4.2 Ungleichungen

Beim Lösen von Ungleichungen sind folgende Änderungen gegenüber dem Lösen von Gleichungen zu beachten:

1. Bei Multiplikation mit einer negativen Zahl oder Division durch eine negative Zahl dreht sich das $<$- bzw. $>$-Zeichen um (genauso wie $\leq$ und $\geq$). So ist z. B. die Ungleichung $-3x > 6$ äquivalent zu $x < -2$.

2. Die Lösungsmenge ist ein (eigentliches oder uneigentliches) Intervall oder eine Vereinigung von Intervallen.

Denkanstoß

Machen Sie sich die Tatsache, dass sich die Kleiner- und Größerzeichen drehen, an dem einfachen Beispiel $2 < 4$ klar. Wenn Sie diese Ungleichung mit -1 multiplizieren, erhalten Sie $-2 > -4$.

Beispiel 4.7. Wir betrachten die Ungleichung

$$3x - 7 \geq 7x + 13$$

und formen um

$$-4x \geq 20.$$

Nun dividieren wir beide Seiten durch -4, dadurch dreht sich das Ungleichungszeichen um

$$x \leq -5.$$

Somit lösen alle reellen Zahlen kleiner gleich -5 die Ungleichung. Wir stellen die Lösungsmenge mithilfe der Intervallschreibweise (siehe Abschn. 2.3) dar

$$\mathbb{L} =]-\infty; -5]. \qquad \blacktriangleleft$$

Beispiel 4.8. Wir betrachten die folgende quadratische Ungleichung

$$-2x^2 + 8x + 10 \geq 0.$$

Wir dividieren durch -2, wodurch sich das Ungleichungszeichen umdreht

$$x^2 - 4x - 5 \leq 0.$$

Zunächst zerlegen wir den quadratischen Term in Linearfaktoren (siehe Abschn. 4.1)

$$x^2 - 4x - 5 = 0$$
$$x_{1,2} = 2 \pm \sqrt{4+5} = 2 \pm 3$$
$$x_1 = -1 \quad \wedge \quad x_2 = 5.$$

Damit ergibt sich die Ungleichung

$$(x+1)(x-5) \leq 0.$$

Ein Produkt ist bekanntlich genau dann kleiner gleich null, wenn ein Faktor ≤ 0 und der andere Faktor ≥ 0 ist. Es muss also entweder gelten

$$x+1 \geq 0 \qquad \wedge \quad x - 5 \leq 0$$
$$x \geq -1 \quad \wedge \qquad x \leq 5$$
$$\mathbb{L}_1 = [-1; 5]$$

oder

$$x+1 \leq 0 \quad \wedge \quad x - 5 \geq 0$$
$$x \leq -1 \quad \wedge \qquad x \geq 5$$
$$\mathbb{L}_2 = \varnothing.$$

Die Lösungsmenge der Ungleichung ergibt sich aus der Vereinigung der beiden Teillösungsmengen

$$\mathbb{L} = \mathbb{L}_1 \cup \mathbb{L}_2 = [-1; 5]. \qquad \blacktriangleleft$$

4.3 Absolutbeträge, Betragsgleichungen, Betragsungleichungen

Die so genannte *Betragsfunktion* ordnet jeder reellen Zahl x, die als Punkt auf der x-Achse aufgefasst werden kann, deren Abstand von 0 zu. Sie ist eine *abschnittsweise definierte Funktion*, weil der Funktionsterm nicht im gesamten Definitionsbereich einheitlich geschrieben werden kann, wie man an der folgenden Darstellung erkennt (siehe Abb. 4.1):

$$f : \mathbb{R} \to \mathbb{R}, \ x \mapsto f(x) := |x| = \begin{cases} x & \text{für } x \geq 0 \\ -x & \text{für } x < 0 \end{cases}$$
$$\mathbb{D}_f = \mathbb{R} \quad \text{und} \quad \mathbb{W}_f = \mathbb{R}_+$$

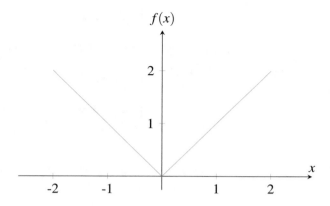

Abb. 4.1: Die Betragsfunktion als Beispiel für eine abschnittsweise lineare Funktion

---

Hinweis

Die Betragsfunktion macht aus jeder Zahl eine nichtnegative Zahl. Es gilt z. B. $|4| = 4$ und $|-4| = 4$.

Beispiel 4.9. Bei der Funktion

$$f : \mathbb{R} \to \mathbb{R}_+, \ x \mapsto g(x) := |2x - 3|$$

müssen folgende Teilintervalle betrachtet werden

$$f : \mathbb{R} \to \mathbb{R}, \ x \mapsto f(x) := |2x - 3| = \begin{cases} 2x - 3 & \text{für } 2x - 3 \geq 0 \\ -2x + 3 & \text{für } 2x - 3 < 0 \end{cases}$$

$$= \begin{cases} 2x - 3 & \text{für } x \geq \dfrac{3}{2} \\ -2x + 3 & \text{für } x < \dfrac{3}{2}. \end{cases} \qquad \blacktriangleleft$$

Bei komplizierteren Funktionen muss man unter Umständen noch mehr Teilintervalle betrachten, wie das folgende Beispiel zeigt.

Beispiel 4.10. Bei der Funktion

$$g : \mathbb{R} \to \mathbb{R}_+, \ x \mapsto g(x) := |2|x| - 3|$$

müssen insgesamt vier Teilintervalle betrachtet (siehe Abb. 4.2) werden:

$$|2|x| - 3| = \begin{cases} |2x - 3| & \text{für } x \geq 0 \\ |-2x - 3| & \text{für } x < 0 \end{cases} = \begin{cases} 2x - 3 & \text{für} & x \geq \dfrac{3}{2} \\ -2x + 3 & \text{für} & 0 \leq x < \dfrac{3}{2} \\ -2x - 3 & \text{für} & x \leq -\dfrac{3}{2} \\ 2x + 3 & \text{für} & -\dfrac{3}{2} < x < 0. \end{cases}$$

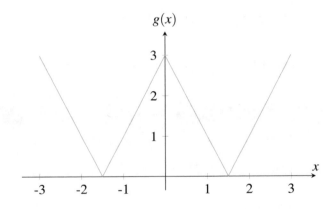

Abb. 4.2: Darstellung der Funktion $g(x) = |2|x| - 3|$

Hier wird also zunächst eine Fallunterscheidung gemacht gemäß unserem einführenden Beispiel oben, je nachdem, ob $x \geq 0$ ist oder < 0. Die beiden Terme $|2x - 3|$ für $x \geq 0$ und $|-2x - 3|$ für $x < 0$ werden dann differenziert betrachtet, je nachdem, ob der Term in den Betragsstrichen nichtnegativ oder negativ ist.

Der Graph besteht aus vier Geradenstücken. Es handelt sich um eine abschnittsweise lineare Funktion (siehe Abb. 4.2).   ◄

Wir wollen jetzt einige Regeln für das Rechnen mit Absolutbeträgen formulieren, die bei der weiteren Lektüre des Buches wichtig sind.

Satz 4.2 (Rechenregeln für Absolutbeträge).

(1) $|a \cdot b| = |a| \cdot |b| \qquad \forall\, a, b \in \mathbb{R}$

(2) $\left|\dfrac{a}{b}\right| = \dfrac{|a|}{|b|} \qquad \forall\, a \in \mathbb{R},\ b \in \mathbb{R}^*$

(3) a) $|a| \leq b \Leftrightarrow -b \leq a \leq b \qquad \forall\, a, b \in \mathbb{R}$

    b) $|a| < b \Leftrightarrow -b < a < b \qquad \forall\, a, b \in \mathbb{R}$

    c) $|a| \geq b \Leftrightarrow a \geq b \vee a \leq -b \qquad \forall\, a, b \in \mathbb{R}$

    d) $|a| > b \Leftrightarrow a > b \vee a < -b \qquad \forall\, a, b \in \mathbb{R}$

(4) $|a + b| \leq |a| + |b| \qquad \forall\, a, b \in \mathbb{R}$ (*Dreiecksungleichung*)

Wir beweisen nur (4) mithilfe von (3). (1) und (2) lassen sich mithilfe von Fallunterscheidungen bzgl. Positivität und Negativität verifizieren.

Denkanstoß

Führen Sie den Beweis für (3) b) in Aufg. 4.11 durch!

Beweis. Wir beweisen (4): Nach (3) gilt:

$$-|a| \leq a \leq |a| \qquad \text{(I)}$$
$$-|b| \leq b \leq |b| \qquad \text{(II)}$$

$$\overline{-|a| - |b| \leq a + b \leq |a| + |b|} \qquad \text{(I + II)}$$
$$-(|a| + |b|) \leq a + b \leq |a| + |b|$$
$$\underset{(3)}{\Rightarrow}\ |a + b| \leq |a| + |b| \qquad\qquad \square$$

Wir wollen jetzt zeigen, wie man Gleichungen bzw. Ungleichungen mit Absolutbeträgen löst.

Beispiel 4.11. Man führt die Gleichung

$$|5x + 1| = 6$$

auf zwei lineare Gleichungen zurück, da der Term im Betrag entweder 6 oder -6 ergeben muss. Diese zwei linearen Gleichungen kann man dann getrennt lösen:

$$5x+1 = 6 \qquad \vee \quad 5x+1 = -6$$

$$x = 1 \qquad \vee \qquad x = -\frac{7}{5}$$

$$\mathbb{L} = \left\{-\frac{7}{5} \; ; \; 1\right\}.$$

Die Betragsgleichung wird in Abb. 4.3 dargestellt. Anschaulich sind die Schnittpunkte des Graphen der Betragsfunktion mit der Konstanten 6 gesucht.   ◄

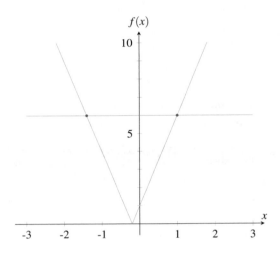

Abb. 4.3: Darstellung der Betragsgleichung in Bsp. 4.11

Beispiel 4.12. Die Betragsgleichung

$$|4x+3| = -7$$

hat keine Lösung, da der Betrag einer Zahl nie negativ sein kann.   ◄

Beispiel 4.13. Die Betragsungleichung

$$|x+5| \geq 9$$

lässt sich nach Satz 4.2 (3) c) in folgende zwei lineare Ungleichungen überführen

$$x+5 \geq 9 \qquad \vee \quad x+5 \leq -9$$

$$x \geq 4 \qquad \vee \qquad x \leq -14$$

$$\mathbb{L}_1 = [4; \infty[\qquad \mathbb{L}_2 =]-\infty; -14[.$$

Die Lösungsmenge der Ungleichung erhalten wir durch Vereinigung der beiden Lösungsmengen:

$$\mathbb{L} = \mathbb{L}_1 \cup \mathbb{L}_2 = [4; \infty[\; \cup \;]-\infty; -14] = \mathbb{R} \setminus]-14; 4[.$$

Die Betragsungleichung wird in Abb. 4.4 dargestellt.   ◄

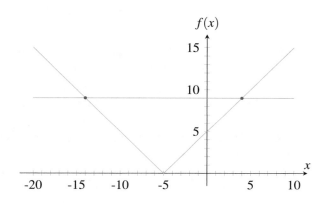

Abb. 4.4: Darstellung der Betragsungleichung in Bsp. 4.13

Beispiel 4.14. Bei der Betragsungleichung

$$|2x + 6| \leq 24x - 3.$$

müssen wir zwei Fälle unterscheiden, je nachdem, ob der Term in den Betragsstrichen ≥ 0 oder < 0 ist, d. h. in diesem Beispiel, ob $2x + 6 \geq 0$ $(x \geq -3)$ ist oder $2x + 6 < 0$ $(x < -3)$. Dieses Verfahren nennt man *Fallunterscheidung* und ist notwendig, da die Variable x hier im Gegensatz zu den vorherigen Beispielen auch außerhalb vom Betrag vorkommt.

1. Fall $x \geq -3$: Es ergibt sich nach der Definition des Absolutbetrages die Ungleichung

$$2x + 6 \leq 24x - 3$$
$$9 \leq 22x$$
$$x \geq \frac{9}{22}.$$

Da in diesem Fall $x \geq -3$ vorausgesetzt wurde und alle reellen $x \geq \frac{9}{22}$ als Lösungen herauskommen, wird die Lösungsmenge durch die Voraussetzung nicht eingeschränkt. Es gilt

$$\mathbb{L}_1 = [-3;\infty[\, \cap\, \left[\frac{9}{22};\infty\right[= \left[\frac{9}{22};\infty\right[.$$

<u>2. Fall</u> $x < -3$: Hier sieht es anders aus. Es ergibt sich nach der Definition des Absolutbetrages die Ungleichung

$$-2x - 6 \le 24x - 3$$
$$-3 \le 26x$$
$$x \ge -\frac{3}{26}.$$

Da hier $x < -3$ vorausgesetzt wird und die Lösungen $x \ge -\frac{3}{26}$ erfüllen müssen, ist diese Ungleichung unerfüllbar und die Lösungsmenge ist leer

$$\mathbb{L}_2 =]-\infty;-3[\, \cap\, \left[-\frac{3}{26};\infty\right[= \{\ \}.$$

Die Lösungsmenge der Ungleichung erhalten wir durch Vereinigung der beiden Lösungsmengen aus der Fallunterscheidung:

$$\mathbb{L} = \mathbb{L}_1 \cup \mathbb{L}_2 = \left[\frac{9}{22};\infty\right[\cup \{\ \} = \left[\frac{9}{22};\infty\right[.$$

Die Betragsungleichung ist in Abb. 4.5 dargestellt. Anschaulich ist der Bereich gesucht, wo der Graph der Betragsfunktion unterhalb der Geraden liegt. ◄

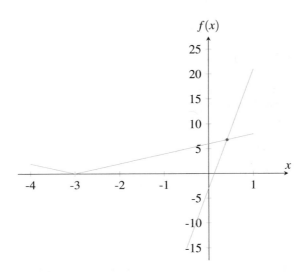

Abb. 4.5: Darstellung der Betragsungleichung in Bsp. 4.14

4.4 Bruchterme, Bruchgleichungen, Bruchungleichungen

In der geometrischen Optik werden mithilfe des Lichtstrahlenmodells Bilder konstruiert, die mithilfe von Sammellinsen auf einem Schirm entstehen. Das Bild eines Gegenstandes lässt sich konstruieren, wenn man die Brennweite f der Sammellinse kennt. Die *Brennweite* ist der Abstand der Mittelebene der Linse vom Brennpunkt F.

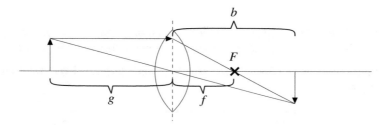

Abb. 4.6: Darstellung zur Linsengleichung

Der Abstand des Gegenstandes von der Mittelebene der Linse heißt *Gegenstandsweite g*, der Abstand des Bildes *Bildweite b*.

Für diese drei Größen gilt die so genannte *Linsengleichung*, von deren Gültigkeit man sich durch Nachmessen in der Konstruktionszeichnung überzeugen kann:

$$\frac{1}{f} = \frac{1}{b} + \frac{1}{g}.$$

Sowohl auf der rechten als auch auf der linken Seite stehen Bruchterme, also Terme mit Variablen oder Parametern in Form von Quotienten. Wenn man bei gegebener Gegenstands- und Bildweite die Brennweite berechnen und einen möglichst kompakten Ausdruck haben will, kann man einfache Regeln der Bruchrechnung auf diese Terme anwenden und mit ihnen wie mit einfachen Brüchen rechnen:

$$f = \frac{1}{\frac{1}{b} + \frac{1}{g}} = \frac{1}{\frac{g}{b \cdot g} + \frac{b}{b \cdot g}} = \frac{1}{\frac{b+g}{b \cdot g}} = \frac{b \cdot g}{b + g}.$$

Gehen Sie die Schritte einzeln durch:

1. Zunächst wird der Kehrbruch des Summenterms auf der rechten Seite gebildet.

2. Im zweiten Schritt werden die beiden Summanden $\frac{1}{b} + \frac{1}{g}$ durch geeignete Erweiterung auf den Hauptnenner $b \cdot g$ gebracht.

3. Dann werden die erweiterten Brüche addiert.

4. Schließlich wird der Kehrbruch von $\frac{b+g}{b \cdot g}$ gebildet.

All diese Dinge sind Ihnen von gewöhnlichen Brüchen her bekannt (siehe auch Abschn. 0.3). Betrachten wir jetzt Bruchterme mit einer Variablen x.

Beispiel 4.15.

(1) $\dfrac{x-2}{x+5}, \quad \mathbb{D} = \mathbb{R} \setminus \{-5\}$

(2) $\dfrac{3}{x+1} \cdot \dfrac{x-1}{x^2-1}, \quad \mathbb{D} = \mathbb{R} \setminus \{-1; 1\}$

Für Bruchterme lässt sich eine Definitionsmenge angeben, wie in den Beispielen geschehen. Man muss darauf achten, dass der Term im Nenner nicht 0 wird.

Wendet man einfache algebraische Regeln an, so kann man den Bruchterm aus Beispiel (2) umformen:

$$\frac{3}{x+1} \cdot \frac{x-1}{x^2-1} = \frac{3}{x+1} \cdot \frac{x-1}{(x-1)(x+1)} \underset{x \neq 1}{=} \frac{3}{(x+1)^2}.$$

Dabei wurden die 3. Binomische Formel sowie Kürzungsregeln verwendet. Hier muss man jedoch höllisch aufpassen: Der Term auf der linken Seite hat die Definitionsmenge $\mathbb{D} = \mathbb{R} \setminus \{-1; 1\}$, der Term auf der rechten Seite jedoch $\mathbb{D} = \mathbb{R} \setminus \{-1\}$. Die beiden Terme sind somit nicht äquivalent, obwohl wir alle Regeln scheinbar korrekt angewendet haben. Was ist also schiefgelaufen?

Wir haben mit dem Term $x-1$ gekürzt! Dies ist jedoch nur erlaubt, wenn sichergestellt ist, dass dieser Term nicht gleich 0 ist, was jedoch für $x = 1$ der Fall ist. Somit haben wir die „verbotene" Zahl 1 während unserer Rechnung verloren. Dies ist eine der häufigen Fallen bei Bruchtermen, die man im Blick haben muss.   ◄

Betrachten wir jetzt *Bruchgleichungen*, d. h. algebraische Gleichungen, in denen Bruchterme vorkommen.

Beispiel 4.16. Wir betrachten die Bruchgleichung

$$\frac{3}{x+4} = \frac{1}{x}.$$

Der Definitionsbereich ist $\mathbb{D} = \mathbb{R} \setminus \{-4; 0\}$. Folgende Umformungen liefern die Lösung der Gleichung:

$$\begin{array}{ll}
\dfrac{3}{x+4} = \dfrac{1}{x} & \quad | \cdot x \ | \cdot (x+4) \\[2mm]
3x = x+4 & \quad | - x \\[2mm]
2x = 4 & \quad | : 2 \\[2mm]
x = 2 \in \mathbb{D} &
\end{array}$$

$$\mathbb{L} = \{2\}.$$

Man erweitert zunächst so, dass die Brüche verschwinden. Dann löst man die entstandene Gleichung mit Standardmethoden. Jedoch muss bei Bruchgleichungen immer überprüft werden, ob das Ergebnis im Definitionsbereich liegt, wie das folgende Beispiel zeigt.   ◄

Beispiel 4.17. Die Gleichung lautet

$$\frac{4}{x-2} = \frac{x}{\frac{1}{2}x - 1},$$

es gilt $\mathbb{D} = \mathbb{R} \setminus \{2\}$:

$$\frac{4}{x-2} = \frac{x}{\frac{1}{2}x - 1} \qquad | \cdot (x-2) \; | \cdot \left(\frac{1}{2}x - 1\right)$$

$$4\left(\frac{1}{2}x - 1\right) = x(x-2)$$

$$2x - 4 = x^2 - 2x$$

$$0 = x^2 - 4x + 4$$

$$0 = (x-2)^2$$

$$x = 2 \notin \mathbb{D}$$

$$\Rightarrow \mathbb{L} = \varnothing.$$

Die Zahl 2 liegt nicht in der Definitionsmenge der beiden Bruchterme auf der linken bzw. rechten Seite der Gleichung.   ◄

Bei *Bruchungleichungen* muss man unter Umständen Fallunterscheidungen machen, da sich das Ungleichungszeichen bei einer Multiplikation mit einer negativen Zahl umkehrt. Im ersten Lösungsschritt einer Bruchgleichung wird meist der Nenner multipliziert. Hierbei muss unterschieden werden, ob der Nenner größer oder kleiner null ist.

Denkanstoß

Studieren Sie folgendes Beispiel genau und Schritt für Schritt!

Beispiel 4.18. Wir betrachten die folgende Bruchungleichung

$$\frac{x-1}{x+4} > 0 \qquad \mathbb{D} = \mathbb{R} \setminus \{-4\}$$

und lösen diese mithilfe einer Fallunterscheidung

<u>1. Fall</u> $x > -4$:

$$\frac{x-1}{x+4} > 0 \qquad | \cdot \underbrace{(x+4)}_{>0}$$

$$x - 1 > 0$$
$$x > 1$$
$$\mathbb{L}_1 = \,]-4; \infty[\,\cap\,]1; \infty[\,=\,]1; \infty[$$

<u>2. Fall</u> $x < -4$:

$$\frac{x-1}{x+4} > 0 \qquad | \cdot \underbrace{(x+4)}_{<0}$$

$$x - 1 < 0$$
$$x < 1$$
$$\mathbb{L}_2 = \,]-\infty; -4[\,\cap\,]-\infty; 1[\,=\,]-\infty; -4[$$

$$\mathbb{L} = \mathbb{L}_1 \cup \mathbb{L}_2 = \,]1; \infty[\,\cup\,]-\infty; -4[\,=\, \mathbb{R} \setminus [-4; 1] \qquad \blacktriangleleft$$

4.5 Wurzelgleichungen

Um ein Lösungsverfahren für *Wurzelgleichungen* zu entwickeln, starten wir mit einem einfachen Beispiel.

Beispiel 4.19. Wir betrachten die folgende Wurzelgleichung

$$1 + \sqrt{5x - 11} = x.$$

Da die Wurzelfunktion nur für nichtnegative reelle Zahlen definiert ist, müssen wir zunächst den Definitionsbereich der Gleichung bestimmen. Es muss gelten

$$5x - 11 \geq 0 \quad \Leftrightarrow \quad x \geq \frac{11}{5}$$

und damit ergibt sich der Definitionsbereich

$$\mathbb{D} = \left[\frac{11}{5}; \infty \right[.$$

Nun isolieren wir den Wurzelterm, sodass wir im nächsten Schritt quadrieren können:

$$\sqrt{5x - 11} = x - 1.$$

Quadrieren ergibt

$$5x - 11 = (x - 1)^2.$$

Anwendung der 2. Binomischen Formel und Zusammenfassen der Terme führt auf die Gleichung

$$x^2 - 7x + 12 = 0.$$

Anwendung der p-q-Formel oder quadratische Ergänzung liefert die möglichen Lösungen

$$x = 4 \in \mathbb{D} \quad \vee \quad x = 3 \in \mathbb{D}.$$

Beide Lösungen liegen im Definitionsbereich der Gleichung. Da Quadrieren keine äquivalente Umformung ist, können in diesem Schritt weitere Lösungen hinzukommen, die keine Lösungen der ursprünglichen Wurzelgleichung sind. Es ist also immer notwendig eine Probe durchzuführen.

Die Probe ergibt, dass tatsächlich beide Zahlen Lösungen der ursprünglichen Wurzelgleichung sind

$$x = 4: \quad 1 + \sqrt{5 \cdot 4 - 11} = 1 + 3 = 4 \quad \checkmark$$
$$x = 3: \quad 1 + \sqrt{5 \cdot 3 - 11} = 1 + 2 = 3 \quad \checkmark$$

Somit ergibt sich die Lösungsmenge

$$\mathbb{L} = \{3; 4\}. \qquad \blacktriangleleft$$

Wir reflektieren das Verfahren:

1. Zuerst wird der Wurzelterm isoliert.

2. Die Gleichung wird quadriert und das Problem wird auf die Lösung einer linearen oder quadratischen Gleichung zurückgeführt.

3. Es wird überprüft, ob die Lösungen im Definitionsbereich der Wurzelgleichung liegen.

4. Abschließend ist eine Probe der erhaltenen möglichen Lösungen notwendig, da Quadrieren keine Äquivalenzumformung ist.

Hinweis

Unter einer *Äquivalenzumformung* versteht man eine Umformung der Gleichung, die die Lösungsmenge nicht ändert. Beim Quadrieren können jedoch Lösungen der (dann) linearen oder quadratischen Gleichung hinzukommen, die keine Lösungen der ursprünglichen Wurzelgleichung sind. Diese nennt man auch *Scheinlösungen*. Symbolisch wird diese nicht-äquivalente Umformung durch den Folgepfeil ($\Rightarrow$) verdeutlicht.

Einen solchen Problemfall betrachten wir in den nächsten Beispielen.

Beispiel 4.20. Wir betrachten die Wurzelgleichung

$$\sqrt{4x+5} = \sqrt{2x+1}.$$

Es muss gelten

$$4x+5 \geq 0 \qquad \wedge \quad 2x+1 \geq 0$$
$$x \geq -\frac{5}{4} \quad \wedge \qquad x \geq -\frac{1}{2}$$

und damit ist der Definitionsbereich der Gleichung

$$\mathbb{D} = \left[-\frac{1}{2}; \infty\right[.$$

Quadrieren liefert die lineare Gleichung

$$4x+5 = 2x+1$$

mit der Lösung $x = -2$. Dies ist jedoch keine Lösung der Wurzelgleichung, da $-2 \notin \mathbb{D}$. Somit ist die Lösungsmenge der Wurzelgleichung leer. ◀

Beispiel 4.21. Manchmal muss man auch mehrfach quadrieren, um eine Wurzelgleichung zu lösen. Wir betrachten dazu

$$\sqrt{2x+8} = \sqrt{x+5} + 1$$

mit

$$\mathbb{D} = [-4; \infty[.$$

Denkanstoß

Machen Sie sich klar, warum der Definitionsbereich hier auf alle reellen Zahlen größer gleich -4 eingegrenzt werden muss.

Wir formen um

$$\sqrt{2x+8} - \sqrt{x+5} = 1.$$

Quadrieren und Anwenden der 2. Binomischen Formel ergibt:

$$2x + 8 - 2\sqrt{(2x+8)(x+5)} + x + 5 = 1.$$

Zusammenfassen ergibt

$$\sqrt{(2x+8)(x+5)} = \frac{3}{2}x + 6.$$

Erneutes Quadrieren und Zusammenfassen führt auf die quadratische Gleichung

$$\frac{1}{4}x^2 = 4$$

mit den Lösungen $x = 4$ bzw. $x = -4$, die beide im Definitionsbereich liegen. Wir führen jeweils die Probe durch

$$x = 4: \quad \sqrt{2 \cdot 4 + 8} \quad = 4 = \sqrt{4+5} + 1 \qquad \checkmark$$
$$x = -4: \sqrt{2 \cdot (-4) + 8} = 0 \neq \sqrt{-4+5} + 1 = 2 \quad \text{⚡}$$

Somit ist nur $x = 4$ eine Lösung der Wurzelgleichung. Bei $x = -4$ handelt es sich um eine Scheinlösung.   ◄

4.6 Exponential- und Logarithmusgleichungen

In Abschn. 4.1 haben wir bereits biquadratische Gleichungen mithilfe von Substitutionen gelöst. Derartige Substitutionen lassen sich auch auf andere Gleichungen anwenden, z. B. auf so genannte *Exponentialgleichungen*. Dabei benötigten wir lediglich den natürlichen Logarithmus (siehe Abschn. 0.7), um aus dem schließlich isolierten Term e^x die Lösung x zu bestimmen.

Beispiel 4.22. Wir betrachten die Gleichung

$$e^x - \frac{6}{e^x} = 1.$$

Der Definitionsbereich umfasst alle reellen Zahlen ($\mathbb{D} = \mathbb{R}$). Es wird zwar durch e^x geteilt, aber dieser Term ist immer echt größer null.

Diese vielleicht auf den ersten Blick erschreckende Gleichung lässt sich tatsächlich erheblich vereinfachen, wenn wir

$$z := e^x$$

substituieren

$$z - \frac{6}{z} = 1.$$

Multiplizieren mit z führt auf die quadratische Gleichung

$$z^2 - 6 = z,$$

die wir in der Form

$$z^2 - z - 6 = 0$$

sofort mithilfe der p-q-Formel lösen können. Wir erhalten:

$$z = 3 \quad \text{bzw.} \quad z = -2.$$

Somit haben wir nach Resubstitution

$$e^x = 3 \quad \text{bzw.} \quad e^x = -2.$$

Wie Sie wissen, kann die e-Funktion niemals negativ werden, sodass die zweite Gleichung keine Lösung hat. Die erste können wir mithilfe des natürlichen Logarithmus auflösen zu

$$x = \ln 3$$

(siehe Abschn. 0.7). ◄

Wir wenden jetzt die Logarithmengesetze (siehe Satz 0.1) an, um Exponentialgleichungen zu lösen.

Beispiel 4.23. Wir betrachten die Exponentialgleichung

$$5^x \cdot 7^{2x+1} = 16$$

mit $\mathbb{D} = \mathbb{R}$.

Wir wenden Logarithmengesetz (1) und (3) an und verwenden den Logarithmus zur Basis 10:

$$\lg\left(5^x \cdot 7^{2x+1}\right) = \lg 16$$
$$\lg(5^x) + \lg\left(7^{2x+1}\right) = \lg 16 \qquad \text{Anwendung von (1)}$$
$$x \cdot \lg 5 + (2x+1)\lg 7 = \lg 16 \qquad \text{Anwendung von (3)}$$
$$x \cdot (\lg 5 + 2 \cdot \lg 7) + \lg 7 = \lg 16$$
$$x = \frac{\lg 16 - \lg 7}{\lg 5 + 2 \cdot \lg 7} = \frac{\lg\left(\frac{16}{7}\right)}{\lg\left(5 \cdot 7^2\right)} \qquad \text{Anwendung von (1),(2),(3).}$$

Als numerischer Wert ergibt sich $x \approx 0,15$. ◄

> **Denkanstoß**
>
> Machen Sie sich klar, dass Sie im ersten Schritt auch einen Logarithmus zu einer anderen Basis verwenden können. Führen Sie die Rechnung erneut mit dem natürlichen Logarithmus durch!

> **Bemerkung 4.1.** Mithilfe des Logarithmus wird aus der Exponentialgleichung in Bsp. 4.23 eine lineare Gleichung, die man mit elementaren Methoden lösen kann.

Beispiel 4.24. Manchmal ist es sinnvoll, erst zu substituieren, und später zu logarithmieren. Betrachten wir dazu die Gleichung

$$2^x + 4^x = 8^x.$$

Wir substituieren $z := 2^x$. Dann gilt nach den Potenzgesetzen $z^2 = 4^x$ und $z^3 = 8^x$. Wir lösen die Gleichung zunächst in der Variablen z:

$$2^x + 4^x = 8^x$$
$$z + z^2 = z^3$$
$$z^3 - z^2 - z = 0$$
$$z(z^2 - z - 1) = 0.$$

Es ergeben sich die Lösungen

$$z = 0 \quad \text{bzw.} \quad z = \frac{1 \pm \sqrt{5}}{2}.$$

Da $z = 2^x$, kann nur der Wert $z = \frac{1+\sqrt{5}}{2}$ eine Lösung für die ursprüngliche Gleichung liefern. Somit gilt

$$2^x = \frac{1 + \sqrt{5}}{2},$$

und für x ergibt sich unter Verwendung des *Zweierlogarithmus* $\mathrm{lb}(x) := \log_2(x)$ und Logarithmusgesetz (2) die exakte Lösung

$$x = \mathrm{lb}\left(\frac{1+\sqrt{5}}{2}\right) = \mathrm{lb}\left(1+\sqrt{5}\right) - 1. \qquad \blacktriangleleft$$

Beispiel 4.25. Wir betrachten noch ein Anwendungsbeispiel, nämlich die Vorhersage darüber, zu welchem Zeitpunkt eine sich abkühlende Flüssigkeit eine bestimmte Temperatur erreicht. Dabei gehen wir von einer konstanten Außentemperatur aus.

Für die mathematische Beschreibung des Vorgangs benötigen wir das *Newton'sche Abkühlungsgesetz*:

$$\vartheta(t) = \vartheta_A + (\vartheta_0 - \vartheta_A) \cdot e^{-kt}.$$

Der griechische Buchstabe Theta ϑ ist in der Physik das Standardformelzeichen für die in der Einheit °C gemessene Temperatur. ϑ_A ist in obiger Gleichung die konstante Außentemperatur, ϑ_0 die Anfangstemperatur zum Zeitpunkt 0, $k > 0$ eine experimentell zu bestimmende Konstante, und $\vartheta(t)$ gibt die zum Zeitpunkt t erreichte Temperatur an.

Betrachten wir ein Glas Tee mit einer Anfangstemperatur von 90 °C, das wir zum Abkühlen bei einer Außentemperatur von 15 °C auf die Terrasse stellen. Gesucht ist der Zeitpunkt, zu dem der Tee auf 60 °C abgekühlt ist.

Wir wenden das Abkühlungsgesetz mit den gegebenen Daten an. Für die Konstante k nehmen wir den beim Abkühlen von Wasser realisierten Wert 0,012 1/min an. Dann gilt für die Temperatur des Wassers zum Zeitpunkt t:

$$\vartheta(t) = 15\,°\text{C} + 75\,°\text{C} \cdot e^{-0{,}012\,\frac{1}{\text{min}}\cdot t} \quad (t \text{ in Minuten}).$$

Den gesuchten Zeitpunkt t_0 bestimmen wir durch Umformen und Logarithmieren:

$$60\,°\text{C} = 15\,°\text{C} + 75\,°\text{C} \cdot e^{-0{,}012\,\frac{1}{\text{min}}\cdot t_0}$$

$$45\,°\text{C} = 75\,°\text{C} \cdot e^{-0{,}012\,\frac{1}{\text{min}}\cdot t_0}$$

$$0{,}6 = e^{-0{,}012\,\frac{1}{\text{min}}\cdot t_0}$$

$$\ln 0{,}6 = \ln\left(e^{-0{,}012\,\frac{1}{\text{min}}\cdot t_0}\right)$$

$$\ln 0{,}6 = -0{,}012\,\frac{1}{\text{min}} \cdot t_0$$

$$t_0 = \frac{\ln 0{,}6}{-0.012}\,\text{min} \approx 42{,}57\,\text{min}$$

und somit erhalten wir $t_0 \approx 42{,}57\,\text{min}$. Dabei haben wir im vorletzten Schritt das Logarithmusgesetz (3) angewandt oder auch die Tatsache, dass die natürliche Logarithmusfunktion und die Exponentialfunktion Umkehrabbildungen voneinander sind (siehe Abschn. 3.1). Der Tee hat also nach 42 Minuten und 34 Sekunden eine Temperatur von 60 °C.

Betrachten wir noch einmal die Gleichung $0{,}6 = e^{-0{,}012\,\frac{1}{\text{min}}\cdot t_0}$. Wir hätten diese auch mithilfe des Zehnerlogarithmus (oder irgendeines anderen Logarithmus) lösen können:

$$\lg 0{,}6 = \lg\left(e^{-0{,}012\,\frac{1}{\text{min}}\cdot t_0}\right).$$

Nach dem Logarithmusgesetz (3) folgt

$$\lg 0{,}6 = -0{,}012\,\frac{1}{\text{min}} \cdot t_0 \cdot \lg e$$

$$t_0 = \frac{\lg 0,6}{-0,012/\text{min} \cdot \lg e} \approx 42,57\,\text{min}.$$

Wenn wir den Wert berechnen, kommt das gleiche Ergebnis wie vorher heraus, da die folgende Gleichung gilt:

$$\frac{\lg 0,6}{\lg e} = \ln 0,6$$

(siehe dazu Bem. 0.2). ◄

Bei Logarithmusgleichungen muss man zunächst den Definitionsbereich bestimmen, da der Logarithmus nur auf positive Argumente angewendet werden darf. Wir betrachten ein Beispiel.

Beispiel 4.26. Gegeben sei die Logarithmusgleichung

$$\ln(x - 5) = 1.$$

Wir bestimmen zunächst den Definitionsbereich dieser Gleichung. Es muss gelten

$$x - 5 > 0 \quad \Leftrightarrow \quad x > 5$$

und damit ist $\mathbb{D} =]5; \infty[$.

Wir formen um, in dem wir zunächst die e-Funktion auf beiden Seiten anwenden

$$\begin{aligned}
\ln(x - 5) &= 1 \quad |e^{()} \\
e^{\ln(x-5)} &= e^1 \\
x - 5 &= e \\
x &= e + 5 \in \mathbb{D}.
\end{aligned}$$
◄

Beispiel 4.27. Gegeben sei die Logarithmusgleichung

$$\lg(8x) - \lg(2x + 2) = \lg(3) + \lg(x).$$

Wir bestimmen zunächst den Definitionsbereich. Die Argumente im Logarithmus müssen jeweils größer null sein

$$8x > 0 \quad \wedge \quad 2x + 2 > 0 \quad \wedge \quad x > 0.$$

Es ergibt sich somit der Definitionsbereich

$$\mathbb{D} =]0; \infty[.$$

Nun wenden wir auf beiden Seiten die Logarithmusgesetze an und erhalten

$$\lg\left(\frac{8x}{2x+2}\right) = \lg(3x).$$

Da die Logarithmusfunktion injektiv ist (siehe Def. 3.6), müssen auch die Argumente übereinstimmen, wenn die Funktionswerte übereinstimmen sollen. Es muss also gelten

$$\lg\left(\frac{8x}{2x+2}\right) = \lg(3x)$$
$$\Rightarrow \quad \frac{8x}{2x+2} = 3x.$$

Diese Gleichung lässt sich wie folgt lösen

$$\frac{8x}{2x+2} = 3x$$
$$8x = 3x(2x+2)$$
$$6x^2 - 2x = 0$$
$$2x(3x-1) = 0$$
$$x = 0 \quad \vee \quad x = \frac{1}{3}.$$

Da der Logarithmus nur für positive Argumente definiert ist, muss abschließend überprüft werden, ob die beiden möglichen Lösungen im Definitionsbereich liegen: $x = 0 \notin \mathbb{D}$ und $x = \frac{1}{3} \in \mathbb{D}$. Somit ergibt sich $x = \frac{1}{3}$ als einzige Lösung dieser Logarithmusgleichung. ◀

4.7 Lineare Gleichungssysteme

Die klassischen Schulbuchverfahren zur Lösung linearer Gleichungssysteme mit zwei Gleichungen und zwei Variablen sind das *Gleichsetzungsverfahren*, das *Einsetzungsverfahren* und das *Additionsverfahren*. Wir geben zur Wiederholung für alle drei Verfahren Beispiele an.

Beispiel 4.28. Wir betrachten das folgende lineare Gleichungssystem:

$$y = 2x - 3$$
$$y = 4x + 3.$$

Da bei beiden Gleichungen die Variable y isoliert auf der linken Seite steht, bietet sich zur Lösung hier das *Gleichsetzungsverfahren* an. Es folgt nach Gleichsetzung der rechten Seiten die lineare Gleichung

$$2x - 3 = 4x + 3,$$

die sich nach x auflösen lässt:

$$2x - 3 = 4x + 3$$
$$-2x = 6$$
$$x = -3.$$

Einsetzen in eine der beiden Gleichungen liefert $y = -9$. Somit lautet die Lösung $(-3; -9)$. ◀

Beispiel 4.29. Bei dem Gleichungssystem

$$2y = 6x + 1$$
$$y = -x + 3$$

bietet sich das *Einsetzungsverfahren* an. In diesem Fall wird der Term $-x + 3$ aus der unteren Gleichung für y in die obere Gleichung eingesetzt. Es ergibt sich:

$$2(-x + 3) = 6x + 1$$
$$-2x + 6 = 6x + 1$$
$$-8x = -5$$
$$x = \frac{5}{8}.$$

Einsetzen in eine der beiden Gleichungen liefert $y = \frac{19}{8}$. Somit lautet die Lösung $\left(\frac{5}{8}; \frac{19}{8}\right)$. ◀

Beispiel 4.30. Bei dem linearen Gleichungssystem

$$2x - 7y = 13$$
$$5x + 7y = 8$$

bietet sich das *Additionsverfahren* an, um eine Variable (hier y) zu eliminieren. Dazu addieren wir die beiden Gleichungen:

$$\text{I} \quad 2x - 7y = 13$$
$$\text{II} \quad 5x + 7y = 8$$

$$\overline{\text{I+II} \qquad 7x = 21}$$
$$x = 3.$$

Somit folgt $x = 3$ und durch Einsetzen in eine der beiden Gleichungen erhalten wir $y = -1$, also die Lösung $(3; -1)$. ◀

Beispiel 4.31. Wir betrachten das lineare Gleichungssystem

$$2x + 3y = 9$$
$$3x - 4y = 5.$$

Ziel des Additionsverfahrens ist es durch Addition der beiden Gleichungen eine Variable zu eliminieren. Aus diesem Grund wird das Verfahren auch *Eliminationsverfahren* genannt. Um bei diesem Beispiel die Variable x zu eliminieren, müssen wir zunächst die erste Gleichung mit 3 und die zweite mit -2 multiplizieren

$$
\begin{array}{lll}
\text{I} & 2x + 3y = 9 & |\cdot 3 \\
\text{II} & 3x - 4y = 5 & |\cdot(-2) \\
\hline
\text{I+II} & \quad 17y = 17 & \\
& \quad\ \ y = 1.
\end{array}
$$

Die Lösung der Variable x erhalten wir, indem wir y in die erste oder zweite Gleichung einsetzen und diese Gleichung nach y auf lösen

$$2x + 3 = 9$$
$$x = 3.$$

Somit lautet die Lösung $(3; 1)$. ◄

4.8 Aufgaben

Aufgabe 4.1. Bestimmen Sie die Lösungsmengen der folgenden quadratischen Gleichungen: **(385 Lösung)**

a) $x^2 - 5x + 6 = 0$ b) $-x^2 + 2x - 1 = 0$ c) $4x^2 - 16x = -16$

d) $x^2 - 7x + 13 = 0$ e) $2(x-3)(x+5) = 0$ f) $3x^2 = 8x - 1$

Aufgabe 4.2. Beweisen Sie den Wurzelsatz von Vieta. **(386 Lösung)**

Aufgabe 4.3. Leiten Sie durch Zurückführen auf die p-q-Formel eine Lösungsformel der allgemeinen quadratischen Gleichung $ax^2 + bx + c = 0$ mit $a, b, c \in \mathbb{R}$, $a \neq 0$ her. **(386 Lösung)**

Aufgabe 4.4. Lösen Sie die folgenden Gleichungen mittels einer geeigneten Substitution: **(387 Lösung)**

a) $x^4 + 5x^2 + 6 = 0$ b) $x^4 - 8x^2 = 9$

c) $\frac{1}{2}x^6 - \frac{3}{2}x^3 - 20 = 0$ d) $x^8 - 3x^4 + 2 = 0$

Aufgabe 4.5. Führen Sie die folgenden Polynomdivisionen durch: **(388 Lösung)**

a) $(x^3 - 2x^2 + 5x + 6) : (x^2 + x + 3)$

b) $(x^5 + 2x^4 - x^3 + 3x^2 + 4x - 5) : (x^3 + 3)$

Aufgabe 4.6. Zerlegen Sie die folgenden Polynome so weit wie möglich in Linearfaktoren: **(388 Lösung)**

a) $x^3 + 4x^2 + x - 6$ b) $x^4 + 4x^3 + 6x^2 + 4x + 1$

c) $-2x^3 + 6x^2 - x + 3$

Aufgabe 4.7. Lösen Sie folgende Ungleichungen und geben Sie die Lösungsmenge in der Intervallschreibweise an **(390 Lösung)**

a) $x - 1 \leq 3x - 5$ b) $2x + 7 \geq 4(x - 3)$ c) $\frac{x-1}{4} \leq \frac{1-x}{5}$

d) $x^2 + 6x \geq -9$ e) $-x^2 + 4x + 21 > 0$

Aufgabe 4.8. Schreiben Sie die Funktionsgleichung der folgenden Funktion in stückweise linearer Form: **(391 Lösung)**

$$f : \mathbb{R} \to \mathbb{R}, \ x \mapsto f(x) := |-4|x - 1| + 2|$$

Aufgabe 4.9. Lösen Sie die folgenden Betragsgleichungen: **(391 Lösung)**

a) $|5x + 2| = 4$ b) $|x - 3| = 2x + 10$ c) $x|x| = 9$

Aufgabe 4.10. Lösen Sie die folgenden Betragsungleichungen: **(392 Lösung)**

a) $|4x+7| < 23$ b) $|-2x+1| < 3x+2$ c) $-|x-1| \leq 2x-4$

Aufgabe 4.11. Beweisen Sie: **(393 Lösung)**

$$|a| < b \Leftrightarrow -b < a < b \quad \forall\, a,b \in \mathbb{R}$$

(siehe Satz 4.2 b)).

Aufgabe 4.12. Bestimmen Sie die Lösungsmengen der folgenden Bruchgleichungen: **(393 Lösung)**

a) $\frac{1}{x+2} + \frac{1}{x-1} = \frac{2}{x}$ b) $\frac{x+4}{x+3} - 2 = \frac{4-x}{x-5}$ c) $\frac{1}{x-1} + \frac{4}{x-3} = \frac{1}{x-1} + \frac{2x}{x-3}$

d) $\frac{x+b}{x-b} = \frac{x-b}{x+b} + \frac{8b^2}{x^2-b^2}$ (Lösungsvariable ist x)

Aufgabe 4.13. Lösen Sie die folgenden Bruchungleichungen: **(394 Lösung)**

a) $\frac{x-4}{x+2} > 0$ b) $\frac{x}{x+4} - \frac{4+x}{x} > 0$ c) $\frac{2a}{a+4} > \frac{2a+8}{a}$

Aufgabe 4.14. Lösen Sie die folgenden Wurzelgleichungen: **(395 Lösung)**

a) $\sqrt{2x+1} = 1$ b) $x+1 = \sqrt{x^2+5}$ c) $x+2 = \sqrt{x^2+4}$

d) $\sqrt{3x+3} - \sqrt{x+2} = 1$ e) $\sqrt{\frac{x+1}{x-2}} = \sqrt{\frac{x+5}{x-1}}$

Aufgabe 4.15. Lösen Sie die folgenden Exponentialgleichungen: **(396 Lösung)**

a) $e^{2x} - 2e^x + 1 = 0$ b) $3^{x-1} \cdot 8^{4x-3} = 6^x$ c) $3^{x^2} = 2^x \cdot 5^{2x-3}$

d) $4^x + 6^x = 9^x$

Aufgabe 4.16. Lösen Sie die folgenden Logarithmusgleichungen: **(398 Lösung)**

a) $\lg(2x-10) = 2$ b) $-\ln(5x) = \ln(3)$

c) $\log_4(2) + \log_4(16x) = 2 - \log_4(2x)$

Aufgabe 4.17. Bestimmen Sie die Lösungen der folgenden linearen Gleichungssysteme mit dem Gleichsetzungs-, Einsetzungs- oder Additionsverfahren: **(399 Lösung)**

a)   b)   c)

$$3y = 2x+1 \qquad\qquad y = 6x-5 \qquad\qquad y = 4x+7$$
$$y = -3x+4 \qquad\qquad y = 4x+1 \qquad\qquad y = -2x+7$$

d)   e)   f)

$$3x-2y = 11 \qquad\qquad 2x+y = 6 \qquad\qquad 4x+3y = 29$$
$$4x+2y = 24 \qquad\qquad 9x-7y = 4 \qquad\qquad 3x-4y = 3$$

.

Kapitel 5

Komplexe Zahlen

Bisher haben wir immer nur mit reellen Zahlen ($\mathbb{R}$) gearbeitet. In Ihrer bisherigen Schullaufbahn sind Sie auch nur mit diesen Zahlen in Berührung gekommen, Sie haben allenfalls Spezialfälle wie natürliche Zahlen ($\mathbb{N}$), ganze Zahlen ($\mathbb{Z}$) oder rationale ($\mathbb{Q}$) und irrationale Zahlen ($\mathbb{R} \setminus \mathbb{Q}$) kennengelernt (siehe Abschn. 0.1 und Abb. 0.1).

In diesem Kapitel lernen Sie einen neuen Zahlentyp kennen, der in ingenieurwissenschaftlichen Anwendungen, insbesondere bei Berechnungen in der Elektrotechnik, eine große Rolle spielt.

Die Einführung dieser so genannten *komplexen Zahlen* wird Ihnen anfangs etwas seltsam vorkommen. Sie werden aber sehr bald sehen, dass es sich dabei um ausgesprochen nützliche mathematische Objekte handelt.

Wir betrachten die Menge $\mathbb{R}^2$ der geordneten Paare reeller Zahlen, mit der wir schon in Kap. 3 in Berührung gekommen sind. Man kann diese Paare als eigenständige Zahlen auffassen und in der Ebene bildlich darstellen. Sei $z := (a;b)$ eine solche Zahl.

Die Zahl z ist wie ein Punkt zu verstehen, der als erste Koordinate die reelle Zahl a und als zweite Koordinate die reelle Zahl b hat: $z = (a;b) \in \mathbb{R}^2$.

Die graphische Darstellung in Abb. 5.1 nennt man auch *Gauß'sche Zahlenebene*.

© Springer-Verlag GmbH Deutschland, ein Teil von Springer Nature 2023
S. Proß und T. Imkamp, *Brückenkurs Mathematik für den Studieneinstieg*,
https://doi.org/10.1007/978-3-662-68303-3_6

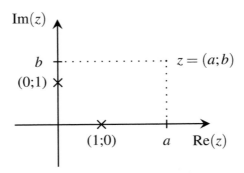

Abb. 5.1: Komplexe Zahlen in der Gauß'schen Zahlenebene

Hinweis

Die Darstellung der komplexen Zahlen in der Ebene, also in zwei Dimensionen, ist notwendig, da der Zahlenstrahl (eine Dimension) bereits komplett mit reellen Zahlen belegt ist:

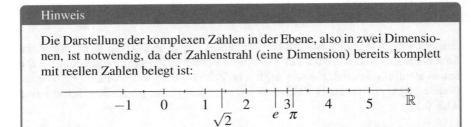

Auf der x-Achse liegen dann die Zahlen der Form $(a;0)$ mit $a \in \mathbb{R}$, die mit den reellen Zahlen identifiziert werden können. Somit schreiben wir: $(a;0) = a \in \mathbb{R}$. Wir betten auf diese Weise die reellen Zahlen in unsere neue Zahlenmenge ein. Somit handelt es sich bei der Einführung der neuen Zahlen um eine Zahlbereichserweiterung: Die reellen Zahlen sind eine Teilmenge der neuen Zahlenmenge ($\mathbb{R} \subset \mathbb{C}$).

5.1 Rechnen mit komplexen Zahlen

Wir definieren in der Zahlenmenge $\mathbb{R}^2$ eine Addition:

$$+: \quad (a;b) + (c;d) = (a+c;b+d).$$

Diese natürlich erscheinende Addition erinnert an die Vektoraddition, die Ihnen aus der Schule vermutlich noch geläufig ist (siehe Abschn. 12.2).

Etwas seltsamer mutet die Multiplikation an, die wir auf der Menge $\mathbb{R}^2$ definieren wollen:

$$\cdot: \quad (a;b) \cdot (c;d) = (ac - bd; ad + bc).$$

Wir schreiben für die Menge $\mathbb{R}^2$, auf der wir diese Operationen eingeführt haben, $\mathbb{C}$ und nennen diese die Menge der komplexen Zahlen. Im Sinne der Def. 2.13 ist $(\mathbb{C}, +, \cdot)$ ein Körper.

Beispiel 5.1.

(1) $(3;4) + (5;-7) = (3+5;4-7) = (8;-3)$

(2) $(3;4) \cdot (5;-7) = (3 \cdot 5 - 4 \cdot (-7); 3 \cdot (-7) + 4 \cdot 5) = (43;-1)$ ◀

Etwas Interessantes passiert, wenn man die Zahl $(0;1)$ mit sich selbst multipliziert:

$$(0;1) \cdot (0;1) = (0 \cdot 0 - 1 \cdot 1; 0 \cdot 1 + 1 \cdot 0) = (-1;0) = -1.$$

Das Quadrat dieser Zahl ergibt also -1! Dies ist etwas, was bei reellen Zahlen streng verboten ist. Die Gleichung $x^2 = -1$ hat keine reelle Lösung!

Definition 5.1. Die komplexe Zahl $(0;1)$ wird als *imaginäre Einheit* definiert:

$$(0;1) =: i.$$

Bemerkung 5.1. Für die imaginäre Einheit gilt also $i^2 = -1$.

Bemerkung 5.2. Es gilt für $a, b \in \mathbb{R}$

$$\begin{aligned} a + i \cdot b &= (a;0) + (0;1) \cdot (b;0) \\ &= (a;0) + (0;b) \\ &= (a;b). \end{aligned}$$

Die Darstellung $z = a + i \cdot b$ einer komplexen Zahl nennt man *kartesische Form*.

Somit können wir die Schreibweise $(a;b)$ ersetzen durch $a + ib$. Das Schöne ist, dass wir durch die eben eingeführte Addition und Multiplikation mit komplexen Zahlen rechnen können wie mit reellen Zahlen:

Statt

$$(a;b) \cdot (c;d) = (ac - bd; ad + bc)$$

schreiben wir jetzt

$$(a+ib) \cdot (c+id) = ac + ibc + iad + i^2bd$$
$$= ac + ibc + iad - bd$$
$$= ac - bd + i \cdot (bc + ad).$$

Wir verwenden also bekannte algebraische Regeln und die Tatsache, dass $i^2 = -1$ gilt.

An dieser Stelle sollte Ihnen der Grund klar sein, warum wir am Anfang auf der Menge der komplexen Zahlen diese „seltsame" Multiplikation eingeführt haben. Diese garantiert die Möglichkeit, mit komplexen Zahlen nach den üblichen Regeln rechnen zu dürfen.

Allerdings gibt es im Unterschied zu den reellen Zahlen keine Anordnung bei den komplexen Zahlen, man kann also nicht entscheiden, ob eine komplexe Zahl größer oder kleiner als eine andere komplexe Zahl ist. Anschaulich wird dies deutlich durch die Darstellung in der Gauß'schen Zahlenebene (siehe Abb. 5.1).

Definition 5.2. Sei $z = a + ib$ ($a, b \in \mathbb{R}$) eine komplexe Zahl, dann heißt $a = \text{Re}(z)$ *Realteil* von z und $b = \text{Im}(z)$ *Imaginärteil* von z.

Beispiel 5.2.

(1) $z_1 = (4 - 5i) + (6 + i) = 10 - 4i$

  $\text{Re}(z_1) = 10, \quad \text{Im}(z_1) = -4$

(2) $z_2 = (4 + 3i) \cdot (4 - 3i) = 16 - (3i)^2 = 16 - 9i^2 = 25$

  $\text{Re}(z_2) = 25, \quad \text{Im}(z_2) = 0$

(3) $z_3 = \dfrac{1}{i} = \dfrac{i}{i^2} = -i$

  $\text{Re}(z_3) = 0, \quad \text{Im}(z_3) = -1$

(4) $z_4 = \dfrac{1}{4 - 5i} = \dfrac{4 + 5i}{(4 - 5i)(4 + 5i)} = \dfrac{4 + 5i}{(16 + 25)} = \dfrac{4}{41} + \dfrac{5}{41}i$

  $\text{Re}(z_4) = \dfrac{4}{41}, \quad \text{Im}(z_4) = \dfrac{5}{41}$ ◄

Bemerkung 5.3. Beachten Sie, dass sowohl Real- als auch Imaginärteil komplexer Zahlen reelle Zahlen sind!

Definition 5.3. Sei $z = a + ib \in \mathbb{C}$. Dann heißt die Zahl $\bar{z} := a - ib$ die zu z *konjugiert komplexe* Zahl.

Beispiel 5.3. Sei $z = 3 - 5i$, dann ist $\bar{z} = 3 + 5i$ die zu z konjugiert komplexe Zahl (siehe Abb. 5.2). ◀

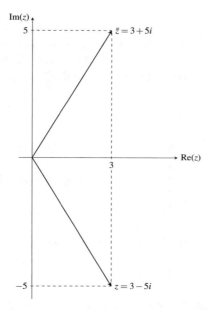

Abb. 5.2: Darstellung von $z = 3 - 5i$ und der zu z konjugiert komplexen Zahlen $\bar{z} = 3 + 5i$ in der Gaußschen Zahlenebene

Satz 5.1. Sei $z = a + ib \in \mathbb{C}$. Dann gilt:

(1) $\mathrm{Re}(z) = \frac{1}{2}(z + \bar{z})$
(2) $\mathrm{Im}(z) = \frac{1}{2i}(z - \bar{z})$
(3) $z \cdot \bar{z} = a^2 + b^2$
(4) $\bar{\bar{z}} = z$

Beweis.

(1) $\frac{1}{2}(z + \bar{z}) = \frac{1}{2}(a + ib + a - ib) = \frac{1}{2} \cdot 2a = a = \mathrm{Re}(z)$

(2) $\frac{1}{2i}(z-\overline{z}) = \frac{1}{2i}(a+ib-(a-ib)) = \frac{1}{2i}2ib = b = \text{Im}(z)$

(3) $z \cdot \overline{z} = (a+ib)(a-ib) = a^2 + b^2$

(4) $\overline{\overline{z}} = \overline{\overline{a+ib}} = \overline{a-ib} = a+ib = z$ □

5.2 Darstellung komplexer Zahlen

Da komplexe Zahlen in der oben beschriebenen *kartesischen Form* als Punkte in der (Gauß'schen) Ebene gedeutet werden können, gibt es noch eine andere Art ihrer Darstellung. Wir können eine komplexe Zahl eindeutig festlegen über den Abstand zum Ursprung $(0;0)$ und den Winkel des Radiusvektors gegen die x-Achse (siehe Abb. 5.3).

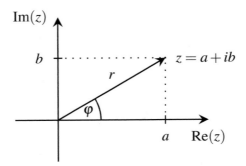

Abb. 5.3: Polarform einer komplexen Zahl

Es gilt:

$$r = \sqrt{a^2 + b^2} = |z|.$$

Der hier definierte Betrag der komplexen Zahl $z = a+ib$ misst wieder den Abstand zum Ursprung (siehe Abschn. 4.3) bzw. die Länge des Zeigers auf z. Es gilt (siehe Abschn. 3.2):

$$\cos\varphi = \frac{a}{r} \quad \Leftrightarrow \quad a = r \cdot \cos\varphi$$

$$\sin\varphi = \frac{b}{r} \quad \Leftrightarrow \quad b = r \cdot \sin\varphi$$

und somit

$$\tan\varphi = \frac{b}{a}.$$

Für die so genannte *Polarform* der komplexen Zahl gilt:

$$a + ib = r \cdot \cos \varphi + ir \sin \varphi$$
$$= r(\cos \varphi + i \sin \varphi)$$

oder anders geschrieben:

$$z = |z| \cdot (\cos \varphi + i \sin \varphi).$$

Der Winkel φ wird auch *Argument* der komplexen Zahl z genannt. Man nennt diese Darstellungsform auch *trigonometrische Darstellung*.

Beispiel 5.4.

(1) Wir betrachten die komplexe Zahl i (siehe Abb. 5.4):

$$z_1 = i = 0 + 1i = \cos \frac{\pi}{2} + i \sin \frac{\pi}{2}.$$

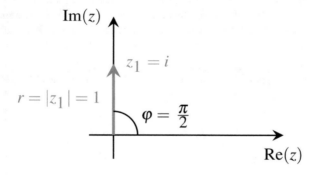

Abb. 5.4: Darstellung von z_1 in der Gauß'schen Zahlenebene

(2) Wir betrachten die komplexe Zahl $z_2 = \sqrt{3} + i$ (siehe Abb. 5.5):

$$r = |z| = \sqrt{(\sqrt{3})^2 + 1^2} = \sqrt{4} = 2$$
$$\tan \varphi = \frac{1}{\sqrt{3}} \qquad \varphi = \arctan\left(\frac{1}{\sqrt{3}}\right) = \frac{\pi}{6}$$
$$z_2 = \sqrt{3} + i = 2\left(\cos \frac{\pi}{6} + i \sin \frac{\pi}{6}\right).$$

Für die Werte des Tangens siehe Tab. 3.1 und 3.2. Hierbei ist

$$\frac{1}{\sqrt{3}} = \frac{\sqrt{3}}{\sqrt{3} \cdot \sqrt{3}} = \frac{\sqrt{3}}{3} = \frac{1}{3}\sqrt{3}.$$

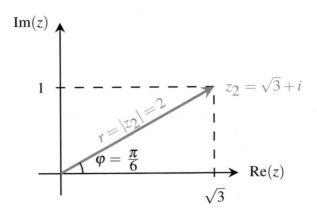

Abb. 5.5: Darstellung von z_2 in der Gauß'schen Zahlenebene

(3) Eine komplexe Zahl, die in der Polarform gegeben ist, kann durch einfache Berechnung der Sinus- und Kosinuswerte und Multiplikation mit dem Betrag der
komplexen Zahl in die kartesische Form umgerechnet werden (siehe Abb. 5.6,
für die Sinus- und Kosinuswerte siehe Tab. 3.1 und 3.2):

$$z_3 = 2\left(\cos\frac{\pi}{4} + i\sin\frac{\pi}{4}\right) = 2\left(\frac{1}{2}\sqrt{2} + i\frac{1}{2}\sqrt{2}\right) = \sqrt{2} + i\sqrt{2}.$$

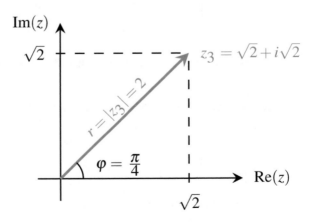

Abb. 5.6: Darstellung von z_3 in der Gauß'schen Zahlenebene

(4) Wir betrachten die komplexe Zahl $z_4 = -1 + \sqrt{3}i$. Für den Betrag ergibt sich

$$r = |z_4| = \sqrt{1^2 + (\sqrt{3})^2} = \sqrt{4} = 2.$$

Die komplexe Zahl liegt im zweiten Quadranten (siehe Abb. 5.7). Wir berechnen zunächst den Hilfswinkel α und addieren anschließend $\frac{\pi}{2}$:

$$\tan \alpha = \frac{1}{\sqrt{3}} \qquad \alpha = \arctan \left(\frac{1}{\sqrt{3}} \right) = \frac{\pi}{6}$$

$$\varphi = \frac{\pi}{2} + \frac{\pi}{6} = \frac{2}{3}\pi$$

$$z_4 = -1 + \sqrt{3}i = 2 \left(\cos \left(\frac{2}{3}\pi \right) + i \sin \left(\frac{2}{3}\pi \right) \right). \qquad \blacktriangleleft$$

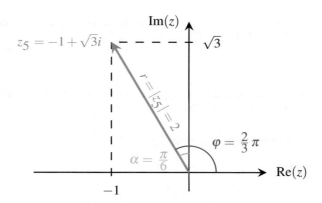

Abb. 5.7: Darstellung von z_4 in der Gauß'schen Zahlenebene

Eine weitere Darstellungsform mithilfe der Polarkoordinaten ergibt sich aus der Kenntnis der *Euler'schen Gleichung*

$$e^{i\varphi} = \cos \varphi + i \sin \varphi \qquad \forall \varphi \in \mathbb{R},$$

die in Abschn. 6.4 noch ausführlich besprochen wird. Damit gilt

$$z = |z| \cdot (\cos \varphi + i \sin \varphi) = |z| e^{i\varphi}.$$

Diese Darstellungsform wird als *Exponentialform* bezeichnet.

Beispiel 5.5.   Die komplexen Zahlen in Bsp. 5.4 lauten in der Exponentialform

(1) $z_1 = i = \cos\dfrac{\pi}{2} + i\sin\dfrac{\pi}{2} = e^{i\frac{\pi}{2}}$

(2) $z_2 = \sqrt{3} + i = 2\left(\cos\dfrac{\pi}{6} + i\sin\dfrac{\pi}{6}\right) = 2e^{i\frac{\pi}{6}}$

(3) $z_3 = \sqrt{2} + i\sqrt{2} = 2\left(\cos\dfrac{\pi}{4} + i\sin\dfrac{\pi}{4}\right) = 2e^{i\frac{\pi}{4}}$

(4) $z_4 = -1 + \sqrt{3}i = 2\left(\cos\left(\dfrac{2}{3}\pi\right) + i\sin\left(\dfrac{2}{3}\pi\right)\right) = 2e^{i\frac{2}{3}\pi}$ ◄

5.3 Komplexe Wurzeln

Nach den Potenzgesetzen, die Ihnen aus der Mittelstufen-Algebra bekannt sein sollten (siehe auch Abschn. 0.5), gilt für die Exponentialfunktion

$$e^{in\varphi} = \left(e^{i\varphi}\right)^n \qquad \forall\, n \in \mathbb{N}.$$

Hieraus folgt mit der obigen Darstellung die *Formel von de Moivre* (Abraham de Moivre (1667-1754) war ein französischer Mathematiker):

$$\cos(n\varphi) + i\sin(n\varphi) = (\cos\varphi + i\sin\varphi)^n \qquad \forall\, n \in \mathbb{N}.$$

Nach de Moivre gilt

$$\left(\cos\frac{2\pi}{n} + i\sin\frac{2\pi}{n}\right)^n = \cos 2\pi + i\sin 2\pi = 1$$

und allgemeiner

$$z_k = \left(\cos\frac{2\pi k}{n} + i\sin\frac{2\pi k}{n}\right)^n = \cos 2\pi k + i\sin 2\pi k = 1$$

für $k \in \{0; 1; 2; \ldots; n-1\}$. Alle diese Zahlen heißen *n*-te *Einheitswurzeln*, da sie komplexe Wurzeln der Zahl 1 darstellen.

Allgemein gilt der folgende Satz.

Satz 5.2. Sei $a = |a|e^{i\varphi} \in \mathbb{C}$. Dann existieren genau n komplexe Wurzeln aus a, und zwar:

$$z_k = \sqrt[n]{|a|}\left(\cos\left(\frac{\varphi+2\pi k}{n}\right) + i\sin\left(\frac{\varphi+2\pi k}{n}\right)\right) = \sqrt[n]{|a|}\,e^{i\frac{\varphi+2\pi k}{n}},$$

mit $k \in \{0,1,2,\ldots,n-1\}$.

Bemerkung 5.4. Anders kann man den Satz 5.2 auch so formulieren: Jedes Polynom

$$z^n - c$$

in komplexen Zahlen vom Grad $n \geq 1$ hat mindestens eine komplexe Nullstelle. Dies ist ein Spezialfall des *Fundamentalsatzes der Algebra*, der besagt, dass jedes nicht-konstante, komplexe Polynom im Körper $\mathbb{C}$ mindestens eine Nullstelle besitzt.

Beispiel 5.6. Wir berechnen die dritten Einheitswurzeln aus der komplexen Zahl $a = 1$. Diese hat die Exponentialdarstellung

$$a = 1 \cdot e^{0 \cdot i}.$$

Hier gilt $|a| = 1$ und $\varphi = 0$.

Die Suche der 3. Wurzel $z = \sqrt[3]{1}$ ist gleichbedeutend mit der Lösung der Gleichung $z^3 = 1$. Nach den obigen Überlegungen gibt es drei Lösungen dieser Gleichung (siehe Satz 5.2 und die Bemerkung darunter).

Hinweis

Beachten Sie, dass hingegen die 3. Wurzel aus der reellen Zahl 1 eindeutig bestimmt ist. In diesem Fall gilt nämlich $\sqrt[3]{1} = 1$.

Im Komplexen gilt:

$$k = 0: \quad z_0 = e^{i \cdot 0 \cdot \pi} = \cos 0 + i\sin 0 = 1$$

$$k = 1: \quad z_1 = e^{i\frac{2}{3}\pi} = \cos\left(\frac{2}{3}\pi\right) + i\sin\left(\frac{2}{3}\pi\right) = -\frac{1}{2} + \frac{\sqrt{3}}{2}i$$

$$k = 2: \quad z_2 = e^{i\frac{4}{3}\pi} = \cos\left(\frac{4}{3}\pi\right) + i\sin\left(\frac{4}{3}\pi\right) = -\frac{1}{2} - \frac{\sqrt{3}}{2}i$$

Die Werte von sin und cos können wieder den Tab. 3.1 und 3.2 entnommen werden.
Die Lösungen sind in Abb. 5.8 dargestellt.

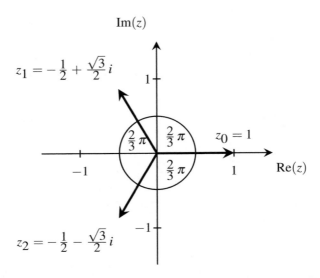

Abb. 5.8: Darstellung der 3. Einheitswurzeln in der Gauß'schen Zahlenebene

Beachten Sie, dass die Lösungen gleichmäßig in der Gauß'schen Zahlenebene ver-
teilt sind, d. h. der Winkel zwischen zwei benachbarten Lösungen ist immer gleich
groß (hier $\frac{2}{3}\pi$).   ◄

Beispiel 5.7. Wir berechnen die vier 4. Wurzeln aus der komplexen(!) Zahl

$$a = 16 = 16 \cdot e^{0 \cdot i}.$$

Beachten Sie auch hier wieder, dass die 4. Wurzel aus der reellen Zahl 16 eindeutig
bestimmt ist, es gilt dann $\sqrt[4]{16} = 2$.

Anwenden von Satz 5.2 liefert:

$$z = \sqrt[4]{16} = 16^{\frac{1}{4}} = 2e^{i\frac{0+2\pi k}{4}} = 2e^{i\frac{k}{2}\pi} \qquad (k = 0, 1, 2, 3)$$

mit

$$k = 0: \qquad z_0 = 2e^{i \cdot 0 \cdot \pi} = 2 \cdot (\cos 0 + i \sin 0) = 2$$

$$k = 1: \qquad z_1 = 2e^{i\frac{\pi}{2}} = 2\left(\cos\left(\frac{\pi}{2}\right) + i\sin\left(\frac{\pi}{2}\right)\right) = 2(0+i) = 2i$$

$$k = 2: \qquad z_2 = 2e^{i\pi} = 2(\cos\pi + i\sin\pi) = -2$$

$$k = 3: \qquad z_3 = 2e^{i\frac{3}{2}\pi} = 2\left(\cos\left(\frac{3}{2}\pi\right) + i\sin\left(\frac{3}{2}\pi\right)\right) = 2(0 - i) = -2i.$$

Die Lösungen sind in Abb. 5.9 dargestellt. ◀

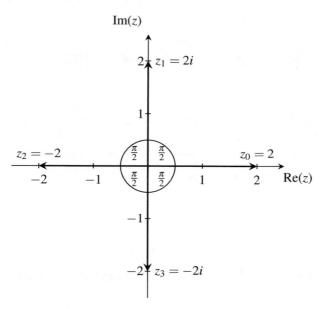

Abb. 5.9: Darstellung der 4. Wurzeln aus der komplexen Zahl 16 in der Gauß'schen Zahlenebene

Beispiel 5.8. Wir suchen die Lösungen der Gleichung

$$z^3 = \sqrt{3} + i.$$

Die Polarform der komplexen Zahl $a = \sqrt{3} + i$ haben wir bereits in Bsp. 5.4 bestimmt. Es gilt

$$a = \sqrt{3} + i = 2e^{i\frac{\pi}{6}}$$

und damit erhalten wir die Lösungen

$$z_k = \sqrt[3]{2}e^{i\frac{\frac{\pi}{6}+k\cdot 2\pi}{3}} = \sqrt[3]{2}e^{i\left(\frac{\pi}{18}+k\cdot\frac{12\pi}{18}\right)}$$

mit $k = 0, 1, 2$, also

$$z_0 = \sqrt[3]{2}e^{i\frac{\pi}{18}}, \quad z_1 = \sqrt[3]{2}e^{i\frac{13\pi}{18}}, \quad z_2 = \sqrt[3]{2}e^{i\frac{25\pi}{18}}. \qquad ◀$$

Ein weiterer Spezialfall des Fundamentalsatzes der Algebra ist der Folgende.

Satz 5.3 (Fundamentalsatz der Algebra). Eine algebraische Gleichung n-ten Grades

$$a_n z^n + a_{n-1} z^{n-1} + \ldots + a_1 z + a_0 = 0$$

besitzt in der Menge $\mathbb{C}$ der komplexen Zahlen stets genau n Lösungen. Mehrfache Lösungen werden entsprechend oft gezählt.

Bemerkung 5.5. Satz 5.3 bedeutet, dass jedes Polynom im Komplexen vollständig in Linearfaktoren zerfällt.

Wir betrachten dazu einige Beispiele.

Beispiel 5.9.

(1) Die Gleichung

$$z^2 + 4 = 0$$

hat im Reellen keine Lösung. Im Komplexen ergeben sich die Lösungen

$$z^2 = -4$$

$$z = \pm\sqrt{-4} = \pm 2\sqrt{-1} = \pm 2i$$

und damit die Linearfaktordarstellung

$$z^2 + 4 = (z + 2i)(z - 2i).$$

(2) Die Gleichung

$$z^3 - z^2 + 9z - 9 = 0$$

hat die Lösung $z = 1$. Anwenden der Polynomdivision liefert (siehe Abschn. 4.1)

$$
\begin{aligned}
\big(\quad z^3 - z^2 + 9z - 9\big) : (z - 1) &= z^2 + 9 \\
\underline{-z^3 + z^2} \qquad\qquad\qquad & \\
9z - 9 & \\
\underline{-9z + 9} & \\
0 &
\end{aligned}
$$

und damit erhalten wir die Linearfaktordarstellung

$$z^3 - z^2 + 9z - 9 = (z - 1)(z - 3i)(z + 3i).$$

(3) Die Gleichung

$$z^2 + i + z = -2iz - 2$$

können wir mithilfe der *p-q*-Formel lösen

$$z^2 + (2i+1)z + 2 + i = 0$$

$$z = -\frac{2i+1}{2} \pm \sqrt{\left(\frac{2i+1}{2}\right)^2 - 2 - i}$$

$$= -i - \frac{1}{2} \pm \sqrt{i^2 + i + \frac{1}{4} - 2 - i}$$

$$= -i - \frac{1}{2} \pm \sqrt{-\frac{11}{4}}$$

und wir erhalten die Lösungen

$$z_1 = -\frac{1}{2} - \frac{2 + \sqrt{11}}{2}i \quad \wedge \quad z_2 = -\frac{1}{2} + \frac{\sqrt{11} - 2}{2}i. \qquad \blacktriangleleft$$

5.4 Aufgaben

Aufgabe 5.1. Berechnen Sie bzw. fassen Sie zusammen: **(401 Lösung)**

a) $(5 - 4i)(-i - 1)$

b) $(2 - 3i) - (6 + 4i) - 2i(4 + 3i)$

Aufgabe 5.2. Bestimmen Sie Real- und Imaginärteil der komplexen Zahl:
(401 Lösung)

a) $z_1 = \frac{1}{1-2i}$

b) $z_2 = \frac{-9i+1}{2+2i}$

c) $z_3 = \frac{6-5i}{6+5i}$

d) $z_4 = \frac{(2i+3)^2}{5+i}$

Aufgabe 5.3. Bestimmen Sie die trigonometrische Form der folgenden komplexen
Zahlen: **(402 Lösung)**

a) $z_1 = 1 + \sqrt{3}i$

b) $z_2 = 1 - \sqrt{3}i$

c) $z_3 = -5$

d) $z_4 = -2i$

e) $z_5 = -4 - 4i$

Aufgabe 5.4. Bestimmen Sie die kartesische Form der folgenden komplexen Zahlen: **(403 Lösung)**

a) $z_1 = 7 \left(\cos \left(\frac{3}{4}\pi \right) + i \sin \left(\frac{3}{4}\pi \right) \right)$

b) $z_2 = 2 \left(\cos \left(\frac{3}{2}\pi \right) + i \sin \left(\frac{3}{2}\pi \right) \right)$

c) $z_3 = 5 \left(\cos \left(\pi \right) + i \sin \left(\pi \right) \right)$

d) $z_4 = \cos \left(\frac{7}{4}\pi \right) + i \sin \left(\frac{7}{4}\pi \right)$

Aufgabe 5.5. Berechnen Sie die vier 4. komplexen Wurzeln aus der Zahl -16. Vereinfachen Sie Ihre Ergebnisse so weit wie möglich. **(403 Lösung)**
(Hinweis: Es gilt: $a = -16 = 16 \cdot e^{i\pi} = 16(\cos \pi + i \sin \pi)$.)

Aufgabe 5.6. Geben Sie alle Lösungen im Komplexen an. Geben Sie bei d) und e)
auch die Linearfaktorzerlegung an. **(404 Lösung)**

a) $z^3 = 1 - \sqrt{3}i$

b) $z^5 = -2i$

c) $z^2 - 2z + \frac{9}{2} = 0$

d) $z^4 - 2z^3 + z^2 + 2z - 2 = 0$

e) $z^4 - 2z^2 - 3 = 0$

f) $z^2 + 4iz = -3z - 6i - \frac{1}{2}$

Kapitel 6

Folgen und Reihen

In diesem Kapitel legen wir die Grundlagen für das Verständnis des für die Analysis so wichtigen Grenzwertbegriffs. In den Lehrplänen für die gymnasiale Oberstufe wird dieser Begriff nur noch rudimentär behandelt, was der Möglichkeit eines grundlegenden Verständnisses zuwiderläuft. Auf diese Art wird nur noch ein grundlegend intuitiver Umgang mit diesem Begriff vermittelt, ohne dass das mathematische Fundament dahinter begriffen werden kann. Wir wollen hier den Grenzwert spezieller Funktionen, den so genannten *Zahlenfolgen*, behandeln, um in Kap. 7 diesen Grenzwertbegriff auf allgemeine Funktionen zu übertragen. Zudem werden wir uns in diesem Kapitel mit den Grundideen der *Reihen* beschäftigen. Reihen entstehen durch Aufsummieren der Glieder einer Zahlenfolge.

6.1 Folgen reeller Zahlen

Wir betrachten Funktionen, deren Definitionsbereich $\mathbb{N}$ ist, z. B.

$$f : \mathbb{N} \to \mathbb{R}, \ n \mapsto f(n) := n^2.$$

Der Wertebereich ist also nur noch eine diskrete Teilmenge von $\mathbb{R}$, in diesem Fall nämlich die Menge $\{1, 4, 9, 16, \ldots\}$ der Quadratzahlen natürlicher Zahlen.

Derartige Funktionen $\mathbb{N} \to \mathbb{R}$ werden in der Mathematik als reelle *Folgen* bezeichnet.

Man schreibt statt $f(n)$ gerne einfach a_n und nennt a_n das n-te *Folgenglied*. Die gesamte Folge wird mit einem Hinweis auf ihren Definitionsbereich $\mathbb{N}$ auch mit $(a_n)_{n \in \mathbb{N}}$ bezeichnet.

© Springer-Verlag GmbH Deutschland, ein Teil von Springer Nature 2023
S. Proß und T. Imkamp, *Brückenkurs Mathematik für den Studieneinstieg*,
https://doi.org/10.1007/978-3-662-68303-3_7

Die Zuordnungsvorschrift $a_n = f(n)$ $(n \in \mathbb{N})$ heißt *Bildungsgesetz* der Folge.

Beispiel 6.1.

(1) Im obigen Beispiel gilt also $a_n = n^2$. Die ersten Folgenglieder der Folge $(a_n)_{n \in \mathbb{N}}$ sind $a_1 = 1$, $a_2 = 4$, $a_3 = 9$ usw.

(2) Die Folge $(b_n)_{n \in \mathbb{N}}$ mit $b_n = (-1)^n$ besteht aus Folgengliedern, die abwechselnd -1 bzw. 1 sind:

$$b_1 = (-1)^1 = -1, b_2 = (-1)^2 = 1, b_3 = (-1)^3 = -1 \text{ usw.}$$

Folgen, bei denen zwei aufeinanderfolgende Glieder unterschiedliche Vorzeichen haben, nennt man *alternierende Folgen*.

(3) $(c_n)_{n \in \mathbb{N}}$ mit $c_n = \frac{n}{2^n}$. Hier ist z. B.

$$c_1 = \frac{1}{2}, c_2 = \frac{2}{2^2} = \frac{2}{4} = \frac{1}{2}, c_3 = \frac{3}{2^3} = \frac{3}{8} \text{ usw.}$$

(4) $(d_n)_{n \in \mathbb{N}}$ mit $d_n = \frac{n}{n+1}$. Diese Folge lässt sich aufzählend schreiben als

$$\frac{1}{2}, \frac{2}{3}, \frac{3}{4}, \frac{4}{5} \ldots.$$

(5) Manchmal werden Folgen auch *rekursiv* definiert. Dabei gibt man ein oder zwei Anfangsglieder an und ein allgemeines Bildungsgesetz. Ein berühmtes Beispiel ist die Folge der *Fibonacci-Zahlen*. Hier ist $a_1 = 1$, $a_2 = 1$ und allgemein

$$a_n := a_{n-1} + a_{n-2} \quad \text{für } n > 2.$$

Somit lauten die ersten Folgenglieder

$$1, 1, 2, 3, 5, 8, 13, \ldots .$$
◄

Betrachten wir nun die Folge $(a_n)_{n \in \mathbb{N}}$ mit den ersten Folgengliedern

$$1, 4, 7, 10, \ldots$$

so lässt sich das nächste Glied leicht erraten. Hier ergibt sich offensichtlich jedes Folgenglied, indem zum vorherigen Folgenglied die Zahl drei addiert wird. Es gilt also

$$a_n - a_{n-1} = 3 \quad \forall n \in \mathbb{N}_{\geq 2}.$$

Allgemein nennt man Folgen mit der Eigenschaft

$$a_n - a_{n-1} = d \quad \forall n \in \mathbb{N}_{\geq 2},$$

mit einer beliebigen Zahl $d \in \mathbb{R}$ *arithmetische Folgen*. Das n-te Glied einer solchen Folge lässt sich mit der Formel

$$a_n = a_1 + (n-1)d$$

finden. Bei einer arithmetischen Folge ist jedes Folgenglied a_n mit $n \geq 2$ das arithmetische Mittel seiner beiden Nachbarn. Es gilt

$$a_n = \frac{a_n + d + a_n - d}{2} = \frac{a_{n+1} + a_{n-1}}{2}.$$

Im Beispiel lautet das Bildungsgesetz der arithmetischen Folge

$$a_n = 1 + 3n.$$

Betrachten wir jetzt die Folge $(a_n)_{n \in \mathbb{N}}$ mit den ersten Folgengliedern

$$1, 3, 9, 27, \ldots$$

Welches Bildungsgesetz liegt dieser Folge zugrunde?

Hier muss man offensichtlich jedes Glied mit drei multiplizieren, um das nächste zu erhalten:

$$a_{n-1} \cdot 3 = a_n \quad \forall n \in \mathbb{N}_{\geq 2}$$

Allgemein nennt man Folgen mit der Eigenschaft

$$\frac{a_n}{a_{n-1}} = q \quad \forall n \in \mathbb{N}_{\geq 2}$$

mit einer beliebigen Zahl $q \in \mathbb{R}^*$ *geometrische Folgen*. Das n-te Glied einer solchen Folge lässt sich mit der Formel

$$a_n = a_1 \cdot q^{n-1}$$

finden. Hierbei sollte $a_1 \neq 0$ sein. Bei einer geometrischen Folge ist jedes Folgenglied a_n mit $n \geq 2$ das geometrische Mittel seiner beiden Nachbarn. Es gilt

$$a_n = \sqrt{q \cdot a_n \cdot \frac{a_n}{q}} = \sqrt{a_{n+1} \cdot a_{n-1}}.$$

Im Beispiel lautet das Bildungsgesetz der geometrischen Folge wegen $a_1 = 1$

$$a_n = 3^{n-1}.$$

6.2 Grenzwert von Folgen

Wir interessieren uns für das Verhalten der Folgen, wenn n immer größer wird, somit für den Fall, dass n gegen „Unendlich" strebt. Wir untersuchen somit das Verhalten einer Folge $(a_n)_{n \in \mathbb{N}}$ für $n \to \infty$. Bevor wir mathematisch präzisieren, was wir damit meinen, untersuchen wir intuitiv einige der Folgen aus Bsp. 6.1:

$$a_n = n^2, \quad n^2 \underset{n \to \infty}{\to} \infty$$

Vermutung: Die Folge wächst über alle Schranken.

$$b_n = (-1)^n$$

Diese Folge springt zwischen zwei Werten, -1 und 1, hin und her.

$$c_n = \frac{n}{2^n}, \quad \frac{n}{2^n} \underset{n \to \infty}{\to} 0$$

Vermutung: Die Folge nähert sich einem endlichen Wert, nämlich 0.

$$d_n = \frac{n}{n+1}, \quad \frac{n}{n+1} \underset{n \to \infty}{\to} 1$$

Vermutung: Die Folge nähert sich einem endlichen Wert, nämlich 1.

Wir haben hier tatsächlich schon drei wichtige Möglichkeiten für das Verhalten einer Folge gesehen. Dafür gibt es auch drei Fachbegriffe, die hier schon einmal aufgelistet werden, jedoch später präzisiert werden:

(1) Wenn sich die Folge einem endlichen Wert nähert, den wir dann den *Grenzwert* der Folge nennen, so heißt sie *konvergent*.

(2) Wenn die Folge über alle Schranken wächst ($a_n \to \infty$) oder unter alle Schranken fällt ($a_n \to -\infty$), so heißt sie *bestimmt divergent*.

(3) In allen anderen Fällen, z. B. wenn die Folge zwischen zwei Werten hin und her springt, nennt man die Folge *unbestimmt divergent*.

Soweit die mehr intuitiven Vorüberlegungen. Um einer mathematischen Grenzwertdefinition näherzukommen, betrachten wir die Folge $(a_n)_{n \in \mathbb{N}}$ mit $a_n := \frac{1}{n}$, also die Folge mit den Anfangsgliedern

$$1, \frac{1}{2}, \frac{1}{3}, \frac{1}{4}, \dots.$$

Die Vermutung liegt nahe, dass für diese Folge gilt $a_n \to 0$. Eine Folge mit dem Grenzwert 0 nennt man *Nullfolge*.

Was bedeutet das? Wenn n immer größer wird, nähert sich $\frac{1}{n}$ immer mehr der Zahl 0, und zwar in diesem speziellen Fall von oben. Das bedeutet, dass wir für jede noch so kleine Zahl $\varepsilon > 0$ eine natürliche Zahl N finden, sodass $a_N < \varepsilon$ ist. Für alle größeren natürlichen Zahlen als N gilt diese Ungleichung ebenfalls. Die Zahl N hängt natürlich von ε ab, sodass wir auch $N(\varepsilon)$ schreiben können. Die Abb. 6.1 dient der Verdeutlichung.

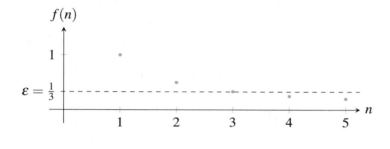

Abb. 6.1: Darstellung der Folge $(a_n)_{n\in\mathbb{N}}$ mit $a_n := \frac{1}{n}$ und $\varepsilon = \frac{1}{3}$

Wählt man etwa $\varepsilon = \frac{1}{3}$, so gilt bereits für $n \geq N(\varepsilon) = 4$, dass alle weiteren Folgenglieder, dargestellt als Punkte, im ε-Streifen um 0 liegen. Für $\varepsilon = \frac{1}{6}$ gilt dies ab Folgenglied Nummer 7 (siehe Abb. 6.2).

Abb. 6.2: Darstellung der Folge $(a_n)_{n\in\mathbb{N}}$ mit $a_n := \frac{1}{n}$ und $\varepsilon = \frac{1}{6}$

Somit weicht a_n für $n \geq N(\varepsilon)$ vom Grenzwert 0 um weniger als ε ab. Wir können dies auch formal so formulieren:

$$\forall\, \varepsilon > 0: \quad \exists N(\varepsilon) \in \mathbb{N} \ \ \forall\, n \geq N(\varepsilon): \ \left| \frac{1}{n} - 0 \right| < \varepsilon.$$

> **Hinweis**
>
> Hier nochmal zur Erinnerung die Erläuterung der verwendeten mathematischen Symbole (siehe dazu auch Kap. 1 und 2)
>
> - $\forall$: Allquantor „Für alle"
> - $\exists$: Existenzquantor „Es existiert (mindestens) ein"
> - : „gilt" bzw. „so dass"
> - $\in$ „ist Element von"

Wir müssen die Gültigkeit dieser Aussage beweisen, und zwar für beliebige $\varepsilon > 0$.

Beweis. Sei $\varepsilon > 0$ beliebig vorgegeben. Sei $N(\varepsilon)$ eine natürliche Zahl mit $N(\varepsilon) > \frac{1}{\varepsilon}$. Dann gilt $\forall \, n \geq N(\varepsilon)$

$$\left| \frac{1}{n} - 0 \right| = \frac{1}{n} \leq \frac{1}{N(\varepsilon)} < \frac{1}{\frac{1}{\varepsilon}} = \varepsilon. \qquad \square$$

Wie kommt man darauf, dass $N(\varepsilon) > \frac{1}{\varepsilon}$ gewählt werden soll?

Am besten geht man von der Ungleichung aus, die erfüllt werden muss, nämlich $\frac{1}{n} < \varepsilon$. In einer kurzen Nebenrechnung erkennt man, dass dies genau dann erfüllt ist, wenn $n > \frac{1}{\varepsilon}$ gilt. Wählt man also $N(\varepsilon) > \frac{1}{\varepsilon}$, so kann man sicher sein, dass auch für $n \geq N(\varepsilon)$ die Ungleichung $n > \frac{1}{\varepsilon}$ erfüllt ist.

Beispiel 6.2. Behauptung:

$$\lim_{n \to \infty} \frac{n}{n+1} = 1.$$

Beweis. Sei $\varepsilon > 0$ beliebig vorgegeben. Sei $N(\varepsilon)$ eine natürliche Zahl mit $N(\varepsilon) > \frac{1}{\varepsilon} - 1$, dann gilt $\forall n \geq N(\varepsilon)$

$$\left| \frac{n}{n+1} - 1 \right| = \left| \frac{n}{n+1} - \frac{n+1}{n+1} \right| = \left| \frac{-1}{n+1} \right| = \frac{1}{n+1} \leq \frac{1}{N(\varepsilon)+1}$$

$$< \frac{1}{\frac{1}{\varepsilon} - 1 + 1} = \frac{1}{\frac{1}{\varepsilon}} = \varepsilon \qquad \square$$

In einer Nebenrechnung ermittelt man:

$$\frac{1}{N(\varepsilon)+1} < \varepsilon$$

$$1 < \varepsilon \, (N(\varepsilon)+1)$$

$$N(\varepsilon) > \frac{1}{\varepsilon} - 1 \qquad \blacktriangleleft$$

Beispiel 6.3. Behauptung:

$$\lim_{n \to \infty} \frac{n}{2^n} = 0.$$

Beweis. Für $n > 3$ gilt:

$$\frac{n}{2^n} \leq \frac{1}{n},$$

da für $n > 3$ gilt:

$$n^2 \leq 2^n$$

(siehe Bsp. 1.6, beachten Sie, dass in dem Beispiel die strikte Ungleichung bewiesen wird.)

Sei $\varepsilon > 0$ beliebig vorgegeben. Sei $N(\varepsilon)$ eine natürliche Zahl mit $N(\varepsilon) > \max\left(3, \frac{1}{\varepsilon}\right)$, dann gilt $\forall n \geq N(\varepsilon)$

$$\left| \frac{n}{2^n} - 0 \right| = \frac{n}{2^n} \leq \frac{1}{n} \leq \frac{1}{N(\varepsilon)} < \varepsilon. \qquad \square$$

Es ist jetzt an der Zeit, eine allgemeine Definition des Grenzwertes einer Folge zu geben.

Definition 6.1. Sei $(a_n)_{n \in \mathbb{N}}$ eine Folge reeller Zahlen. Die Folge heißt *konvergent* mit dem *Grenzwert a*, geschrieben

$$\lim_{n \to \infty} a_n = a,$$

wenn sich zu jeder Zahl $\varepsilon > 0$ eine natürliche Zahl $N(\varepsilon)$ finden lässt, sodass für alle $n \geq N(\varepsilon)$ die Abweichung $|a_n - a|$ kleiner als ε ist, formal:

$$\lim_{n \to \infty} a_n = a : \quad \Leftrightarrow \quad \forall \varepsilon > 0 : \exists N(\varepsilon) \in \mathbb{N} : \forall n \geq N(\varepsilon) : |a_n - a| < \varepsilon.$$

Ein weiteres Beispiel verdeutlicht diese Definition noch einmal.

Beispiel 6.4. Sei

$$a_n = \frac{2n+1}{3n+1}.$$

Vermutung: $\lim_{n \to \infty} a_n = \frac{2}{3}$.

Beweis. Sei $\varepsilon > 0$ beliebig vorgegeben. Wähle $N(\varepsilon) > \frac{1}{\varepsilon}$. Dann gilt für $n \geq N(\varepsilon)$:

$$\left| \frac{2n+1}{3n+1} - \frac{2}{3} \right| = \left| \frac{3(2n+1) - 2(3n+1)}{3(3n+1)} \right|$$

$$= \left| \frac{1}{3(3n+1)} \right| = \frac{1}{9n+3}$$

$$< \frac{1}{9n} < \frac{1}{n} \leq \frac{1}{N(\varepsilon)} < \frac{1}{\frac{1}{\varepsilon}} = \varepsilon. \qquad \square$$

Wir führen jetzt einen weiteren wichtigen Begriff ein.

Definition 6.2. Sei $(a_n)_{n \in \mathbb{N}}$ eine Folge reeller Zahlen.

- Die Folge heißt *nach oben beschränkt*:

$$\Leftrightarrow \exists k \in \mathbb{R} : \forall n \in \mathbb{N} : a_n \leq k.$$

Dabei heißt k *obere Schranke*.
- Die Folge heißt *nach unten beschränkt*:

$$\Leftrightarrow \exists k \in \mathbb{R} : \forall n \in \mathbb{N} : a_n \geq k.$$

Dabei heißt k *untere Schranke*.
- Die Folge heißt *beschränkt*:

$$\Leftrightarrow \exists k > 0 : \forall n \in \mathbb{N} : |a_n| \leq k.$$

Beispiel 6.5. Wir betrachten die Folgen aus Bsp. 6.1.

(1) Die Folge $(a_n)_{n \in \mathbb{N}}$ mit $a_n = n^2$ ist nach unten beschränkt mit $k = 1$.

(2) Die Folge $(b_n)_{n \in \mathbb{N}}$ mit $b_n = (-1)^n$ ist beschränkt mit $k = 1$.

(3) Die Folge $(c_n)_{n \in \mathbb{N}}$ mit $c_n = \frac{n}{2^n}$ ist beschränkt mit $k = \frac{1}{2}$.

(4) Die Folge $(d_n)_{n \in \mathbb{N}}$ mit $d_n = \frac{n}{n+1}$ ist beschränkt mit $k = 1$.

(5) Die *Fibonacci-Folge* mit $a_1 = 1$, $a_2 = 1$ und $a_n := a_{n-1} + a_{n-2}$ für $n > 2$ ist nach unten beschränkt mit $k = 1$. ◄

Es gilt der folgende Satz.

Satz 6.1. Jede konvergente Folge reeller Zahlen ist beschränkt.

Beweis. Sei $\lim\limits_{n \to \infty} a_n = a$. Dann gilt:

$$\exists N \in \mathbb{N} : \forall n \geq N : |a_n - a| < 1.$$

Also:

$$|a_n| = |a_n - a + a| \underset{\text{Dreiecksungleichung}}{\leq} |a_n - a| + |a| \leq |a| + 1 \ \forall \, n > N.$$

Wähle $M := \max(|a_1|, |a_2|, \ldots, |a_{n-1}|, |a| + 1)$. Dann gilt für alle $n \in \mathbb{N}$: $|a_n| \leq M$. Für die Dreiecksungleichung siehe Satz 4.2. $\qquad\square$

Bemerkung 6.1. Die Umkehrung von Satz 6.1 gilt nicht. Gegenbeispiel: $b_n = (-1)^n$. $(b_n)_{n \in \mathbb{N}}$ ist beschränkt, aber nicht konvergent.

Bisher haben wir als selbstverständlich vorausgesetzt, dass im Falle der Konvergenz einer Folge der Grenzwert eindeutig ist. Dies ist jedoch keineswegs a priori klar, sondern wird sichergestellt durch den folgenden Satz.

Satz 6.2 (Eindeutigkeit des Grenzwertes). Sei $(a_n)_{n \in \mathbb{N}}$ eine konvergente Folge mit $\lim\limits_{n \to \infty} a_n = a$ und $\lim\limits_{n \to \infty} a_n = a'$. Dann gilt: $a = a'$.

Beweis. Angenommen: $a \neq a'$. Dann gilt $\varepsilon := \frac{|a - a'|}{2} > 0$

$$\lim_{n \to \infty} a_n = a \quad \Rightarrow \quad \exists N_1 \in \mathbb{N} : \forall \, n \geq N_1 : |a_n - a| < \frac{|a - a'|}{2}$$

$$\lim_{n \to \infty} a_n = a' \quad \Rightarrow \quad \exists N_2 \in \mathbb{N} : \forall \, n \geq N_2 : |a_n - a'| < \frac{|a - a'|}{2}.$$

Sei $N := \max(N_1, N_2)$. Dann gilt für alle $n \geq N$:

$$|a - a'| = |a - a_n + a_n - a'| \underset{\text{Dreiecksungleichung}}{\leq} |a_n - a| + |a_n - a'| < \frac{|a - a'|}{2} + \frac{|a - a'|}{2}$$

$$= |a - a'|$$

(für die Dreiecksungleichung siehe Satz 4.2). Der Widerspruch zeigt, dass die Annahme zweier verschiedener Grenzwerte falsch war. Damit ist die Eindeutigkeit des Grenzwertes bewiesen. $\qquad\square$

Satz 6.3. Seien $(a_n)_{n \in \mathbb{N}}$ und $(b_n)_{n \in \mathbb{N}}$ zwei konvergente Folgen mit $\lim\limits_{n \to \infty} a_n = a$ und $\lim\limits_{n \to \infty} b_n = b$. Es gelte $a_n \leq b_n \ \forall \, n \in \mathbb{N}$. Dann gilt $a \leq b$.

Beweis. Angenommen, es sei $a > b$. Dann gilt $\varepsilon := \frac{a-b}{2} > 0$. Nach Voraussetzung existieren zwei Zahlen N_1 und N_2, sodass gilt:

$$|a_n - a| < \varepsilon \ \forall \, n \geq N_1$$

und

$$|b_n - b| < \varepsilon \ \forall \, n \geq N_2.$$

Somit gelten beide Ungleichungen für $n \geq \max(N_1, N_2)$, und wegen der Wahl von ε folgt dann:

$$a_n > a - \varepsilon = b + \varepsilon > b_n$$

im Widerspruch zur Annahme $a_n \leq b_n \ \forall \, n \in \mathbb{N}$.   □

Beispiel 6.6 (Kontinuierliche Verzinsung). Am Ende dieses Abschnittes betrachten wir noch eine Möglichkeit, die *Euler'sche Zahl* mittels eines Grenzwertes darzustellen. Wir betrachten dazu das Problem der so genannten *stetigen* oder *kontinuierlichen Verzinsung*. Diese ist ein Spezialfall der unterjährigen Verzinsung unter Einbeziehung der Zinseszinsen, bei dem die Zinsen kontinuierlich ausbezahlt werden, der Zeitraum der einzelnen Zinsperiode also gegen 0 strebt.

Nehmen wir dazu an, Sie zahlen am 1. Januar eines Jahres einen Euro auf der Bank ein. Die Bank garantiert Ihnen eine momentane Verzinsung zu einem Zinssatz 100 % pro Jahr (natürlich ist dieser Zinssatz unrealistisch). Über welches Guthaben verfügen Sie am 1. Januar des nächsten Jahres, wenn die Zinsen zu gleichen Bedingungen angelegt werden?

Es gilt die Formel

$$K_n = K_0 \left(1 + \frac{z}{n}\right)^n,$$

wobei K_0 Ihr Startkapital ist (also 1 €), z ist der Zinssatz, also $100\% = 1$, und n ist die Anzahl der Zinsperioden.

Bei jährlicher Verzinsung erhalten Sie nach einem Jahr:

$$K_1 = 1 \, \text{€} \cdot (1+1)^1 = 2 \, \text{€}.$$

Bei halbjährlicher Verzinsung bekommen Sie:

$$K_2 = 1 \, \text{€} \cdot \left(1 + \frac{1}{2}\right)^2 = 2,25 \, \text{€}.$$

Wir können die Zinsperioden weiter verkleinern, z. B. erhalten Sie bei täglicher Verzinsung (für die Banken gibt es nur 360 Zinstage im Jahr):

$$K_{360} = 1 \, \text{€} \cdot \left(1 + \frac{1}{360}\right)^{360} = 2,714516027 \, \text{€}.$$

Kontinuierliche Verzinsung bedeutet, dass wir die Länge der Zinsperioden gegen Null streben lassen, d. h. die Anzahl der Zinsperioden strebt gegen unendlich. Wir erhalten:

$$\lim_{n\to\infty} 1\ \text{€} \cdot \left(1 + \frac{1}{n}\right)^n = e\ \text{€} \approx 2,718281828\ \text{€}.$$

Dies ist also das Maximum, was Sie aus dem Euro „herausholen" können. Es gilt also insbesondere:

$$\lim_{n\to\infty} \left(1 + \frac{1}{n}\right)^n = e.$$

Die Euler'sche Zahl e kann also als Grenzwert der Folge $\lim\limits_{n\to\infty} \left(1 + \frac{1}{n}\right)^n$ dargestellt werden.   ◀

Hinweis

(1) In Bsp. 8.21 (2) werden wir diesen Grenzwert mithilfe der de l'Hospital'schen Regel herleiten.
(2) In Bsp. 6.14 werden wir noch die Darstellung der Euler'schen Zahl als unendliche Reihe kennenlernen.

6.3 Grenzwertsätze

Mit dem bisherigen Verfahren ist der Nachweis, dass eine Zahl a Grenzwert einer Folge $(a_n)_{n\in\mathbb{N}}$ ist, relativ umständlich zu führen. Wir wollen in diesem Kapitel die so genannten *Grenzwertsätze* beweisen, die uns beim Auffinden des Grenzwertes einer konvergenten Folge behilflich sind.

Beispiel 6.7. Wir betrachten die beiden Folgen $(a_n)_{n\in\mathbb{N}}$ mit $a_n = \frac{n+1}{n}$ und $(b_n)_{n\in\mathbb{N}}$ mit $b_n = \frac{2n-1}{n}$. Es gilt (überzeugen Sie sich davon!)

$$\lim_{n\to\infty} a_n = 1 \quad \text{und} \quad \lim_{n\to\infty} b_n = 2.$$

Ferner gilt:

$$\lim_{n\to\infty} (a_n + b_n) = 3$$
$$\lim_{n\to\infty} (a_n \cdot b_n) = 2$$
$$\lim_{n\to\infty} (a_n - b_n) = -1$$

$$\lim_{n\to\infty}\left(\frac{a_n}{b_n}\right)=\frac{1}{2}. \qquad \blacktriangleleft$$

Hier sieht es so aus, als könne man bei der Berechnung des Grenzwertes der Summe zweier Folgen einfach die Grenzwerte der beiden Folgen addieren. Entsprechendes scheint für das Produkt, die Differenz und den Quotienten zweier Folgen zu gelten. Diese intuitiv richtigen Vermutungen sind mathematisch korrekt in den Grenzwertsätzen beschrieben.

Wir beginnen mit dem Grenzwertsatz für Summenfolgen.

Satz 6.4. $(a_n)_{n\in\mathbb{N}}$ und $(b_n)_{n\in\mathbb{N}}$ seien konvergente Folgen reeller Zahlen mit $\lim_{n\to\infty} a_n = a$ und $\lim_{n\to\infty} b_n = b$. Dann ist auch $(a_n+b_n)_{n\in\mathbb{N}}$ konvergent, und es gilt:

$$\lim_{n\to\infty}(a_n+b_n)=a+b.$$

Beweis. Sei $\varepsilon > 0$ beliebig vorgegeben. Dann gilt:

$$\exists\, N_1 \in \mathbb{N}:\ \forall\, n \geq N_1 : |a_n - a| < \frac{\varepsilon}{2}$$

und

$$\exists\, N_2 \in \mathbb{N}:\ \forall\, n \geq N_2 : |b_n - b| < \frac{\varepsilon}{2}.$$

Für $n \geq N := \max(N_1, N_2)$ ist dann:

$$|(a_n+b_n)-(a+b)| = |a_n - a + b_n - b| \leq |a_n - a| + |b_n - b| < \frac{\varepsilon}{2} + \frac{\varepsilon}{2} = \varepsilon.\ \square$$

Für Produktfolgen gilt der folgende Satz.

Satz 6.5. $(a_n)_{n\in N}$ und $(b_n)_{n\in N}$ seien konvergente Folgen reeller Zahlen mit den Grenzwerten a bzw. b. Dann ist auch $(a_n\cdot b_n)_{n\in N}$ konvergent, und es gilt:

$$\lim_{n\to\infty}(a_n\cdot b_n)=ab.$$

Beweis. Sei $\varepsilon > 0$ beliebig vorgegeben. $(a_n)_{n\in\mathbb{N}}$ ist konvergent, also beschränkt

$$\exists\, k > 0:\ \forall\, n \in \mathbb{N} : |a_n| < k.$$

Sei $k' > \max(k, |b|)$

$$\exists\, N_1 \in \mathbb{N} : \forall\, n \geq N_1 : |a_n - a| < \frac{\varepsilon}{2k'}$$

$$\exists\, N_2 \in \mathbb{N} : \forall\, n \geq N_2 : |b_n - b| < \frac{\varepsilon}{2k'}.$$

Dann gilt für $n \geq N := \max(N_1, N_2)$:

$$
\begin{aligned}
|a_n b_n - ab| &= |a_n b_n - a_n b + a_n b - ab| \\
&= |a_n(b_n - b) + (a_n - a)b| \\
&\underset{\text{Dreiecksungleichung}}{\leq} |a_n||b_n - b| + |a_n - a||b| < k' \cdot \frac{\varepsilon}{2k'} + \frac{\varepsilon}{2k'} \cdot k' \\
&= \varepsilon.
\end{aligned}
$$

$\square$

Aus den beiden Sätzen ergeben sich zwei Folgerungen. Solche Folgerungen nennt man in der Mathematik *Korollare*.

Korollar 6.1. Sei $c \in \mathbb{R}$ und $(a_n)_{n \in \mathbb{N}}$ eine konvergente Folge reeller Zahlen. Dann ist auch die Folge $(c \cdot a_n)_{n \in \mathbb{N}}$ konvergent, und es gilt:

$$\lim_{n \to \infty}(c \cdot a_n) = c \cdot \lim_{n \to \infty}(a_n).$$

Beweis. Wenn wir Satz 6.5 auf den Fall der konstanten Folge $(b_n)_{n \in \mathbb{N}}$ mit $b_n = c\ \forall\, n \in \mathbb{N}$ anwenden, ergibt sich die Behauptung. $\square$

Der Grenzwertsatz für Differenzfolgen ergibt sich als das folgende Korollar.

Korollar 6.2. Seien $(a_n)_{n \in \mathbb{N}}, (b_n)_{n \in \mathbb{N}}$ konvergent mit $\lim\limits_{n \to \infty} a_n = a$ und $\lim\limits_{n \to \infty} b_n = b$. Dann gilt:

$$\lim_{n \to \infty}(a_n - b_n) = a - b.$$

Beweis. Wir schreiben: $a_n - b_n = a_n + (-1)b_n$. Dann gilt nach den bisherigen Sätzen 6.4, 6.5 und Korollar 6.1:

$$
\begin{aligned}
\lim_{n \to \infty}(a_n - b_n) &= \lim_{n \to \infty}(a_n + (-1)b_n) \\
&\underset{\text{Satz 6.4}}{=} \lim_{n \to \infty} a_n + \lim_{n \to \infty}((-1)b_n)
\end{aligned}
$$

$$\underset{\text{Korollar 6.1}}{=} \lim_{n\to\infty} a_n + (-1)\lim_{n\to\infty} b_n$$

$$= a + (-1)\cdot b$$

$$= a - b. \qquad \square$$

Auch für Quotientenfolgen gibt es einen Grenzwertsatz.

Satz 6.6. Seien $(a_n)_{n\in\mathbb{N}}$ und $(b_n)_{n\in\mathbb{N}}$ konvergente Folgen reeller Zahlen mit $\lim_{n\to\infty} a_n := a$ und $\lim_{n\to\infty} b_n := b$. Dabei werde $b \neq 0$ vorausgesetzt. Dann existiert eine natürliche Zahl N, sodass gilt $b_n \neq 0\ \forall\, n \geq N$. Die Folge $\left(\frac{a_n}{b_n}\right)_{n\geq N}$ konvergiert, und es gilt

$$\lim_{n\to\infty} \frac{a_n}{b_n} = \frac{a}{b}.$$

Denkanstoß

Führen Sie den Beweis als Übung durch (siehe Aufg. 6.8)!

Wenden wir die Grenzwertsätze auf zwei Beispiele an.

Beispiel 6.8. Wir betrachten die Folge $(a_n)_{n\in\mathbb{N}}$ mit

$$a_n = \frac{6n^2 + 2n}{n^2 - 1}.$$

Eine Anwendung der Grenzwertsätze ergibt:

$$\lim_{n\to\infty} \frac{6n^2+2n}{n^2-1} = \lim_{n\to\infty} \frac{n^2\left(6+\frac{2}{n}\right)}{n^2\left(1-\frac{1}{n^2}\right)} = \lim_{n\to\infty} \frac{6+\frac{2}{n}}{1-\frac{1}{n^2}}$$

$$= \frac{\lim_{n\to\infty}\left(6+\frac{2}{n}\right)}{\lim_{n\to\infty}\left(1-\frac{1}{n^2}\right)} = \frac{\lim_{n\to\infty} 6 + \lim_{n\to\infty}\frac{2}{n}}{\lim_{n\to\infty} 1 - \lim_{n\to\infty}\frac{1}{n^2}}$$

$$= \frac{\lim_{n\to\infty} 6 + 2\lim_{n\to\infty}\frac{1}{n}}{\lim_{n\to\infty} 1 - \lim_{n\to\infty}\frac{1}{n}\cdot\lim_{n\to\infty}\frac{1}{n}} = \frac{6+0}{1-0} = 6. \qquad \blacktriangleleft$$

Beispiel 6.9. Wir betrachten die Folge $(a_n)_{n\in\mathbb{N}}$ mit

$$a_n = \frac{n^2 + 7n + 4}{n}.$$

Die Folge ist wegen

$$\frac{n^2 + 7n + 4}{n} > \frac{n^2 + 7n}{n} = n + 7 > n$$

unbeschränkt und daher divergent (siehe Satz 6.1). ◀

6.4 Reihen

In diesem Abschnitt werden wir uns mit den Grundideen der *Reihen* beschäftigen. Reihen entstehen durch Aufsummieren der Glieder einer Folge. Für das Summenzeichen sei auf Abschn. 0.8 verwiesen.

Definition 6.3. Sei $(a_n)_{n \in \mathbb{N}}$ eine Folge reeller Zahlen. Dann nennt man die Folge $(s_n)_{n \in \mathbb{N}}$, definiert durch

$$s_n := \sum_{i=1}^{n} a_i,$$

die *Folge der Partialsummen* oder *(unendliche) Reihe*. Als Abkürzung verwenden wir die Schreibweise

$$\sum_{i=1}^{\infty} a_i.$$

Beispiel 6.10 (Geometrische Reihe). In Aufg. 1.1 f) wurde gezeigt, dass gilt:

$$\sum_{i=0}^{n} x^i = \frac{x^{n+1} - 1}{x - 1} \qquad \forall \, n \in \mathbb{N} \text{ und } x \neq 1.$$

Im Falle $|x| < 1$ ergibt sich für $n \to \infty$ auf der rechten Seite:

$$\lim_{n \to \infty} \frac{x^{n+1} - 1}{x - 1} = \frac{-1}{x - 1} = \frac{1}{1 - x}.$$

Daher gilt

$$\sum_{n=0}^{\infty} x^n = \frac{1}{1 - x},$$

wie man leicht einsieht, da in diesem Fall $\lim_{n \to \infty} x^{n+1} = 0$ gilt. Man nennt eine Reihe dieser Form *geometrische Reihe*. Betrachten wir den Fall $x = \frac{1}{2}$. Dann gilt nach der obigen Formel:

$$\sum_{n=0}^{\infty} \left(\frac{1}{2}\right)^n = 1 + \frac{1}{2} + \frac{1}{4} + \frac{1}{8} + \frac{1}{16} + \ldots$$
$$= \frac{1}{1 - \frac{1}{2}} = 2.$$

Hier werden unendlich viele positive Zahlen addiert. Trotzdem kommt der endliche Wert 2 heraus! ◀

Man kann mithilfe geometrischer Reihen völlig taschenrechnerfrei (!) periodische Dezimalbrüche oder gemischt-periodische Dezimalbrüche in gewöhnliche Brüche umwandeln, wie die folgenden Beispiele zeigen.

Beispiel 6.11. Wir zeigen, dass $0, \overline{1} = \frac{1}{9}$.

$$0, \overline{1} = 0,1 + 0,01 + 0,001 + \ldots$$
$$= \sum_{n=1}^{\infty} \left(\frac{1}{10}\right)^n$$
$$= \sum_{n=0}^{\infty} \left(\frac{1}{10}\right)^n - 1$$
$$= \frac{1}{1 - \frac{1}{10}} - 1$$
$$= \frac{1}{9}.$$ ◀

Beispiel 6.12. Wir wandeln die gemischt-periodische Zahl $0, 12\overline{34}$ in einen gewöhnlichen Bruch um.

$$0, 12\overline{34} = \frac{12}{100} + \frac{34}{10000} + \ldots$$
$$= \frac{12}{10^2} + \frac{34}{10^4} + \frac{34}{10^6} + \frac{34}{10^8} + \ldots$$
$$= \frac{12}{10^2} + 34 \cdot \sum_{n=2}^{\infty} \frac{1}{10^{2n}}$$
$$= \frac{12}{10^2} + 34 \cdot \sum_{n=2}^{\infty} \left(\frac{1}{100}\right)^n$$
$$= \frac{12}{100} + 34 \cdot \left(\sum_{n=0}^{\infty} \left(\frac{1}{100}\right)^n - 1 - \frac{1}{100}\right)$$
$$= \frac{12}{100} + 34 \cdot \left(\frac{1}{1 - \frac{1}{100}} - 1 - \frac{1}{100}\right)$$
$$= \frac{12}{100} + 34 \cdot \frac{1}{9900} = \frac{611}{4950}.$$ ◀

Wie bei Folgen nennt man eine Reihe auch *konvergent*, wenn sie einen Grenzwert besitzt, und *divergent*, wenn das nicht der Fall ist. Dabei bedeutet *bestimmte Divergenz* wieder, dass

$$\left| \sum_{i=0}^{\infty} a_i \right| = \infty$$

gilt, ansonsten ist die Reihe *unbestimmt divergent*.

> **Hinweis**
>
> Die symbolischen Werte ∞ und $-\infty$ werden in diesem Sinne auch als *uneigentliche Grenzwerte* bezeichnet.

Ein Beispiel für eine unbestimmt divergente Reihe ist die Reihe $\sum_{n=0}^{\infty}(-1)^n$, der kein Wert zugeordnet werden kann.

Das Standardbeispiel für eine bestimmt divergente Reihe ist die so genannte *harmonische Reihe*.

Beispiel 6.13 (Harmonische Reihe). Wir betrachten die harmonische Reihe und formulieren die Behauptung:

$$\sum_{n=1}^{\infty} \frac{1}{n} = 1 + \frac{1}{2} + \frac{1}{3} + \frac{1}{4} + \frac{1}{5} + \ldots = \infty.$$

Beweis.

$$\sum_{n=1}^{\infty} \frac{1}{n} = 1 + \frac{1}{2} + \underbrace{\frac{1}{3} + \frac{1}{4}} + \underbrace{\frac{1}{5} + \frac{1}{6} + \frac{1}{7} + \frac{1}{8}} + \frac{1}{9} + \frac{1}{10} + \ldots$$

$$\geq 1 + \frac{1}{2} + \underbrace{\frac{1}{4} + \frac{1}{4}} + \underbrace{\frac{1}{8} + \frac{1}{8} + \frac{1}{8} + \frac{1}{8}} + \ldots$$

$$= 1 + \frac{1}{2} + \quad \frac{1}{2} \quad + \qquad \frac{1}{2} \qquad + \ldots$$

Daher divergiert die harmonische Reihe gegen ∞, formal:

$$\sum_{n=1}^{\infty} \frac{1}{n} = \infty. \qquad \square$$

Im Beweis fasst man also so viele Glieder zusammen, dass die Einzelsummen den Wert $\frac{1}{2}$ ergeben. Da dieser Wert unendlich oft aufsummiert wird, ergibt sich die Behauptung.

Man schätzt den Wert der Reihe also hier nach unten ab durch eine bestimmt divergente Reihe mit dem uneigentlichen Grenzwert ∞. Diese Reihe nennt man auch eine divergente *Minorante* der ersten Reihe.   ◄

Beispiel 6.14 (Exponentialreihe). Eine der wichtigsten Reihen in der Mathematik ist die *Exponentialreihe*:

$$e^x = \sum_{n=0}^{\infty} \frac{x^n}{n!} = 1 + x + \frac{x^2}{2} + \frac{x^3}{6} + \frac{x^4}{24} + \frac{x^5}{120} \cdots$$

Dabei steht das Symbol $n!$ (gelesen „n Fakultät") für den Ausdruck

$$n! = n \cdot (n-1) \cdot (n-2) \cdot \ldots \cdot 3 \cdot 2 \cdot 1,$$

also für das Produkt der ersten n natürlichen Zahlen, z. B. $4! = 4 \cdot 3 \cdot 2 \cdot 1 = 24$. Dabei ist definitionsgemäß $0! = 1$ (siehe dazu Abschn. 0.8).

Es klingt an dieser Stelle sicherlich ein wenig überraschend, dass die Ihnen aus der Schule bekannte e-Funktion eine derartige Darstellung benutzt. In der Hochschulmathematik ist es allerdings üblich, die Exponentialfunktion über diese Reihe zu definieren und dann zu zeigen, dass sie all die aus der Schule bekannten Eigenschaften besitzt.

Mithilfe dieser Darstellung berechnet der Taschenrechner auch numerisch die Werte der e-Funktion: Der Taschenrechner summiert dabei natürlich nicht unendlich viele Summanden auf, sondern bricht nach einer bestimmten Anzahl Summanden ab, die von der Genauigkeit des Taschenrechners abhängt.

Wird beispielsweise im Falle $x = 1$ nach fünf Summanden abgebrochen, so ergibt sich eine auf zwei Nachkommastellen genaue Berechnung der Euler'schen Zahl (dies entspricht natürlich nicht dem Standard in der Taschenrechnergenauigkeit):

$$e \approx \sum_{n=0}^{5} \frac{1}{n!} = 1 + 1 + \frac{1}{2} + \frac{1}{6} + \frac{1}{24} + \frac{1}{120} = 2{,}71\overline{6}.$$

Das Gleiche gilt beispielsweise auch für die Berechnung von Sinus- und Kosinuswerten mit dem Taschenrechner. Auch Sinus und Kosinus können durch Reihen dargestellt werden, wie wir gleich noch sehen werden.

Wir haben damit neben der Grenzwertdarstellung (siehe Bsp. 6.6) eine weitere Darstellungsform der *Euler'schen Zahl* mithilfe der Reihe

$$e = \sum_{n=0}^{\infty} \frac{1}{n!}$$

gefunden.   ◄

Beispiel 6.15 (Exponentialreihe im Komplexen). Eine noch größere Überraschung ergibt sich bei der Untersuchung der Exponentialfunktion im Komplexen. Wir betrachten die Funktion

$$f : \mathbb{R} \to \mathbb{C}, \ x \mapsto f(x) := e^{ix}.$$

Wir definieren e^{ix} über die Reihe und nutzen unsere Kenntnisse aus Kap. 5:

$$
\begin{aligned}
e^{ix} &= 1 + ix + \frac{(ix)^2}{2} + \frac{(ix)^3}{6} + \frac{(ix)^4}{24} + \frac{(ix)^5}{120} + \dots \\
&= 1 + ix - \frac{x^2}{2} - i\frac{x^3}{6} + \frac{x^4}{24} + i\frac{x^5}{120} + \dots \\
&= 1 - \frac{x^2}{2!} + \frac{x^4}{4!} - \frac{x^6}{6!} + \frac{x^8}{8!} \mp \dots + i\left(x - \frac{x^3}{3!} + \frac{x^5}{5!} - \frac{x^7}{7!} \pm \dots\right) \\
&= \sum_{n=0}^{\infty} (-1)^n \frac{x^{2n}}{(2n)!} + i \cdot \sum_{n=0}^{\infty} (-1)^n \frac{x^{2n+1}}{(2n+1)!}.
\end{aligned}
$$

Sowohl der Realteil als auch der Imaginärteil von e^{ix} ist jeweils eine Reihe, die eine bekannte Funktion der Schulmathematik reproduziert. Es gilt nämlich

$$\cos x = \sum_{n=0}^{\infty} (-1)^n \frac{x^{2n}}{(2n)!}$$

und

$$\sin x = \sum_{n=0}^{\infty} (-1)^n \frac{x^{2n+1}}{(2n+1)!}.$$

Es handelt sich beim Realteil von e^{ix} um die *Kosinusreihe* und beim Imaginärteil von e^{ix} um die *Sinusreihe*, d. h., es gilt $\text{Re}(e^{ix}) = \cos x$ und $\text{Im}(e^{ix}) = \sin x$.

Es ergibt sich die berühmte *Euler'sche Gleichung*

$$e^{ix} = \cos x + i\sin x \qquad \forall x \in \mathbb{R},$$

die wir in Abschn. 5.2 für die Exponentialdarstellung komplexer Zahlen bereits verwendet haben. ◀

Eine Anwendung ist der Beweis der *Additionstheoreme* von sin und cos, die wir in Satz 3.2 bereits eingeführt haben.

Beweis. Es gilt

$$e^{i(x+y)} = \cos(x+y) + i\sin(x+y) \qquad \forall\, x,y \in \mathbb{R}.$$

Andererseits gilt:

$$e^{i(x+y)} = e^{ix+iy} = e^{ix}e^{iy}.$$

Daher folgt

$$\begin{aligned}
e^{i(x+y)} &= e^{ix}e^{iy} \\
&= (\cos x + i\sin x)(\cos y + i\sin y) \\
&= \cos x\cos y + i\sin x\cos y + i\cos x\sin y - \sin x\sin y \\
&= \cos x\cos y - \sin x\sin y + i(\sin x\cos y + \cos x\sin y).
\end{aligned}$$

Vergleich der Real- und Imaginärteile ergibt die Behauptung. $\square$

Bemerkung 6.2. Mithilfe der Symmetrieeigenschaften von sin und cos kann man auch folgende Gleichungen beweisen:

$$\cos(x-y) = \cos x \cdot \cos y + \sin x \cdot \sin y \qquad \forall\, x,y \in \mathbb{R}$$
$$\sin(x-y) = \sin x \cdot \cos y - \cos x \cdot \sin y \qquad \forall\, x,y \in \mathbb{R}.$$

6.5 Aufgaben

Aufgabe 6.1. Schreiben Sie die ersten sechs Glieder der Folgen hin: **(407 Lösung)**

a) $a_n = 3^n - 2^n$ b) $a_n = 2n^2 + 5n$ c) $a_n = \sqrt{4n+1}$ d) $a_n = \frac{6n-1}{6n+1}$

Aufgabe 6.2. Bestimmen Sie das Bildungsgesetz der Folgen aus den ersten fünf Gliedern: **(408 Lösung)**

a) $\frac{9}{2}, \frac{13}{2}, \frac{17}{2}, \frac{21}{2}, \frac{25}{2}, \ldots$ b) $\frac{3}{2}, 3, \frac{11}{2}, 9, \frac{27}{2}, \ldots$ c) $1, 6, 15, 28, 45, \ldots$

d) $\frac{1}{3}, \frac{2}{9}, \frac{1}{9}, \frac{4}{81}, \frac{5}{243}, \ldots$ e) $0, \frac{1}{4}, \frac{1}{4}, \frac{3}{16}, \frac{1}{8}, \ldots$ f) $-2, 4, -8, 16, -32, \ldots$

Aufgabe 6.3. Bestimmen Sie jeweils das Anfangsglied und die konstante Differenz der arithmetischen Folge sowie die Glieder a_{20} und a_{30}: **(408 Lösung)**

a) $a_2 = 5$, $a_3 = 8$ b) $a_3 = 5$, $a_4 = 2$ c) $a_4 = 4$, $a_8 = 5$

Aufgabe 6.4. Bestimmen Sie jeweils die Glieder a_{10} und a_{15} der geometrischen Folge: **(408 Lösung)**

a) $a_1 = 7$, $q = 2$ b) $a_1 = 9$, $q = \frac{1}{3}$ c) $a_1 = 4$, $q = -2$

Aufgabe 6.5. Bestimmen Sie jeweils den Grenzwert der Folgen mithilfe der Definition, also ohne die Grenzwertsätze zu benutzen: **(408 Lösung)**

a) $a_n = \frac{1}{n^2}$ b) $a_n = \frac{1}{\sqrt{n}}$ c) $a_n = \frac{5n+2}{3n+7}$ d) $a_n = \frac{(n+2)^2}{3n^2+4n-1}$

Aufgabe 6.6. Betrachten Sie die Figuren in Abb. 6.3 als die ersten vier einer Figurenfolge und bestimmen Sie die zugehörige Folge der Flächeninhalte sowie deren Grenzwert. Die äußere Seitenlänge sei jeweils eins. Der „Figurenlimes" ist eine fraktale Menge mit dem Namen *Sierpiński-Gasket*. **(410 Lösung)**

Abb. 6.3: Sierpiński-Gasket

Aufgabe 6.7. Untersuchen Sie die Folgen auf Konvergenz und bestimmen Sie gegebenenfalls die Grenzwerte der Folgen mithilfe der Grenzwertsätze: **(411 Lösung)**

a) $a_n = \frac{4n+7}{3n+2}$ b) $a_n = \frac{n^3+n^2-6n+9}{3n^3+1}$ c) $a_n = \frac{2\sqrt{n}+1}{2n+1}$ d) $a_n = \frac{2n^2+1}{3n+1}$

e) $a_n = \frac{n+10^{177}}{n}$ f) $a_n = \ln\left(\frac{n+7}{n+2}\right)$ g) $a_n = e^{-\lg(n)}$ h) $a_n = \sqrt[3n]{7^{n+1}}$

Aufgabe 6.8. Beweisen Sie den Grenzwertsatz für Quotientenfolgen (siehe Satz 6.6). **(413 Lösung)**

Aufgabe 6.9. Zeigen Sie mithilfe der Summenformel der geometrischen Reihe, dass gilt: **(414 Lösung)**

$$0{,}9 + 0{,}09 + 0{,}009 + \ldots = 1.$$

Aufgabe 6.10. Berechnen Sie **(414 Lösung)**

a) $\displaystyle\sum_{i=0}^{\infty} \left(\frac{2}{7}\right)^i$

b) $\displaystyle\sum_{i=1}^{\infty} 5 \cdot \left(\frac{1}{3}\right)^i.$

Aufgabe 6.11. Rechnen Sie ohne Einsatz des Taschenrechners (!) die folgenden Dezimalzahlen in gewöhnliche Brüche um: **(414 Lösung)**

a) $0{,}1\overline{2}$

b) $0{,}\overline{23}$

c) $0{,}99\overline{216}$

Aufgabe 6.12. Berechnen Sie die Summe folgender Reihen: **(415 Lösung)**

a) $\displaystyle\sum_{n=4}^{\infty} \frac{1}{2^{n-1}}$

b) $\displaystyle\sum_{n=1}^{\infty} \frac{5}{3^n}$

c) $\displaystyle\sum_{n=1}^{\infty} \frac{1}{4n-1}$

d) $0{,}5 + 0{,}005 + 0{,}00005 + \ldots$

Aufgabe 6.13. Beweisen Sie mithilfe der Euler'schen Gleichung bzw. den Additionstheoremen: **(416 Lösung)**

a) $e^{i\pi} + 1 = 0$

(Nach unserer Meinung und der der meisten Mathematiker ist dies die schönste Formel der gesamten Mathematik, weil die fünf wichtigsten Zahlen in einer einfachen Gleichung vorkommen ☺.)

b) $i^i \in \mathbb{R}$

Kapitel 7

Grenzwerte und Stetigkeit bei Funktionen

In diesem Kapitel werden wir den in Kap. 6 eingeführten Grenzwertbegriff für Folgen auf Funktionen übertragen. Zudem werden wir verschiedene Funktionen hinsichtlich ihrer *Stetigkeit* an einer bestimmten Stelle untersuchen. Eine Funktion ist an einer Stelle stetig, wenn der Grenzwert an dieser Stelle existiert und mit dem Funktionswert übereinstimmt. Zum Abschluss von diesem Kapitel wollen wir uns mit einer wichtigen Funktionenklasse den *(gebrochen-)rationalen Funktionen* beschäftigen. Diese Funktionenklasse ist besonders geeignet, *asymptotisches Verhalten* und Verhalten in der Nähe so genannter *Singularitäten* zu beleuchten.

7.1 Grenzwerte bei Funktionen

In der Schule haben Sie sich ausführlich mit dem Verhalten von *Polynomfunktionen* (auch *ganzrationale Funktionen* genannt) für $|x| \to \infty$ befasst. Worum geht es hierbei?

Beispiel 7.1. Wir betrachten als Beispiel die Polynomfunktion 3. Grades

$$f(x) = x^3 + 4x^2 - 6x + 8.$$

Einen ersten Hinweis darauf, wie sich die Funktion „im Unendlichen" verhält, bekommt man durch Plotten des Graphen (siehe Abb. 7.1).

© Springer-Verlag GmbH Deutschland, ein Teil von Springer Nature 2023
S. Proß und T. Imkamp, *Brückenkurs Mathematik für den Studieneinstieg*,
https://doi.org/10.1007/978-3-662-68303-3_8

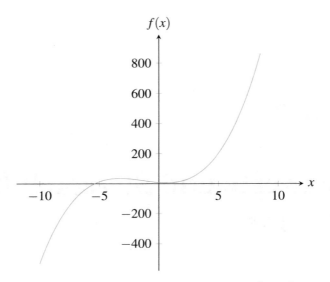

Abb. 7.1: Der Graph der Funktion f mit $f(x) = x^3 + 4x^2 - 6x + 8$

Es liegt die Vermutung nahe, dass gilt

$$x \to \infty \Rightarrow f(x) \to \infty \quad \text{und} \quad x \to -\infty \Rightarrow f(x) \to -\infty.$$

Verstärkt wird unsere Vermutung noch, wenn wir aus dem Funktionsterm den Term mit dem höchsten Exponenten ausklammern:

$$x^3 + 4x^2 - 6x + 8 = x^3 \cdot \left(1 + \frac{4}{x} - \frac{6}{x^2} + \frac{8}{x^3} \right).$$

Der Term x^3 dominiert das Verhalten der Funktion für $|x| \to \infty$, da intuitiv klar ist, dass der Term in der Klammer sich für $|x| \to \infty$ immer mehr dem Grenzwert 1 nähert. Somit verhält sich $f(x)$ wie x^3.   ◄

Wir werden ab jetzt statt der etwas schwammigen Schreibweise $x \to \infty \Rightarrow f(x) \to \infty$ bzw. $x \to -\infty \Rightarrow f(x) \to -\infty$ eine Schreibweise mit dem uneigentlichen Grenzwert benutzen:

$$\lim_{x \to \infty} f(x) = \infty \quad \text{und} \quad \lim_{x \to -\infty} f(x) = -\infty.$$

Diese im Schulunterricht selbstverständlichen Überlegungen müssen jedoch mathematisch präzisiert werden. Was sollen diese Grenzwerte für $x \to \infty$ bedeuten? Bisher kennen wir ja nur Grenzwerte von Folgen. Tatsächlich wollen wir derartige Grenzwerte auf solche von Folgen zurückführen im Sinne der folgenden Definition.

Definition 7.1. Sei $f : D \to \mathbb{R}$ eine Funktion und $a \in \mathbb{R}$, sodass es eine Folge $(a_n)_{n \in \mathbb{N}} \subset D$ gibt mit $\lim\limits_{n \to \infty} a_n = a$. Man schreibt

$$\lim_{x \to a} f(x) = c,$$

wenn für jede Folge $(x_n)_{n \in \mathbb{N}}$ mit $\lim\limits_{n \to \infty} x_n = a$ gilt, dass

$$\lim_{n \to \infty} f(x_n) = c.$$

Hinweis

Diese Definition gilt auch für den Fall, dass c die uneigentlichen „Werte" ∞ bzw. $-\infty$ annimmt. Die Definition bleibt ebenso gültig für den Fall, dass a durch $-\infty$ oder ∞ ersetzt wird.

Beispiel 7.2. Gegeben sei die Funktion $f : \mathbb{R} \to \mathbb{R}$ mit

$$f(x) = x^2, \quad a = 2.$$

Gesucht wird also $\lim\limits_{x \to 2} f(x)$. Eine Folge $(a_n)_{n \in \mathbb{N}} \subset \mathbb{R}$ mit $\lim\limits_{n \to \infty} a_n = 2$ existiert trivialerweise, z. B. $a_n = 2 + \frac{1}{n} \, \forall \, n \in \mathbb{N}$.

Sei $(x_n)_{n \in \mathbb{N}}$ eine Folge reeller Zahlen mit $\lim\limits_{n \to \infty} x_n = 2$, dann gilt

$$\lim_{n \to \infty} f(x_n) = \lim_{n \to \infty} x_n^2 = \lim_{n \to \infty} (x_n \cdot x_n) = \lim_{n \to \infty} x_n \cdot \lim_{n \to \infty} x_n = 2 \cdot 2 = 4.$$

Der Grenzwert ist hier gleich dem Funktionswert:

$$\lim_{x \to 2} f(x) = \lim_{x \to 2} x^2 = 4 = f(2). \qquad \blacktriangleleft$$

Im folgenden Beispiel sieht das jedoch anders aus.

Beispiel 7.3. Gegeben sei die Funktion f mit

$$f(x) = \frac{x^2 - 1}{x - 1}, \quad \mathbb{D}_f = \mathbb{R} \setminus \{1\}, \quad a = 1.$$

Gesucht wird also $\lim\limits_{x \to 1} f(x)$. Hier gilt $1 \notin \mathbb{D}_f$. Es existiert aber eine Folge $(a_n)_{n \in \mathbb{N}}$ mit $\lim\limits_{n \to \infty} a_n = 1$ und $(a_n)_{n \in \mathbb{N}} \subset \mathbb{D}_f$ (z. B. $a_n = 1 + \frac{1}{n}$). Sei $(x_n)_{n \in \mathbb{N}}$ eine Folge reeller Zahlen mit $\lim\limits_{n \to \infty} x_n = 1$ und $(x_n)_{n \in \mathbb{N}} \subset \mathbb{D}_f$. Dann gilt:

$$\lim_{n\to\infty} f(x_n) = \lim_{n\to\infty} \frac{x_n^2 - 1}{x_n - 1} = \lim_{n\to\infty} \frac{(x_n - 1)(x_n + 1)}{x_n - 1}$$
$$= \lim_{n\to\infty}(x_n + 1) = \lim_{n\to\infty} x_n + \lim_{n\to\infty} 1$$
$$= 1 + 1 = 2.$$

Also gilt auch:

$$\lim_{x\to 1} \frac{x^2 - 1}{x - 1} = 2.$$

Wir verdeutlichen die Situation in Abb. 7.2.

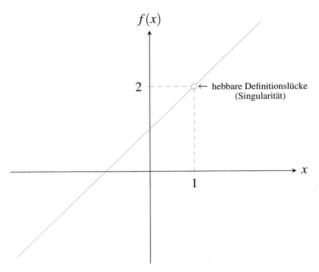

Abb. 7.2: Der Graph der Funktion f mit $f(x) = \frac{x^2-1}{x-1}$

Der Graph der Funktion f mit $f(x) = \frac{x^2-1}{x-1}$ ist eine punktierte Gerade (d. h. eine Gerade, aus der ein Punkt entfernt wurde), da die Funktion auf ihrem maximalen Definitionsbereich $\mathbb{D}_f = \mathbb{R}\setminus\{1\}$ mit der Funktion g mit $g(x) = x + 1$ übereinstimmt, wie man durch Anwenden der 3. Binomischen Formel im Zähler und anschließendem Kürzen erkennt, d. h. es gilt

$$g(x) = \begin{cases} \frac{x^2-1}{x-1} & x \neq 1 \\ 2 & x = 1 \end{cases} = x + 1.$$

Der Graph der Funktion f hat also eine Lücke, die man durch Einsetzen eines Punktes schließen könnte. Wir nennen eine derartige Lücke *stetig behebbare Definitionslücke* oder kürzer *hebbare Lücke*.

Um es an dieser Stelle noch einmal deutlich zu machen: Man darf keineswegs in den Ausgangsterm $\frac{x^2-1}{x-1}$ die Zahl 1 einsetzen. Es ergibt sich sonst der unbestimmte Ausdruck „$\frac{0}{0}$". Der Grenzwert $\lim\limits_{x\to 1}\frac{x^2-1}{x-1}$ beträgt jedoch 2. Er stimmt mit $\lim\limits_{x\to 1}(x+1)$ überein. In den Term $x+1$ darf man die Zahl 1 jedoch für x einsetzen. ◄

Allgemein lassen sich die Grenzwertsätze für Folgen aus Abschn. 6.3 auf Funktionen übertragen.

Satz 7.1 (Grenzwertsätze für Funktionen). Sei $I \subset \mathbb{R}$ ein Intervall und $f, g : I \to \mathbb{R}$ zwei Funktionen, sodass für $a \in I$ die Grenzwerte $\lim\limits_{x\to a} f(x)$ und $\lim\limits_{x\to a} g(x)$ existieren. Dann existieren auch die Grenzwerte $\lim\limits_{x\to a}(f(x) \pm g(x))$ und $\lim\limits_{x\to a}(f(x) \cdot g(x))$, und es gilt

$$\lim_{x\to a}(f(x) \pm g(x)) = \lim_{x\to a} f(x) \pm \lim_{x\to a} g(x)$$
$$\lim_{x\to a}(f(x) \cdot g(x)) = \lim_{x\to a} f(x) \cdot \lim_{x\to a} g(x).$$

Gilt zusätzlich $\lim\limits_{x\to a} g(x) \neq 0$, so existiert auch $\lim\limits_{x\to a} \frac{f(x)}{g(x)}$ mit

$$\lim_{x\to a} \frac{f(x)}{g(x)} = \frac{\lim\limits_{x\to a} f(x)}{\lim\limits_{x\to a} g(x)}.$$

Denkanstoß

Führen Sie den Beweis durch. Dazu wählen Sie wie in Def. 7.1 eine Folge $(x_n)_{n\in\mathbb{N}}$ mit $\lim\limits_{n\to\infty} = a$. Dann wenden Sie die Grenzwertsätze für Folgen sowie die Def. 7.1 an.

Eine Präzision der Situation im Sinne des Bsp. 6.3 liefert das folgende Beispiel.

Beispiel 7.4. Wir betrachten die Funktion f mit

$$f(x) = x^3 - 2x^2 + 2x + 1 = x^3 \cdot \left(1 - \frac{2}{x} + \frac{2}{x^2} + \frac{1}{x^3}\right).$$

Zu zeigen ist $\lim\limits_{x\to\infty} f(x) = \infty$. Sei $x \geq 3$, dann gilt:

$$1 - \frac{2}{x} + \frac{2}{x^2} + \frac{1}{x^3} \geq 1 - \frac{2}{x} \geq 1 - \frac{2}{3} = \frac{1}{3}.$$

Da wir uns für das Verhalten von $f(x)$ für $x \to \infty$ interessieren, bedeutet die Bedingung auf $x \geq 3$ keinerlei Einschränkung.

Sei $(x_n)_{n\in\mathbb{N}}$ eine Folge reeller Zahlen mit $\lim\limits_{n\to\infty} x_n = \infty$, dann gilt: $\exists n_0 \in \mathbb{N}$: $\forall n \geq n_0 : x_n \geq 3$ und für $n \geq n_0$ somit

$$\lim_{n\to\infty} f(x_n) = \lim_{n\to\infty} \left(x_n^3 - 2x_n^2 + 2x_n + 1 \right)$$
$$= \lim_{n\to\infty} \left(x_n^3 \left(1 - \frac{2}{x_n} + \frac{2}{x_n^2} + \frac{1}{x_n^3} \right) \right)$$
$$\geq \lim_{n\to\infty} \left(\frac{1}{3} x_n^3 \right) \geq \lim_{n\to\infty} x_n = \infty.$$

Die letzte Ungleichung folgt wegen der Voraussetzung $x_n \geq 3$.   ◀

Beispiel 7.5. Wir wollen den Grenzwert

$$\lim_{x\to 0} \frac{\sin x}{x}$$

berechnen. Es gilt $\lim\limits_{x\to 0} \sin(x) = \lim\limits_{x\to 0} x = 0$ und somit ergibt sich zunächst der unbestimmte Ausdruck „$\frac{0}{0}$". Durch Einsetzen einiger kleiner Werte für x, z. B. $0,1; 0,01;$ $0,001$ usw., erhalten wir als Vermutung, dass

$$\lim_{x\to 0} \frac{\sin x}{x} = 1$$

gilt. Wir wollen dies jetzt formal begründen.

Betrachten wir zunächst den ersten Quadranten. Der Abb. 7.3 und der Definition des Tangens $\tan x = \frac{\sin x}{\cos x}$ entnehmen wir, dass

$$\sin x < x < \tan x$$

gilt für $0 < x < \frac{\pi}{2}$. Beachten Sie, der Winkel wird hier im Bogenmaß angegeben, d. h. der Länge des zugehörigen Kreisbogens am Einheitskreis (siehe Abschn. 3.2).

Kehrwertbildung ergibt

$$\frac{1}{\sin x} > \frac{1}{x} > \frac{1}{\tan x}$$

und daraus folgt wegen $\sin x > 0$ für $0 < x < \frac{\pi}{2}$ nach Multiplikation mit $\sin x$

$$1 > \frac{\sin x}{x} > \cos x.$$

Die rechte Seite ergibt sich, da

$$\frac{\sin x}{\tan x} = \frac{\sin x}{\frac{\sin x}{\cos x}} = \cos x.$$

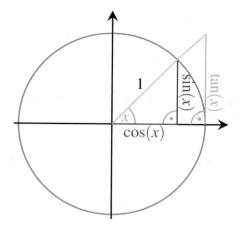

Abb. 7.3: sin, cos und tan am Einheitskreis

Also gilt für den einseitigen Limes:

$$\lim_{x\downarrow 0} 1 \geq \lim_{x\downarrow 0} \frac{\sin x}{x} \geq \lim_{x\downarrow 0} \cos x$$

$$\Leftrightarrow \quad 1 \quad \geq \lim_{x\downarrow 0} \frac{\sin x}{x} \geq \quad 1$$

$$\Rightarrow \quad \lim_{x\downarrow 0} \frac{\sin x}{x} = 1.$$

Analog kann man vorgehen, wenn man sich vom vierten Quadranten nähert. ◀

Beispiel 7.6. Wir wollen den Grenzwert

$$\lim_{x\to 0} \frac{\cos x - 1}{x}$$

berechnen. Hier fällt zunächst auf, dass sowohl der Term im Zähler als auch der Term im Nenner im Grenzfall Null ergibt. Der Ausdruck „$\frac{0}{0}$" ist unbestimmt. Wir müssen den Term zunächst umformen, um den Grenzwert bestimmen zu können. Dazu erweitern wir den Bruch, so dass sich im Zähler die dritte Binomische Formel ergibt

$$\lim_{x \to 0} \frac{\cos x - 1}{x} = \lim_{x \to 0} \frac{(\cos x - 1)(\cos x + 1)}{x(\cos x + 1)}$$
$$= \lim_{x \to 0} \frac{\cos^2 x - 1}{x(\cos x + 1)}.$$

Nun können wir im Zähler den trigonometrischen Pythagoras ($\sin^2 x + \cos^2 x = 1$) anwenden (siehe Abschn. 3.2)

$$\lim_{x \to 0} \frac{\cos^2 x - 1}{x(\cos x + 1)} = \lim_{x \to 0} \frac{-\sin^2 x}{x(\cos x + 1)}$$
$$= -\underbrace{\lim_{x \to 0} \frac{\sin x}{x}}_{=1} \cdot \underbrace{\lim_{x \to 0} \frac{\sin x}{\cos x + 1}}_{=0} = 0.$$

Den Grenzwert $\lim\limits_{x \to 0} \frac{\sin x}{x} = 1$ haben wir in Bsp. 7.5 bestimmt. ◀

Bemerkung 7.1. Folgende Ausdrücke sind *unbestimmt*

$$\frac{0}{0}, \quad 0 \cdot \infty, \quad \infty - \infty, \quad \frac{\infty}{\infty}, \quad 0^0, \quad \infty^0, \quad 1^\infty.$$

Wie die obigen Beispiele zeigen, können wir durch Umformung und Kürzen Grenzwerte, die zunächst auf einen solchen Ausdruck führen, dennoch bestimmen. In Abschn. 8.4 werden wir die *de l'Hospital'schen Regeln* kennenlernen, die uns unter bestimmten Bedingungen bei der Berechnung solcher Grenzwerte weiterhelfen.

Beispiel 7.7. Wir wollen

$$\lim_{x \to a} \frac{x^3 - a^3}{x - a}$$

berechnen.

Dazu führen wir zunächst eine Polynomdivision aus:

$$
\begin{array}{l}
(\quad x^3 \qquad\qquad - a^3) : (x - a) = x^2 + ax + a^2 \\
\underline{-x^3 + ax^2} \\
\qquad ax^2 \\
\qquad \underline{-ax^2 + a^2 x} \\
\qquad\qquad a^2 x - a^3 \\
\qquad\qquad \underline{-a^2 x + a^3} \\
\qquad\qquad\qquad 0
\end{array}
$$

Wir erhalten also

$$\lim_{x \to a} \frac{x^3 - a^3}{x - a} = \lim_{x \to a}(x^2 + ax + a^2) = 3a^2. \qquad \blacktriangleleft$$

7.2 Stetigkeit

Um zu verdeutlichen, worum es in diesem Abschnitt geht, schauen wir uns die folgende Funktion an:

$$f(x) = \begin{cases} x+2 & \text{für } x < 1 \\ x+3 & \text{für } x \geq 1 \end{cases} \qquad \mathbb{D}_f = \mathbb{R}.$$

Der Graph ist in Abb. 7.4 dargestellt.

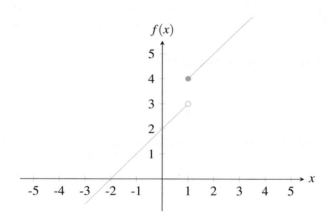

Abb. 7.4: Der Graph der Funktion f

Im Vergleich zu der Funktion aus Bsp. 7.3 (siehe Abb. 7.2) hat der Graph dieser Funktion keine hebbare Lücke, die man durch einen Punkt schließen kann, sondern macht an der Stelle 1 einen Sprung. Die Funktion ist auf ganz $\mathbb{R}$ definiert, und es gilt $f(1) = 4$. Die Bestimmung eines Grenzwertes $\lim_{x \to 1} f(x)$ ist jedoch nicht möglich:

$$\lim_{x \to 1} f(x) \text{ existiert nicht.}$$

Wir können uns jedoch der singulären Stelle 1 von zwei Seiten annähern. Stellen Sie sich dazu vor, Sie laufen auf dem Funktionsgraphen. Einmal befinden Sie sich links von der Stelle 1 z. B. an der Stelle -1 und laufen von dort auf den Wert 3 zu. Wenn Sie rechts von der Stelle 1 starten, landen Sie bei dem Wert 4.

In diesem Sinne können wir den *linksseitigen Grenzwert* bilden. Mit der Methode aus Abschn. 7.1 ergibt sich

$$g_l = \lim_{x \uparrow 1} f(x) = \lim_{x \to 1^-} f(x) = \lim_{x \to 1^-} (x+2) = 3.$$

Ebenso können wir den *rechtsseitigen Grenzwert* bilden:

$$g_r = \lim_{x \downarrow 1} f(x) = \lim_{x \to 1^+} f(x) = \lim_{x \to 1^+} (x+3) = 4.$$

Diese beiden Werte stimmen nicht überein.

Hinweis

Beachten Sie die beiden verschiedenen Schreibweisen, die wir hier für links- bzw. rechtsseitige Grenzwerte eingeführt haben. Beide Schreibweisen werden in der einschlägigen Lehrbuchliteratur verwendet.

Beispiel 7.8. Wir betrachten die Funktion f mit

$$f(x) = \begin{cases} x^2 & \text{für } x < 0 \\ x & \text{für } x > 0 \end{cases} \qquad \mathbb{D}_f = \mathbb{R}^*.$$

Die Abb. 7.5 zeigt den Graphen dieser Funktion.

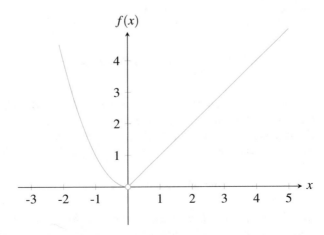

Abb. 7.5: Der Graph der Funktion f mit einem „Knick" an der Stelle 0

Hier hat der Graph an der Stelle 0 eine Definitionslücke und macht einen „Knick".
Es gilt:

$$\left.\begin{array}{l} \lim\limits_{x\to 0^-} f(x) = \lim\limits_{x\to 0^-} x^2 = 0 \\ \lim\limits_{x\to 0^+} f(x) = \lim\limits_{x\to 0^+} x = 0 \end{array}\right\} \Rightarrow \lim\limits_{x\to 0} f(x) = 0.$$ ◄

An jeder anderen Stelle, nämlich an allen Stellen a des Definitionsbereichs von f,
existieren die Grenzwerte $\lim\limits_{x\to a} f(x)$ und stimmen mit ihren Funktionswerten $f(a)$
überein. Dies ist die Motivation für folgende Definition.

Definition 7.2. Eine Funktion $f : \mathbb{D} \to \mathbb{R}$ heißt an der Stelle $a \in \mathbb{D}$ *stetig*,
wenn

$$\lim_{x\to a} f(x) = f(a).$$

Die Funktion heißt *stetig schlechthin*, wenn sie in ihrem gesamten Definitionsbereich stetig ist.

Stetigkeit einer Funktion an einer Stelle a bedeutet also, dass der Grenzwert an
dieser Stelle existiert (also links- und rechtsseitiger Grenzwert gleich sind) und auch
mit dem Funktionswert übereinstimmt.

Beispiel 7.9.

(1) Jede ganzrationale Funktion f ist an allen Stellen $a \in \mathbb{R}$ stetig. („f ist auf ganz $\mathbb{R}$
stetig.")

(2) Die Funktion aus Bsp. 7.8 ist in ihrem gesamten Definitionsbereich stetig! Sie
lässt sich jedoch auch im Nullpunkt *stetig ergänzen*, indem man die Lücke bei 0
durch den Punkt $(0|0)$ schließt. Somit ergibt sich die Funktion g mit

$$g(x) = \begin{cases} x^2 & \text{für } x < 0 \\ x & \text{für } x \geq 0 \end{cases}.$$

g ist stetig an der Stelle 0, da

$$\lim_{x\to 0} g(x) = 0 = g(0).$$

Wir haben in der ursprünglichen Funktionsdefinition lediglich $x > 0$ ersetzt
durch $x \geq 0$. Diese Funktion ist auf ganz $\mathbb{R}$ stetig.

(3) Die Funktion f_1 mit

$$f_1(x) = \begin{cases} \sin\left(\dfrac{1}{x}\right) & \text{für } x \neq 0 \\ 0 & \text{für } x = 0 \end{cases}$$

ist an der Stelle $x = 0$ unstetig, und die Funktion f_2 mit

$$f_2(x) = \begin{cases} x\sin\left(\dfrac{1}{x}\right) & \text{für } x \neq 0 \\ 0 & \text{für } x = 0 \end{cases}$$

ist an der Stelle $x = 0$ stetig.

Es gilt $\mathbb{D}_{f_1} = \mathbb{D}_{f_2} = \mathbb{R}$. Die Graphen zu f_1 und f_2 werden in Abb. 7.6a und 7.6b dargestellt.

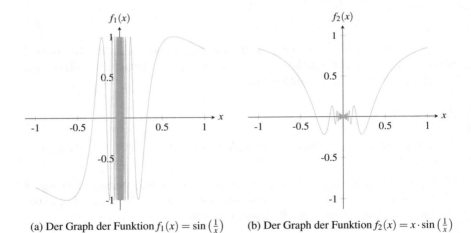

(a) Der Graph der Funktion $f_1(x) = \sin\left(\frac{1}{x}\right)$ (b) Der Graph der Funktion $f_2(x) = x \cdot \sin\left(\frac{1}{x}\right)$

Abb. 7.6: Zur Stetigkeit einer Funktion

Der Graph der Funktion f_1 oszilliert unendlich oft zwischen den Werten -1 und 1 hin und her und hat in jeder noch so kleinen Umgebung um den Ursprung unendlich viele Nullstellen.

Auch der Graph der Funktion f_2 oszilliert unendlich oft hin und her und hat in jeder noch so kleinen Umgebung um den Ursprung unendlich viele Nullstellen.

Man erkennt an den Abb. 7.6a und 7.6b sehr anschaulich, dass $\lim\limits_{x \to 0} f_1(x)$ nicht existiert, jedoch $\lim\limits_{x \to 0} f_2(x)$ existiert. Die Funktion f_2 ist somit in ihrem gesamten Definitionsbereich stetig.

(4) Wir betrachten die Funktion

$$f : \mathbb{R}^* \to \mathbb{R}, \ x \mapsto f(x) := \frac{1}{x}$$

(siehe Abb. 7.7). Diese Funktion ist überall in ihrem Definitionsbereich stetig!◀

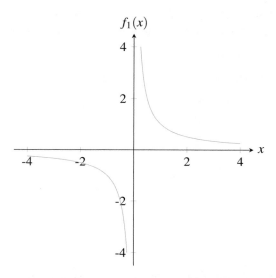

Abb. 7.7: Der Graph der Funktion $f(x)$ mit $f(x) = \frac{1}{x}$

Satz 7.2. Seien $f, g : \mathbb{D} \to \mathbb{R}$ an der Stelle $a \in \mathbb{D}$ stetig und $\lambda \in \mathbb{R}$, dann gilt

$$f \pm g, \quad \lambda f, \quad f \cdot g$$

sind an der Stelle a stetig. Falls $g(a) \neq 0$ gilt, so ist auch

$$\frac{f}{g}$$

an der Stelle a stetig.

Beweis. Der Beweis erfolgt durch direkte Zurückführung auf die Grenzwertsätze für Folgen (siehe Abschn. 6.3).

Ein wichtiger Satz über stetige Funktionen ist der *Nullstellensatz* oder *Satz von Bolzano* (Bernard Bolzano, 1781-1848, tschechischer Mathematiker).

Satz 7.3 (Nullstellensatz). Eine in einem Intervall stetige Funktion, die an den Intervallgrenzen Werte mit unterschiedlichen Vorzeichen annimmt, besitzt im Intervall mindestens eine Nullstelle.

Anschaulich bedeutet dies, dass man bei stetigen Funktionen einen Vorzeichenwechsel nur dann durchführen kann, wenn man die x-Achse schneidet (siehe Abb. 7.8).

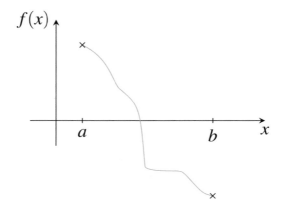

Abb. 7.8: Zur Veranschaulichung des Nullstellensatzes

Wir können den Nullstellensatz, den wir an dieser Stelle nicht beweisen wollen, auch sehr formal formulieren:

$$f : [a;b] \to \mathbb{R} \text{ stetig} \wedge f(a) \cdot f(b) < 0$$
$$\Rightarrow \exists c \in]a;b[: f(c) = 0.$$

Beispiel 7.10. Mithilfe des Nullstellensatzes können wir zeigen, dass jede ganzrationale Funktion 3. Grades mindestens eine Nullstelle besitzt. Sei nämlich

$$f(x) = ax^3 + bx^2 + cx + d$$

mit $a,b,c,d \in \mathbb{R}$, $a \neq 0$, so können wir das Verhalten für $x \to \pm\infty$ zurückführen auf das Verhalten des dominanten Terms ax^3 (siehe Bsp. 7.1). Hier gilt jedoch

$$\lim_{x \to -\infty} f(x) = \begin{cases} -\infty & \text{für } a > 0 \\ \infty & \text{für } a < 0 \end{cases}$$

und

$$\lim_{x \to \infty} f(x) = \begin{cases} \infty & \text{für } a > 0 \\ -\infty & \text{für } a < 0 \end{cases}.$$

Somit vollführt jede Funktion 3. Grades irgendwo einen Vorzeichenwechsel, und daher muss es nach dem Nullstellensatz in allen Fällen mindestens eine Nullstelle geben. ◄

Als Korollar des Nullstellensatzes ergibt sich der *Zwischenwertsatz*.

Korollar 7.1 (Zwischenwertsatz). Sei $f : [a;b] \to \mathbb{R}$ stetig und z eine Zahl zwischen $f(a)$ und $f(b)$. Dann existiert eine Zahl $c \in [a;b]$, sodass $f(c) = z$ gilt.

Beweis. Wir definieren eine Hilfsfunktion g mit $g(x) := f(x) - z$. Anwenden des Nullstellensatzes auf die Funktion g liefert die Behauptung. □

Denkanstoß

Führen Sie dies zur Übung aus!

Definition 7.3. Eine Funktion $f : A \to \mathbb{R}$ heißt *beschränkt*, wenn eine Zahl $M \geq 0$ existiert, sodass für alle $x \in A$ die Ungleichung $|f(x)| \leq M$ erfüllt ist. Formal:

$$f : A \to \mathbb{R} \text{ beschränkt} \Leftrightarrow \exists M \geq 0 : \forall x \in A : |f(x)| \leq M.$$

Beispiel 7.11.

(1) Die Funktion

$$f : [0;2] \to \mathbb{R}, \ x \mapsto f(x) = x^2$$

ist beschränkt! Da wir die quadratische Funktion nur auf dem Intervall $[0;2]$ betrachten, gilt $x^2 \leq 4$ für alle x des Definitionsbereichs von f (siehe Abb. 7.9a).

(2) Die Funktion

$$f :]0;1[\to \mathbb{R}, \ x \mapsto f(x) = \frac{1}{x}$$

ist unbeschränkt, da $\lim_{x \to 0} f(x) = \infty$ (siehe Abb. 7.9b). ◄

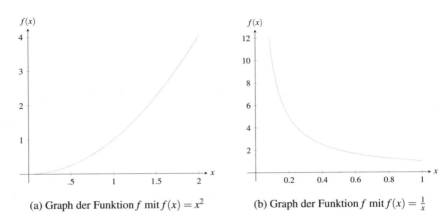

(a) Graph der Funktion f mit $f(x) = x^2$ (b) Graph der Funktion f mit $f(x) = \frac{1}{x}$

Abb. 7.9: Zur Beschränktheit einer Funktion

Während also, wie wir im Bsp. 7.11 (2) gesehen haben, eine stetige Funktion auf einem offenen Intervall unbeschränkt sein kann, ist anschaulich klar, dass eine stetige Funktion auf einem *abgeschlossenen* und *beschränkten* Intervall $[a;b]$ nicht über alle Grenzen wachsen (oder unter alle Grenzen fallen) kann. Genauer existieren sogar maximale und minimale Werte, die angenommen werden. Dies wird in folgendem Satz ausgedrückt, den wir hier nicht beweisen wollen.

Satz 7.4. Sei $f : [a;b] \to \mathbb{R}$ eine stetige Funktion auf dem beschränkten Intervall $[a;b]$. Dann ist f beschränkt und nimmt ein Maximum und ein Minimum an, d. h., es existieren Zahlen $x_{\max}, x_{\min} \in [a;b]$, sodass gilt:

$$f(x) \leq f(x_{\max}) \ \forall \, x \in [a;b]$$

und

$$f(x) \geq f(x_{\min}) \ \forall \, x \in [a;b].$$

Beispiel 7.12.

(1) In Bsp. 7.11 (1) ist $x_{\max} = 2$ und $x_{\min} = 0$, da die Funktion auf dem Intervall $[0;2]$ streng monoton wächst (siehe Abb. 7.9a).

(2) Die Funktion

$$f : [0;5] \to \mathbb{R}, \ x \mapsto f(x) = \frac{1}{3}x^3 - \frac{5}{2}x^2 + 6x$$

nimmt das Maximum bei 5 an, das Minimum bei 0 (siehe Abb. 7.10). Diese Werte nennt man auch *Randextrema*, da sie am Rand des betrachteten Intervalls

[0; 5] angenommen werden. Wir werden in Bsp. 8.14 sehen, dass zusätzlich ein so genanntes *lokales Minimum* bei 3 vorliegt und ein *lokales Maximum* bei 2. ◄

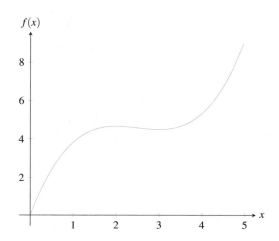

Abb. 7.10: Graph der Funktion $f : [0; 5] \to \mathbb{R}, \; x \mapsto f(x) = \frac{1}{3}x^3 - \frac{5}{2}x^2 + 6x$

7.3 Rationale Funktionen

Eine wichtige Funktionenklasse, die aus vielen Lehrplänen für die gymnasiale Oberstufe leider verschwunden ist, stellen die *(gebrochen-)rationalen Funktionen* dar. Diese Funktionenklasse ist jedoch in besonderem Maße geeignet, *asymptotisches Verhalten* und Verhalten in der Nähe so genannter *Singularitäten* zu beleuchten. Wir wollen uns daher an dieser Stelle etwas genauer mit dieser Funktionenklasse auseinandersetzen.

Rationale Funktionen, oder die von uns hier speziell betrachteten gebrochen-rationalen Funktionen, haben Terme, die sich als Quotient zweier Polynome darstellen lassen:

$$f(x) = \frac{p(x)}{q(x)},$$

wobei

$$p(x) = \sum_{i=0}^{n} a_i x^i \quad \text{und} \quad q(x) = \sum_{i=0}^{m} b_i x^i$$

mit $a_n \neq 0$ und $b_m \neq 0$. Somit handelt es sich bei dem Term $f(x)$ um den Quotienten aus einem Polynom n-ten Grades und einem Polynom m-ten Grades. Der Definitionsbereich der Funktion f ist also

$$\mathbb{D}_f = \{x \in \mathbb{R} | q(x) \neq 0\}.$$

Beispiel 7.13. Wir betrachten die gebrochen-rationale Funktion f mit

$$f(x) = \frac{x-2}{x^2-2x}, \qquad \mathbb{D}_f = \mathbb{R} \setminus \{0; 2\}.$$

Es ist also

$$p(x) = x - 2 \quad \text{und} \quad q(x) = x^2 - 2x.$$

Das Nennerpolynom hat die Nullstellen 0 und 2. Wenn wir den Graphen der Funktion betrachten, fallen uns einige Besonderheiten auf (siehe Abb. 7.11).

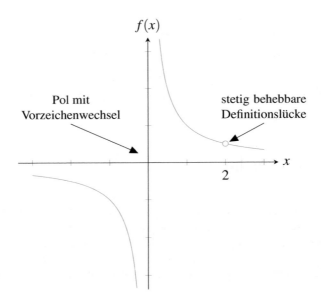

Abb. 7.11: Graph der Funktion f mit $f(x) = \frac{x-2}{x^2-2x}$

Zur Erklärung betrachten wir den Funktionsterm genauer:

$$\frac{x-2}{x^2-2x} = \frac{x-2}{x(x-2)} \underset{x \neq 2}{=} \frac{1}{x}.$$

Somit sind die Terme $\frac{x-2}{x^2-2x}$ und $\frac{1}{x}$ mit Ausnahme der Stelle $x = 2$ äquivalent, d. h., die Werte der Terme sind für jede Einsetzung gleich. Hier liegt bei $x = 2$ eine *stetig behebbare Definitionslücke* oder *hebbare Singularität* vor, da lediglich ein Punkt eingefügt werden muss (siehe Abb. 7.11). Es gilt

$$\lim_{x \to 2} f(x) = \lim_{x \to 2} \frac{x-2}{x^2 - 2x} = \lim_{x \to 2} \frac{1}{x} = \frac{1}{2}.$$

An der Stelle 0 hingegen liegt eine andere Art der Singularität vor, nämlich ein *Pol mit Vorzeichenwechsel* (siehe Abb. 7.11). Es ist nämlich:

$$g_l = \lim_{x \uparrow 0} f(x) = \lim_{x \uparrow 0} \frac{x-2}{x^2 - 2x} = \lim_{x \uparrow 0} \frac{1}{x} = -\infty$$

und

$$g_r = \lim_{x \downarrow 0} f(x) = \lim_{x \downarrow 0} \frac{x-2}{x^2 - 2x} = \lim_{x \downarrow 0} \frac{1}{x} = \infty. \qquad \blacktriangleleft$$

Beispiel 7.14. Wir betrachten die folgende Funktion

$$f(x) = \frac{1}{x^2}, \qquad \mathbb{D}_f = \mathbb{R} \setminus \{0\}.$$

Bei 0 liegt ein *Pol ohne Vorzeichenwechsel* vor (siehe Abb. 7.12). Es gilt nämlich

$$g_l = \lim_{x \downarrow 0} f(x) = \lim_{x \downarrow 0} \frac{1}{x^2} = \infty \quad \text{und} \quad g_r = \lim_{x \uparrow 0} f(x) = \lim_{x \uparrow 0} \frac{1}{x^2} = \infty. \qquad \blacktriangleleft$$

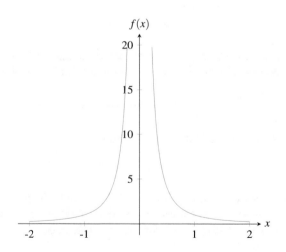

Abb. 7.12: Graph der Funktion f mit $f(x) = \frac{1}{x^2}$

Für die betrachteten weiteren Beispiele geben wir noch eine wichtige Definition.

Definition 7.4. Seien f und g zwei Funktionen mit links- oder rechtsseitig unbeschränktem Definitionsbereich. Der Graph der Funktion g heißt *asymptotische Kurve* oder einfach *Asymptote* zum Graphen von f, wenn gilt:

$$\lim_{x \to -\infty} (f(x) - g(x)) = 0 \quad \text{oder} \quad \lim_{x \to \infty} (f(x) - g(x)) = 0.$$

Beispiel 7.15.

(1) Bei der Funktion

$$f(x) = \frac{3x^2 + 1}{x - 4} \qquad \mathbb{D}_f = \mathbb{R} \setminus \{4\}$$

wird der Funktionsterm zunächst mithilfe der Polynomdivision in ein (lineares) Polynom und den Term einer gebrochen-rationalen Funktion zerlegt:

$$f(x) = p(x) + r(x).$$

$$
\begin{array}{l}
(\quad 3x^2 \qquad\quad + 1\,) : (x - 4) = 3x + 12 + \dfrac{49}{x - 4} \\
\underline{\ -3x^2 + 12x} \\
\qquad\quad 12x\ + 1 \\
\qquad\underline{\ -12x + 48} \\
\qquad\qquad\quad 49
\end{array}
$$

Da bei dem gebrochen-rationalen Anteil der Grad des Zählerpolynoms kleiner ist als der Grad des Nennerpolynoms, verschwindet er im Unendlichen:

$$\lim_{x \to \infty} r(x) = \lim_{x \to \infty} \frac{49}{x - 4} = 0.$$

Somit ergibt sich die Gerade mit der Gleichung

$$p(x) = 3x + 12$$

als Asymptote der Funktion f mit $f(x) = \frac{3x^2 + 1}{x - 4}$ im Unendlichen. Der Graph von f nähert sich für $x \to \pm\infty$ also immer mehr dieser Geraden an (siehe Abb. 7.13). Des Weiteren ist $x = 4$ ein Pol mit Vorzeichenwechsel, da

$$g_l = \lim_{x \downarrow 4} f(x) = \lim_{x \downarrow 4} \frac{3x^2 + 1}{x - 4} = -\infty \quad \text{und} \quad g_r = \lim_{x \uparrow 4} f(x) = \lim_{x \uparrow 4} \frac{3x^2 + 1}{x - 4} = \infty.$$

Die in der Abbildung eingezeichnete senkrechte Gerade mit der Gleichung $x = 4$ heißt *Polasymptote*.

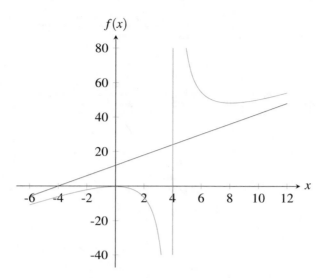

Abb. 7.13: Graph von f mit $f(x) = \frac{3x^2+1}{x-4}$ mit Asymptote im Unendlichen und Polasymptote

(2) Wir betrachten die gebrochenrationale Funktion f mit

$$f(x) = \frac{x^3 + 2x^2 - 5x + 11}{x - 2}, \qquad \mathbb{D}_f = \mathbb{R} \setminus \{2\}.$$

Zunächst führen wir auch hier wieder eine Polynomdivision durch, um eine Zerlegung in eine ganzrationale Funktion und eine gebrochen-rationale Funktion mit reduziertem Zählergrad zu erreichen:

$$
\begin{array}{l}
(\quad x^3 + 2x^2 - 5x + 11) : (x - 2) = x^2 + 4x + 3 + \dfrac{17}{x-2} \\
\underline{-x^3 + 2x^2} \\
\qquad 4x^2 - 5x \\
\qquad \underline{-4x^2 + 8x} \\
\qquad\qquad 3x + 11 \\
\qquad\qquad \underline{-3x\ +6} \\
\qquad\qquad\qquad 17
\end{array}
$$

Wir erhalten die Parabel mit der Gleichung $y = x^2 + 4x + 3$ als asymptotische Kurve. Die Gerade mit der Gleichung $x = 2$ ist Polasymptote (siehe Abb. 7.14), da

$$g_l = \lim_{x \downarrow 2} f(x) = \lim_{x \downarrow 2} \frac{x^3 + 2x^2 - 5x + 11}{x - 2} = -\infty$$

und

$$g_r = \lim_{x \uparrow 2} f(x) = \lim_{x \uparrow 2} \frac{x^3 + 2x^2 - 5x + 11}{x - 2} = \infty.$$

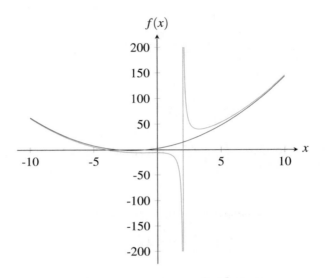

Abb. 7.14: Der Graph der Funktion f mit $f(x) = \frac{x^3 + 2x^2 - 5x + 11}{x - 2}$ und die asymptotische
Kurve

(3) Gegeben ist die folgende Funktion

$$f(x) = \frac{x^3 + 2x^2 - 5x - 6}{x - 2}, \qquad \mathbb{D}_f = \mathbb{R} \setminus \{2\}.$$

Hier ergibt Polynomdivision:

$$
\begin{array}{l}
(\quad x^3 + 2x^2 - 5x - 6) : (x - 2) = x^2 + 4x + 3 \\
\underline{-x^3 + 2x^2} \\
\qquad\quad 4x^2 - 5x \\
\qquad\quad \underline{-4x^2 + 8x} \\
\qquad\qquad\qquad 3x - 6 \\
\qquad\qquad\qquad \underline{-3x + 6} \\
\qquad\qquad\qquad\qquad 0
\end{array}
$$

Also:

$$\frac{x^3 + 2x^2 - 5x - 6}{x - 2} = \frac{(x^2 + 4x + 3)(x - 2)}{x - 2}$$
$$\underset{x \neq 2}{=} x^2 + 4x + 3.$$

Wir erhalten eine *punktierte Parabel* (siehe Abb. 7.15). Sie stimmt bis auf den fehlenden Punkt bei $x = 2$ mit der Parabel zu $y = x^2 + 4x + 3$ überein. An der Stelle $x = 2$ liegt eine hebbare Singularität vor, da

$$\lim_{x \to 2} f(x) = \lim_{x \to 2} \frac{x^3 + 2x^2 - 5x - 6}{x - 2} = \lim_{x \to 2}(x^2 + 4x + 3) = 15.$$

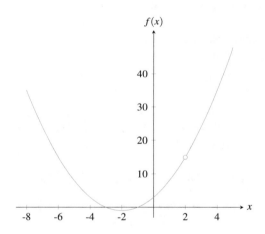

Abb. 7.15: Punktierte Parabel mit $f(x) = \frac{x^3 + 2x^2 - 5x - 6}{x - 2}$

7.4 Aufgaben

Aufgabe 7.1. Berechnen Sie die folgenden Grenzwerte: **(417 Lösung)**

a) $\lim\limits_{x \to \infty} \frac{2-x}{x+3}$
b) $\lim\limits_{x \to -3} (x^3 - 2x + 1)$
c) $\lim\limits_{x \to 2} \frac{2-x}{x^2-4}$

Aufgabe 7.2. Bestimmen Sie die folgenden uneigentlichen Grenzwerte ähnlich wie in Bsp. 7.4: **(417 Lösung)**

a) $\lim\limits_{x \to \infty} (x^3 - 2x^2 + 14)$
b) $\lim\limits_{x \to \infty} (2x^4 - x^3 + 5x^2 + x + 1)$

Aufgabe 7.3. Untersuchen Sie die Funktion f mit $f(x) = \frac{2x+3}{x+1}$ hinsichtlich ihres Verhaltens an der Stelle -1 und für $x \to \pm\infty$. Plotten Sie dazu zunächst den Graphen und stellen Sie eine Vermutung auf. **(418 Lösung)**

Aufgabe 7.4. Berechnen Sie mithilfe der Additionstheoreme von sin und cos folgende Grenzwerte: **(419 Lösung)**

a) $\lim\limits_{x \to 0} \frac{\sin 2x}{\sin x}$
b) $\lim\limits_{x \to 0} \frac{1-\cos 2x}{2x^2}$
c) $\lim\limits_{x \to 0} \frac{3\sin x + \cos x}{5x}$
d) $\lim\limits_{x \to 0} \frac{\sin x}{x + 2\sin x}$

(Hinweis: Die Additionstheoreme lauten $\sin(x \pm y) = \sin x \cos y \pm \cos x \sin y$ und $\cos(x \pm y) = \cos x \cos y \mp \sin x \sin y$ (siehe Satz 3.2). Setzen Sie, falls nötig, $x = y$ und formen Sie geschickt um, siehe auch Aufg. 3.8.)

Aufgabe 7.5. Berechnen Sie folgende Grenzwerte: **(420 Lösung)**

a) $\lim\limits_{x \to b} \frac{x^2 - b^2}{x - b}$
b) $\lim\limits_{x \to a} \frac{\sqrt{x} - \sqrt{a}}{x - a}$
c) $\lim\limits_{x \to a} \frac{2x^4 - 2a^4}{x^2 - a^2}$

Aufgabe 7.6. Untersuchen Sie die folgenden Funktionen auf Stetigkeit an der betrachteten Stelle x_0: **(421 Lösung)**

a) $f(x) = |x|$, $\quad x_0 = 0$
b) $f(x) = |x^2 - 1|$, $\quad x_0 = 1$

c) $f(x) = \begin{cases} x & \text{für } 0 \leq x < 1 \\ 2 & \text{für } x = 1 \\ 4 - x & \text{für } x > 1 \end{cases} \quad x_0 = 1$

Aufgabe 7.7. An welchen Stellen ihres Definitionsbereichs sind die folgenden Funktionen unstetig? **(421 Lösung)**

a) $f(x) = \begin{cases} |x| & \text{für } x < 0 \\ x & \text{für } 0 \leq x < 3 \\ x^2 & \text{für } x \geq 3 \end{cases}$
b) $f(x) = \begin{cases} \sqrt{2-x} & \text{für } 0 \leq x \leq 2 \\ (x-2)^2 & \text{für } 2 < x < 4 \\ 4 & \text{für } x \geq 4 \end{cases}$

Aufgabe 7.8. Die folgenden Funktionen sind für $0 \leq x < 2$ und für $x > 2$ definiert. Untersuchen Sie jeweils, ob es an der Stelle 2 eine stetige Ergänzung gibt, und bestimmen Sie diese gegebenenfalls: **(422 Lösung)**

a) $f(x) = \frac{8-x^3}{x-2}$
b) $f(x) = \frac{2x^2-10x+12}{x^2-4}$
c) $f(x) = \frac{x^2-3}{x-2}$

Aufgabe 7.9. Untersuchen Sie die folgenden Funktionen auf Singularitäten und Asymptoten. Plotten Sie sämtliche Graphen zur Überprüfung.**(424 Lösung)**

a) $f(x) = \frac{x+1}{x^2-1}$
b) $f(x) = \frac{x+1}{(x-1)(x+3)}$
c) $f(x) = \frac{x+2}{(x^2-1)(x+2)}$

d) $f(x) = \frac{x^3+1}{x+1}$
e) $f(x) = \frac{x^2+1}{x}$
f) $f(x) = \frac{x^3-2x^2+x+11}{x-1}$

Kapitel 8

Differentialrechnung

In diesem Kapitel soll es darum gehen, das Schulwissen um den Begriff der Ableitung einer Funktion auf eine solide mathematische Grundlage zu stellen, die den Bedürfnissen der Hochschulen gerecht wird. Wir werden insbesondere unsere Kenntnisse über Grenzwerte bei Funktionen aus Kap. 7 nutzen, um in den Kern des Begriffes Differenzierbarkeit vorzudringen. Beginnen wollen wir mit dem klassischen Tangentenproblem.

8.1 Das Tangentenproblem

Um uns dem Problem zu nähern, betrachten wir unseren Planeten Erde aus der Ferne. Er erscheint als blaue Kugel vor dem Hintergrund des Weltalls, wie es die berühmte Aufnahme („Blue Marble") der Apollo-17-Astronauten aus dem Jahre 1972 zeigt (siehe Abb. 8.1). Die Erdoberfläche ist auf diese Weise unschwer als Kugeloberfläche und somit als gekrümmte Fläche zu erkennen. Nach der Landung im Pazifik konnten die Astronauten beim Blick auf den Horizont jedoch nichts mehr von dieser Krümmung bemerken: Die Oberfläche scheint aus dieser Perspektive glatt und eben zu sein. Woran liegt das?

Im Prinzip zoomen Sie beim Betrachten des Horizontes von der Erde aus auf einen kleinen Teil der Erdoberfläche. Wenn Sie sich mit einem Raumschiff auf die Erde zubewegen, wird Ihnen die Oberfläche umso ebener erscheinen, je näher Sie kommen. Wie knüpfen diese Überlegungen an ein konkretes mathematisches Problem an?

Wir betrachten einen Ihnen wohlbekannten Funktionsgraphen, nämlich den Graphen der Funktion

© Springer-Verlag GmbH Deutschland, ein Teil von Springer Nature 2023
S. Proß und T. Imkamp, *Brückenkurs Mathematik für den Studieneinstieg*,
https://doi.org/10.1007/978-3-662-68303-3_9

Abb. 8.1: Blue   Marble   der   Apollo-17-Astronauten   aus   dem   Jahre   1972
(Quelle: NASA)

$$f : \mathbb{R} \to \mathbb{R},\ x \mapsto f(x) := x^2,$$

der Ihnen als Normalparabel bekannt ist. Wir plotten den Graphen z. B. mit einem
graphikfähigen Taschenrechner (siehe Abb. 8.2).

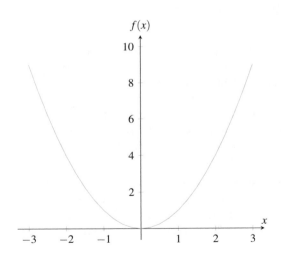

Abb. 8.2: Normalparabel

Mithilfe der Zoom-Funktion eines graphikfähigen Taschenrechners können wir mit verschiedenen Faktoren in die Graphik hineinzoomen. In das Zentrum unseres Zooms setzen wir den Punkt $(1|1)$ (siehe Abb. 8.3a und 8.3b).

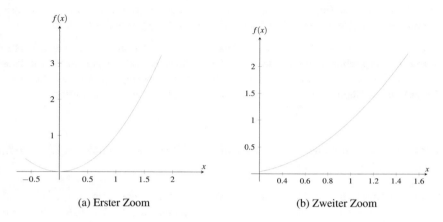

(a) Erster Zoom   (b) Zweiter Zoom

Abb. 8.3: Normalparabel

Machen wir einige weitere Zoomschritte, so sieht der Graph in der Umgebung des Punktes $(1|1)$ so aus wie in Abb. 8.4 dargestellt.

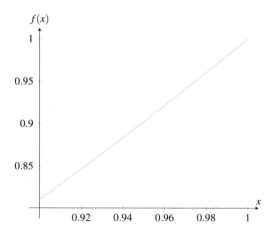

Abb. 8.4: Nach weiteren Schritten ...

Das Ergebnis mag Sie ein wenig überraschen: Aus der Parabel ist näherungsweise eine Gerade geworden! Erinnern Sie sich an die Erdoberfläche aus Sicht des näher kommenden Raumschiffs...?

Mit diesem Beispiel haben wir einen ganz wesentlichen Aspekt beleuchtet, der in der Differentialrechnung eine große Rolle spielt und geradezu ihre Grundidee darstellt: nämlich den Prozess der linearen Näherung einer Funktion im Lokalen. Das bedeutet, dass man einen Funktionsgraphen (unter bestimmten Bedingungen) in der Umgebung eines bestimmten, fest vorgegebenen Punktes durch eine lineare Funktion annähern oder, wie man mit einem Fachwort sagt, *approximieren* kann.

Graphisch müssen wir dazu eine so genannte *Tangente* finden, d. h. eine Gerade definieren, die sich an den Graphen in der Nachbarschaft des ausgewählten Punktes möglichst gut „anschmiegt". Ziel unserer folgenden Überlegungen ist es, die Gleichung einer solchen Tangente zu finden. Wir bleiben bei unserer Funktion

$$f : \mathbb{R} \to \mathbb{R}, \ x \mapsto f(x) := x^2.$$

Wir führen das Verfahren zur Bestimmung der Tangente im Punkt $(x_0 | x_0^2)$ durch. Die durchzuführenden Schritte sind folgende:

1. Wir bestimmen die Steigung der *Sekante* durch die Punkte $(x_0 | x_0^2)$ und $(x_0 + h | (x_0 + h)^2)$. h ist hierbei die so genannte Koordinatendifferenz (siehe Abb. 8.5), wobei unerheblich ist, ob $h > 0$ oder $h < 0$ ist.

2. Wir berechnen den Grenzwert der Sekantensteigungen für $h \to 0$. Dieser Grenzwert ist die Steigung der Tangente in $(x_0 | x_0^2)$.

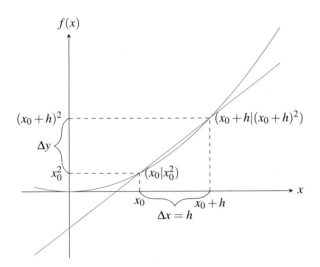

Abb. 8.5: Der Graph der Funktion f (blau) mit der Sekante durch $(x_0 | x_0^2)$ und $(x_0 + h | (x_0 + h)^2)$ (grün)

Zu 1.: Die Steigung der Sekante durch die Punkte $(x_0|x_0^2)$ und $(x_0+h|(x_0+h)^2)$ ist gleich

$$\frac{\Delta y}{\Delta x} = \frac{(x_0+h)^2 - x_0^2}{(x_0+h) - x_0}$$

Es handelt sich hierbei um die Steigung der Geraden durch zwei vorgegebene Punkte. Erinnern Sie sich an das Ihnen aus der Schule bekannte Steigungsdreieck.

Auflösen im Zähler mittels der 1. Binomischen Formel und Zusammenfassen sowie Vereinfachen im Nenner liefert

$$\frac{\Delta y}{\Delta x} = \frac{x_0^2 + 2x_0h + h^2 - x_0^2}{h} = \frac{2x_0h + h^2}{h}.$$

Diesen Ausdruck nennt man *Differenzenquotient*, da hier zwei Differenzen durcheinander geteilt werden.

Zu 2.: Berechnen wir den Grenzwert für $h \to 0$ nach der in Kap. 7 gelernten Methode, so ergibt sich durch Anwenden der Grenzwertsätze 7.1:

$$\frac{dy}{dx} = \lim_{\Delta x \to 0} \frac{\Delta y}{\Delta x} = \lim_{h \to 0} \frac{2x_0h + h^2}{h} = \lim_{h \to 0} \frac{h \cdot (2x_0 + h)}{h} = \lim_{h \to 0}(2x_0 + h) = 2x_0.$$

Die (hiermit eindeutig bestimmte) Steigung der Tangente im Punkt $(x_0|x_0^2)$ beträgt somit $2x_0$. Man nennt den Ausdruck *Differentialquotient*.

Hinweis

In der Mathematik nutzt man meist das große griechische Delta Δ, um Differenzen zweier Werte zu benennen. Das oben verwendete kleine d symbolisiert auch eine Art Differenz, die aber „unendlich klein" wird (hier $h \to 0$). Man spricht von einem *Differential*, daher rührt der Ausdruck Differentialquotient. In den obigen Gleichungen entspricht Δx der Koordinatendifferenz h.

Wenn dieses eben gezeigte Verfahren durchführbar ist, heißt eine vorgegebene Funktion *differenzierbar* an der Stelle x_0. Präziser formuliert wird dies in der folgenden Definition.

Definition 8.1. Sei $f : I \to \mathbb{R}$ eine Funktion, I offen. Die Funktion heißt in $x_0 \in I$ *differenzierbar*, falls

$$\lim_{h \to 0} \frac{f(x_0 + h) - f(x_0)}{h}$$

existiert. Man schreibt für diesen Grenzwert dann $f'(x_0)$. $f'(x_0)$ heißt auch *Ableitung* von f in x_0. Der Wert gibt die Steigung der Tangente an den Graphen von f im ausgewählten Punkt an und somit die Steigung des Funktionsgraphen in diesem Punkt. Man verwendet für $f'(x_0)$ auch die Bezeichnung $\frac{d}{dx}f(x)|_{x=x_0}$.

Wir fassen x_0 selbst als Punkt der reellen Achse auf, sodass wir ab jetzt, wie an der Hochschule üblich, die Formulierung Differenzierbarkeit im *Punkt x_0* verwenden anstatt der in der Schule üblichen Formulierung der Differenzierbarkeit an einer *Stelle x_0*. In diesem Sinne sprechen wir auch von der Ableitung von f im Punkt x_0.

Bemerkung 8.1.

(1) Es gilt $f'(x_0) = \lim\limits_{x \to x_0} \frac{f(x)-f(x_0)}{x-x_0}$ (Ersetze $x := x_0 + h$).

(2) Sei $I \subset \mathbb{R}$ offen. f heißt differenzierbar in I, falls $f'(x_0)$ existiert für alle $x_0 \in I$.

(3) In der Oberstufe haben Sie gelernt, dass man die Zuordnung, die jedem x_0 den Wert $f'(x_0)$ zuordnet, als Funktion f' auffassen kann. Diese nennt man dann *Ableitungsfunktion*. Der Term der Ableitungsfunktion wird mit $f'(x)$ bezeichnet. Man schreibt auch $\frac{d}{dx}f(x)$ und nennt diesen Ausdruck *Differentialquotient*.

(4) Man kann auch von dieser Funktion im Falle der Differenzierbarkeit die Ableitung berechnen. Diese heißt *zweite Ableitung* und wird (als Funktion aufgefasst) $f''(x)$ geschrieben (lies: „f zwei Strich von x"). Entsprechend nennt man die dritte Ableitung f''', ab der vierten Ableitung schreibt man $f^{(4)}, f^{(5)}$ usw., vorausgesetzt, diese Ableitungen existieren. Die Klammern dienen dazu, Verwechslungen mit Potenzen zu vermeiden.

Wir werden insbesondere in Beweisen häufig auch die Form der Ableitung aus der Bemerkung (1) benutzen.

Wir schauen uns einige Beispiele an.

Beispiel 8.1. Wir betrachten die Funktion f mit $f(x) = x^3$ und den Punkt $x_0 = 2$. Gesucht ist die Gleichung der Tangente an den Graphen von f im Punkt $(2|8)$ (siehe Abb. 8.1).

Wir bestimmen zunächst die Ableitung mit der oben eingeführten Methode.

1. Bestimmung des Differenzenquotienten an der Stelle $x_0 = 2$:

$$\frac{\Delta y}{\Delta x} = \frac{f(2+h)-f(2)}{h} = \frac{(2+h)^3 - 2^3}{h}$$

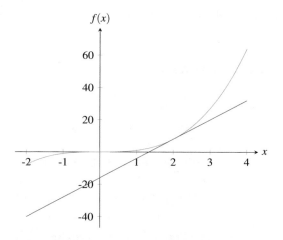

Abb. 8.6: Funktionsgraph und Tangente aus Bsp. 8.1

$$= \frac{h^3 + 6h^2 + 12h + 8 - 8}{h} = h^2 + 6h + 12.$$

Hinweis

Für die Auflösung des Terms $(2+h)^3$ sei an das Pascal'sche Dreieck erinnert (siehe Abb. 0.2).

---

2. Bestimmung des Differentialquotienten an der Stelle $x_0 = 2$:

$$\lim_{\Delta x \to 0} \frac{\Delta y}{\Delta x} = \lim_{h \to 0} \frac{f(2+h) - f(2)}{h} = \lim_{h \to 0}(h^2 + 6h + 12) = 12.$$

Es gilt also $f'(2) = 12$ und somit folgt:

$$\begin{aligned}
f'(2) &= 12 \\
y &= 12x + b \\
8 &= 12 \cdot 2 + b \\
b &= -16.
\end{aligned}$$

Daher gilt für die Tangentengleichung:

$$t(x) = 12x - 16. \qquad \blacktriangleleft$$

Beispiel 8.2. Wir betrachten die Funktion

$$f : \mathbb{R} \to \mathbb{R}, \ x \mapsto f(x) := \sin x$$

im Punkt x_0 und erhalten für die Ableitung:

$$
\begin{aligned}
f'(x_0) &= \lim_{h \to 0} \frac{\sin(x_0 + h) - \sin(x_0)}{h} \\
&= \lim_{h \to 0} \frac{\sin x_0 \cdot \cos h + \cos x_0 \cdot \sin h - \sin x_0}{h} \\
&= \lim_{h \to 0} \frac{\sin x_0 (\cos h - 1) + \cos x_0 \cdot \sin h}{h} \\
&= \lim_{h \to 0} \frac{\sin x_0 (\cos h - 1)}{h} + \lim_{h \to 0} \frac{\cos x_0 \cdot \sin h}{h} \\
&= \sin x_0 \cdot \underbrace{\lim_{h \to 0} \frac{\cos h - 1}{h}}_{=0} + \cos x_0 \cdot \underbrace{\lim_{h \to 0} \frac{\sin h}{h}}_{=1} \\
&= \cos x_0.
\end{aligned}
$$

Im ersten Schritt wurde $\sin(x_0 + h)$ mithilfe des Additionstheorems des Sinus (siehe Satz 3.2) zu $\sin(x_0) \cdot \cos(h) + \cos(x_0) \cdot \sin(h)$ umgeformt. Den Grenzwert $\lim\limits_{h \to 0} \frac{\sin h}{h} = 1$ haben wir bereits in Bsp. 7.5 und den Grenzwert $\lim\limits_{h \to 0} \frac{\cos h - 1}{h} = 0$ in Bsp. 7.6. Die Ableitung der Sinusfunktion im Punkt x_0 beträgt also $\cos x_0$, wie Ihnen aus der Oberstufe zumindest inhaltlich noch geläufig sein sollte. ◀

Beispiel 8.3. Berechnung der Ableitung der Wurzelfunktion:

$$f(x) = \sqrt{x}$$

$$
\begin{aligned}
f'(x_0) &= \lim_{h \to 0} \frac{\sqrt{x_0 + h} - \sqrt{x_0}}{h} \\
&= \lim_{h \to 0} \frac{(\sqrt{x_0 + h} - \sqrt{x_0})(\sqrt{x_0 + h} + \sqrt{x_0})}{h(\sqrt{x_0 + h} + \sqrt{x_0})} \\
&= \lim_{x_0 + h - x_0 \to 0} \frac{h}{h(\sqrt{x_0 + h} + \sqrt{x_0})} \\
&= \lim_{h \to 0} \frac{h}{h(\sqrt{x_0 + h} + \sqrt{x_0})} \\
&= \lim_{h \to 0} \frac{1}{\sqrt{x_0 + h} + \sqrt{x_0}} \\
&= \frac{1}{2\sqrt{x_0}}.
\end{aligned}
$$

Zur Erläuterung: Im ersten Schritt wurde der Bruch derart erweitert, dass im Zähler die 3. Binomische Formel anwendbar ist. Nach deren Anwendung wurden die Klammern im Zähler aufgelöst und h herausgekürzt. Die Erweiterung mit der 3. Binomischen Formel ist notwendig, da ohne Umformung ein unbestimmter Ausdruck vorliegt, „$\frac{0}{0}$" (siehe Bem. 7.1). Um den Ausdruck bestimmbar zu machen, muss h aus dem Bruch herausgekürzt werden. Dies gelingt uns mittels Erweiterung und Anwendung der 3. Binomischen Formel. ◄

Beispiel 8.4. Wir wollen die Ableitung der e-Funktion bestimmen:

$$f(x) = e^x$$
$$f'(x_0) = \lim_{h \to 0} \frac{e^{x_0+h} - e^{x_0}}{h}$$
$$= \lim_{h \to 0} \frac{e^{x_0} e^h - e^{x_0}}{h}$$
$$= e^{x_0} \lim_{h \to 0} \frac{e^h - 1}{h}.$$

In Bsp. 6.6 haben wir kennengelernt, dass die Euler'sche Zahl e als Grenzwert der Folge $\lim_{n \to \infty} \left(1 + \frac{1}{n}\right)^n$ dargestellt werden kann. Somit gilt

$$f'(x_0) = e^{x_0} \lim_{h \to 0} \frac{\left(\lim_{n \to \infty} \left(1 + \frac{1}{n}\right)^n\right)^h - 1}{h}$$
$$= e^{x_0} \lim_{h \to 0} \frac{\lim_{n \to \infty} \left(1 + \frac{1}{n}\right)^{n \cdot h} - 1}{h}$$
$$= e^{x_0} \lim_{n \to \infty} \frac{\left(1 + \frac{1}{n}\right)^{n \cdot \frac{1}{n}} - 1}{\frac{1}{n}}$$
$$= e^{x_0} \lim_{n \to \infty} \frac{1 + \frac{1}{n} - 1}{\frac{1}{n}}$$
$$= e^{x_0} \lim_{n \to \infty} \frac{\frac{1}{n}}{\frac{1}{n}} = e^{x_0} \cdot 1 = e^{x_0}.$$

Wir haben im dritten Schritt h durch $\frac{1}{n}$ ersetzt. Machen Sie sich dazu klar, dass $\lim_{h \to 0} h = \lim_{n \to \infty} \frac{1}{n} = 0$ gilt. ◄

Beispiel 8.5. Wir betrachten die Funktion f mit

$$f(x) = \begin{cases} x^2 \sin \dfrac{1}{x} & \text{für } x \neq 0 \\ 0 & \text{für } x = 0 \end{cases}.$$

Existiert die Ableitung von f in dem Punkt $x_0 = 0$?

$$\begin{aligned} f'(0) &= \lim_{h \to 0} \frac{f(0+h) - f(0)}{h} \\ &= \lim_{h \to 0} \frac{h^2 \sin \frac{1}{h} - 0}{h} \\ &= \lim_{h \to 0} \left(h \cdot \sin \frac{1}{h} \right). \end{aligned}$$

Abschätzung für $h > 0$: Da $\left| \sin \frac{1}{h} \right| \leq 1$, gilt $-h \leq h \cdot \sin \frac{1}{h} \leq h$, und somit folgt nach Satz 6.3

$$0 = \lim_{h \to 0} (-h) \leq \lim_{h \to 0} \left(h \cdot \sin \frac{1}{h} \right) \leq \lim_{h \to 0} h = 0.$$

Der gesuchte Grenzwert existiert und ist gleich 0. Die Abschätzung für $h < 0$ verläuft analog. Anschaulich erkennt man auch am Graphen der Funktion f, dass $f'(0) = 0$ ist (siehe Abb. 8.7). ◀

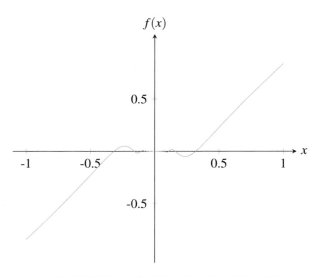

Abb. 8.7: Graph der Funktion f aus Bsp. 8.5

Beispiel 8.6. Als Beispiel für eine in einem Punkt nicht-differenzierbare Funktion betrachten wir die Betragsfunktion (siehe auch Abschn. 4.3)

$$f : \mathbb{R} \to \mathbb{R}, \ x \mapsto f(x) := |x| = \begin{cases} x & \text{für } x \geq 0 \\ -x & \text{für } x < 0 \end{cases}$$

im Punkt $(0|0)$ des Graphen (siehe Abb. 8.8).

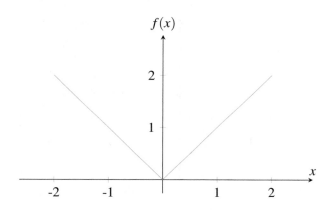

Abb. 8.8: Graph der Betragsfunktion

Man sieht am Graphen den Knick im Punkt $(0|0)$, sodass anschaulich klar ist, dass dort keine Tangente existiert. Man muss hier den links- und den rechtsseitigen Grenzwert der Sekantensteigungen berechnen und stellt fest, dass sich verschiedene Werte ergeben.

Für den rechtsseitigen Grenzwert ergibt sich:

$$g_r = \lim_{h \downarrow 0} \frac{f(x_0 + h) - f(x_0)}{h} = \lim_{h \downarrow 0} \frac{x_0 + h - x_0}{h} = 1$$

und für den linksseitigen Grenzwert:

$$g_l = \lim_{h \uparrow 0} \frac{f(x_0 + h) - f(x_0)}{h} = \lim_{h \uparrow 0} \frac{-x_0 - h + x_0}{h} = -1.$$

Somit stimmen die beiden Werte nicht überein, und die Funktion ist im ausgewählten Punkt nicht differenzierbar. ◄

Beispiel 8.7. Wir betrachten die Betragsfunktion

$$f : \mathbb{R} \to \mathbb{R}, \; x \mapsto f(x) := |x^2 - 1|$$

im Punkt $(1|0)$ des Graphen (siehe Abb. 8.9).

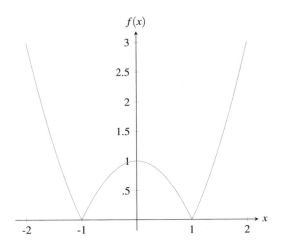

Abb. 8.9: Graph der Funktion f mit $f(x) = |x^2 - 1|$ aus Bsp. 8.7

Man sieht am Graphen den Knick im Punkt $(1|0)$ und auch im Punkt $(-1|0)$, sodass anschaulich klar ist, dass dort keine Tangente existiert.

Die Sekantensteigung beträgt mit $x_0 = 1$:

$$\frac{\Delta y}{\Delta x} = \frac{f(x_0 + h) - f(x_0)}{h} = \frac{|(1+h)^2 - 1| - 0}{h} = \frac{|2h + h^2|}{h} = \frac{|h(2+h)|}{h}$$

$$= \begin{cases} \dfrac{h(2+h)}{h}; & h > 0 \\[2mm] \dfrac{-h(2+h)}{h}; & h < 0 \end{cases} = \begin{cases} 2+h; & h > 0 \\ -2-h; & h < 0 \end{cases}.$$

Somit ergibt sich für den rechtsseitigen Grenzwert:

$$g_r = \lim_{h \downarrow 0} \frac{f(x_0 + h) - f(x_0)}{h} = \lim_{h \downarrow 0} (2 + h) = 2$$

und für den linksseitigen Grenzwert:

$$g_l = \lim_{h \uparrow 0} \frac{f(x_0 + h) - f(x_0)}{h} = \lim_{h \uparrow 0} (-2 - h) = -2.$$

Die beiden Werte stimmen nicht überein, und die Funktion ist im ausgewählten Punkt nicht differenzierbar.   ◀

> **Bemerkung 8.2.** Wenn die Tangente an den Graphen der Funktion f im Punkt $(x_0|f(x_0))$ existiert, so ist sie eindeutig bestimmt. Der Graph lässt sich dann in einer hinreichend kleinen Umgebung des Punktes linear approximieren.

Der Aspekt der linearen Approximation wird noch deutlicher in der folgenden alternativen Formulierung der Differenzierbarkeit.

> **Satz 8.1.** Die Funktion $f : I \to \mathbb{R}$ ist im Punkt x_0 genau dann differenzierbar, wenn eine Zahl $f'(x_0)$ existiert, sodass gilt:
> $$\lim_{x \to x_0} \frac{f(x) - f(x_0) - f'(x_0)(x - x_0)}{x - x_0} = 0.$$

Beweis. Wir setzen zunächst in der Def. 8.1 $x_0 + h =: x$ (siehe auch Bem. 8.1 (1)) und formen dann um

$$\lim_{h \to 0} \frac{f(x_0 + h) - f(x_0)}{h} = \lim_{x \to x_0} \frac{f(x) - f(x_0)}{x - x_0} = f'(x_0).$$

Daraus ergibt sich

$$\lim_{x \to x_0} \frac{f(x) - f(x_0)}{x - x_0} = f'(x_0)$$

$$\Leftrightarrow \lim_{x \to x_0} \frac{f(x) - f(x_0)}{x - x_0} = \frac{f'(x_0)(x - x_0)}{(x - x_0)} \qquad \text{(Erweitern)}$$

$$\Leftrightarrow \lim_{x \to x_0} \left(\frac{f(x) - f(x_0)}{x - x_0} - \frac{f'(x_0)(x - x_0)}{x - x_0} \right) = 0 \qquad \text{(Grenzwertsätze!)}$$

$$\Leftrightarrow \lim_{x \to x_0} \left(\frac{f(x) - f(x_0) - f'(x_0)(x - x_0)}{x - x_0} \right) = 0 \qquad\qquad \square$$

Die Funktion g mit

$$g(x) := f(x_0) + f'(x_0)(x - x_0)$$

approximiert also die Funktion f in einer kleinen Umgebung um x_0 sehr gut.

Beispiel 8.8. Die e-Funktion soll um $x_0 = 0$ durch eine lineare Funktion approximiert werden. Wir erhalten mit $f'(x) = e^x$ (siehe Bsp. 8.4)

$$g(x) = f(x_0) + f'(x_0)(x - x_0) = 1 + 1 \cdot (x - 0) = 1 + x.$$

Die Funktion g approximiert die e-Funktion in der kleinen Umgebung um $x_0 = 0$ sehr gut. Je weiter man sich von dieser Stelle entfernt, umso größer wird die Differenz zwischen der e-Funktion und ihrer linearen Approximation (siehe Abb. 8.10). ◀

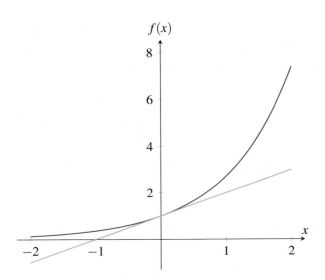

Abb. 8.10: Lineare Approximation der e-Funktion an der Stelle $x_0 = 0$

Es gibt einen Zusammenhang zwischen dem in Abschn. 7.2 eingeführten Begriff der Stetigkeit und der Differenzierbarkeit in einem Punkt.

Satz 8.2. Sei $f : I \to \mathbb{R}$ (I offen) in $x_0 \in I$ differenzierbar, dann ist f in x_0 stetig.

Beweis. Sei $(x_n)_{n \in \mathbb{N}}$ eine Folge mit $\lim\limits_{n \to \infty} x_n = x_0$. Da f in x_0 differenzierbar ist, gilt:

$$f'(x_0) = \lim_{n \to \infty} \frac{f(x_n) - f(x_0)}{x_n - x_0}.$$

Dann folgt:

$$\lim_{n \to \infty} (f(x_n) - f(x_0)) = \lim_{n \to \infty} \frac{f(x_n) - f(x_0)}{x_n - x_0} \cdot \lim_{n \to \infty} (x_n - x_0) = f'(x_0) \cdot 0 = 0.$$

Also ist $\lim\limits_{n\to\infty} (f(x_n) - f(x_0)) = 0$ und somit gilt

$$\lim_{n\to\infty} f(x_n) = f(x_0). \qquad\qquad \square$$

Bemerkung 8.3. Differenzierbarkeit von f in einem Punkt ist nach Satz 8.2 hinreichend für die Stetigkeit von f in diesem Punkt, jedoch nicht notwendig, wie das folgende Gegenbeispiel zeigt.

Beispiel 8.9. Die Funktion

$$f(x) = \begin{cases} x\sin\dfrac{1}{x} & \text{für } x \neq 0 \\[2mm] 0 & \text{für } x = 0 \end{cases}$$

ist im Punkt $x_0 = 0$ stetig (siehe dazu Bsp. 7.9 und Abb. 7.6b), aber nicht differenzierbar:

$$\lim_{h\to 0} \frac{f(0+h) - f(0)}{h} = \lim_{h\to 0} \frac{h\sin\left(\frac{1}{h}\right) - 0}{h} = \lim_{h\to 0} \sin\left(\frac{1}{h}\right)$$

Der Grenzwert existiert nicht. Die Funktion f ist an der Stelle $x_0 = 0$ nicht differenzierbar. ◀

8.2 Ableitungsregeln

Für die Berechnung der Ableitungsfunktion haben Sie Regeln kennengelernt, damit Sie nicht immer die Grenzwertmethode verwenden müssen. Wir fassen an dieser Stelle noch einmal die wichtigsten Ableitungsregeln aus dem Oberstufenunterricht zusammen.

Satz 8.3 (Ableitungsregeln). Seien u und v im Punkt x_0 differenzierbare Funktionen. Dann ist auch die Funktion f in allen folgenden Fällen im Punkt x_0 differenzierbar, und es gilt:

(1) Faktorregel: $f(x) = c \cdot u(x)$, $c \in \mathbb{R}$

$$f'(x_0) = c \cdot u'(x_0)$$

(2) Summen- und Differenzregel: $f(x) = u(x) \pm v(x)$

$$f'(x_0) = u'(x_0) \pm v'(x_0)$$

(3) Produktregel: $f(x) = u(x) \cdot v(x)$

$$f'(x_0) = u'(x_0) \cdot v(x_0) + u(x_0) \cdot v'(x_0)$$

(4) Quotientenregel: $f(x) = \frac{u(x)}{v(x)}$ und $v(x_0) \neq 0$

$$f'(x_0) = \frac{u'(x_0) \cdot v(x_0) - u(x_0) \cdot v'(x_0)}{v(x_0)^2}$$

(5) Kettenregel: $f(x) = v(u(x))$

$$f'(x_0) = v'(u(x_0)) \cdot u'(x_0)$$

(6) Allgemeine Potenzregel: $f(x) = x^r$

$$f'(x_0) = r \cdot x_0^{r-1}$$

mit $r \in \mathbb{R}$

Die Faktorregel ist ein Spezialfall der Produktregel, wenn eine der Funktionen konstant ist.

Beispiel 8.10.

(1) Nach der allgemeinen Potenzregel und der Faktorregel gilt:

$$f(x) = 4\sqrt[3]{x} = 4x^{\frac{1}{3}}$$
$$\Rightarrow \ f'(x_0) = 4 \cdot \frac{1}{3}x_0^{\frac{1}{3}-1} = \frac{4}{3}x_0^{-\frac{2}{3}} = \frac{4}{3\sqrt[3]{x_0^2}}.$$

Für die Ableitungsfunktion gilt demnach:

$$f'(x) = \frac{4}{3\sqrt[3]{x^2}}.$$

(2) Wir können auch ohne den Umweg über x_0 die Ableitungsregeln direkt auf die Ableitungsfunktion anwenden:

$$f(x) = x + x^2 e^{-x}$$
$$\Rightarrow \ f'(x) = 1 + 2xe^{-x} - x^2 e^{-x} = 1 + xe^{-x}(2-x)$$

(nach der Summen-, Produkt- und der Kettenregel).

(3) Ein Beispiel mit mehreren Parametern, die als reelle Konstanten behandelt werden:

$$f(x) = ax\sin(bx+1)$$
$$\Rightarrow \ f'(x) = a\sin(bx+1) + abx\cos(bx+1)$$

(nach der Produkt- und der Kettenregel).

(4) Nach der Quotientenregel gilt:

$$f(x) = \frac{x}{x^2+1}$$
$$\Rightarrow f'(x) = \frac{1 \cdot (x^2+1) - x \cdot 2x}{(x^2+1)^2} = \frac{1-x^2}{(x^2+1)^2}.$$

(5) Rationale Funktionen sind in ihrem gesamten Definitionsbereich differenzierbar. Häufig muss zur Bestimmung der Ableitung die Quotientenregel verwendet werden:

$$f(x) = \frac{3x^2+1}{x-4}, \qquad \mathbb{D}_f = \mathbb{R} \setminus \{4\}$$
$$\Rightarrow \ f'(x) = \frac{6x \cdot (x-4) - (3x^2+1) \cdot 1}{(x-4)^2}$$
$$= \frac{6x^2 - 24x - 3x^2 - 1}{(x-4)^2}$$
$$= \frac{3x^2 - 24x - 1}{(x-4)^2}. \qquad \blacktriangleleft$$

Die Beweise für die Summen-, Differenz- und Faktorregel erfordern lediglich die Anwendung der Definition der Ableitung (siehe Def. 8.1) und der Grenzwertsätze (siehe Satz 7.1). Bei den Beweisen der Produkt- und Quotientenregel ist zudem eine geschickte Nullerweiterung notwendig, um zum Ziel zu gelangen. Wir führen die Beweise für die Faktor- und Produktregel hier aus und überlassen Ihnen die für die Summen- und Quotientenregel als Übung (siehe Aufg. 8.5). Im Beweis verwenden wir direkt die Variable x statt des Punktes x_0.

Beweis (Faktorregel).

$$f(x) = cu(x)$$
$$f'(x) = \lim_{h\to 0} \frac{f(x+h) - f(x)}{h} = \lim_{h\to 0} \frac{cu(x+h) - cu(x)}{h}$$
$$= c\lim_{h\to 0} \frac{u(x+h) - u(x)}{h} = cu'(x) \qquad \square$$

Beweis (Produktregel).

$$f(x) = u(x) \cdot v(x)$$

$$f'(x) = \lim_{h \to 0} \frac{f(x+h) - f(x)}{h} = \lim_{h \to 0} \frac{u(x+h) \cdot v(x+h) - u(x) \cdot v(x)}{h}$$

$$= \lim_{h \to 0} \frac{u(x+h) \cdot v(x+h) \overbrace{-u(x) \cdot v(x+h) + u(x) \cdot v(x+h)}^{\text{Nullerweiterung}} - u(x) \cdot v(x)}{h}$$

$$= \lim_{h \to 0} \left(\frac{[u(x+h) - u(x)] \cdot v(x+h)}{h} + \frac{u(x) \cdot [v(x+h) - v(x)]}{h} \right)$$

$$= \lim_{h \to 0} \left(\frac{u(x+h) - u(x)}{h} \cdot v(x+h) \right) + \lim_{h \to 0} \left(u(x) \cdot \frac{v(x+h) - v(x)}{h} \right)$$

$$= \left(\lim_{h \to 0} \frac{u(x+h) - u(x)}{h} \right) \cdot \left(\lim_{h \to 0} v(x+h) \right) + u(x) \cdot \left(\lim_{h \to 0} \frac{v(x+h) - v(x)}{h} \right)$$

$$= u'(x) \cdot v(x) + u(x) \cdot v'(x) \qquad\qquad\qquad \square$$

Denkanstoß

Führen Sie die Beweise für die Summen- und Quotientenregel als Übung durch (siehe Aufg. 8.5)!

Da die Kettenregel im Studium häufig Anwendung findet, formulieren wir diese ein wenig präziser und führen einen Beweis aus. Die allgemeine Potenzregel werden wir mithilfe der Kettenregel weiter unten beweisen.

Satz 8.4 (Kettenregel). Seien $f : D \to \mathbb{R}$ und $g : E \to \mathbb{R}$ Funktionen mit $f(D) \subset E$. Sei f in $x_0 \in D$ differenzierbar und g in $y_0 = f(x_0) \in E$ differenzierbar. Dann ist $g \circ f : D \to \mathbb{R}$ in x_0 differenzierbar, und es gilt:

$$(g \circ f)'(x_0) = g'(f(x_0)) \cdot f'(x_0).$$

Beweis. Sei $g^* : E \to \mathbb{R}$ definiert durch:

$$g^*(y) = \begin{cases} \dfrac{g(y) - g(y_0)}{y - y_0} & \text{für } y \neq y_0 \\ g'(y_0) & \text{für } y = y_0 \end{cases}.$$

g^* ist in y_0 differenzierbar, und es gilt:

$$\lim_{y \to y_0} g^*(y) = g^*(y_0) = g'(y_0).$$

Ferner gilt:

$$g(y) - g(y_0) = g^*(y)(y - y_0) \ \forall \ y \in E$$

$$\Rightarrow (g \circ f)'(x_0) = \lim_{x \to x_0} \frac{(g \circ f)(x) - (g \circ f)(x_0)}{x - x_0}$$

$$= \lim_{x \to x_0} \frac{g(f(x)) - g(f(x_0))}{x - x_0}$$

$$= \lim_{x \to x_0} \frac{g^*(f(x))(f(x) - f(x_0))}{x - x_0}$$

$$= \lim_{x \to x_0} g^*(f(x)) \cdot \lim_{x \to x_0} \frac{f(x) - f(x_0)}{x - x_0}$$

$$= g'(f(x_0)) \cdot f'(x_0) \qquad \square$$

Die Anwendung der Kettenregel zeigen die weiteren, zum Teil etwas schwierigeren Beispiele.

Beispiel 8.11.

(1) Nach der Kettenregel gilt:

$$f(x) = \ln(x^2 + 5)$$
$$\Rightarrow \ f'(x) = \frac{1}{x^2 + 5} \cdot 2x.$$

(2) Nach der Produkt- und Kettenregel gilt:

$$f(x) = 2xe^{x^3 + x}$$
$$\Rightarrow \ f'(x) = 2e^{x^3 + x} + 2x(3x^2 + 1)e^{x^3 + x} = e^{x^3 + x}(6x^2 + 2x + 2)$$

(3) In manchen Fällen muss man die Kettenregel auch mehrfach angewendet werden:

$$f(x) = [\ln(x + e^x)]^2$$
$$f'(x) = 2\ln(x + e^x) \cdot \frac{1}{x + e^x} \cdot (1 + e^x).$$

(4) Wir betrachten die Funktion

$$f : \mathbb{R}_+^* \to \mathbb{R}, \ x \mapsto f(x) = x^{\cos x}.$$

Wir schreiben den Funktionsterm zunächst mithilfe der *e*-Funktion um:

$$f(x) = x^{\cos x}$$

$$= e^{\ln(x^{\cos x})} = e^{\cos x \cdot \ln x}.$$

Es gilt nach der Kettenregel:

$$f'(x) = \left(e^{\cos x \cdot \ln x}\right)' = e^{\cos x \cdot \ln x} \cdot \left(-\sin x \ln x + \cos x \cdot \frac{1}{x}\right)$$

$$= x^{\cos x} \cdot \left(-\sin x \ln x + \cos x \cdot \frac{1}{x}\right).$$

(5) Mithilfe der Kettenregel und der Tatsache, dass e-Funktion und ln-Funktion Umkehrabbildungen zueinander sind, kann man die Ableitung der Logarithmusfunktion

$$f : \mathbb{R}_+^* \to \mathbb{R}, x \mapsto f(x) = \ln x$$

bestimmen:

$$x = e^{\ln x}$$
$$(x)' = \left(e^{\ln x}\right)'$$
$$1 = e^{\ln x} \cdot (\ln x)'$$
$$1 = x \cdot (\ln x)'$$
$$(\ln x)' = \frac{1}{x}.$$

(6) Ableitung der Umkehrfunktion:

$$(f \circ f^{-1})(x) = x$$
$$f\left(f^{-1}(x)\right) = x$$
$$f'\left(f^{-1}(x)\right) \cdot (f^{-1})'(x) = 1$$
$$(f^{-1})'(x) = \frac{1}{f'\left(f^{-1}(x)\right)}. \qquad \blacktriangleleft$$

Bemerkung 8.4. Mithilfe der Kettenregel und Bsp. 8.11 (5) lässt sich die allgemeine Potenzregel (siehe Satz 8.3 (6)) beweisen:

$$f(x) = x^r = e^{\ln(x^r)} = e^{r \cdot \ln x}.$$

Damit ergibt sich

$$f'(x_0) = e^{r \ln x_0} \cdot \frac{r}{x_0} = \left(e^{\ln x_0}\right)^r \cdot \frac{r}{x_0} = x_0^r \cdot \frac{r}{x_0} = r x_0^{r-1}.$$

Das mathematische Fundament des Bsp. 8.11 (6) formulieren wir als Satz.

Satz 8.5 (Ableitung der Umkehrfunktion). Sei $f : [a;b] \to \mathbb{R}$ eine stetige, streng monotone Funktion. f sei differenzierbar in $x_0 \in [a;b]$ mit $f'(x_0) \neq 0$. Dann ist $f^{-1} : f([a;b]) \to \mathbb{R}$ in $y_0 := f(x_0)$ differenzierbar, und es gilt

$$(f^{-1})'(y_0) = \frac{1}{f'(f^{-1}(y_0))}.$$

Wir beweisen diesen Satz nicht. Die Argumentation in Bsp. 8.11 (6) stellt keinen vollständigen Beweis dar.

Beispiel 8.12. Wir betrachten die Funktion

$$f : \mathbb{R} \to \mathbb{R}, x \mapsto f(x) := \sin x$$

(siehe Abb. 3.16 und 3.17).

sin ist injektiv im Intervall $\left]-\frac{\pi}{2};\frac{\pi}{2}\right[$

$$\sin : \quad \left]-\frac{\pi}{2};\frac{\pi}{2}\right[\to \mathbb{R}.$$

Die Umkehrfunktion ist der Arkussinus (siehe Bsp. 3.12). Somit ist

$$\arcsin : \quad]-1;1[\to \mathbb{R}$$

differenzierbar, und es gilt

$$\begin{aligned}(\arcsin x)' &= \frac{1}{\cos(\arcsin x)} \\ &= \frac{1}{\sqrt{1-\sin^2(\arcsin x)}} = \frac{1}{\sqrt{1-x^2}}.\end{aligned}$$

Für die Umformung im zweiten Schritt haben wir den trigonometrischen Pythagoras verwendet (siehe Abschn. 3.2):

$$\begin{aligned}\sin^2 x + \cos^2 x &= 1 \quad \forall\, x \in \mathbb{R} \\ \cos^2 x &= 1 - \sin^2 x \\ \cos x &= \pm\sqrt{1-\sin^2 x}.\end{aligned}$$

Hier wurde das positive Vorzeichen verwendet, da der Kosinus im betrachteten Intervall positiv ist. ◄

8.3 Sätze aus der Differentialrechnung: Funktionsuntersuchung

Ableitungen und Ableitungsregeln werden im Unterricht der Oberstufe verwendet, um Funktionsgraphen zu untersuchen z. B. hinsichtlich der Existenz von Extrem- oder Wendepunkten. Diese Untersuchungen bilden sogar einen zentralen Teil des Analysisunterrichts. Hierbei spielen hinreichende und notwendige Kriterien für das Vorhandensein solcher Punkte eine Rolle (siehe Abschn. 2.1, insbesondere Bem. 2.1). Wir wollen in diesem Abschnitt zur Auffrischung Ihrer Kenntnisse einige Kriterien, die Ihnen aus dem Oberstufenunterricht noch bekannt sein sollten, wiederholen, teilweise beweisen und mit Beispielen unterstützen. Dazu werden wir zunächst das Monotonieverhalten einer Funktion anhand ihrer Ableitung beschreiben und anschließend den Begriff des Extremums mathematisch präzisieren. Des Weiteren werden wir einige andere nützliche Sätze über differenzierbare Funktionen veranschaulichen.

Mithilfe der ersten Ableitung lassen sich Aussagen zum *Monotonieverhalten* einer differenzierbaren Funktion treffen (siehe Def. 3.8).

Kriterien für das Monotonieverhalten

Sei f eine auf dem Definitionsbereich $\mathbb{D}$ differenzierbare Funktion f. Dann ist f

- in den Bereichen von $\mathbb{D}$ mit $f'(x) \geq 0$ $(f'(x) > 0)$ *(streng) monoton wachsend* und
- in den Bereichen von $\mathbb{D}$ mit $f'(x) \leq 0$ $(f'(x) < 0)$ *(streng) monoton fallend*.

Beispiel 8.13.

(1) Wir betrachten die e-Funktion $f : \mathbb{R} \to \mathbb{R}_+^*$, $x \mapsto f(x) = e^x$ (siehe auch Bsp. 3.10 und Abb. 3.9). Wegen $f'(x) = e^x > 0$ ist die e-Funktion im gesamten Definitionsbereich streng monoton wachsend.

(2) Die Funktion $f : \mathbb{R} \to \mathbb{R}$, $x \mapsto f(x) = -x^3 - 3x + 9$ ist im gesamten Definitionsbereich streng monoton fallend, da

$$f'(x) = -3x^2 - 3 = -3(x^2 + 1) \leq -3 < 0 \ \forall x \in \mathbb{D}.$$

(3) Wir untersuchen das Monotonieverhalten der Funktion $f : \mathbb{R} \to \mathbb{R}$, $x \mapsto f(x) = (x^2 + 2x - 2)e^x$. Dazu bilden wir die erste Ableitung nach der Produktregel

$$f'(x) = (2x + 2)e^x + (x^2 + 2x - 2)e^x = (x^2 + 4x)e^x = x(x + 4)e^x.$$

Wegen $e^x > 0$ bestimmt der Faktor $(x^2 + 4x) = x(x+4)$ das Vorzeichen der ersten Ableitung. Es gilt $f'(x) > 0$ für das Intervall $]-\infty; -4[\cup]0; \infty[$ und $f'(x) < 0$ für $]-4; 0[$. Damit wächst die Funktion streng monoton im Intervall $]-\infty; -4[\cup]0; \infty[$ und fällt streng monoton im Intervall $]-4; 0[$. ◄

Wir wollen uns mit lokalen Extrema beschäftigen und betrachten dazu zunächst folgende Definition.

Definition 8.2. Sei $f :]a, b[\to \mathbb{R}$ eine Funktion, $a < b$. f hat in $x_0 \in]a; b[$ ein *lokales Maximum*, wenn ein $\varepsilon > 0$ existiert, sodass für alle $x \in]x_0 - \varepsilon; x_0 + \varepsilon[$ gilt, dass

$$f(x_0) \geq f(x).$$

Analog gilt für ein *lokales Minimum*

$$f(x_0) \leq f(x).$$

Anschaulich bedeutet die Tatsache, dass $f(x_0)$ ein lokales Maximum ist, dass es in der Umgebung des Punktes $(x_0|f(x_0))$ keinen Punkt des Graphen gibt, der höher liegt, also einen größeren y-Wert besitzt (siehe Abb. 8.11). Analog liegt beim lokalen Minimum in einer Umgebung kein Punkt tiefer als $(x_0|f(x_0))$.

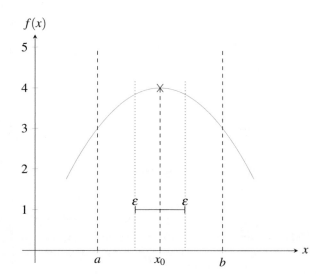

Abb. 8.11: Lokales Maximum

Bemerkung 8.5. Gilt $f(x_0) \geq f(x)$ bzw. $f(x_0) \leq f(x)$ im gesamten Definitionsbereich der Funktion f, so spricht man von einem *globalen Maximum* (bzw. *Minimum*).

Wichtig ist die Fachterminologie an dieser Stelle:

- x_0 heißt *Extremstelle*,

- $f(x_0)$ heißt *Extremum* (also *Maximum* oder *Minimum*) und

- $(x_0|f(x_0))$ heißt *Extrempunkt* (*Hoch-* oder *Tiefpunkt*).

Wir formulieren jetzt das *notwendige Kriterium* für Extremstellen, das die anschauliche Vorstellung wiedergibt, dass die Steigung der Tangente an den Graphen der Funktion in einem lokalen Extrempunkt gleich Null ist (siehe Abb. 8.12).

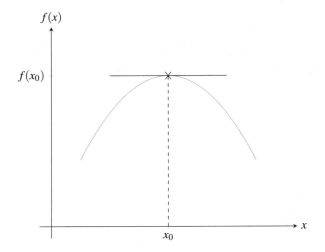

Abb. 8.12: Zum notwendigen Kriterium für Extrempunkte

Satz 8.6 (Notwendiges Kriterium für Extrempunkte). Sei $f:]a;b[\to \mathbb{R}$ eine Funktion, die an der Stelle $x_0 \in]a;b[$ ein lokales Extremum besitzt. f sei an der Stelle x_0 differenzierbar. Dann gilt:

$$f'(x_0) = 0.$$

Beweis. Wir führen den Beweis für das Maximum. Sei x_0 Maximalstelle. Dann existiert ein $\varepsilon > 0$, sodass für alle $x \in]x_0 - \varepsilon; x_0 + \varepsilon[$ gilt: $f(x_0) \geq f(x)$.

Für $x < x_0$ gilt:

$$\frac{f(x) - f(x_0)}{x - x_0} \geq 0.$$

Für $x > x_0$ gilt:

$$\frac{f(x) - f(x_0)}{x - x_0} \leq 0.$$

Also gilt:

$$\underbrace{\lim_{x \uparrow x_0} \frac{f(x) - f(x_0)}{x - x_0}}_{f'_-(x_0)} \geq 0$$

und

$$\underbrace{\lim_{x \downarrow x_0} \frac{f(x) - f(x_0)}{x - x_0}}_{f'_+(x_0)} \leq 0$$

und daher gilt wegen der vorausgesetzten Differenzierbarkeit:

$$f'(x_0) = f'_+(x_0) = f'_-(x_0) = 0. \qquad \qquad \square$$

Denkanstoß

Führen Sie den völlig analogen Beweis für das Minimum als Übung durch.

Mithilfe des Satzes 8.6 ist es also möglich, diejenigen Punkte des Graphen zu finden, die potentiell als Extrempunkte in Frage kommen. Das Kriterium ist jedoch nur notwendig für das Vorhandensein von Extremstellen, aber nicht hinreichend.

In Abb. 8.13 sehen Sie den Graphen der Funktion

$$f : \mathbb{R} \to \mathbb{R}, \ x \mapsto f(x) := x^3.$$

Der Punkt $(0|0)$ hat eine waagerechte Tangente (also Steigung 0). Trotzdem liegt kein Extrempunkt vor, sondern ein so genannter *Sattelpunkt*.

Um sicherzugehen, dass ein Punkt mit waagerechter Tangente tatsächlich ein Extrempunkt des Graphen einer Funktion f ist, benötigt man *hinreichende Kriterien*. Wir geben ohne Beweis ein häufig verwendetes derartiges Kriterium an.

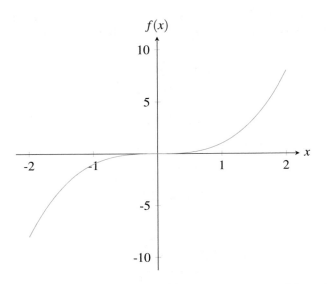

Abb. 8.13: Der Graph der Funktion $f : \mathbb{R} \to \mathbb{R}$, $x \mapsto f(x) := x^3$

Satz 8.7 (Hinreichendes Kriterium für Extrempunkte). Sei $f :]a;b[\to \mathbb{R}$ eine differenzierbare Funktion, die im Punkt $x_0 \in]a;b[$ zweimal differenzierbar ist. Falls gilt

$$f'(x_0) = 0 \ \wedge \ f''(x_0) < 0 \quad \text{bzw.} \quad f'(x_0) = 0 \ \wedge \ f''(x_0) > 0,$$

dann hat f in x_0 ein lokales Maximum (bzw. Minimum).

Bemerkung 8.6. Dieses Kriterium ist hinreichend, aber nicht notwendig. So hat die Funktion

$$f : \mathbb{R} \to \mathbb{R}, \ x \mapsto f(x) := x^4$$

im Punkt $(0|0)$ einen Tiefpunkt, jedoch gilt $f'(0) = 0$ und $f''(0) = 0$ (siehe Abb. 8.14).

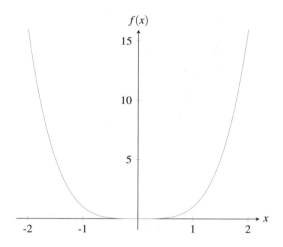

Abb. 8.14: Der Graph der Funktion $f : \mathbb{R} \to \mathbb{R}$, $x \mapsto f(x) := x^4$

Hinweis

Im Falle $f'(0) = 0$ und $f''(0) = 0$ ist es also keineswegs sicher, dass kein Extremum an der Stelle 0 vorliegt. Hierzu gibt es weitere hinreichende Kriterien, die Sie in der Oberstufe benutzt haben, z. B. das *Vorzeichenwechselkriterium*.

Satz 8.8 (Vorzeichenwechselkriterium). Sei $f :]a; b[\to \mathbb{R}$ eine differenzierbare Funktion und $x_0 \in]a; b[$. Falls gilt $f'(x_0) = 0$ und f' bei x_0 einen $(+/-)$-(bzw. $(-/+)$-) Vorzeichenwechsel hat, dann hat f in x_0 ein lokales Maximum (bzw. Minimum).

Dieses Kriterium greift bei der Funktion $f : \mathbb{R} \to \mathbb{R}$, $x \mapsto f(x) := x^4$, da die Ableitung bei 0 einen $(-/+)$-Vorzeichenwechsel vollführt: Mit $f'(x) = 4x^3$ gilt $f'(x) < 0$ für $x < 0$ und $f'(x) > 0$ für $x > 0$. Der Punkt $(0|0)$ ist somit ein Tiefpunkt des Graphen.

Beispiel 8.14. Wir betrachten die Funktion

$$f : \mathbb{R} \to \mathbb{R}, \ x \mapsto f(x) = \frac{1}{3}x^3 - \frac{5}{2}x^2 + 6x$$

(siehe Abb. 7.10). Wir berechnen zunächst die Ableitung

$$f'(x) = x^2 - 5x + 6$$

und ermitteln mit dem notwendigen Kriterium (siehe Satz 8.6) mögliche Extremstellen

$$x_0^2 - 5x_0 + 6 = 0 \quad \Leftrightarrow \quad x_0 = 2 \lor x_0 = 3.$$

Wir überprüfen das hinreichende Kriterium (siehe Satz 8.7) für $x_0 = 2$:

$$f''(x) = 2x - 5$$
$$f''(2) = -1 < 0.$$

Somit liegt bei $x_0 = 2$ ein lokales Maximum vor.

Für $x_0 = 3$ gilt:

$$f''(3) = 1 > 0.$$

Somit liegt bei $x_0 = 3$ ein lokales Minimum vor. ◀

Beispiel 8.15. Wir betrachten die Funktion

$$f : \mathbb{R} \to \mathbb{R}, \ x \mapsto f(x) := (x^2 - 1)e^x.$$

(siehe Abb. 8.15). Die Funktion erfüllt die Voraussetzungen der Sätze 8.6 und 8.7. Wir verwenden die beiden Sätze, um die Extrempunkte zu bestimmen.

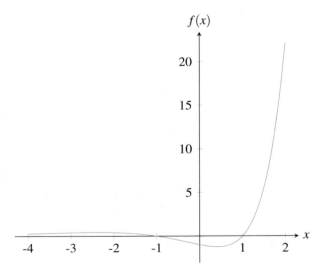

Abb. 8.15: Der Graph der Funktion $f : \mathbb{R} \to \mathbb{R}, \ x \mapsto f(x) := (x^2 - 1)e^x$

Wir berechnen zunächst die erste Ableitung mithilfe der Produktregel und fassen diese geeignet zusammen. Es ergibt sich

$$f'(x) = (x^2 + 2x - 1)e^x.$$

Überprüfung des notwendigen Kriteriums:

$$f'(x_0) = 0 \Leftrightarrow e^{x_0}(-1 + 2x_0 + x_0^2) = 0.$$

Da die e-Funktion keine Nullstelle hat, müssen wir die Lösungen der quadratischen Gleichung bestimmen:

$$(-1 + 2x_0 + x_0^2) = 0.$$

Anwendung der p-q-Formel ergibt die Lösungen

$$x_0 = -1 - \sqrt{2} \quad \text{bzw.} \quad x_0 = -1 + \sqrt{2}.$$

Dies sind die möglichen Extremstellen.

Überprüfung des hinreichenden Kriteriums:

Wir wissen bereits, dass $f'(-1 \pm \sqrt{2}) = 0$ gilt. Wir bestimmen die zweite Ableitung und erhalten wieder nach Zusammenfassen:

$$f''(x) = e^x(1 + 4x + x^2).$$

Wir berechnen $f''(-1 \pm \sqrt{2})$ und erhalten

$$f''(-1 + \sqrt{2}) = 2\sqrt{2}e^{-1+\sqrt{2}} > 0$$
$$f''(-1 - \sqrt{2}) = -2\sqrt{2}e^{-1-\sqrt{2}} < 0.$$

Somit liegt nach Satz 8.7 bei $-1 + \sqrt{2}$ ein lokales Minimum vor und bei $-1 - \sqrt{2}$ ein lokales Maximum (siehe Abb. 8.15). Durch Einsetzen in den Funktionsterm $f(x)$ erhalten wir die y-Koordinaten der gesuchten Punkte. Der Hochpunkt ist demnach

$$H\left(-1 - \sqrt{2} \,\middle|\, 2(1 + \sqrt{2})e^{-1-\sqrt{2}}\right)$$

und der Tiefpunkt

$$T\left(-1 + \sqrt{2} \,\middle|\, -2(-1 + \sqrt{2})e^{-1+\sqrt{2}}\right). \qquad \blacktriangleleft$$

Wir wollen noch ein weiteres Beispiel betrachten, in dem zusätzlich zur Variablen x noch zwei Parameter (a und b) auftauchen. In der Oberstufe haben Sie derartige *Funktionenscharen* kennengelernt.

Beispiel 8.16. Wir betrachten die Funktionenschar

$$f_{a,b} : \mathbb{R} \to \mathbb{R}, x \mapsto f_{a,b}(x) := axe^{-bx^2} \text{ mit } a, b \in \mathbb{R}_+^*.$$

Wir berechnen zunächst die erste Ableitung mithilfe der Produktregel und fassen die Terme geeignet zusammen. Es ergibt sich

$$f'_{a,b}(x) = e^{-bx^2}(a - 2abx^2).$$

Überprüfung des notwendigen Kriteriums:

$$f'_{a,b}(x_0) = e^{-bx_0^2}(a - 2abx_0^2) = 0.$$

Es ergeben sich als Nullstellen der Ableitung und somit als mögliche Extremstellen:

$$x_0 = \pm \frac{1}{\sqrt{2b}}.$$

Überprüfung des hinreichenden Kriteriums:

Wir wissen bereits, dass $f'_{a,b}\left(\pm \frac{1}{\sqrt{2b}}\right) = 0$ gilt. Wir bestimmen die zweite Ableitung und erhalten wieder nach Zusammenfassen:

$$f''_{a,b}(x) = 2abe^{-bx^2}x(-3 + 2bx^2).$$

Wir berechnen $f''\left(\pm \frac{1}{\sqrt{2b}}\right)$ und erhalten

$$f''_{a,b}\left(\frac{1}{\sqrt{2b}}\right) = -2a\sqrt{b}\sqrt{\frac{2}{e}} < 0$$

$$f''_{a,b}\left(-\frac{1}{\sqrt{2b}}\right) = 2a\sqrt{b}\sqrt{\frac{2}{e}} > 0$$

(da $a, b \in \mathbb{R}^*_+$ vorausgesetzt war). Somit liegen bei $x_0 = \pm \frac{1}{\sqrt{2b}}$ tatsächlich Extremstellen vor, nämlich bei $\frac{1}{\sqrt{2b}}$ ein Maximum und bei $-\frac{1}{\sqrt{2b}}$ ein Minimum. Durch Einsetzen in den Funktionsterm $f_{a,b}(x)$ erhalten wir die y-Koordinaten der gesuchten Punkte. Der Hochpunkt ist demnach

$$\mathrm{H}\left(\frac{1}{\sqrt{2b}}\,\middle|\,\frac{a}{\sqrt{b}\sqrt{2e}}\right)$$

und der Tiefpunkt

$$\mathrm{T}\left(-\frac{1}{\sqrt{2b}}\,\middle|\,-\frac{a}{\sqrt{b}\sqrt{2e}}\right).$$

Die Abb. 8.16 zeigt als Beispiel den Graphen zu $f_{1,1}$.   ◀

Wir führen einige Punkte einer so genannten *Kurvendiskussion* am Beispiel einer gebrochenrationalen Funktion durch.

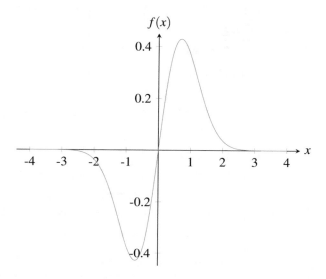

Abb. 8.16: Der Graph der Funktion $f_{1,1}$ mit $f_{1,1}(x) = x \cdot e^{-x^2}$

Beispiel 8.17. Gegeben sei die Funktion f mit

$$f(x) = \frac{2x^3 - 6x + 4}{x^2 + 2x - 3}.$$

1. Definitionsbereich:
   Die Nullstellen des Nenner müssen vom Definitionsbereich ausgeschlossen werden:

$$x^2 + 2x - 3 = 0$$
$$x_{1,2} = -1 \pm \sqrt{1+3} = -1 \pm 2$$
$$\mathbb{D}_{f_{max}} = \mathbb{R} \setminus \{-3; 1\}$$

2. Nullstellen:
   Die Nullstellen einer gebrochenrationalen Funktion entsprechen den Nullstellen des Zählers, die im Definitionsbereich liegen:

$$2x^3 - 6x + 4 = 0$$
$$x_1 = 1$$

$$\begin{array}{l}(\quad 2x^3 \qquad\quad -6x+4):(x-1)=2x^2+2x-4\\ \underline{-2x^3+2x^2}\\ \qquad\quad 2x^2-6x\\ \qquad\underline{-2x^2+2x}\\ \qquad\qquad\quad -4x+4\\ \qquad\qquad\quad\underline{4x-4}\\ \qquad\qquad\qquad\quad 0\end{array}$$

$$2x^2+2x-4=0$$

$$x^2+x-2=0$$

$$x_{2,3}=-\frac{1}{2}\pm\sqrt{\frac{1}{4}+2}=-\frac{1}{2}\pm\frac{3}{2}$$

$$x_2=1 \quad\wedge\quad x_3=-2.$$

Da $1\notin \mathbb{D}_{f_{\max}}$, ist nur -2 eine Nullstelle der Funktion.

3. Schnittpunkte mit der y-Achse:

$$f(0)=\frac{2\cdot 0^3-6\cdot 0+4}{0^2+2\cdot 0-3}=-\frac{4}{3}$$

Die y-Achse wird bei $S_y\left(0;-\frac{4}{3}\right)$

4. Untersuchung der Definitionslücken:

$$x=1:$$

$$g=\lim_{x\to 1}f(x)=\lim_{x\to 1}\frac{2x^3-6x+4}{x^2+2x-3}=\lim_{x\to 1}\frac{2(x-1)^2(x+2)}{(x-1)(x+3)}$$

$$=\lim_{x\to 1}\frac{2(x-1)(x+2)}{x+3}=0$$

Bei $x=1$ liegt eine hebbare Lücke vor.

$$x=-3:$$

$$g_l=\lim_{x\to -3^-}f(x)=\lim_{x\to -3^-}\frac{2(x-1)(x+2)}{x+3}=-\infty$$

$$g_r=\lim_{x\to -3^+}f(x)=\lim_{x\to -3^+}\frac{2(x-1)(x+2)}{x+3}=\infty$$

Bei $x=-3$ liegt eine Polstelle mit Vorzeichenwechsel vor.

5. Asymptote im Unendlichen:

$$
\begin{array}{l}
(\quad 2x^3 \qquad - 6x \ + 4) : (x^2 + 2x - 3) = 2x - 4 + \dfrac{8x - 8}{x^2 + 2x - 3} \\
\underline{-2x^3 - 4x^2 + 6x} \\
\qquad -4x^2 \qquad +4 \\
\qquad \underline{4x^2 + 8x - 12} \\
\qquad\qquad 8x \ -8
\end{array}
$$

Die Gerade $g(x) = 2x - 4$ ist die Asymptote im Unendlichen.

6. Extrempunkte:
Überprüfung des notwendigen Kriteriums:

Wir berechnen zunächst die erste Ableitung:

$$
\begin{aligned}
f'(x) &= \frac{(6x^2 - 6)(x^2 + 2x - 3) - (2x^3 - 6x + 4)(2x + 2)}{(x^2 + 2x - 3)^2} \\
&= \frac{6(x - 1)(x + 1)(x - 1)(x + 3) - 4(x - 1)^2(x + 3)(x + 1)}{(x - 1)^2(x + 3)^2} \\
&= \frac{6(x + 1)(x + 3) - 4(x + 2)(x + 1)}{(x + 3)^2} \\
&= \frac{6x^2 + 24x + 18 - 4x^2 - 12x - 8}{(x + 3)^2} \\
&= \frac{2(x^2 + 6x + 5)}{(x + 3)^2}
\end{aligned}
$$

Da ein Bruch genau dann Null ist, wenn der Zähler Null ist und der Nenner ungleich Null, suchen wir hier die Nullstellen des Zählers.

$$
\begin{aligned}
f'(x_0) &= 0 \\
x^2 + 6x + 5 &= 0 \\
x_{1,2} &= -3 \pm \sqrt{9 - 5} = -3 \pm 2 \\
x_1 = -5 \quad &\wedge \quad x_2 = -1
\end{aligned}
$$

Mögliche Extremstellen befinden sich bei $x_1 = -5$ und $x_2 = -1$.

Überprüfung des hinreichenden Kriteriums:

Wir berechnen zunächst die zweite Ableitung. Es ergibt sich nach einigen Vereinfachungsschritten

$$
f''(x) = \frac{2(2x + 6)(x + 3)^2 - 4(x^2 + 6x + 5)(x + 3)}{(x + 3)^4}
$$

$$= \frac{2(2x+6)(x+3) - 4(x^2+6x+5)}{(x+3)^3}$$

$$= \frac{4x^2 + 24x + 36 - 4x^2 - 24x - 20}{(x+3)^3}$$

$$= \frac{16}{(x+3)^3}$$

Wir berechnen die zweite Ableitung an den potentiellen Extremstellen und erhalten:

$$f''(-5) = -2 < 0$$
$$f''(-1) = 2 > 0.$$

Somit liegt bei $x_1 = -5$ ein lokaler Hochpunkt vor und bei $x_2 = -1$ ein lokaler Tiefpunkt (siehe Abb. 8.17).   ◄

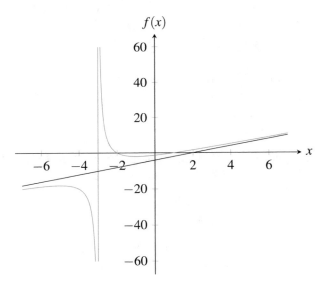

Abb. 8.17: Graph von f mit $f(x) = \frac{2x^3 - 6x + 4}{x^2 + 2x - 3}$ mit Asymptote im Unendlichen und Polasymptote

Wir wollen jetzt einige Sätze der klassischen Analysis veranschaulichen. Als Erstes betrachten wir den *Satz von Rolle* (Michel Rolle, 1652-1719, französischer Mathematiker).

> **Satz 8.9 (Satz von Rolle).** Sei $a < b$ und $f : [a;b] \to \mathbb{R}$ eine stetige Funktion
> mit $f(a) = f(b)$. Sei $f :]a;b[\to \mathbb{R}$ differenzierbar. Dann existiert ein $x_0 \in]a;b[$
> mit $f'(x_0) = 0$.

Das bedeutet insbesondere, dass zwischen zwei Nullstellen eine Nullstelle der Ableitung liegt, falls $f(a) = f(b) = 0$.

Wenn ein Funktionsgraph die x-Achse schneidet (siehe Abb. 8.18a) oder berührt (siehe Abb. 8.18b), so muss er im Falle der Stetigkeit einen Hochpunkt oder Tiefpunkt „erklimmen", um dann zur x-Achse „zurückkehren" zu können. Im Falle der Differenzierbarkeit der Funktion zwischen den Nullstellen ist in einem solchen Punkt die Ableitung nach Satz 8.6 gleich 0.

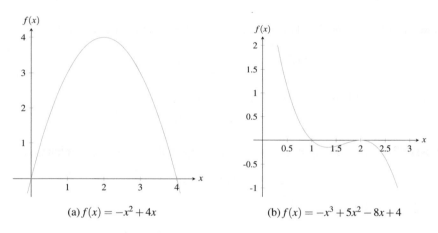

(a) $f(x) = -x^2 + 4x$ (b) $f(x) = -x^3 + 5x^2 - 8x + 4$

Abb. 8.18: Beispiele zum Satz von Rolle

Die Funktion f mit $f(x) = -x^2 + 4x$ in Abb. 8.18a hat die Nullstellen 0 und 4. Dazwischen muss eine Nullstelle der Ableitung liegen, hier bedingt durch den Hochpunkt $(2|4)$.

In Abb. 8.18b hat die Funktion die doppelte Nullstelle 2 und die einfache Nullstelle 1. Dazwischen liegt eine Nullstelle der Ableitung, hier bedingt durch den Tiefpunkt $\left(\frac{4}{3} \left| -\frac{4}{27}\right.\right)$.

Wir können den Satz von Rolle auch physikalisch deuten: Betrachten wir etwa ein Fahrzeug, das sich auf einer geraden Strecke bewegt. Bewegt es sich zum Zeitpunkt t_1 geradlinig gleichförmig nach rechts an uns vorbei und zum Zeitpunkt t_2 geradlinig gleichförmig nach links, so wissen wir, dass es sich nicht im gesamten Zeitintervall $[t_1;t_2]$ geradlinig gleichförmig bewegt haben kann: Es hat gedreht oder eine Wendeschleife durchfahren. Nach dem Satz von Rolle muss es zwischendurch irgendwo die Geschwindigkeitskomponente Null gehabt haben in Bezug auf die gerade Strecke, die wir beobachtet haben. Die anschauliche Tatsache, dass man auf einer geraden Strecke nicht zu einem Punkt zurückkehren kann, ohne zwischendurch anzuhalten, ist somit mathematisch im Satz von Rolle verankert.

Mithilfe des Satzes von Rolle lässt sich auch der *Mittelwertsatz der Differentialrechnung* beweisen (der sich somit als Korollar aus dem Satz von Rolle ergibt).

Satz 8.10 (Mittelwertsatz der Differentialrechnung). Sei $a < b$ und $f : [a;b] \to \mathbb{R}$ stetig und auf $]a;b[$ differenzierbar. Dann existiert ein $x_0 \in]a;b[$, sodass:

$$\frac{f(b) - f(a)}{b - a} = f'(x_0).$$

Beweis. Wir wenden den Satz von Rolle auf die Funktion F an mit

$$F(x) = f(x) - \frac{f(b) - f(a)}{b - a}(x - a).$$

F ist auf $[a;b]$ stetig, da f dort stetig ist. Es gilt:

$$F(a) = f(a) = F(b).$$

F ist differenzierbar auf $]a;b[$. Also ist der Satz von Rolle auf F anwendbar, d. h.

$$\exists x_0 \in]a;b[: F'(x_0) = 0.$$

Somit gilt

$$0 \underset{\text{Rolle}}{=} F'(x_0) = f'(x_0) - \frac{f(b) - f(a)}{b - a}$$

$$\Leftrightarrow f'(x_0) = \frac{f(b) - f(a)}{b - a}. \qquad \square$$

Anschaulich bedeutet der Mittelwertsatz, dass es unter den gegebenen Voraussetzungen zu jeder Sekante durch die Punkte $(a|f(a))$ und $(b|f(b))$ eine parallele Tangente gibt in einem Punkt des Graphen, der zwischen diesen beiden Punkten liegt (siehe Abb. 8.19).

Aus dem Mittelwertsatz folgen einige Aussagen, die anschaulich richtig sind, jedoch mit seiner Hilfe streng bewiesen werden können. Wir geben hierzu ein Beispiel.

Satz 8.11. Sei $f : [a;b] \to \mathbb{R}$ eine stetige und im Intervall $]a;b[$ differenzierbare Funktion mit $f'(x) = 0 \; \forall \, x \in]a;b[$. Dann ist f eine konstante Funktion.

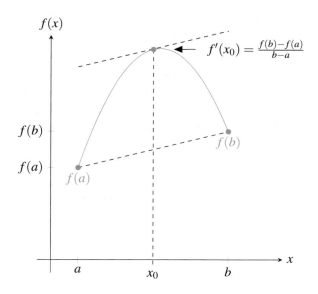

Abb. 8.19: Veranschaulichung des Mittelwertsatzes

Beweis. Seien $x_1 \in [a;b]$ und $x_2 \in [a;b]$ mit $x_1 \neq x_2$. Dann existiert nach dem Mittelwertsatz, dessen Voraussetzungen hier gegeben sind, eine Zahl $x_0 \in]x_1;x_2[$, sodass gilt:

$$f'(x_0) = \frac{f(x_2) - f(x_1)}{x_2 - x_1}.$$

Nach Voraussetzung folgt insbesondere $f'(x_0) = 0$ und damit $f(x_1) = f(x_2)$. Da x_1 und x_2 beliebig gewählt wurden, folgt die Behauptung. $\square$

Satz 8.12. Seien $f_{1,2} : [a,b] \to \mathbb{R}$ zwei stetige und im Intervall $]a;b[$ differenzierbare Funktionen mit $f'_1(x) = f'_2(x) \ \forall \ x \in]a;b[$. Dann existiert ein $c \in \mathbb{R}$ mit $f_1(x) = f_2(x) + c \ \forall \ x \in [a;b]$.

Denkanstoß

Führen Sie den Beweis dieses Satzes in Aufg. 8.13 als Übung durch!

Anschaulich ist Satz 8.11 klar. Wäre f nur abschnittsweise konstant auf einem Intervall, so ergäben sich Schwierigkeiten mit der Differenzierbarkeit. Ein Beispiel ist die *Heavisidesche Sprungfunktion* (Oliver Heaviside (1850-1925), englischer Mathematiker und Physiker) mit der Gleichung

$$f(x) = \begin{cases} 0 & \text{für } x \le 0 \\ 1 & \text{für } x > 0 \end{cases}$$

(siehe Abb. 8.20). Die Funktion ist auf der Menge $\mathbb{R} \setminus \{0\}$ differenzierbar, und die Ableitung ist dort überall 0. Bei 0 ist f jedoch unstetig und somit nach Satz 8.2 auch nicht differenzierbar.

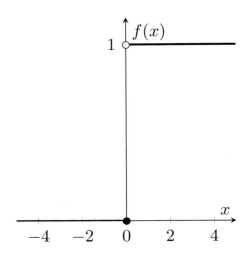

Abb. 8.20: Der Graph der Heaviside-Funktion

8.4 Berechnung spezieller Grenzwerte – Die de l'Hospital'schen Regeln

In diesem Abschnitt soll es um die Berechnung von Grenzwerten mithilfe der Differentialrechnung gehen. Wir werden hierzu die de *l'Hospital'schen Regeln* herleiten, benannt nach Guillaume F. A. de l'Hospital (1661-1704), der diese Regeln von dem bedeutenden Schweizer Mathematiker Johann Bernoulli (1667-1748) gekauft hat. De l'Hospital, der den jungen Bernoulli in die mathematischen Kreise Frankreichs eingeführt hatte, stellte diesen als seinen Privatlehrer ein, und Bernoulli hatte sich verpflichtet, gewisse mathematische Resultate an de l'Hospital zu verkaufen (siehe Sonar 2016).

Um dem Problem der Grenzwertberechnung näher zu kommen, betrachten wir ein erstes Beispiel.

Beispiel 8.18. Wir wollen folgenden Grenzwert berechnen:

$$\lim_{x \to 0} \frac{1 - \cos x}{\sin x}.$$

Zunächst verbietet sich das einfache Einsetzen von $x = 0$, weil dann der nicht definierte Ausdruck „$\frac{0}{0}$" entsteht (siehe Bem. 7.1). Um weiterzukommen, erweitern wir den Bruch in geeigneter Weise und erhalten:

$$\lim_{x \to 0} \frac{1 - \cos x}{\sin x} = \lim_{x \to 0} \frac{(1 - \cos x)(1 + \cos x)}{\sin x (1 + \cos x)}$$

$$= \lim_{x \to 0} \frac{1 - \cos^2 x}{\sin x (1 + \cos x)} = \lim_{x \to 0} \frac{\sin^2 x}{\sin x (1 + \cos x)}$$

$$= \lim_{x \to 0} \frac{\sin x}{1 + \cos x} = \frac{\lim\limits_{x \to 0} \sin x}{\lim\limits_{x \to 0} (1 + \cos x)} = \frac{0}{2} = 0.$$

Wir haben hier im ersten Schritt eine geeignete Erweiterung vorgenommen, die die Anwendung der 3. Binomischen Formel erlaubt. Im dritten Schritt wurde der trigonometrische Pythagoras

$$\cos^2(x) + \sin^2(x) = 1$$

verwendet (siehe Abschn. 3.2). ◄

Eine Alternative bei der Berechnung solcher Grenzwerte ist die folgende: Wir betrachten

$$\lim_{x \to a} \frac{f(x)}{g(x)}$$

unter der Voraussetzung, dass $f(a) = g(a) = 0$ gilt (dies ist in Bsp. 8.18 gegeben). Dann ist

$$\lim_{x \to a} \frac{f(x)}{g(x)} = \lim_{x \to a} \frac{\frac{f(x)}{x-a}}{\frac{g(x)}{x-a}} = \lim_{x \to a} \frac{\frac{f(x)-f(a)}{x-a}}{\frac{g(x)-g(a)}{x-a}}$$

$$\underset{\substack{\text{falls } f \text{ und } g \text{ in } a \\ \text{differenzierbar sind}}}{=} \frac{\lim\limits_{x \to a} \frac{f(x)-f(a)}{x-a}}{\lim\limits_{x \to a} \frac{g(x)-g(a)}{x-a}} = \frac{f'(a)}{g'(a)},$$

falls $g'(a) \neq 0$.

Im ersten Schritt wurde mit $\frac{1}{x-a}$ erweitert. Wegen $f(a) = g(a) = 0$ dürfen diese Werte im zweiten Schritt einfach ergänzt werden, sodass sowohl im Zähler als auch im Nenner die aus der Differentialrechnung bekannten üblichen Differenzenquotienten stehen. Wenn wir die Differenzierbarkeit von f und g im Punkt a voraussetzen, dürfen wir den Grenzwert des Quotienten als Quotienten der Grenzwerte schreiben und erhalten jeweils die Ableitung von f und g im Punkt a. Wir haben die erste de l'Hospital'sche Regel hergeleitet.

Satz 8.13 (1. de l'Hospital'sche Regel). f und g seien zwei in dem Punkt a differenzierbare Funktionen mit $f(a) = g(a) = 0$ und $g'(a) \neq 0$. Dann gilt:

$$\lim_{x \to a} \frac{f(x)}{g(x)} = \frac{f'(a)}{g'(a)}.$$

Beispiel 8.19.

$$\lim_{x \to 0} \frac{1 - \cos x}{\sin x} = \frac{f'(0)}{g'(0)} = \frac{\sin(0)}{\cos(0)} = \frac{0}{1}$$

Die Voraussetzungen des Satzes 8.13 sind gegeben, da gilt

$$f(0) = 0 = g(0) \text{ und } g'(x) = \cos x \Rightarrow g'(0) = 1 \neq 0. \qquad \blacktriangleleft$$

Beispiel 8.20.

$$\lim_{x \to \frac{\pi}{2}} \frac{\left(x - \frac{\pi}{2}\right) \sin x}{\cos x}$$

$$= \frac{f'\left(\frac{\pi}{2}\right)}{g'\left(\frac{\pi}{2}\right)}$$

$$= \frac{\sin\left(\frac{\pi}{2}\right) + \left(\frac{\pi}{2} - \frac{\pi}{2}\right)\cos\left(\frac{\pi}{2}\right)}{-\sin\frac{\pi}{2}}$$

$$= -1$$

Auch hier sind die Voraussetzungen des Satzes 8.13 gegeben. $\qquad \blacktriangleleft$

Ohne Beweis geben wir noch die zweite de l'Hospital'sche Regel an.

Satz 8.14 (2. de l'Hospital'sche Regel). Sei $\lim\limits_{x \to a} f(x) = 0$ und $\lim\limits_{x \to a} g(x) = 0$ oder $\lim\limits_{x \to a} f(x) = \pm\infty$ und $\lim\limits_{x \to a} g(x) = \pm\infty$, dann gilt

$$\lim_{x \to a} \frac{f(x)}{g(x)} = \lim_{x \to a} \frac{f'(x)}{g'(x)},$$

falls f, g differenzierbar und der zweite Grenzwert existiert.

> **Bemerkung 8.7.**
>
> (1) Die de l'Hospital'sche Regel gilt auch für Grenzübergänge vom Typ $x \to \infty$ oder $x \to -\infty$.
> (2) In manchen Fällen muss die Regel mehrfach angewendet werden.
> (3) Die Regel lässt sich nicht immer anwenden.

Beispiel 8.21.

(1) Wenn der Ausdruck wie in diesem Beispiel als Produkt vorliegt, muss er zunächst in einen Quotienten umgeformt werden. Erst danach kann die Grenzwertregel von de l'Hospital angewendet werden:

$$\lim_{x \to \infty} \left(x \sin \frac{1}{x} \right)$$
$$= \lim_{x \to \infty} \frac{\sin \frac{1}{x}}{\frac{1}{x}} = \lim_{x \to \infty} \frac{-\frac{1}{x^2} \cos \frac{1}{x}}{-\frac{1}{x^2}}$$
$$= \lim_{x \to \infty} \cos \frac{1}{x} = 1. \qquad \blacktriangleleft$$

(2) Der Grenzwert

$$\lim_{x \to \infty} \left(1 + \frac{1}{x} \right)^x$$

führt zunächst auf den unbestimmten Ausdruck „1^∞". Um die Grenzwertregel anwenden zu können, müssen wir zunächst einige Umformungen durchführen. Es gilt

$$\left(1 + \frac{1}{x} \right)^x = e^{\ln\left(\left(1 + \frac{1}{x} \right)^x \right)} = e^{x \ln\left(1 + \frac{1}{x} \right)}.$$

Wir betrachten nur den Exponenten und formen das Produkt wie in Beispiel (1) in einen Quotienten um und wenden die Grenzwertregel an:

$$\lim_{x \to \infty} \left(x \ln \left(1 + \frac{1}{x} \right) \right) = \lim_{x \to \infty} \frac{\ln \left(1 + \frac{1}{x} \right)}{\frac{1}{x}} = \lim_{x \to \infty} \frac{\frac{1}{1+\frac{1}{x}} \left(-\frac{1}{x^2} \right)}{-\frac{1}{x^2}}$$
$$= \lim_{x \to \infty} \frac{1}{1 + \frac{1}{x}} = 1.$$

Somit ergibt sich

$$\lim_{x \to \infty} \left(1 + \frac{1}{x} \right)^x = e^{\lim\limits_{x \to \infty} \left(x \ln \left(1 + \frac{1}{x} \right) \right)} = e^1 = e.$$

Dies ist die Darstellungsform der *Euler'schen Zahl* als Grenzwert, die wir bereits in Bsp. 6.6 kennengelernt haben.   ◄

8.5 Aufgaben

Aufgabe 8.1. Berechnen Sie die Ableitung folgender Funktionen im Punkt x_0 mithilfe der Def. 8.1: **(429 Lösung)**

   a) $f(x) = \cos x$ b) $f(x) = \frac{1}{x}$ c) $f(x) = \frac{1}{x^2}$

Aufgabe 8.2. Überprüfen Sie, ob die Funktion im angegebenen Punkt differenzierbar ist, und bestimmen Sie gegebenenfalls die Ableitung: **(430 Lösung)**

   a) $f(x) = \begin{cases} x^3 \sin \dfrac{1}{x} & \text{für } x \neq 0 \\ 0 & \text{für } x = 0 \end{cases} \quad x_0 = 0$

   b) $f(x) = \begin{cases} e^{x-1} & \text{für } x \leq 1 \\ x^2 & \text{für } x > 1 \end{cases} \quad x_0 = 1$ c) $f(x) = x|x| \quad x_0 = 0$

Aufgabe 8.3. Bestimmen Sie die Ableitungen der folgenden gebrochenrationalen Funktionen und vereinfachen Sie die Terme der Ableitungsfunktionen so weit wie möglich. Bestimmen Sie bei a) auch die zweite Ableitung und vereinfachen Sie das Ergebnis so weit wie möglich. **(431 Lösung)**

   a) $f(x) = \frac{3x+1}{x^2-1}$ b) $f(x) = \frac{ax^2+bx+c}{2x-1} \quad (a,b,c \in \mathbb{R})$
   c) $f(x) = \frac{\cos(x)}{(x^2+1)^2}$

Aufgabe 8.4. Berechnen Sie die Ableitung im Punkt x mithilfe der Ableitungsregeln, insbesondere der Kettenregel: **(431 Lösung)**

   a) $f(x) = x^{\tan x}$ b) $f(x) = \ln(x^4 + 1)$ c) $f(x) = (x+1)e^{x^2}$
   d) $f(x) = a^{a^x} \quad (a > 0)$ e) $f(x) = (\sin x)^{\ln(\cos x)}$

Tipp für a), d) und e) siehe Bsp. 8.11 (4).

Aufgabe 8.5. Beweisen Sie mithilfe der Def. 8.1 der Ableitung und der Grenzwertsätze 7.1 die Summenregel und Quotientenregel (siehe Satz 8.3 (2) und (4)). **(432 Lösung)**

Aufgabe 8.6. Berechnen Sie mithilfe der Ableitungsregel für die Umkehrfunktion die ersten Ableitungen: **(433 Lösung)**

   a) $f(x) = \arccos(x)$ b) $f(x) = \arctan(x)$
   c) $f(x) = \sqrt[n]{x} \quad n \in \mathbb{N}, n \geq 2$

Aufgabe 8.7. In der Physik sind die ersten und zweiten Ableitungen einer Weg-Zeit-Funktion die Geschwindigkeits-Zeit-Funktion und die Beschleunigungs-Zeit-Funktion. Berechnen Sie diese für die folgenden Fälle: **(433 Lösung)**

a) $s(t) = \frac{1}{2}at^2 + v_0t + s_0$ b) $x(t) = X_0 \sin(\omega t + \varphi)$

c) $y(t) = \frac{m}{\rho}\left(v_0 + \frac{mg}{\rho}\right)\left(1 - e^{-\frac{\rho}{m}t}\right) - \frac{mg}{\rho}t$

Für die physikalisch Versierten: Interpretieren Sie diese Gleichungen. Welche physikalischen Vorgänge werden durch sie beschrieben?

Aufgabe 8.8. In der Wellenlehre tauchen sowohl räumliche als auch zeitliche Ableitungen auf und somit auch Funktionen mit zwei Variablen x und t. Ableitungen nach der Zeit werden in der Regel mit einem Punkt bezeichnet. So ist $\dot{s}(t) = \frac{d}{dt}s(t)$ und $s'(x) = \frac{d}{dx}s(x)$.

Berechnen Sie die erste und zweite Ableitung nach x bzw. t bei den Funktionen z

$$(x,t) = Z_0 \cos(\omega t - kx)$$

und

$$\hat{z}(x,t) = Z_0 \sin(\omega t - kx).$$

Zeigen Sie, dass die beiden Funktionen die Gleichung

$$\ddot{z}(x,t) = c^2 z''(x,t)$$

erfüllen (dabei ist $c = \frac{\omega}{k}$ die so genannte Phasengeschwindigkeit der Welle). Betrachten Sie bei der Ableitung nach x die Zeit t als Parameter und umgekehrt. Die Graphen solcher Funktionen sind in Abb. 8.21 dargestellt. **(434 Lösung)**

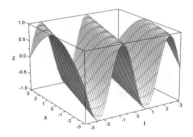 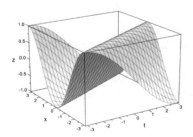

Abb. 8.21: Graphen von Funktionen mit zwei Variablen

Aufgabe 8.9. Untersuchen Sie das Monotonieverhalten der Funktionen **(434 Lösung)**

a) $f : \mathbb{R}_+^* \to \mathbb{R}$, $x \mapsto \ln(x)$ b) $f : \mathbb{R} \to \mathbb{R}$, $x \mapsto x^2 + x + 7$

c) $f : \mathbb{R} \to \mathbb{R}$, $x \mapsto x^3 + 3x + 5$ d) $f : \mathbb{R} \to \mathbb{R}$, $x \mapsto x^2 e^{x+4}$

Aufgabe 8.10. Bestimmen Sie die Extrema der Funktionen f mit **(434 Lösung)**

a) $f(x) = x^3 e^x$ b) $f(x) = x^3 \ln x$ c) $f(x) = (1 - x)e^{-2x+1}$

Aufgabe 8.11. Bestimmen Sie die lokalen Extrema der Funktion f mit

$$f(x) = x^3 + ax^2 + bx + c$$

in Abhängigkeit von den drei Parametern $a, b, c \in \mathbb{R}$. **(436 Lösung)**

Aufgabe 8.12. Untersuchen Sie die folgenden gebrochenrationalen Funktionen hinsichtlich maximalem Definitionsbereich, Schnittpunkte mit den Achsen, Extremstellen, Singularitäten und Asymptoten. Aufgabenteil b) ist mithilfe eines graphischen Taschenrechners (GTR) oder eines Computeralgebrasystems (CAS) zu lösen. **(437 Lösung)**

a) $f(x) = \frac{3x^3 + x}{x^2 - 1}$ b) $f(x) = \frac{x^4 + x - 1}{x^2 - x}$

Aufgabe 8.13. Beweisen Sie mithilfe des Satzes 8.11 und des Mittelwertsatzes 8.10 den Satz 8.12. **(440 Lösung)**

Aufgabe 8.14. Berechnen Sie die Grenzwerte mithilfe der Regeln von de l'Hospital: **(441 Lösung)**

a) $\lim\limits_{x \to 0} \frac{x \sin x}{x^2 - \sin x}$ b) $\lim\limits_{x \to 0} \frac{x^2 - \sin x}{x^2 + \sin x}$ c) $\lim\limits_{x \to -2} \frac{x^2 - x - 6}{2x + 4}$

d) $\lim\limits_{x \to -1} \frac{x^3 - x^2 + 3x + 5}{x + 1}$ e) $\lim\limits_{x \to 0} \frac{e^x - 1}{3x}$ f) $\lim\limits_{x \to \infty} \left(-x \sin^2 \left(\frac{1}{x} \right) \right)$

g) $\lim\limits_{x \to \infty} \frac{\log_b x}{x^a}$ $(a, b > 0)$ h) $\lim\limits_{x \to 0} (2x)^x$

Aufgabe 8.15. Manchmal ist eine Mehrfachanwendung der Regeln von de l'Hospital notwendig. Berechnen Sie unter Berücksichtigung dieser Tatsache die folgenden Grenzwerte: **(441 Lösung)**

a) $\lim\limits_{x \to -1} \frac{x^3 + 3x^2 + 3x + 1}{x^2 + 2x + 1}$ b) $\lim\limits_{x \to 0} \frac{\cos x - 1}{x^2}$

Aufgabe 8.16. Beweisen Sie die Ihnen bekannte Tatsache, dass „die e-Funktion schneller wächst als jede Potenz", mithilfe der Regeln von de l'Hospital. Etwas mathematischer formuliert: **(441 Lösung)**

Beweisen Sie:

$$\lim\limits_{x \to \infty} \frac{x^n}{e^x} = 0 \ \forall \, n \in \mathbb{N}.$$

Kapitel 9

Integralrechnung

9.1 Einführung

In der Oberstufe haben Sie sich mit der *Integralrechnung* beschäftigt. Sie haben vermutlich verschiedene Zugänge zu ihr kennengelernt. Ein klassischer Zugang funktioniert über die Flächenberechnung krummlinig berandeter Flächen mittels Ober- und Untersummen, deren gemeinsamer Grenzwert als bestimmtes Integral bezeichnet wird. Ein anderes Verfahren führt über die Rekonstruktion von Größen, z. B. lässt sich aus der Geschwindigkeits-Zeit-Funktion eines Bewegungsvorgangs die gefahrene Strecke rekonstruieren.

Wir wollen in diesem Kapitel zunächst die Grundbegriffe der Integralrechnung wiederholen, ohne dabei zu sehr ins Detail zu gehen. Der Hauptaspekt soll hier mehr im Rechnerischen liegen, da in der Schule die sehr schwierigen Integrale mitsamt zugehöriger Integrationsmethoden in der Regel etwas stiefmütterlich behandelt werden. Die Kenntnis dieser Integrationsmethoden ist jedoch von fundamentaler Bedeutung in den Natur- und Ingenieurwissenschaften.

Wir beginnen zunächst mit der unbestimmten Integration.

Definition 9.1. Sei $I \subset \mathbb{R}$ ein offenes Intervall, $F : I \to \mathbb{R}$ eine auf I differenzierbare Funktion und $f : I \to \mathbb{R}$ eine Funktion mit $F' = f$. Dann heißt

- F eine *Stammfunktion* von f,
- die Menge aller Stammfunktionen einer gegebenen Funktion, geschrieben $\int f$, ausführlich geschrieben $\int f(x)dx$, *unbestimmtes Integral*,
- der Prozess des Findens einer Stammfunktion *unbestimmte Integration*,
- f *Integrand* oder *Integrandenfunktion*.

© Springer-Verlag GmbH Deutschland, ein Teil von Springer Nature 2023
S. Proß und T. Imkamp, *Brückenkurs Mathematik für den Studieneinstieg*,
https://doi.org/10.1007/978-3-662-68303-3_10

Zwei Stammfunktionen einer gegebenen Funktion unterscheiden sich nur durch eine additive Konstante, wie der folgende Satz zeigt.

Satz 9.1. Sei $F : I \to \mathbb{R}$ eine Stammfunktion von $f : I \to \mathbb{R}$. Eine Funktion $G : I \to \mathbb{R}$ ist genau dann eine Stammfunktion von f, wenn gilt

$$F - G = const.$$

Beweis. Wir zeigen zunächst, dass aus der Konstanz von $F - G$ folgt, dass G eine Stammfunktion von f ist.

Sei also $F - G := c$ mit $c \in \mathbb{R}$. Dann gilt $G = F - c$, mithin $G' = (F - c)' = F' = f$.

Zur Umkehrung:

Sei $G : I \to \mathbb{R}$ eine Stammfunktion von f. Dann gilt $G' = f = F'$ und daher $F' - G' = (F - G)' = 0$. Nach Satz 8.11 folgt daraus $F - G = const.$

Es gilt somit $\int f(x)dx = F(x) + C$.   □

Beispiel 9.1.

(1) $\displaystyle\int x^2 dx = \frac{1}{3}x^3 + C$

(2) $\displaystyle\int e^x dx = e^x + C$

(3) $\displaystyle\int \frac{1}{x}dx = \ln|x| + C$ ◀

Die Bestimmung einer Stammfunktion macht also den Prozess der Ableitung einer Funktion (bis auf eine mehrdeutige additive Konstante) rückgängig. Dies ist der Inhalt des *Hauptsatzes (oder Fundamentalsatzes) der Differential- und Integralrechnung*, den wir hier zunächst in einer einprägsamen Form formulieren.

Satz 9.2 (Hauptsatz der Differential- und Integralrechnung, Basisversion). Das Integrieren ist die Umkehrung des Differenzierens.

An dieser Stelle müssen wir jedoch etwas präziser werden. Es ist keineswegs klar, dass man zu beliebigen Funktionen Stammfunktionen angeben kann oder dass solche überhaupt existieren. Wir müssen deshalb unter anderem Kriterien finden, die die Integrierbarkeit einer Funktion gewährleisten.

Wir erinnern uns an die Oberstufe: Der hier übliche Weg der Einführung in die Integralrechnung führt über die Berechnung krummlinig berandeter Flächen. Ein beliebtes Beispiel als Einstiegsaufgabe ist es, den Flächeninhalt zu bestimmen, den eine Parabel (die als Graph einer so genannten *Randfunktion* verstanden wird) mit der x-Achse und einer Parallelen zur y-Achse einschließen (siehe Abb. 9.1). Üblicherweise wird der Flächeninhalt mithilfe von Ober- und Untersummen berechnet, deren gemeinsamer Grenzwert als Flächeninhalt definiert und mit

$$\int_0^b x^2 dx$$

bezeichnet wird (gelesen: Integral von 0 bis b über x Quadrat dx). Man nennt diesen Ausdruck ein *bestimmtes Integral*.

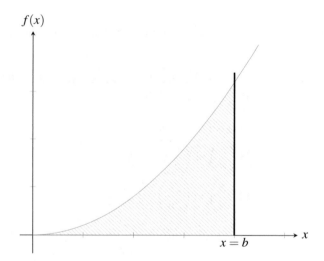

Abb. 9.1: Bestimmtes Integral der Funktion f mit $f(x) = x^2$

Wir wollen das Verfahren hier an dem erwähnten Beispiel noch einmal ausführlich darstellen.

Wir zerlegen dazu das Intervall $[0; b]$ auf der x-Achse in n gleich lange Teilintervalle, sodass jedes dieser Intervalle die Länge $\frac{b}{n}$ hat, und betrachten die einbeschriebene Treppenfigur in Abb. 9.2a und die umbeschriebene Treppenfigur in Abb. 9.2b.

Dabei befindet sich die einbeschriebene Treppenfigur ganz innerhalb der gesuchten Fläche, die umbeschriebene Treppenfigur umfasst die gesuchte Fläche. Je größer wir n werden lassen, desto genauer approximieren die ein- und umbeschriebenen Rechtecke die wahre Fläche unter der Parabel über dem Intervall $[0; b]$. Die Idee ist, den Grenzwert der Rechteckflächensumme in beiden Fällen für $n \to \infty$ zu bestimmen. Stimmen diese Grenzwerte überein, so gibt dieser Wert die gesuchte Fläche an.

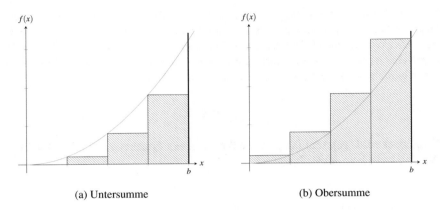

Abb. 9.2: Darstellung der Ober- und Untersumme am Beispiel $n = 4$

Um die Flächeninhalte zu bestimmen, benötigen wir zunächst die Funktionswerte an den Zerlegungsstellen $0, \frac{b}{n}, \frac{2b}{n}, \ldots; \frac{(n-1)b}{n}; b$:

$$f(0) = 0^2 = 0$$

$$f\left(\frac{b}{n}\right) = \left(\frac{b}{n}\right)^2 = \frac{b^2}{n^2}$$

$$f\left(2\frac{b}{n}\right) = \left(2\frac{b}{n}\right)^2 = 2^2\frac{b^2}{n^2}$$

$$\vdots$$

$$f\left((n-1)\frac{b}{n}\right) = \left((n-1)\frac{b}{n}\right)^2 = (n-1)^2\frac{b^2}{n^2}$$

$$f(b) = b^2 = n^2\frac{b^2}{n^2}.$$

Jetzt sind wir in der Lage, die Gesamtfläche der einbeschriebenen Rechtecke mit der Breite $\frac{b}{n}$ und der Höhe $f\left(\frac{ib}{n}\right) = \frac{i^2b^2}{n^2}$ zu berechnen. Wir nennen dies die *Untersumme* s_n:

$$s_n = \frac{b}{n}\frac{b^2}{n^2} \cdot 0^2 + \frac{b}{n}\frac{b^2}{n^2} \cdot 1^2 + \frac{b}{n}\frac{b^2}{n^2} \cdot 2^2 + \frac{b}{n}\frac{b^2}{n^2} \cdot 3^2 + \cdots + \frac{b}{n}\frac{b^2}{n^2} \cdot (n-1)^2$$

$$= \frac{b^3}{n^3} \cdot (0^2 + 1^2 + 2^2 + 3^2 + \cdots + (n-1)^2) = \frac{b^3}{n^3}\sum_{i=0}^{n-1} i^2.$$

Im Bsp. 1.2 haben wir eine Formel für die Quadratsumme gefunden und diese mithilfe vollständiger Induktion bewiesen. Es gilt

$$\sum_{i=0}^{n-1} i^2 = 0^2 + 1^2 + 2^2 + 3^2 + \cdots + (n-1)^2 = \frac{(n-1)n(2n-1)}{6}.$$

Beachten Sie, dass wir hier von 0 bis $n-1$ summiert und die Formel aus Bsp. 1.2 entsprechend angepasst haben, da wir die einbeschriebenen Rechtecke betrachten.

Wir erhalten somit für die Untersumme die Formel:

$$s_n = \frac{b^3}{n^3} \frac{(n-1)n(2n-1)}{6} = \frac{b^3}{6} \left(\frac{n-1}{n}\right) \frac{n}{n} \left(\frac{2n-1}{n}\right) = \frac{b^3}{6} \left(1 - \frac{1}{n}\right) \left(2 - \frac{1}{n}\right).$$

Analog berechnen wir die Gesamtfläche der umbeschriebenen Rechtecke, die *Obersumme* S_n:

$$S_n = \frac{b}{n} \frac{b^2}{n^2} \cdot 1^2 + \frac{b}{n} \frac{b^2}{n^2} \cdot 2^2 + \frac{b}{n} \frac{b^2}{n^2} \cdot 3^2 + \cdots + \frac{b}{n} \frac{b^2}{n^2} \cdot n^2$$

$$= \frac{b^3}{n^3} \cdot (1^2 + 2^2 + 3^2 + \cdots + n^2) = \frac{b^3}{n^3} \sum_{i=1}^{n} i^2.$$

Wiederum nach der Formel aus Bsp. 1.2 erhalten wir:

$$S_n = \frac{b^3}{n^3} \frac{n(n+1)(2n+1)}{6} = \frac{b^3}{6} \frac{n}{n} \left(\frac{n+1}{n}\right) \left(\frac{2n+1}{n}\right) = \frac{b^3}{6} \left(1 + \frac{1}{n}\right) \left(2 + \frac{1}{n}\right).$$

Für den gesuchten Flächeninhalt A gilt offensichtlich

$$s_n \leq A \leq S_n.$$

Wir berechnen die Grenzwerte von Ober- und Untersumme und erhalten:

$$\lim_{n \to \infty} s_n = \lim_{n \to \infty} \frac{b^3}{6} \left(1 - \frac{1}{n}\right) \left(2 - \frac{1}{n}\right) = \frac{b^3}{6} \cdot 2 = \frac{1}{3} b^3$$

und

$$\lim_{n \to \infty} S_n = \lim_{n \to \infty} \frac{b^3}{6} \left(1 + \frac{1}{n}\right) \left(2 + \frac{1}{n}\right) = \frac{b^3}{6} \cdot 2 = \frac{1}{3} b^3.$$

Die beiden Grenzwerte stimmen überein. Somit gilt für unseren gesuchten Flächeninhalt

$$\lim_{n \to \infty} s_n = \lim_{n \to \infty} S_n = \frac{1}{3} b^3 = A.$$

Wir bezeichnen diesen Flächeninhalt mit dem Symbol

$$\int_0^b x^2 \, dx,$$

gelesen: „Integral von 0 bis b über x Quadrat dx". Dieses Ihnen hoffentlich noch bekannte Ergebnis schreiben wir also:

$$\int_0^b x^2 dx = \frac{1}{3}b^3.$$

Auf ähnliche Weise lassen sich andere Randfunktionen f untersuchen, und wir können die Flächenberechnung verallgemeinern auf das Intervall $[a;b]$. Wir deuten das Verfahren hier nur an, da das Verfahren über die Flächenberechnung zwar eine gute Einführung, im Detail aber sehr umständlich ist und nicht dem Weg entspricht, über den Sie im Studium Integrale berechnen werden.

Wir reflektieren dazu noch einmal unser eben angewendetes Verfahren:

Wir haben zunächst das Intervall $[0;b]$ in n gleich lange Teilstücke zerlegt. Wir können im Allgemeinen das Intervall $[a;b]$ mithilfe von $n+1$ beliebig gewählten verschiedenen Punkten $a = x_0 < x_1 < x_2 < \cdots < x_{n-1} < x_n = b$ in n Teilintervalle $[x_0;x_1], [x_1,x_2], \dots, [x_{n-1};x_n]$ zerlegen und die obige Rechnung entsprechend durchführen. Dabei beschränken wir uns zunächst auf stetige Funktionen, denn diese sind nach Satz 7.4 auf den betrachteten abgeschlossenen Intervallen beschränkt und besitzen ein Maximum und ein Minimum. Diese Werte müssen nicht am linken oder rechten Rand des jeweiligen Teilintervalls liegen, wie das im obigen Beispiel der Fall war, weil die betrachtete Funktion streng monoton war (siehe Abb. 9.3).

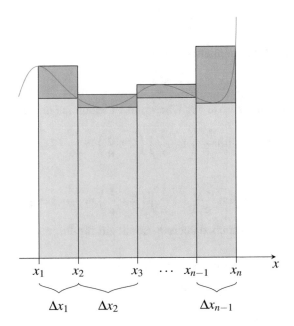

Abb. 9.3: Ober- und Untersumme einer nicht strengen monotonen Randfunktion

Wir bezeichnen das jeweilige Maximum der Funktion f auf dem Intervall $[x_{i-1};x_i]$ mit M_i und das Minimum mit m_i, die Intervalllänge $x_i - x_{i-1}$ mit Δx_i (gelesen Delta x_i, der griechische Buchstabe Delta bezeichnet in der Mathematik Differenzen). Somit erhalten wir für die Obersumme den Wert

$$S_n = \sum_{i=1}^{n} M_i \Delta x_i$$

und für die Untersumme den Wert

$$s_n = \sum_{i=1}^{n} m_i \Delta x_i.$$

Für einen beliebigen Punkt $c_i \in [x_{i-1}; x_i]$ gilt dann wegen $m_i \leq f(c_i) \leq M_i$ die Ungleichung

$$s_n \leq \sum_{i=1}^{n} f(c_i) \Delta x_i \leq S_n.$$

Die Summe in der Mitte nennt man auch *Riemann'sche Summe*. Bilden wir jetzt den Grenzwert für $n \to \infty$, so wird unsere Intervallzerlegung immer feiner, die Differenz $c_i - x_i$ strebt gegen 0, und wir erhalten schließlich im Falle $\lim_{n \to \infty} s_n = \lim_{n \to \infty} S_n$ wie oben unser Ergebnis. Es gilt die folgende Definition.

Definition 9.2. Der Grenzwert

$$\lim_{n \to \infty} \sum_{i=1}^{n} f(x_i) \Delta x_i$$

heißt, falls er existiert (also im Falle $\lim_{n \to \infty} s_n = \lim_{n \to \infty} S_n$), das *bestimmte Integral* von a bis b über f und wird durch das Symbol

$$\int_a^b f(x) dx$$

dargestellt. Dann heißt

- die Funktion f über dem Intervall $[a; b]$ *integrierbar*,
- a die *untere Integrationsgrenze*,
- b die *obere Integrationsgrenze*,
- x die *Integrationsvariable*, und
- die Funktion f *Integrand*.

Hinweis

Sie erkennen an dieser Definition die Herkunft des Symbols „∫". Es ist ein langgezogenes „S" für „Summe" und geht auf Gottfried Wilhelm Leibniz (1646-1716) zurück, dem wir die Begründung der Analysis verdanken.

Bemerkung 9.1. Die hier beschriebene Art der Integration wird im Studium auch *Riemann-Integration* genannt und das sich ergebende Integral *Riemann-Integral*.

Wendet man das eben beschriebene Verfahren auf die im Beispiel verwendete Randfunktion $f : \mathbb{R} \to \mathbb{R}, x \mapsto x^2$ an, so ergibt sich:

$$\int_a^b x^2 dx = \frac{1}{3}b^3 - \frac{1}{3}a^3$$

(siehe Abb. 9.4).

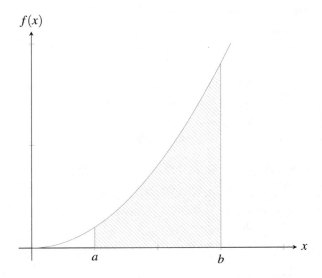

Abb. 9.4: Bestimmtes Integral der Funktion f mit $f(x) := x^2$

Bemerkung 9.2. Im oben durchgerechneten Beispiel stimmen Integral und Flächeninhalt überein, da der Graph der Funktion vollständig oberhalb der x-Achse verläuft. Dies ist jedoch nicht immer gegeben. Betrachten wir Abb. 9.5: Hier gilt

$$\int_a^c f(x)dx = A_1,$$

aber

$$\int_b^c f(x)dx = -A_2$$

(dass das letzte Integral einen negativen Wert hat, wird Ihnen klar, wenn Sie bedenken, dass die ein- und umbeschriebenen Rechtecke unterhalb der x-Achse liegen und die Funktionswerte an den Zerlegungsstellen somit negativ sind). Insgesamt gilt:

$$\int_a^b f(x)dx = |A_1| + |A_2| = A_1 - A_2.$$

Somit stimmt ein Integral nur dann mit dem Flächeninhalt überein, wenn die gesamte Fläche oberhalb der x-Achse liegt. Es ist dennoch auch möglich, dass der Wert eines Integrals negativ oder Null ist. Will man die Fläche zwischen x-Achse und Funktionsgraph berechnen, muss man die Nullstellen der Funktion berechnen und abschnittsweise die Beträge der Integrale berechnen (siehe Abb. 9.5).

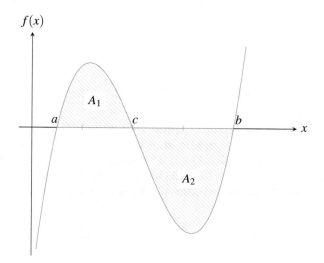

Abb. 9.5: Flächeninhalt zwischen x-Achse und Funktionsgraph

Bemerkung 9.3. Wir haben oben bei der Beschreibung des allgemeinen Integrationsverfahrens von der Stetigkeit der Randfunktion f Gebrauch gemacht. Es gilt allgemein: Ist $f : [a;b] \to \mathbb{R}$ stetig, dann ist f über $[a;b]$ integrierbar.

Somit haben wir bereits eine bedeutende Klasse integrierbarer Funktionen erkannt, und die meisten Fälle, denen Sie in Zukunft begegnen werden, sind dadurch schon abgedeckt!

Ein wichtiger Zusammenhang zwischen dem hier definierten bestimmten Integral und dem weiter oben eingeführten unbestimmten Integral als Menge aller Stammfunktionen einer gegebenen Funktion wird deutlich durch den folgenden Satz.

Satz 9.3 (Hauptsatz der Differential- und Integralrechnung).
Sei $f : I \to \mathbb{R}$ stetig und $a \in I$. Für $x \in I$ definieren wir

$$F(x) := \int_a^x f(t)dt.$$

Dann ist $F : I \to \mathbb{R}$ differenzierbar, und es gilt

$$F' = f.$$

Beweis. Wir bestimmen die Ableitung von F mithilfe des Differenzenquotienten

$$\frac{F(x+h) - F(x)}{h}.$$

Es gilt

$$\frac{F(x+h) - F(x)}{h} = \frac{\int_a^{x+h} f(t)dt - \int_a^x f(t)dt}{h}.$$

Wir können an dieser Stelle jedoch keinen vollständigen Beweis führen, sondern müssen ein wenig auf die Anschauung zurückgreifen und die oben eingeführte Interpretation des Integrals als Flächeninhalt hinzuziehen. In Abb. 9.6 sehen Sie, dass durch die Differenz der beiden Integrale im Zähler das Integral $\int_x^{x+h} f(t)dt$ dargestellt wird, also die dort dargestellte dunkle Fläche über dem Intervall $[x;x+h]$.

Somit gilt

$$\frac{\int_a^{x+h} f(t)dt - \int_a^x f(t)dt}{h} = \frac{\int_x^{x+h} f(t)dt}{h}.$$

An dieser Stelle benötigen wir wieder die Anschauung (siehe Abb. 9.7). Es existiert demnach wegen der vorausgesetzten Stetigkeit von f eine (von h abhängige) Stelle c_h im Inneren des Intervalls $[x;x+h]$, sodass für die Fläche $\int_x^{x+h} f(t)dt$ gilt

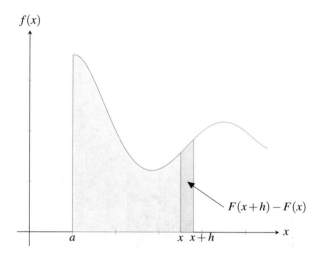

Abb. 9.6: Flächeninhalt zwischen der x-Achse und dem Funktionsgraphen

$$\int_x^{x+h} f(t)dt = f(c_h) \cdot h.$$

Es gibt also zu der in Abb. 9.6 betrachteten dunklen Fläche über dem Intervall $[x; x+h]$ eine gleich große Rechteckfläche mit der gleichen unteren Seitenlänge. Ein strenger Beweis dieser Tatsache würde hier zu weit führen. Somit folgt also beim Grenzübergang $h \to 0$:

$$\lim_{h \to 0} \frac{\int_x^{x+h} f(t)dt}{h} = \lim_{h \to 0} \frac{f(c_h) \cdot h}{h} = \lim_{h \to 0} f(c_h) = f(x).$$

Im letzten Schritt haben wir ausgenutzt, dass c_h für kleiner werdende h gegen x strebt, da die Länge der Rechteckgrundseite für $h \to 0$ gegen 0 strebt.

Somit gilt $F' = f$. □

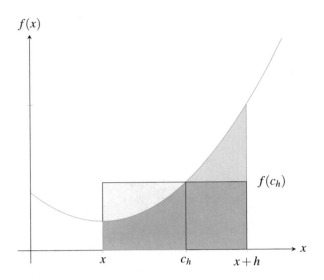

Abb. 9.7: An einer Stelle c_h im Intervall $[x; x+h]$ stimmt die Rechteckfläche $f(c_h) \cdot h$ mit dem Integral $\int_x^{x+h} f(t)dt$ überein.

Bemerkung 9.4. Die in Satz 9.3 definierte Funktion

$$x \mapsto \int_a^x f(t)dt$$

heißt auch *Integralfunktion* über f mit der unteren Grenze a. Der Satz besagt, dass die Integralfunktion eine Stammfunktion der Randfunktion ist. Beachten Sie, dass wir als Integrationsvariable t statt x gewählt haben. Das liegt daran, dass x als variable obere Integrationsgrenze nicht identisch mit der Integrationsvariablen sein darf.

Mithilfe von Satz 9.3 können wir nun die so genannte *Integralformel* als eine Variante des Hauptsatzes der Differential- und Integralrechnung beweisen. Diese haben Sie in der Oberstufe immer benutzt, wenn Sie Integrale berechnet haben, und auch in Ihrem Studium werden Sie Integrale mit ihrer Hilfe berechnen.

Satz 9.4 (Hauptsatz der Differential- und Integralrechnung, Integral-formel). Sei $f : I \to \mathbb{R}$ eine stetige Funktion. F sei eine Stammfunktion von f. Dann gilt für $a, b \in I$

$$\int_a^b f(x)dx = F(b) - F(a).$$

Beweis. Für $x \in I$ betrachten wir die Integralfunktion G mit

$$G(x) = \int_a^x f(t)dt.$$

Nach Satz 9.3 gilt $G' = f$. Es ist offensichtlich

$$G(a) = \int_a^a f(t)dt = 0,$$

da keine Fläche aufgespannt wird, wenn obere und untere Grenze zusammenfallen, und

$$G(b) = \int_a^b f(t)dt = \int_a^b f(x)dx$$

(hier können wir eine beliebige Integrationsvariable wählen, da die Integrations-grenzen konstant sind). Nach Satz 9.1 gilt für eine beliebige Stammfunktion F von f die Gleichung $F - G = c$ mit einer reellen Konstante c. Somit folgt:

$$F(b) - F(a) = (G(b) + c) - (G(a) + c)$$
$$= G(b) - \underbrace{G(a)}_{=0} = G(b) = \int_a^b f(x)dx. \qquad \square$$

Bemerkung 9.5. Man schreibt bei der Berechnung üblicherweise einen Zwischenschritt hin, bei dem die Stammfunktion sichtbar wird:

$$\int_a^b f(x)dx = \Big[F(x)\Big]_a^b = F(b) - F(a).$$

Im Satz wird übrigens keineswegs $a < b$ vorausgesetzt!

Hinweis

Wir verwenden in diesem Buch die Schreibweise $\left[F(x)\right]_a^b$. Eine häufige Schreibweise in der Analysis-Literatur ist auch die folgende mit einem geraden Strich: $F(x)\Big|_a^b$.

Beispiel 9.2. Es gilt für Potenzfunktionen mit natürlichen Exponenten

$$\int_a^b x^n dx = \left[\frac{1}{n+1}x^{n+1}\right]_a^b = \frac{1}{n+1}\left(b^{n+1} - a^{n+1}\right) \qquad \forall\, n \in \mathbb{N}. \qquad \blacktriangleleft$$

Für das Rechnen mit bestimmten Integralen gibt es Regeln, die man sich mithilfe der Interpretation als Flächenberechnung veranschaulichen kann und die wir im folgenden Satz zusammenfassen.

Satz 9.5. Seien $f, g : [a,b] \to \mathbb{R}$ integrierbare Funktionen und $c \in \mathbb{R}$. Dann gilt

(1) Faktorregel

$$\int_a^b c \cdot f(x)dx = c\int_a^b f(x)dx$$

(2) Summenregel/Differenzregel

$$\int_a^b (f(x) \pm g(x))dx = \int_a^b f(x)dx \pm \int_a^b g(x)dx$$

(3) Regel über die Intervalladditivität

$$\int_s^t f(x)dx + \int_t^r f(x)dx = \int_s^r f(x)dx \;\; \forall\, s,t,r \in [a;b]$$

(4) Vertauschungsregel

$$\int_a^b f(x)dx = -\int_b^a f(x)dx$$

(5) Es gilt

$$\int_s^s f(x)dx = 0 \;\; \forall\, s \in [a;b]$$

(6) Ist $f \le g$ so gilt

$$\int_a^b f(x)dx \le \int_a^b g(x)dx$$

Beweis. Die Regeln (1) bis (5) beweist man durch Verwendung des Hauptsatzes 9.4.
Wir zeigen (1):

$$\int_a^b c \cdot f(x)dx = \int_a^b (c \cdot f)(x)dx = \Big[(c \cdot F)(x)\Big]_a^b = c \cdot F(b) - c \cdot F(a)$$

$$= c \cdot (F(b) - F(a)) = c \int_a^b f(x)dx \qquad \qquad \square$$

Denkanstoß

Führen Sie analog die zugehörigen Beweise für (2) bis (5) selbstständig
durch!

Regel (6) ist etwas schwieriger zu beweisen. Dies soll hier nicht durchgeführt werden.

Bemerkung 9.6. Regel (3) wurde bereits im anschaulichen Beweis
zum Hauptsatz der Differential- und Integralrechnung verwendet (siehe
Satz 9.3). Nun sollen Sie den Hauptsatz der Differential- und Integralrechnung nutzen, um Regel (3) zu beweisen. Das ist in der Mathematik ein Zirkelschluss. Sie werden aber in der Analysisveranstaltung Ihres
Studiums sehen, dass man diesen Zirkelschluss auflösen kann, da man
die Regel (3) auch unabhängig vom Hauptsatz mithilfe der Theorie der
Riemann'schen Summen beweisen kann. Im Rahmen dieses Vorkursbuches
würde das zu weit führen.

In den folgenden Beispielen wenden wir diese Regeln konsequent an, um kompli-
zierte Integrale auf einfache Grundintegrale zurückzuführen.

Denkanstoß

Machen Sie sich in den folgenden Beispielen klar, welche Regeln aus
Satz 9.5 wir verwendet haben!

Beispiel 9.3.

(1)

$$\int_1^3 (2x^3 - 4x^2)dx = 2\int_1^3 x^3 dx - 4\int_1^3 x^2 dx = 2 \cdot \frac{1}{4}\Big[x^4\Big]_1^3 - 4 \cdot \frac{1}{3}\Big[x^3\Big]_1^3$$

$$= 2 \cdot \left(\frac{1}{4} \cdot 3^4 - \frac{1}{4} \cdot 1^4\right) - 4 \cdot \left(\frac{1}{3} \cdot 3^3 - \frac{1}{3} \cdot 1^3\right) = \frac{16}{3}$$

(2)

$$\int_0^1 (2e^x + 1)dx = 2\int_0^1 e^x dx + \int_0^1 1dx = 2\left[e^x\right]_0^1 + \left[x\right]_0^1$$
$$= 2(e - 1) + (1 - 0) = 2e - 1$$

(3)

$$\int_0^{2\pi} 5\cos(x)dx = 5\int_0^{2\pi} \cos(x)dx = 5\left[\sin(x)\right]_0^{2\pi}$$
$$= 5(\sin(2\pi) - \sin(0)) = 0 \qquad\blacktriangleleft$$

9.2 Integrationsverfahren

Bisher haben wir nur Beispiele betrachtet, bei denen man relativ einfach eine Stammfunktion des Integranden finden und somit das Integral leicht berechnen kann. Dies funktioniert z. B. bei ganzrationalen Funktionen, bei der e-Funktion und bei trigonometrischen Funktionen, weil wir hier durch „Rückwärtsanwenden" der Ableitungsregeln leicht eine Stammfunktion erraten können. Dies funktioniert jedoch nicht mehr bei komplizierteren Integrandenfunktionen. In diesem Abschnitt wollen wir daher drei wichtige Verfahren der Integration kennenlernen, die es uns erlauben, auch komplizierter aussehende Integrale anzugehen, nämlich die so genannte *partielle Integration* (auch *Produktintegration* genannt), die *Substitution* und die *Partialbruchzerlegung*.

9.2.1 Partielle Integration

Bei der partiellen Integration geht es darum, die Produktregel der Differentialrechnung (siehe Satz 8.3 (3)) so geschickt in die Integralrechnung zu übertragen, dass man ein unbekanntes Integral auf ein bekanntes Integral zurückführen kann. Wir erinnern uns: Die Produktregel besagt, dass im Falle zweier differenzierbarer Funktionen g und h im Punkt x_0 auch die Funktion $f = gh$ in x_0 differenzierbar ist mit

$$f'(x_0) = g'(x_0) \cdot h(x_0) + g(x_0) \cdot h'(x_0).$$

Für die Ableitungsfunktion f' gilt also

$$f'(x) = g'(x) \cdot h(x) + g(x) \cdot h'(x).$$

Wir lösen nach einem der Terme auf der rechten Seite auf und integrieren unbestimmt und erhalten

$$(g(x)h(x))' = g'(x)h(x) + h'(x)g(x)$$

$$\int (g(x)h(x))'dx = \int \left(g'(x)h(x) + h'(x)g(x) \right) dx$$

$$g(x)h(x) = \int g'(x)h(x)dx + \int h'(x)g(x)dx$$

$$\int g'(x)h(x)dx = g(x)h(x) - \int h'(x)g(x)dx.$$

Die letzte Zeile enthält bereits die Formel für die partielle Integration. Wir setzen hierbei die Existenz der betroffenen Integrale voraus.

Für bestimmte Integrale formulieren wir den folgenden Satz.

Satz 9.6. Seien $g, h : [a;b] \to \mathbb{R}$ zwei stetig differenzierbare Funktionen. Dann gilt:

$$\int_a^b g'(x)h(x)dx = \left[h(x)g(x) \right]_a^b - \int_a^b g(x)h'(x)dx.$$

Bemerkung 9.7. Eine Funktion ist *stetig differenzierbar*, wenn sie differenzierbar und ihre Ableitungsfunktion stetig ist.

Zum Beweis übertrage man die Produktregel auf den Fall bestimmter Integrale analog der obigen Beschreibung.

Die Kunst bei der partiellen Integration ist es, die Funktionen g' und h geschickt auszuwählen, sonst führt der Prozess unter Umständen ins Leere. Wir führen ein Beispiel für bestimmte und ein Beispiel für unbestimmte Integrale durch.

Beispiel 9.4.

(1) Wir wollen das Integral

$$\int_1^2 xe^x dx$$

berechnen. Wir wählen $h(x) = x$ und $g'(x) = e^x$ und erhalten damit $h'(x) = 1$ und $g(x) = e^x$. Es ergibt sich

$$\int_1^2 xe^x dx = \left[h(x)g(x) \right]_a^b - \int_a^b g(x)h'(x)dx$$

$$= \left[xe^x \right]_1^2 - \int_1^2 e^x dx$$

$$= \left[xe^x \right]_1^2 - \left[e^x \right]_1^2$$

$$= 2e^2 - e - e^2 + e = e^2.$$

Eine additive Konstante ist hier wegen der bestimmten Integration irrelevant.

Probieren wir es andersherum, also $g'(x) = x$ und $h(x) = e^x$ mit $g(x) = \frac{1}{2}x^2$ und $h'(x) = e^x$:

$$\int_1^2 xe^x dx = \Big[h(x)g(x)\Big]_a^b - \int_a^b g(x)h'(x)dx$$

$$= \Big[\frac{1}{2}x^2 e^x\Big]_1^2 - \int_1^2 \frac{1}{2}x^2 e^x dx.$$

Wir stellen fest, dass wir dann nicht zum Ziel kommen: Das Integral wird komplizierter anstatt einfacher!

(2) Wir betrachten nun das unbestimmte Integral

$$\int \ln x dx.$$

Der Integrand ist hier auf den ersten Blick nur schwer als Produkt zu sehen. Betrachten wir jedoch $\ln x$ als $1 \cdot \ln x$, so können wir $h(x) = \ln x$ und $g'(x) = 1$ wählen. Somit ist $h'(x) = \frac{1}{x}$ und $g(x) = x$.

Wir erhalten

$$\int 1 \cdot \ln x dx = x \ln x - \int x \cdot \frac{1}{x} dx = x \ln x - x + C.$$

Wegen der unbestimmten Integration müssen wir eine additive Konstante berücksichtigen.

(3) Auch das Integral

$$\int \sin x \cos x dx$$

können wir mit der partiellen Integration lösen. Wir wählen $h(x) = \cos x$ und $g'(x) = \sin x$. Dann ist $h'(x) = -\sin x$ und $g(x) = -\cos x$ und es gilt

$$\int \sin x \cos x dx = -\cos x \cdot \cos x - \int -\cos x \cdot (-\sin x)dx$$

$$= -\cos^2 x - \int \sin x \cdot \cos x dx.$$

Nun können wir das Integral $\int \sin x \cos x dx$ auf beiden Seiten der Gleichung addieren und erhalten

$$2\int \sin x \cos x dx = -\cos^2 x + C$$

$$\int \sin x \cos x dx = \frac{-\cos^2 x + C}{2}. \qquad \blacktriangleleft$$

Denkanstoß

Wählen Sie in Bsp. 9.4 (3) $h(x) = \sin x$ und $g'(x) = \cos x$ und führen Sie die partielle Integration durch. Zeigen Sie anschließend mithilfe des trigonometrischen Pythagoras, dass sich die auf diese Weise berechnete Stammfunktion von der in Bsp. 9.4 (3) nur in einer additiven Konstante unterscheidet (siehe Satz 9.1).

9.2.2 Substitutionsregel

Das zweite wichtige Verfahren der Integration ist die Integration durch *Substitution*. Hier wird die Kettenregel der Differentialrechnung in die Integralrechnung übertragen (siehe Satz 8.4). Wir formulieren dieses Verfahren als Satz.

Satz 9.7. Sei $f : I \to \mathbb{R}$ eine stetige Funktion und $\varphi : [a;b] \to \mathbb{R}$ eine stetig differenzierbare Funktion, sodass $\varphi([a;b]) \subset I$. Dann gilt

$$\int_a^b f(\varphi(x))\varphi'(x)dx = \int_{\varphi(a)}^{\varphi(b)} f(z)dz.$$

Beweis. Sei $F : I \to \mathbb{R}$ eine Stammfunktion von f, die wegen der Stetigkeit von f existiert. Dann gilt nach der Kettenregel

$$(F \circ \varphi)'(x) = F'(\varphi(x))\varphi'(x) = f(\varphi(x))\varphi'(x)$$

und somit

$$\begin{aligned}
\int_a^b f(\varphi(x))\,\varphi'(x)dx &= \int_a^b (F \circ \varphi)'(x)dx \\
&= \left[(F \circ \varphi)(x) \right]_a^b \\
&= F(\varphi(b)) - F(\varphi(a)) \\
&= \int_{\varphi(a)}^{\varphi(b)} f(z)dz
\end{aligned}$$

$\square$

Beispiel 9.5.

(1)

$$\int_0^1 xe^{x^2}\,dx = \frac{1}{2}\int_0^1 \underbrace{2x}_{\varphi'(x)}\,\underbrace{e^{x^2}}_{f(\varphi(x))}\,dx$$

$$= \frac{1}{2}\int_{\varphi(a)}^{\varphi(b)} e^z\,dz = \frac{1}{2}\int_0^1 e^z\,dz$$

$$= \frac{1}{2}\left[e^z\right]_0^1 = \frac{1}{2}(e-1)$$

$$\boxed{\begin{array}{l} \varphi(x)=x^2 \Rightarrow \varphi'(x)=2x \\ f(z)=e^z \\ \quad a=0,\ b=1 \\ \varphi(a)=0,\ \varphi(b)=1 \end{array}}$$

(2)

$$\int_0^{\frac{\pi}{2}} \cos x\, e^{\sin x}\,dx = \int_0^1 e^z\,dz$$

$$= \left[e^z\right]_0^1 = e-1$$

$$\boxed{\begin{array}{l} \varphi(x)=\sin x \Rightarrow \varphi'(x)=\cos(x) \\ f(z)=e^z \\ \quad a=0,\ b=\dfrac{\pi}{2} \\ \varphi(a)=0,\ \varphi(b)=1 \end{array}}$$

◀

Hinweis

Bei der bestimmten Integration kann man entweder, wie in den beiden Bei-spielen oben gezeigt, die Grenzen mit substituieren oder eine Resubstitution durchführen und anschließend die ursprünglichen Grenzen einsetzen. Bei der unbestimmten Integration muss immer resubstituiert werden.

Beispiel 9.6.

(1) Unbestimmte Integration:

$$\int 3\cos x \sin x\,dx = 3\int \sin z\,dz = -3\cos z + C$$

$$= -3\cos(\sin x) + C$$

$$\boxed{\begin{array}{l} z=\sin x \\ \dfrac{dz}{dx}=\cos x \\ dx=\dfrac{dz}{\cos x} \end{array}}$$

(2) Bestimmte Integration mit Resubstitution:

$$\int_0^1 xe^{2x^2}dx = \frac{1}{4}\int_{z(0)}^{z(1)} e^z dz = \frac{1}{4}\left[e^z\right]_{z(0)}^{z(1)} \qquad \boxed{\begin{aligned} z &= 2x^2 \\ \frac{dz}{dx} &= 4x \\ dx &= \frac{dz}{4x} \end{aligned}}$$

$$= \frac{1}{4}\left[e^{2x^2}\right]_0^1 = \frac{1}{4}\left(e^2 - 1\right) \qquad \blacktriangleleft$$

Ein Spezialfall der Substitution ist die so genannte *logarithmische Integration*:

$$\int \frac{f'(x)}{f(x)}dx = \int \frac{dz}{z} = \int \frac{1}{z}dz \qquad \boxed{\begin{aligned} z &= f(x) \\ \frac{dz}{dx} &= f'(x) \Leftrightarrow dz = f'(x)dx \end{aligned}}$$

$$= \ln|z| + C$$

$$= \ln|f(x)| + C$$

Die Betragsstriche beim Logarithmus sind deshalb notwendig, um den Fall $z < 0$ mit einzuschließen. Für $z = f(x) > 0$ ist

$$(\ln(f(x)))' = f'(x) \cdot \frac{1}{f(x)} = \frac{f'(x)}{f(x)}.$$

Im Fall $z = f(x) < 0$ ist

$$(\ln(-f(x)))' = -f'(x) \cdot \frac{1}{-f(x)} = \frac{f'(x)}{f(x)}.$$

Die beiden Gleichungen zusammen zeigen, dass die Funktion

$$x \mapsto \ln|f(x)|$$

eine Stammfunktion der Funktion

$$x \mapsto \frac{f'(x)}{f(x)}$$

ist.

Man kann sich mithilfe der Formel für die logarithmische Integration durch genaues Hinsehen eine umständliche Rechnung ersparen, wie das folgende Beispiel zeigt.

Beispiel 9.7.

(1) Gegeben sei das unbestimmte Integral

$$\int \frac{\cos x}{\sin x}dx.$$

Es gilt $f(x) = \sin(x)$ und $f'(x) = \cos x$. Der Term im Zähler ist die Ableitung des Terms im Nenner. Wir können das Integral mittels logarithmischer Integration berechnen:

$$\int \frac{\cos x}{\sin x}\,dx = \ln|\sin x| + C.$$

(2) Wir wollen das unbestimmte Integral

$$\int \frac{x}{2x^2 + 7}\,dx$$

berechnen. Wie Sie unschwer erkennen, ist das Zählerpolynom bis auf den Faktor 4 gleich der Ableitung des Nennerpolynoms. Somit können wir das Integral mithilfe der Formel für die logarithmische Integration einfach berechnen, indem wir geeignet erweitern:

$$\int \frac{x}{2x^2 + 7}\,dx = \frac{1}{4}\int \frac{4x}{2x^2 + 7}\,dx = \frac{1}{4}\ln(2x^2 + 7) + C$$

mit einer beliebigen Konstante $C \in \mathbb{R}$. Die Betragsstriche beim Logarithmus können hier entfallen, da $2x^2 + 7 > 0$ gilt für alle reellen Zahlen x. ◄

Die Substitutionsregel kann auch in anderer Richtung verwendet werden. Wir wollen sie in diesem Falle „*Substitutionsregel reverse*" nennen. Wir gehen von der Substitutionsregel aus Satz 9.7 aus und formen um:

$$\int_a^b f(\varphi(x))\varphi'(x)\,dx = \int_{\varphi(a)}^{\varphi(b)} f(z)\,dz \qquad \boxed{\begin{aligned} z = \varphi(x) &\Rightarrow \frac{dz}{dx} = \varphi'(x) \\ x = g(z) &\Rightarrow \frac{dx}{dz} = g'(z) \\ &\Leftrightarrow dx = g'(z)\,dz \end{aligned}}$$

$$\int_a^b f(x)\,dx = \int_{g^{-1}(a)}^{g^{-1}(b)} f(g(z))g'(z)\,dz$$

Beispiel 9.8.

(1)

$$\int_2^4 (2x-1)^2\,dx \qquad\qquad \boxed{\begin{aligned} z = 2x-1 &\Leftrightarrow x = \frac{1}{2}(z+1) \\ \frac{dx}{dz} = \frac{1}{2} &\Leftrightarrow dx = \frac{1}{2}dz \\ z(2) = 2\cdot 2 - 1 &= 3, \\ z(4) = 2\cdot 4 - 1 &= 7 \end{aligned}}$$

$$= \int_{z(2)}^{z(4)} \left(2\cdot\frac{1}{2}(z+1) - 1\right)^2 \frac{1}{2}\,dz$$

$$= \frac{1}{2}\int_3^7 z^2\,dz = \frac{1}{2}\cdot\frac{1}{3}\left[z^3\right]_3^7 = \frac{158}{3}$$

(2)

$$\int_0^{\frac{\pi}{2}} \sin(2x)\,dx$$

$$= \int_{z(0)}^{z\left(\frac{\pi}{2}\right)} \sin\left(2 \cdot \frac{1}{2}z\right) \frac{1}{2}dz$$

$$= \frac{1}{2}\int_0^\pi \sin z\,dz = -\frac{1}{2}\Big[\cos z\Big]_0^\pi = 1$$

$$\boxed{\begin{aligned} z &= 2x \Leftrightarrow x = \frac{1}{2}z \\ \frac{dx}{dz} &= \frac{1}{2} \Leftrightarrow dx = \frac{1}{2}dz \\ z(0) &= 2\cdot 0 = 0 \\ z\left(\frac{\pi}{2}\right) &= 2\cdot\frac{\pi}{2} = \pi \end{aligned}}$$

Während man bei diesen Beispielen wegen der einfachen inneren Ableitung auch noch die erste Variante der Substitutionsregel hätte anwenden können, funktioniert dies beim nächsten Beispiel nicht mehr.

(3) Wir betrachten noch ein Beispiel mit unbestimmter Integration, bei dem zusätzlich partielle Integration verwendet wird:

$$\int e^{\sqrt{x}}dx = \int e^{\sqrt{z^2}}2z\,dz$$

$$= 2\int \underbrace{e^z}_{u'(z)}\,\underbrace{z}_{v(z)}\,dz$$

$$= 2\left(ze^z - \int e^z dz\right) = 2(ze^z - e^z) + C$$

$$= 2(z-1)e^z + C = 2(\sqrt{x}-1)e^{\sqrt{x}} + C$$

$$\boxed{\begin{aligned} z &= \sqrt{x} \\ x &= z^2 \\ \frac{dx}{dz} &= 2z \Leftrightarrow dx = 2z\,dz \\ u'(z) &= e^z,\ v(z) = z \\ u(z) &= e^z,\ v'(z) = 1 \end{aligned}}$$ ◂

Beispiel 9.9. Das Verfahren der Substitution ist ebenfalls hilfreich bei der Berechnung von Flächen, deren Berechnungsformeln Sie vermutlich während der Mittelstufe Ihrer Schullaufbahn nur präsentiert bekommen haben, ohne dass sie formal hergeleitet wurden. Ein Beispiel ist die berühmte Formel für den Flächeninhalt eines Kreises

$$A = \pi \cdot r^2.$$

Wir werden jetzt die Berechnung der dazu nötigen Integrale behandeln. Um das Prinzip zu verdeutlichen, betrachten wir zunächst den Einheitskreis. Wir erinnern uns an die Einheitskreisformel

$$x^2 + y^2 = 1$$

und stellen diese nach y um: Es ergibt sich

$$y = \pm\sqrt{1 - x^2}.$$

Betrachtet man nur den Zweig

$$y = \sqrt{1 - x^2},$$

so ist dies die funktionale Beschreibung des Einheitshalbkreises (siehe Abb. 9.8).

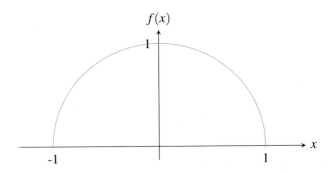

Abb. 9.8: Der Einheitshalbkreis

Um die Fläche des Halbkreises zu berechnen, müssen wir also das Integral

$$\int_{-1}^{1} \sqrt{1-x^2}\,dx$$

auswerten, für die Fläche eines Viertelkreises das Integral

$$\int_{0}^{1} \sqrt{1-x^2}\,dx.$$

Wir führen zuerst eine unbestimmte Integration aus und bestimmen das Integral

$$\int \sqrt{1-x^2}\,dx.$$

Wir benötigen hierbei aus Abschn. 3.2 den Satz des Pythagoras am Einheitskreis, also die Tatsache, dass

$$\sin^2 z + \cos^2 z = 1 \quad \forall z \in \mathbb{R}.$$

Wir substituieren (Substitutionsregel reverse):

$$\boxed{\begin{aligned} & x = \sin z \Leftrightarrow z = \sin^{-1} x = \arcsin x \\ & \frac{dx}{dz} = \cos z \Leftrightarrow dx = \cos z\,dz \end{aligned}}$$

und erhalten

$$\int \sqrt{1-x^2}\,dx = \int \sqrt{1-\sin^2 z} \cdot \cos z\,dz$$

$$= \int \sqrt{\cos^2 z} \cdot \cos z \, dz$$

$$= \int \cos^2 z \, dz = \int \cos z \cos z \, dz.$$

Partielle Integration ergibt

$$\int \cos z \cos z \, dz = \sin z \cdot \cos z - \int \sin z (-\sin z) dz$$

$$= \sin z \cdot \cos z + \int \sin^2 z \, dz.$$

Also:

$$\int \cos^2 z dz = \sin z \cdot \cos z + \int \sin^2 z \, dz$$

$$= \sin z \cdot \cos z + \int (1 - \cos^2 z) dz$$

$$= \sin z \cdot \cos z + z - \int \cos^2 z \, dz$$

$$2 \int \cos^2 z \, dz = \sin z \cdot \cos z + z$$

$$\int \cos^2 z \, dz = \frac{\sin z \cdot \cos z + z}{2}$$

$$= \frac{\sin z \sqrt{1 - \sin^2 z} + z}{2}$$

$$\int \sqrt{1 - x^2} dx = \frac{x\sqrt{1 - x^2} + \arcsin x}{2} + C.$$

Somit ergibt sich als Flächeninhalt für den Einheitskreis

$$A = 4 \int_0^1 \sqrt{1 - x^2} dx$$

$$= 4 \left[\frac{x\sqrt{1 - x^2} + \arcsin x}{2} \right]_0^1$$

$$= 4 \frac{\frac{\pi}{2}}{2} = \pi.$$

Wir können mit diesem Verfahren die Berechnung des Flächeninhalts eines Viertel-kreises mit dem Radius r allgemein durchführen, anstatt nur den Einheitskreis zu behandeln.

Die Funktionsgleichung für die Randfunktion erhalten wir analog wie oben aus der Kreisgleichung

$$x^2 + f(x)^2 = r^2.$$

Sie lautet demnach

$$f(x) = \sqrt{r^2 - x^2}$$

(siehe z. B. den Viertelkreis mit Radius 2 in Abb. 9.9).

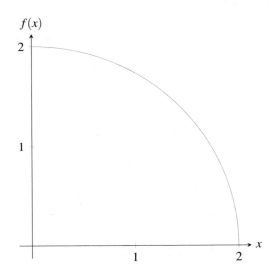

Abb. 9.9: Der Viertelkreis mit Radius 2

Wir erhalten mit (Substitutionsregel reverse)

$$\boxed{\begin{aligned} x &= r \sin z \\ \frac{dx}{dz} &= r \cos z \Leftrightarrow dx = r \cos z \, dz \end{aligned}}$$

$$\begin{aligned} \int_0^r \sqrt{r^2 - x^2} dx &= \int_0^{\frac{\pi}{2}} \sqrt{r^2 - r^2 \sin^2 z} \; r \cos z \, dz \\ &= \int_0^{\frac{\pi}{2}} r^2 \cos^2 z \, dz = r^2 \int_0^{\frac{\pi}{2}} \cos^2 z \, dz \\ &= r^2 \left[\frac{\sin z \cos z + z}{2} \right]_0^{\frac{\pi}{2}} = r^2 \left(\frac{\pi}{4} - 0 \right) = \frac{1}{4} \pi r^2. \end{aligned}$$

Somit beträgt der Flächeninhalt des Vollkreises das Vierfache dieses Wertes, also

$$A = \pi r^2.$$ ◄

Beispiel 9.10. Wir betrachten das unbestimmte Integral

$$\int \frac{1}{\sqrt{x^2-1}}dx$$

für $|x| \geq 1$. Für die Berechnung dieses Integrals benötigen wir die in Aufg. 1.7 b) für alle reellen Zahlen x bewiesene Gleichung

$$\cosh^2 x - \sinh^2 x = 1.$$

Substitutionsregel reverse:

$$\int \frac{1}{\sqrt{x^2-1}}dx = \int \frac{1}{\sqrt{\cosh^2 z - 1}}\sinh z\, dz$$
$$= \int \frac{1}{\sinh z}\sinh z\, dz = \int 1 dz$$
$$= z + C = \operatorname{arcosh} x + C$$
$$= \ln(x + \sqrt{x^2-1}) + C$$

$$\boxed{\begin{array}{l} \cosh^2 x - \sinh^2 x = 1 \; \forall\, x \in \mathbb{R} \\ x = \cosh z \Rightarrow z = \operatorname{arcosh} x \\ \dfrac{dx}{dz} = \sinh z \Leftrightarrow dx = \sinh z dz \end{array}}$$

(siehe Aufg. 9.6 für den letzten Schritt). Allgemein sind die *Areafunktionen* arsinh, arcosh und artanh die Umkehrfunktionen der Hyperbelfunktionen sinh, cosh und tanh. ◄

9.2.3 Partialbruchzerlegung

Eine wichtige Methode zur Berechnung von Integralen rationaler Funktionen ist die so genannte *Partialbruchzerlegung*. Wir werden uns diese Methode anhand eines Beispiels erarbeiten.

Beispiel 9.11. Wir wollen das unbestimmte Integral

$$\int \frac{3x+2}{x^2-x-2}dx$$

berechnen. Zuerst zerlegen wir das Nennerpolynom in Linearfaktoren, indem wir dessen Nullstellen bestimmen (siehe Abschn. 4.1):

$$x^2 - x - 2 = 0$$
$$x = \frac{1}{2} \pm \sqrt{\frac{1}{4} + 2}$$
$$x = -1 \vee x = 2.$$

Somit schreibt sich das Integral

$$\int \frac{3x+2}{(x+1)(x-2)}\,dx.$$

Partialbruchzerlegung bedeutet, dass wir den Integranden als Summe zweier Bruchterme (den so genannten *Partialbrüchen* oder auch *Teilbrüchen*) schreiben, deren Nenner jeweils einer der Linearfaktoren ist und deren Zähler Konstanten sind:

$$\frac{3x+2}{(x+1)(x-2)} = \frac{A}{x+1} + \frac{B}{x-2}.$$

Wir wollen also das gesuchte Integral vereinfachen, indem wir den Integranden als Summe von einfach zu integrierenden Funktionen schreiben. Dazu müssen wir jetzt die Konstanten A und B mittels eines Koeffizientenvergleichs bestimmen. Um die Koeffizienten vergleichen zu können, müssen wir zunächst die beiden Teilbrüche auf einen gemeinsamen Nenner bringen:

$$\frac{A}{x+1} + \frac{B}{x-2} = \frac{A(x-2)+B(x+1)}{(x+1)(x-2)}.$$

Nun können wir die Koeffizienten des Zählers vergleichen, da die Nenner übereinstimmen:

$$\frac{3x+2}{(x+1)(x-2)} = \frac{A(x-2)+B(x+1)}{(x+1)(x-2)}.$$

Es ergibt sich die folgende Gleichung

$$3x+2 = A(x-2) + B(x+1)$$

Wir setzen die Nennernullstellen ein und erhalten

$$x = 2: \qquad 8 = 3B \quad \Leftrightarrow \quad B = \frac{8}{3}$$

$$x = -1: \quad -1 = -3A \quad \Leftrightarrow \quad A = \frac{1}{3}.$$

Somit ergibt sich

$$\frac{3x+2}{(x+1)(x-2)} = \frac{1}{3(x+1)} + \frac{8}{3(x-2)}$$

und damit können wir das Integral wie folgt lösen

$$\int \frac{3x+2}{x^2-x-2}\,dx = \int \frac{3x+2}{(x+1)(x-2)}\,dx$$

$$= \int \left(\frac{1}{3(x+1)} + \frac{8}{3(x-2)} \right) dx$$

$$= \frac{1}{3} \int \frac{1}{x+1}\,dx + \frac{8}{3} \int \frac{1}{x-2}\,dx$$

$$= \frac{1}{3} \ln|x+1| + \frac{8}{3} \ln|x-2| + C. \quad \blacktriangleleft$$

Beispiel 9.12. Gesucht ist

$$\int \frac{-2x+3}{(x-1)(x-2)^2} dx.$$

Wir wenden das eben gelernte Verfahren an. Wir müssen jedoch berücksichtigen, dass 2 eine doppelte Nullstelle des Nennerpolynoms ist. Wir zerlegen daher folgendermaßen:

$$\frac{-2x+3}{(x-1)(x-2)^2} = \frac{A}{x-1} + \frac{B}{x-2} + \frac{C}{(x-2)^2}$$

$$= \frac{A(x-2)^2 + B(x-1)(x-2) + C(x-1)}{(x-1)(x-2)^2}$$

und berechnen A, B und C:

$$-2x+3 = A(x-2)^2 + B(x-1)(x-2) + C(x-1)$$

Es ergibt sich

$$\begin{aligned}
x=1: &\quad 1 = A \\
x=2: &\quad -1 = C \\
x=0: &\quad 3 = 4A + 2B - C \quad \Leftrightarrow \quad B = -1.
\end{aligned}$$

Wir müssen hier neben den Nennernullstellen noch eine weitere beliebige Stelle einsetzen, das es nur zwei verschiedene Nennernullstellen gibt, wir aber drei unbekannte Koeffizienten ermitteln müssen.

Es folgt

$$\int \frac{-2x+3}{(x-1)(x-2)^2} dx = \int \frac{1}{x-1} dx - \int \frac{1}{x-2} dx - \int \frac{1}{(x-2)^2} dx$$

$$= \ln|x-1| - \ln|x-2| + \frac{1}{x-2} + C$$

$$= \ln\left|\frac{x-1}{x-2}\right| + \frac{1}{x-2} + C.$$

Hier wurde das dritte Integral mithilfe der Substitution $z = x-2$ gelöst: Mit $\frac{dz}{dx} = 1$ ergibt sich

$$\int \frac{1}{z^2} dz = \int z^{-2} dz = -z^{-1} + C = -\frac{1}{x-2} + C$$

mit $C \in \mathbb{R}$. Die Logarithmen können mithilfe der in Satz 0.1 aufgeführten Gesetze zusammengefasst werden. ◄

Um die Methode der Partialbruchzerlegung anwenden zu können, muss das Nennerpolynom einen höheren Grad haben als das Zählerpolynom. Um den Grad des Zählerpolynoms zu reduzieren, bis er kleiner ist als der Grad des Nennerpolynoms,

benötigen wir eine Polynomdivision (siehe Abschn. 4.1), wie das folgende Beispiel
zeigt.

Beispiel 9.13. Wir wollen das unbestimmte Integral

$$\int \frac{3x^3 + 5x^2 - 29x - 25}{x^2 + x - 12} dx$$

berechnen. Dazu führen wir zunächst eine Polynomdivision aus, da Zählergrad
$= 3 > 2 =$ Nennergrad.

Wir erhalten:

$$
\begin{array}{l}
(\quad 3x^3 + 5x^2 - 29x - 25) : (x^2 + x - 12) = 3x + 2 + \dfrac{5x - 1}{x^2 + x - 12} \\[2pt]
\underline{-3x^3 - 3x^2 + 36x} \\[2pt]
\qquad 2x^2 + 7x - 25 \\[2pt]
\qquad \underline{-2x^2 - 2x + 24} \\[2pt]
\qquad\qquad 5x \ - 1
\end{array}
$$

Wir haben den Integranden jetzt als Summe einer (linearen) Polynomfunktion und
einer rationalen Funktion geschrieben, bei der der Nennergrad ($= 2$) größer als der
Zählergrad ($= 1$) ist.

Wir bestimmen jetzt die Nullstellen des Nennerpolynoms:

$$x^2 + x - 12 = 0$$
$$x = -\frac{1}{2} \pm \sqrt{\frac{1}{4} + \frac{48}{4}}$$
$$x = \frac{-1 \pm 7}{2}$$
$$x = -4 \vee x = 3.$$

Somit folgt

$$\frac{5x - 1}{x^2 + x - 12} = \frac{5x - 1}{(x + 4)(x - 3)} = \frac{A}{x + 4} + \frac{B}{x - 3} = \frac{A(x - 3) + B(x + 4)}{(x + 4)(x - 3)}.$$

Der Koeffizientenvergleich ergibt

$$
\begin{array}{llll}
x = 3: & 14 = 7B & \Leftrightarrow & B = 2 \\
x = -4: & -21 = -7A & \Leftrightarrow & A = 3
\end{array}
$$

Jetzt können wir das Integral berechnen:

$$\int \frac{3x^3 + 5x^2 - 29x - 25}{x^2 + x - 12} dx = \int \left(3x + 2 + \frac{5x - 1}{(x + 4)(x - 3)} \right) dx$$

$$= \int (3x+2)dx + \int \frac{3}{x+4}dx + \int \frac{2}{x-3}dx$$

$$= \frac{3}{2}x^2 + 2x + 3\ln|x+4| + 2\ln|x-3| + C. \qquad \blacktriangleleft$$

Nachdem wir jetzt mehrere Beispiele durchgearbeitet haben, fassen wir das Verfahren, das uns zum Ziel geführt hat, einmal in mehreren Schritten zusammen. Dieses Verfahren funktioniert für rationale Funktionen, deren Nennerpolynome sich in Linearfaktoren zerlegen lassen.

Verfahren zur Integration rationaler Funktionen

1. Schritt: Sei

$$f(x) = \frac{p(x)}{q(x)}$$

mit Polynomen $p(x)$ und $q(x)$. Wir überprüfen zunächst $\operatorname{grad} p(x)$ und $\operatorname{grad} q(x)$. Gilt

$$\operatorname{grad} p(x) \geq \operatorname{grad} q(x),$$

so führen wir eine Polynomdivision durch, sodass

$$\frac{p(x)}{q(x)} = g(x) + \frac{r(x)}{q(x)}$$

mit Polynomen $g(x), r(x)$ und $q(x)$ und $\operatorname{grad} r(x) < \operatorname{grad} q(x)$.

2. Schritt: Wir zerlegen das Nennerpolynom $q(x)$ in Linearfaktoren.

3. Schritt: Wir schreiben $\frac{r(x)}{q(x)}$ als Summe von Partialbrüchen. Dabei gibt es im Falle mehrfacher Nullstellen des Nennerpolynoms zu jedem zugehörigen Faktor $(x-a)^n$ mit $n \in \mathbb{N}$ in dieser Darstellung eine Summe

$$\sum_{i=1}^{n} \frac{A_i}{(x-a)^i}$$

mit $A_i \in \mathbb{R} \ \forall \ i \in \{1,2,3,\ldots,n\}$.

4. Schritt: Wir berechnen das Integral mittels bekannter Methoden.

Denkanstoß

Vergegenwärtigen Sie sich zur Übung noch einmal diese vier Schritte in den Bsp. 9.11 bis 9.13!

Dieses Verfahren lässt sich ausdehnen auf rationale Funktionen mit Nennerpolynomen, in denen nicht-reduzierbare quadratische Faktoren auftauchen. Ein derartiger Fall wird (unterstützt durch einen Tipp) in Aufg. 9.10 behandelt.

9.3 Uneigentliche Integrale

In diesem Abschnitt wollen wir uns mit uneigentlichen Integralen beschäftigen. Dabei unterscheiden wir zwei Arten von uneigentlichen Integralen. Im einen Fall ist (mindestens) eine Integrationsgrenze nicht endlich, im anderen Fall wird der Integrand an (mindestens) einer Integrationsgrenze singulär.

Beispiel 9.14. Wir betrachten das Integral

$$\int_1^\infty \frac{1}{x^2}\,dx.$$

Wir können den Wert dieses Integrals anschaulich deuten als die (ins Unendliche reichende) Fläche, die von dem Graphen der Integrandenfunktion, der x-Achse und der Geraden $x = 1$ eingeschlossen wird (siehe Abb. 9.10).

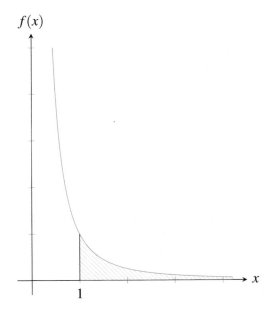

Abb. 9.10: Darstellung zum uneigentlichen Integral $\int_1^\infty \frac{1}{x^2}\,dx$

Wir können das Integral berechnen, indem wir

$$\int_1^b \frac{1}{x^2} dx$$

berechnen und dann kontrollieren, ob der Grenzwert für $b \to \infty$ existiert:

$$\begin{aligned}
\int_1^\infty \frac{1}{x^2} dx &= \lim_{b \to \infty} \int_1^b \frac{1}{x^2} dx \\
&= \lim_{b \to \infty} \left[-\frac{1}{x} \right]_1^b \\
&= \lim_{b \to \infty} \left(-\frac{1}{b} + 1 \right) = 1.
\end{aligned}$$

Wir erhalten einen endlichen Wert für das uneigentliche Integral. Die ins Unendliche reichende Fläche hat den Wert 1! ◄

Beispiel 9.15. Ein anderes Problem ergibt sich, wenn wir das Integral

$$\int_0^1 \frac{1}{x^2} dx$$

berechnen wollen. Hier sind zwar die Integrationsgrenzen endlich, jedoch wird der Integrand an der unteren Integrationsgrenze 0 singulär: Er wächst über alle Schranken. Wir berechnen daher zunächst das Integral

$$\int_a^1 \frac{1}{x^2} dx$$

und überprüfen die Existenz des rechtsseitigen Grenzwertes für $a \downarrow 0$. Wir erhalten:

$$\begin{aligned}
\int_0^1 \frac{1}{x^2} dx &= \lim_{a \downarrow 0} \int_a^1 \frac{1}{x^2} dx \\
&= \lim_{a \downarrow 0} \left[-\frac{1}{x} \right]_a^1 \\
&= \lim_{a \downarrow 0} \left(-1 + \frac{1}{a} \right) = \infty.
\end{aligned}$$

Dieser (rechtsseitige) Grenzwert existiert nicht! Anschaulich bedeutet das, dass die Fläche, die der Graph, die y-Achse und die Gerade mit der Gleichung $x = 1$ miteinander einschließen, unendlich groß ist (siehe Abb. 9.11). ◄

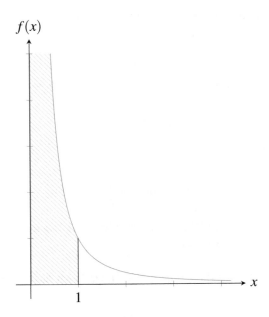

Abb. 9.11: Darstellung zum uneigentlichen Integral $\int_0^1 \frac{1}{x^2} dx$

Beispiel 9.16. Wir untersuchen jetzt allgemeiner die Integrale

$$\int_1^\infty \frac{1}{x^r} dx \qquad (r \in \mathbb{R}).$$

In dieser Form ist also auch die Untersuchung von Integralen wie z. B.

$$\int_1^\infty \frac{1}{\sqrt{x}} dx$$

mit eingeschlossen $(r = \frac{1}{2})$. Es ist für $r \neq 1$:

$$\int_1^\infty \frac{1}{x^r} dx = \lim_{b \to \infty} \int_1^b \frac{1}{x^r} dx$$

$$= \lim_{b \to \infty} \left[\frac{1}{1-r} x^{1-r} \right]_1^b$$

$$= \lim_{b \to \infty} \left(\frac{1}{1-r} b^{1-r} - \frac{1}{1-r} \right) = \lim_{b \to \infty} \frac{b^{1-r} - 1}{1-r}$$

$$= \begin{cases} \dfrac{1}{r-1} & \text{für } r > 1 \to \text{ Integral ist konvergent} \\[2mm] \infty & \text{für } r < 1 \to \text{ Integral ist divergent.} \end{cases}$$

Für $r = 1$ gilt:

$$\int_1^\infty \frac{1}{x} dx = \lim_{b\to\infty} \int_1^b \frac{1}{x} dx = \lim_{b\to\infty} \left[\ln x \right]_1^b$$
$$= \lim_{b\to\infty} \ln b = \infty \to \text{Integral ist divergent.} \qquad \blacktriangleleft$$

> **Denkanstoß**
>
> Führen Sie die analoge Untersuchung von Integralen der Form
>
> $$\int_0^1 \frac{1}{x^r} dx$$
>
> als Übung durch (siehe Aufg. 9.12).

Beispiel 9.17. Wir betrachten das uneigentliche Integral

$$\int_1^2 \frac{1}{t \ln t} dt.$$

Hier wird der Integrand an der unteren Integrationsgrenze singulär. Es ergibt sich:

$$\int_1^2 \frac{1}{t \ln t} dt = \lim_{a\downarrow 1} \int_a^2 \frac{1}{t \ln t} dt = \lim_{a\downarrow 1} \int_a^2 \frac{\frac{1}{t}}{\ln t} dt$$
$$= \lim_{a\downarrow 1} \left[\ln(\ln t) \right]_a^2 = \lim_{a\downarrow 1} \left(\ln(\ln 2) - \ln(\ln a) \right) = \infty$$

Dabei erfolgte die Berechnung des Integrals mittels logarithmischer Integration (siehe Abschn. 9.2.2). Das uneigentliche Integral divergiert gegen ∞! $\qquad \blacktriangleleft$

> **Bemerkung 9.8.** Es gilt:
>
> $$\int_{-\infty}^\infty f(x) dx = \int_{-\infty}^c f(x) dx + \int_c^\infty f(x) dx \qquad (c \in \mathbb{R}).$$
>
> Man muss Vorsicht walten lassen, wenn beide Integrationsgrenzen nicht endlich sind. In diesem Fall muss man die Grenzen unabhängig voneinander betrachten. Z. B. gilt
>
> $$\int_{-\infty}^\infty x dx = \lim_{r,s\to\infty} \int_{-r}^s x dx$$

$$= \lim_{r,s\to\infty} \left[\frac{1}{2}x^2\right]_{-r}^{s}$$

$$= \lim_{r,s\to\infty} \left(\frac{1}{2}s^2 - \frac{1}{2}r^2\right).$$

Der letzte Ausdruck ist vom Typ „$\infty - \infty$" und daher unbestimmt. Das Integral existiert nicht!

Hingegen existiert

$$\lim_{\lambda\to\infty} \int_{-\lambda}^{\lambda} x\,dx = \lim_{\lambda\to\infty} \left[\frac{1}{2}x^2\right]_{-\lambda}^{\lambda}$$

$$= \lim_{\lambda\to\infty} \left(\frac{1}{2}\lambda^2 - \frac{1}{2}(-\lambda)^2\right) = \lim_{\lambda\to\infty}(0) = 0.$$

Dies ist jedoch nicht der Wert des Integrals, sondern der so genannte *Cauchy'sche Hauptwert* (A. L. Cauchy (1789-1857), französischer Mathematiker). Dieser existiert und ist gleich 0.

Beispiel 9.18. Wir betrachten das uneigentliche Integral

$$\int_{-1}^{1} \frac{1}{x^2}\,dx.$$

Der Integrand wird an der Stelle 0 im Integrationsintervall singulär. Wir müssen das Integrationsintervall zunächst aufteilen (siehe Satz 9.5 (3))

$$\int_{-1}^{1} \frac{1}{x^2}\,dx = \int_{-1}^{0} \frac{1}{x^2}\,dx + \int_{0}^{1} \frac{1}{x^2}\,dx.$$

Anschließend können wir so verfahren wie in den Beispielen oben vorgestellt:

$$\int_{-1}^{0} \frac{1}{x^2}\,dx + \int_{0}^{1} \frac{1}{x^2}\,dx = \lim_{\lambda\to 0^-} \int_{-1}^{\lambda} \frac{1}{x^2}\,dx + \lim_{\mu\to 0^+} \int_{\mu}^{1} \frac{1}{x^2}\,dx$$

$$= \lim_{\lambda\to 0^-} \left[-\frac{1}{x}\right]_{-1}^{\lambda} + \lim_{\mu\to 0^+} \left[-\frac{1}{x}\right]_{\mu}^{1}$$

$$= \underbrace{\lim_{\lambda\to 0^-} \left(-\frac{1}{\lambda} - 1\right)}_{\infty} + \underbrace{\lim_{\mu\to 0^+} \left(-1 + \frac{1}{\mu}\right)}_{\infty}$$

$$= \infty$$

Das Integral ist divergent.   ◄

9.4 Die Gammafunktion

Um unsere Kenntnisse insbesondere zu uneigentlichen Integralen und zu Integrationsverfahren zu vertiefen, betrachten wir die so genannte *Gammafunktion*. Diese hat interessante Eigenschaften, mit deren Hilfe man auch einige wichtige spezielle bestimmte Integrale berechnen kann. Da es sich um eine sehr spezielle Funktion handelt, mit der Sie vermutlich nicht sehr oft in Berührung kommen werden, ist dieser Abschnitt als Zusatz für diejenigen gedacht, die sich noch ein wenig tiefer mit den Themen dieses Kapitels befassen wollen.

> **Definition 9.3.** Für $x > 0$ sei
>
> $$\Gamma(x) = \int_0^\infty t^{x-1} e^{-t} dt.$$
>
> Die Abbildung $\Gamma : \mathbb{R}_+^* \to \mathbb{R}$, $x \mapsto \Gamma(x)$ bezeichnet man als *Gammafunktion*.

Zunächst wollen wir die Existenz des zugehörigen Integrals für $x > 0$ nachweisen. Es gilt

$$t^{x-1} e^{-t} \leq t^{x-1} = \frac{1}{t^{1-x}} \qquad \forall\, t > 0$$

und somit

$$\int_0^1 t^{x-1} e^{-t} dt \leq \int_0^1 \frac{1}{t^{1-x}} dt < \infty \qquad \forall\, t > 0$$

(siehe Satz 9.5 (6)). Wir wissen, dass

$$\lim_{t \to \infty} t^{x+1} e^{-t} = 0$$

(siehe Aufg. 8.16), daher existiert ein $t_0 > 0$, sodass für $t \geq t_0$ gilt:

$$t^{x+1} e^{-t} \leq 1 \qquad |: t^2$$

$$t^{x-1} e^{-t} \leq \frac{1}{t^2}$$

$$\int_{t_0}^\infty t^{x-1} e^{-t} dt \leq \int_{t_0}^\infty \frac{1}{t^2} dt < \infty.$$

Sei $t_0 \geq 1$ gewählt. Also gilt:

$$\int_0^\infty t^{x-1} e^{-t} dt = \int_0^1 t^{x-1} e^{-t} dt + \int_1^\infty t^{x-1} e^{-t} dt$$

$$= \int_0^1 t^{x-1} e^{-t} dt + \int_1^{t_0} t^{x-1} e^{-t} dt + \int_{t_0}^\infty t^{x-1} e^{-t} dt$$

$$\leq \int_0^1 \frac{1}{t^{1-x}}dt + \int_1^{t_0} t^{x-1}e^{-t}dt + \int_{t_0}^\infty \frac{1}{t^2}dt < \infty.$$

Damit ist die Existenz des Integrals für $x > 0$ gesichert.

Satz 9.8.
$$\forall x \in \mathbb{R}_+^* : \Gamma(x+1) = x\Gamma(x)$$

Beweis.
$$\Gamma(x+1) = \int_0^\infty t^x e^{-t}dt$$

Für $b > a > 0$ gilt: (Partielle Integration)

$$\int_a^b \underbrace{t^x}_{v(t)} \underbrace{e^{-t}}_{u'(t)} dt = \left[-e^{-t}t^x \right]_a^b - \int_a^b \left(-e^{-t}xt^{x-1} \right) dt$$

$$= \left[-e^{-t}t^x \right]_a^b + x\int_a^b t^{x-1}e^{-t}dt.$$

Also gilt formal für $a \to 0$ und $b \to \infty$

$$\int_0^\infty t^x e^{-t}dt = \left[\underbrace{-e^{-t}t^x}_{\to 0} \right]_0^\infty + x\int_0^\infty t^{x-1}e^{-t}dt$$

$$\Rightarrow \Gamma(x+1) = x\Gamma(x) \qquad \forall x \in \mathbb{R}_+^* \qquad \qquad \square$$

Korollar 9.1.
$$\forall n \in \mathbb{N} : \Gamma(n+1) = n!$$

Denkanstoß

Führen Sie den Beweis in Aufg. 9.14 durch!

Mithilfe der Gammafunktion kann man andere wichtige Integrale berechnen. Als Hilfsmittel ist dafür der so genannte *Ergänzungssatz der Gammafunktion* nützlich, den wir hier ohne Beweis formal angeben.

Satz 9.9 (Ergänzungssatz der Gammafunktion).

$$\Gamma(x)\Gamma(1-x) = \frac{\pi}{\sin \pi x} \qquad \forall\, x \in \,]0;1[$$

Beispiel 9.19. Mithilfe des Ergänzungssatzes und Substitution berechnen wir das Integral

$$\int_0^\infty e^{-x^2}\,dx.$$

Wir verwenden folgende Substitution

$$z = x^2 \qquad x = \sqrt{z}$$
$$\Rightarrow \frac{dx}{dz} = \frac{1}{2\sqrt{z}} \Leftrightarrow dx = \frac{1}{2\sqrt{z}}dz$$

Dann ergibt sich

$$\int_0^\infty e^{-x^2}\,dx = \int_0^\infty \frac{1}{2\sqrt{z}}e^{-z}dz$$
$$= \frac{1}{2}\int_0^\infty z^{-\frac{1}{2}}e^{-z}dz$$
$$= \frac{1}{2}\Gamma\left(\frac{1}{2}\right).$$

Der Ergänzungssatz liefert für $x = \frac{1}{2}$:

$$\Gamma\left(\frac{1}{2}\right)\Gamma\left(\frac{1}{2}\right) = \Gamma\left(\frac{1}{2}\right)^2 = \frac{\pi}{\sin\frac{\pi}{2}} = \pi$$
$$\Rightarrow \Gamma\left(\frac{1}{2}\right) = \sqrt{\pi}.$$

Somit gilt

$$\int_0^\infty e^{-x^2}\,dx = \frac{1}{2}\sqrt{\pi}. \qquad \blacktriangleleft$$

Bemerkung 9.9. Aus Symmetriegründen gilt

$$\int_{-\infty}^\infty e^{-x^2}\,dx = \sqrt{\pi}.$$

In Aufg. 9.16 berechnen Sie mithilfe dieser Formel das Integral

$$\frac{1}{\sqrt{2\pi}} \int_{-\infty}^{\infty} e^{-\frac{x^2}{2}} \, dx = 1.$$

Dieses spielt eine wichtige Rolle in der Stochastik bei der so genannten *Normalverteilung* von Zufallsgrößen.

9.5 Aufgaben

Aufgabe 9.1. Gesucht sind die folgenden Integrale (**443 Lösung**)

a) $\int \left(3x^2 - 7x + 13\right) dx$ b) $\int \frac{dx}{x^7}$ c) $\int \frac{dx}{\sqrt[5]{x^3}}$

d) $\int (x^2 - x)\sqrt{x}\,dx$ e) $\int_0^{\frac{\pi}{2}} \cos x\,dx$ f) $\int_1^a \frac{1}{x}dx, \quad a > 1$

g) $\int e^{4x}dx$

Aufgabe 9.2. Zeigen Sie die Gültigkeit der folgenden Gleichungen (**443 Lösung**)

a) $\int e^{-2x}(1 - 2x)dx = xe^{-2x} + C$ b) $\int -\sin(x)e^{\cos x}dx = e^{\cos x} + C$

c) $\int \frac{2x}{x^2+9}dx = \ln(x^2 + 9) + C$

Aufgabe 9.3. Berechnen Sie die folgenden Integrale mittels partieller Integration (**444 Lösung**)

a) $\int x\ln(x)dx$ b) $\int 2xe^{-x}dx$ c) $\int_0^{\frac{\pi}{2}} x\cos x\,dx$

d) $\int \sin^2 x\,dx$ e) $\int x^2 \ln x\,dx$ f) $\int x^2 e^x dx$

Aufgabe 9.4. Berechnen Sie die folgenden Integrale durch Substitution: (**445 Lösung**)

a) $\int_3^4 \frac{3x}{4x^2-1}dx$ b) $\int_1^2 \frac{x}{\sqrt{x^2+2}}dx$ c) $\int_0^4 x\sqrt{3x^2 + 7}dx$

d) $\int_a^b f(x) \cdot f'(x)dx$ e) $\int_1^4 \frac{1}{(x+2)^2}dx$ f) $\int \tan(x)dx$

g) $\int \frac{1}{\tan(x)}dx$ h) $\int x^2 e^{2x^3} dx$ i) $\int \ln(2 - x^2)dx$

j) $\int 2x\ln(2 - x^2)dx$ k) $\int \frac{1}{9x^2+1}dx$ l) $\int \frac{1}{x^2+4x+4}dx$

Aufgabe 9.5. Berechnen Sie den Flächeninhalt einer Ellipse. Die Ellipse wird dabei beschrieben durch die Gleichung

$$\frac{x^2}{a^2} + \frac{y^2}{b^2} = 1.$$

Dabei sind a und b die Halbachsen der Ellipse. (**449 Lösung**)

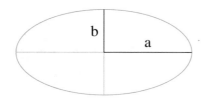

Abb. 9.12: Eine Ellipse

Aufgabe 9.6. Zeigen Sie, dass im Fall $|x| \geq 1$ aus

$$x = \frac{1}{2}(e^z + e^{-z})$$

folgt, dass

$$z = \ln(x + \sqrt{x^2 - 1}).$$

(Tipp: Bedenken Sie, dass $\cosh : \mathbb{R}_+ \to [1; \infty[$ bijektiv ist mit der Umkehrfunktion arcosh.) **(450 Lösung)**

Aufgabe 9.7. Berechnen Sie das Integral **(451 Lösung)**

$$\int \frac{1}{\sqrt{x^2 + 1}} dx.$$

Aufgabe 9.8. Berechnen Sie das Integral

$$\int \frac{1}{1 + \cos x} dx.$$

Tipp: Die Substitution ist ohne Hilfe relativ schwer zu finden. Man muss wissen, dass man rationale Funktionen in $\sin(x)$ und $\cos(x)$ mit der Substitution

$$u = \tan\left(\frac{x}{2}\right)$$

(die so genannte *Weierstraß-Substitution*) bearbeiten kann (falls x kein ungeradzahliges Vielfaches von π ist, man beachte auch den Definitionsbereich des Integranden). Zeigen Sie mithilfe geeigneter Umformungen, dass gilt:

$$\sin x = \frac{2u}{1 + u^2} \quad \text{und} \quad \cos x = \frac{1 - u^2}{1 + u^2}.$$

Dann sollte es klappen. **(451 Lösung)**

Aufgabe 9.9. Berechnen Sie die folgenden Integrale mittels Partialbruchzerlegung: **(452 Lösung)**

a) $\int \frac{1}{x^2 + 4x - 5} dx$ b) $\int_{-1}^{1} \frac{2}{x^2 - 5x + 6} dx$ c) $\int \frac{x^3 - 2x^2 + x + 4}{x^2 - 4} dx$

d) $\int \frac{x^4}{x^3 - x} dx$ e) $\int \frac{x^4 + 2x^2 + 8}{(x+1)x^3} dx$

Aufgabe 9.10. Berechnen Sie die folgenden Integrale: **(456 Lösung)**

a) $\int \frac{1}{x^3 - 1} dx$ b) $\int \frac{1 + e^x}{e^x - 1} dx$

Tipp zu a): Das Nennerpolynom hat neben einer reellen Nullstelle zwei konjugiert komplexe Nullstellen. Eine Partialbruchzerlegung, wie in Abschn. 9.2.3 vorgestellt, würde dazu führen, dass auch die Zähler der Teilbrüche komplex wären. Aus diesem Grund wählt man hier für die konjugiert komplexen Nullstellen den Ansatz

$$\frac{Bx + C}{x^2 + x + 1}$$

und verzichtet damit auf eine Zerlegung in Teilbrüche.

Aufgabe 9.11. Vorsicht Falle! Berechnen Sie das Integral

$$\int_{-1}^{1} \frac{1}{t^2} e^{-\frac{1}{t}} dt$$

mittels einer geeigneten Substitution. Geben Sie anschließend das Integral in einen graphikfähigen Taschenrechner oder ein Computeralgebrasystem ein und wundern Sie sich einen Augenblick. Erklären Sie dann Ihre Beobachtung, indem Sie noch einmal über Ihre Berechnung nachdenken. Was ist also schiefgelaufen? **(458 Lösung)**

Aufgabe 9.12. Untersuchen Sie die Konvergenz bzw. Divergenz der Integrale **(459 Lösung)**

$$\int_{0}^{1} \frac{1}{x^r} dx \quad \text{für } r \in \mathbb{R}.$$

Aufgabe 9.13. Untersuchen Sie auf Konvergenz bzw. Divergenz. Berechnen Sie bei f) auch den Cauchy'schen Hauptwert: **(459 Lösung)**

a) $\int_{0}^{1} \frac{1}{\sqrt{1-x^2}} dx$

b) $\int_{0}^{\infty} e^{-x} dx$

c) $\int_{-\infty}^{-\frac{2}{\pi}} \frac{1}{x^2} \sin \frac{1}{x} dx$

d) $\int_{0}^{\infty} e^{at} e^{-bt} dt$

e) $\int_{0}^{1} \frac{e^x}{e^x - 1} dx$

f) $\int_{-2}^{2} \frac{1}{x^3} dx$

Aufgabe 9.14. Beweisen Sie mithilfe der vollständigen Induktion: **(462 Lösung)**

$$\Gamma(n + 1) = n! \quad \forall n \in \mathbb{N}.$$

Aufgabe 9.15. Berechnen Sie mithilfe der Gammafunktion das uneigentliche Integral **(462 Lösung)**

$$\int_{0}^{\infty} \sqrt{x} e^{-x} dx.$$

Aufgabe 9.16.

a) Zeigen Sie mithilfe von Substitution und dem *Ergänzungssatz der Gammafunktion*, dass gilt

$$\frac{1}{\sqrt{2\pi}} \int_{-\infty}^{\infty} e^{-\frac{x^2}{2}} dx = 1.$$

Der Integrand ist Ihnen als Dichte der *Standardnormalverteilung* aus dem Stochastikunterricht der Oberstufe bekannt.

b) Zeigen Sie, dass allgemeiner gilt:

$$\frac{1}{\sigma\sqrt{2\pi}} \int_{-\infty}^{\infty} e^{-\frac{(x-\mu)^2}{2\sigma^2}} \, dx = 1.$$

Die Größen μ bzw. σ spielen in der Stochastik die Rollen des *Erwartungswertes* bzw. der *Standardabweichung* einer normalverteilten Zufallsgröße.

(462 Lösung)

Kapitel 10

Gewöhnliche Differentialgleichungen

Dieses Kapitel soll Ihnen eine Einführung in den Gebrauch einer in den Natur- und Ingenieurwissenschaften sehr wichtigen Klasse von Gleichungen geben, den *gewöhnlichen Differentialgleichungen*. Hierbei handelt es sich um Gleichungen, die einen Zusammenhang zwischen Ableitungen einer Funktion und der Funktion selbst herstellen. Am Wort „Gebrauch" erkennen Sie schon, dass es uns hier nicht so sehr um die theoretischen Grundlagen als vielmehr um die Lösungen solcher Gleichungen geht. Eine solche Gleichung zu lösen bedeutet, die unbekannten Funktionen zu finden, die sie erfüllen. *Gewöhnlich* bedeutet hier, dass man nur Funktionen mit einer Variablen sucht, so wie Sie es von der Schule her kennen. Für eine ausführliche Einführung in dieses Themengebiet sei auf unser Buch „Differentialgleichungen für Einsteiger" verwiesen (siehe Imkamp und Proß 2019).

In Aufg. 8.8 haben Sie mit der *Wellengleichung*

$$\ddot{z}(x,t) = c^2 z''(x,t)$$

sogar schon eine Differentialgleichung mit zwei Variablen kennengelernt. Man spricht im Falle des Vorhandenseins mehrerer Variablen und den Ableitungen nach ihnen von *partiellen Differentialgleichungen*. Diese sind mathematisch schwieriger zu behandeln als die gewöhnlichen Differentialgleichungen, spielen jedoch eine große Rolle u. a. in der Wellenlehre, der Strömungsmechanik und der Elektrodynamik, sodass Sie im Verlauf Ihres Studiums damit eventuell noch oft in Berührung kommen werden. Für partielle Differentialgleichungen und deren analytische und numerische Lösung sei auf Imkamp und Proß 2019 verwiesen.

Einfache gewöhnliche Differentialgleichungen sind Ihnen vermutlich auch schon im Physikunterricht der Oberstufe begegnet, und wir werden anhand von physikalischen Beispielen ihre Einführung motivieren. Die Notwendigkeit, sich mit ihnen zu beschäftigen, wird Ihnen somit aufs Bequemste nahegebracht. Dabei beschränken wir uns nur auf spezielle Typen von Differentialgleichungen, erheben aber auch hier selbstverständlich keinen Anspruch auf Vollständigkeit. Auch werden wir benötigte Sätze, die der Lösung bestimmter Differentialgleichungen dienen, hier nur angeben. Es sollen lediglich einige Rezepte verdeutlicht werden, mit denen man Differentialgleichungen bestimmter Typen begegnen kann. Um das lange Wort im Text zu vermeiden, kürzen wir Differentialgleichung einfach DGL ab.

Als Lösungsvariable werden wir manchmal x und manchmal t benutzen, da DGLs häufig auch zeitliche Prozesse beschreiben und solche Darstellungen daher üblich sind.

10.1 Lineare Differentialgleichungen erster Ordnung

Radioaktive Atomkerne zerfallen unter Abgabe so genannter ionisierender Strahlung in andere Atomkerne. Betrachten wir ein radioaktives Präparat bestehend aus N_0 aktiven Kernen, so verändert sich diese Anzahl durch den Zerfall im Laufe der Zeit. Wir interessieren uns hier nicht für das weitere Verhalten der Tochterkerne, sondern für die Entwicklung der Anzahl der aktiven Mutterkerne. Diese bezeichnen wir zum Zeitpunkt t mit $N(t)$.

Um $N(t)$ zu bestimmen, betrachten wir die Aktivität $A(t)$ des radioaktiven Präparates zum Zeitpunkt t. Darunter versteht man die Anzahl der radioaktiven Zerfälle während einer Zeiteinheit, etwa einer Sekunde. Die Einheit der Aktivität benennt man nach dem französischen Physiker A. H. Becquerel (1852-1908, Entdecker der Radioaktivität). Dabei bezeichnet 1 Becquerel = 1 Bq = 1 Zerfall pro Sekunde.

In der Kernphysik lernt man, dass die Aktivität zu jedem Zeitpunkt t proportional zur Anzahl der noch vorhandenen aktiven Kerne ist:

$$A(t) = \lambda N(t).$$

Die Proportionalitätskonstante λ heißt *Zerfallskonstante*.

Mit jedem Zerfallsprozess verschwindet ein aktiver Kern:

$$A(t) = -\dot{N}(t).$$

Dabei bezeichnet der Punkt über dem N wieder die zeitliche Ableitung der Größe N. Bei der Beschreibung von zeitlichen Prozessen verwendet man häufig den Punkt als Kennzeichnung der Ableitung anstelle des Ihnen bekannten Strichs. Diese Bezeichnung geht auf Sir Isaac Newton (1643-1727) zurück, einem der ersten Begründer der Analysis. Die Notwendigkeit, zeitliche Ableitungen (also nach t) von räumlichen Ableitungen (nach x) zu unterscheiden, haben Sie bereits in Aufg. 8.8 gesehen.

Aus den beiden vorherigen Gleichungen folgt

$$\dot{N}(t) = -\lambda N(t).$$

Dies ist die DGL des *radioaktiven Zerfalls*. Wir sehen hier das bereits in der Einleitung zu diesem Kapitel erwähnte Besondere einer DGL: Es ist eine Gleichung, die einen Zusammenhang zwischen einer unbekannten Funktion und ihrer Ableitung herstellt. Die Lösung zu finden bedeutet, die gesuchten unbekannte(n) Funktion(en) zu identifizieren. Funktionen sind Lösungen von DGLs, nicht etwa Zahlen, wie das bei den bisherigen Gleichungen der Fall war!

In unserem Fall wird eine Funktion gesucht, die mit dem Faktor $-\lambda$ multipliziert ihre Ableitung ergibt.

Wie Sie leicht erkennen können, ist die Funktion

$$t \mapsto N(t) = 0$$

eine Lösung unserer Differentialgleichung. Man nennt sie die *triviale Lösung*. Im physikalischen Kontext ist diese uninteressant. Betrachten wir also den physikalisch-realistischen Fall $N(t) > 0$.

Differentialgleichungen löst man allgemein durch Integrieren. In unserem Fall gilt:

$$\frac{\dot{N}(t)}{N(t)} = -\lambda \qquad \Big| \int$$

$$\int \frac{\dot{N}(t)}{N(t)} dt = -\int \lambda \, dt$$

$$\int \frac{\dot{N}(t)}{N(t)} dt = -\lambda t + C \qquad (C \in \mathbb{R}).$$

Wir können hier also logarithmische Integration verwenden (siehe Abschn. 9.2.2). Es gilt demnach in mathematischer Allgemeinheit

$$\ln |N(t)| = -\lambda t + C$$

(die Mathematik selbst kann nicht erkennen, ob wir an einer positiven oder negativen Lösung interessiert sind!) und damit

$$|N(t)| = e^{-\lambda t + C} = e^C e^{-\lambda t}.$$

Wir lösen den Absolutbetrag auf. Es folgt

$$N(t) = \pm e^C e^{-\lambda t}.$$

Daher erhalten wir als Lösung ein konstantes Vielfaches von $e^{-\lambda t}$. Da auch die Nullfunktion $t \mapsto N(t) = 0$ eine Lösung der Differentialgleichung ist, lautet die *allgemeine Lösung* der DGL:

$$N(t) = ke^{-\lambda t} \quad \text{mit } k \in \mathbb{R}.$$

Allgemeine Lösung heißt, dass es keine weiteren Lösungen gibt! Um diese allgemeine Lösung auf den von uns betrachteten Prozess zu spezialisieren, müssen wir berücksichtigen, dass wir am Anfang, also zum Zeitpunkt $t = 0$, eine Anzahl von $N(0) = N_0$ aktiven Atomkernen hatten. Wir nennen dies eine *Anfangsbedingung*. Mit ihrer Hilfe erhalten wir eine eindeutige Lösung, die unseren Prozess beschreibt, also die Anfangsbedingung erfüllt. Eine solche *spezielle Lösung* nennt man auch *partikuläre Lösung*.

Wir erhalten:

$$N(0) = ke^{-\lambda \cdot 0} = k = N_0,$$

somit lautet unsere Lösung

$$N(t) = N_0 e^{-\lambda t}.$$

Man nennt diese Gleichung auch das *Zerfallsgesetz*.

Allgemein nennen wir eine Gleichung der Form

$$\dot{u}(t) = a(t)u(t) + s(t)$$

eine lineare Differentialgleichung erster Ordnung. Dabei sind u, s und a Funktionen nach der Zeit. Für die Funktion u müssen wir zusätzlich Differenzierbarkeit voraussetzen. Die *Ordnung* bezieht sich darauf, dass wir keine höhere Ableitung als die erste in der DGL verwenden, und linear bezieht sich darauf, dass die gesuchte Funktion u mitsamt ihrer Ableitung nur in der linearen Form vorkommt, also ohne Quadrat, Wurzel oder Ähnliches (dies bezieht sich nur auf die gesuchte Funktion u, die Funktionen a und s können dabei auch nicht-linear sein!). Dabei gilt:

1. Falls $a(t) = $ const., handelt es sich um eine lineare DGL mit *konstanten Koeffizienten* (Bsp.: $\dot{N}(t) = -\lambda N(t)$).

2. Falls $s(t) = 0$, so ist es eine *homogene DGL*, sonst eine *inhomogene DGL*.

Die Funktion a heißt auch *Koeffizientenfunktion*, die Funktion s werden wir gelegentlich auch als *Störfunktion* bezeichnen. Wir können in allen Fällen als Variable statt t auch x verwenden.

Beispiel 10.1. Wir betrachten die DGL

$$y'(x) = \frac{1}{x}y(x), \quad y(1) = 2, \quad x > 0.$$

Hierbei handelt es sich um eine lineare homogene DGL erster Ordnung mit variablen Koeffizienten. Die Integrationsvariable ist x, und es gilt: $s(x) = 0$, $a(x) = \frac{1}{x}$.

Wir beschränken uns hier auf das Lösungsintervall $]0; \infty[$ und verwenden wieder logarithmische Integration:

$$\frac{y'(x)}{y(x)} = \frac{1}{x} \qquad \Big| \int$$

$$\int \frac{y'(x)}{y(x)} dx = \ln x + C$$

$$\ln|y(x)| = \ln x + C \qquad |e^{()}$$

$$|y(x)| = e^{\ln x + C}$$

$$y(x) = \pm e^{\ln x} \cdot e^C$$

$$y(x) = \pm x \cdot e^C.$$

Die Beträge um die Variable x in der Logarithmusfunktion entfallen hier, da x als positiv angenommen wird. Die allgemeine Lösung lautet:

$$y(x) = Kx \qquad \text{mit } K \in \mathbb{R}.$$

Zusätzlich zu den oben gefundenen Lösungen ist hiermit auch die triviale Lösung $y \equiv 0$ erfasst. Die spezielle Lösung erhalten wir durch Einsetzen der Anfangswerte:

$$y(1) = 2 = K \cdot 1 \Leftrightarrow K = 2$$

$$\Rightarrow y(x) = 2x. \qquad \blacktriangleleft$$

Für die Lösung von linearen inhomogenen DGLs beliebiger Ordnung gibt es einen wichtigen Satz, den wir hier ohne Beweis angeben.

Satz 10.1. Man erhält die allgemeine Lösung $u(t)$ einer linearen inhomogenen DGL

$$\dot{u}(t) = a(t)u(t) + s(t),$$

indem man zu irgendeiner partikulären Lösung $u_p(t)$ dieser DGL die allgemeine Lösung $u_h(t)$ der zugehörigen homogenen DGL addiert:

$$u(t) = u_h(t) + u_p(t).$$

Eine aus einem physikalischen Problem heraus resultierende inhomogene DGL betrachten wir im folgenden Beispiel.

Beispiel 10.2. In der Physik bzw. der Elektrotechnik spielt das Phänomen der *Induktion* eine Rolle. Darunter versteht man die Entstehung einer Spannung U durch Veränderung eines magnetischen Flusses Φ durch eine Leiterschleife. Formal schreibt man das zugrundeliegende *Faraday'sche Induktionsgesetz* (Michael Faraday, 1791-1867, englischer Physiker und Chemiker) mit der Gleichung

$$U_{ind}(t) = -\dot{\Phi}(t).$$

Die variable Induktionsspannung ist also die negative zeitliche Ableitung, also die negative zeitliche momentane Änderungsrate des magnetischen Flusses. Anwendungen sind z. B. Transformatoren, Induktionsschleifen an Ampeln, Wirbelstrombremsen oder der Induktionsherd.

Im Physikunterricht der Oberstufe lernt man, dass in Spulen so genannte *Selbstinduktionsspannungen* auftreten, die nach dem Einschalten einer Spannungsquelle das Anwachsen eines Stromes behindern. Dies hat zur Folge, dass die Glühlampe in Abb. 10.1, die zu der Spule in Reihe geschaltet ist, verzögert aufleuchtet.

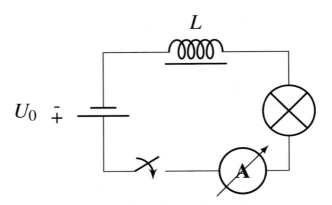

Abb. 10.1: Stromkreis („Masche") mit Selbstinduktion

Wir wollen eine DGL für die Stromstärke-Zeit-Funktion $t \mapsto I(t)$ aufstellen. Dazu ignorieren wir die Glühlampe und betrachten nur die Spannungsquelle und die Spule. Das Amperemeter dient zur Stromstärkemessung. Aus der Mittelstufe kennen Sie das Ohm'sche Gesetz über den Zusammenhang von Stromstärke, Spannung und Widerstand:

$$I(t) = \frac{U(t)}{R}.$$

Der Gesamtwiderstand R des Kreises ist hier konstant. Für den Stromkreis in Abb. 10.1 ohne Glühlampe gilt die Kirchhoff'sche Maschenregel. Diese besagt, dass für die Gesamtspannung in der Masche gilt

$$U(t) = U_0 + U_{ind}(t).$$

Dabei gilt $U_{ind}(t) = -L\dot{I}(t)$, wobei die Induktivität L der Spule eine Konstante ist. Die gesuchte Differentialgleichung lautet also

$$I(t) = \frac{U_0 + U_{ind}(t)}{R} = \frac{U_0 - L\dot{I}(t)}{R}.$$

Umstellen ergibt:

$$I(t) = -\frac{L}{R}\dot{I}(t) + \frac{U_0}{R}$$

$$\frac{L}{R}\dot{I}(t) + I(t) = \frac{U_0}{R}$$

$$\dot{I}(t) + \frac{R}{L}I(t) = \frac{U_0}{L}.$$

Es handelt sich somit um eine lineare, inhomogene DGL erster Ordnung mit konstanten Koeffizienten.

Also bestimmen wir zunächst die allgemeine Lösung der zugehörigen homogenen Gleichung:

$$\dot{I}(t) + \frac{R}{L}I(t) = 0$$

$$\dot{I}(t) = -\frac{R}{L}I(t)$$

$$\frac{\dot{I}(t)}{I(t)} = -\frac{R}{L} \quad \Big| \int$$

$$\int \frac{\dot{I}(t)}{I(t)}dt = -\int \frac{R}{L}dt$$

$$\ln|I(t)| = -\frac{R}{L}t + C.$$

Logarithmische Integration liefert die allgemeine Lösung

$$I(t) = ke^{-\frac{R}{L}t} \quad \text{mit } k \in \mathbb{R}.$$

Da dies die Lösung der homogenen Gleichung ist, bezeichnen wir sie mit I_h, also schreiben wir

$$I_h(t) = ke^{-\frac{R}{L}t}.$$

Eine partikuläre Lösung der inhomogenen DGL können wir im Augenblick nur geschickt raten. Die konstante Funktion $t \mapsto I_p(t)$ mit

$$I_p(t) = \frac{U_0}{R}$$

ist eine solche, wovon Sie sich am besten durch Einsetzen überzeugen.

Somit lautet die allgemeine Lösung unserer inhomogenen DGL gemäß Satz 10.1

$$I(t) = I_h(t) + I_p(t) = ke^{-\frac{R}{L}t} + \frac{U_0}{R}.$$

Um die spezielle Lösung für unser Problem des anwachsenden Stromes zu bestimmen, arbeiten wir die Anfangsbedingung $I(0) = 0$ ein. Diese gilt, da zu Beginn der Stromstärkemessung, also beim Einschalten der Spannungsquelle, noch kein Strom floss. Es ergibt sich

$$I(0) = 0 = ke^{-\frac{R}{L}0} + \frac{U_0}{R} = k + \frac{U_0}{R},$$

also

$$k = -\frac{U_0}{R}.$$

Somit ergibt sich

$$I(t) = -\frac{U_0}{R}e^{-\frac{R}{L}t} + \frac{U_0}{R}$$
$$= \frac{U_0}{R}\left(1 - e^{-\frac{R}{L}t}\right).$$

Der Graph dieser Funktion ist mit den Werten $U_0 = 10\,\text{V}$, $R = 50\,\Omega$, $L = 10\,\text{H}$ in Abb. 10.2 dargestellt. Er nähert sich asymptotisch dem Grenzwert

$$\frac{U_0}{R} = 0{,}2\,\text{A},$$

wie es zu erwarten war.   ◀

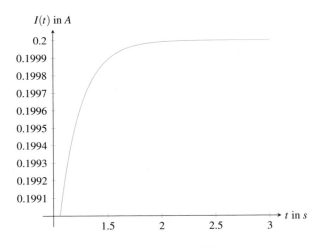

Abb. 10.2: Stromstärke-Zeit-Funktion

Während wir in diesem Beispiel eine partikuläre Lösung der inhomogenen Gleichung durch genaues Hinsehen geraten haben, ist dieses Verfahren bei schwierigeren Störfunktionen nicht mehr durchführbar. Man geht hier vielmehr systematisch vor und wählt einen Ansatz, der der Form der Störfunktion entspricht. Ist diese polynomial, so wählt man auch eine Polynomfunktion mit dem gleichen Grad als Lösungsansatz und bestimmt die Koeffizienten durch Einsetzen in die inhomogene DGL. Analog verfährt man bei exponentiellen Funktionen oder Kombinationen aus trigonometrischen Funktionen. Die Details führen im Rahmen dieses Buches zu weit. Wir zeigen lediglich zwei ausführliche Beispiele. In den Aufgaben zu diesem Kapitel finden Sie weitere Beispiele mit verschiedenen Störfunktionen, für deren Lösung Sie Tab. 10.1 benutzen können (eine entsprechende Tabelle gilt auch für DGLs höherer Ordnung).

Beispiel 10.3. Wir betrachten die lineare DGL

$$y'(x) = 5y(x) + e^{2x}.$$

Die zugehörige homogene DGL lautet

$$y'(x) = 5y(x).$$

Die allgemeine Lösung der homogenen DGL erhalten wir durch logarithmische Integration:

$$y_h(x) = Ce^{5x} \qquad \text{mit } C \in \mathbb{R}.$$

Das h im Index symbolisiert wieder, dass dies eine Lösung der homogenen DGL ist. Wir suchen eine partikuläre Lösung der inhomogenen DGL. Dazu machen wir den Ansatz

$$y_p(x) = Ae^{2x},$$

da die Störfunktion von dieser Form ist, und erhalten

$$y'_p(x) = 2Ae^{2x}.$$

Durch Einsetzen von $y_p(x)$ und $y'_p(x)$ in die ursprüngliche DGL ergibt sich

$$2Ae^{2x} = 5Ae^{2x} + e^{2x}$$
$$\Leftrightarrow -3Ae^{2x} = e^{2x}.$$

Also gilt

$$A = -\frac{1}{3}.$$

Somit erhalten wir als partikuläre Lösung

$$y_p(x) = -\frac{1}{3}e^{2x}.$$

Die allgemeine Lösung unserer Ausgangsgleichung lautet demnach

$$y(x) = y_h(x) + y_p(x) = Ce^{5x} - \frac{1}{3}e^{2x}. \qquad \blacktriangleleft$$

Lösungsansätze für die partikuläre Lösung einer inhomogenen DGL sind in der Tab. 10.1 zusammengefasst.

Tab. 10.1: Lösungsansätze für die partikuläre Lösung der DGL $y'(x) = ay(x) + s(x)$ $(a = const.)$ bei gegebener Störfunktion s

Störfunktion $s(x)$	Lösungsansatz für $y_p(x)$
$b_0 + b_1x + \cdots + b_mx^m$	$A_0 + A_1x + \cdots + A_mx^m \quad (a \neq 0)$
$(b_0 + b_1x + \cdots + b_mx^m) \cdot e^{cx}$	$(A_0 + A_1x + \cdots + A_mx^m) \cdot e^{cx} \quad (c \neq a)$
	$(A_0 + A_1x + \cdots + A_mx^m) \cdot xe^{cx} \quad (c = a)$
$(b_0 + b_1x + \cdots + b_mx^m) \cdot \cos(cx)$	$(A_0 + A_1x + \cdots + A_mx^m) \cdot \cos(cx) +$
$(b_0 + b_1x + \cdots + b_mx^m) \cdot \sin(cx)$	$(B_0 + B_1x + \cdots + B_mx^m) \cdot \sin(cx)$

Beispiel 10.4. Gegeben ist die inhomogene DGL

$$y'(x) - y(x) = e^x.$$

Die allgemeine Lösung der homogenen Gleichung lautet demnach

$$y_h(x) = Ce^x \qquad \text{mit } C \in \mathbb{R}.$$

Da der Koeffizient im Exponenten $= 1$ ist, ebenso wie bei der Störfunktion, müssen wir jetzt nach Tab. 10.1 für die partikuläre Lösung der inhomogenen DGL den Ansatz

$$y_p(x) = Axe^x$$

machen.

Denkanstoß

Der Ansatz $y_p(x) = Ae^x$ läuft ins Leere. Probieren Sie es aus!

Einsetzen in die inhomogene DGL liefert nach Vergleich den Wert

$$A = 1.$$

Somit gilt

$$y_p(x) = xe^x,$$

und für die allgemeine Lösung der inhomogenen DGL folgt

$$y(x) = Ce^x + xe^x = (x+C)e^x. \qquad \blacktriangleleft$$

10.2 Separation der Variablen und Substitution

In diesem Abschnitt lernen Sie weitere Lösungsverfahren für DGLs kennen. Falls die DGL in der Form

$$y'(x) = f(x)g(y)$$

geschrieben werden kann, kann man das Verfahren der *Separation der Variablen*, also der *Trennung der Veränderlichen*, benutzen. Hierbei benutzen wir die Differentialquotientenschreibweise (siehe Abschn. 8.1)

$$y' = \frac{dy}{dx}$$

und hantieren mit den Differentialen dx und dy so, als wären es Zahlen. Dieses Verfahren lässt sich mathematisch formal begründen. Wir werden aber auch hier nicht zu sehr ins formale Detail gehen, sondern das Grundprinzip des Verfahrens an Beispielen erläutern.

Allgemein verfahren wir also nach folgendem Schema:

$$y'(x) = f(x)g(y)$$
$$\frac{dy}{dx} = f(x)g(y).$$

Trennung der Variablen liefert

$$\frac{dy}{g(y)} = f(x)dx.$$

Nach unbestimmter Integration wird dies zu

$$\int \frac{dy}{g(y)} = \int f(x)dx + C.$$

Diese letzte Gleichung wird dann, wenn möglich, nach der Lösungsfunktion y aufgelöst.

Beispiel 10.5. Wir betrachten das Anfangswertproblem

$$y' = -2\frac{x}{y}, \quad y(0) = 1$$

und lösen dies durch Trennung der Variablen

$$\frac{dy}{dx} = -2\frac{x}{y}$$

$$ydy = -2xdx \quad \Big| \int$$

$$\int ydy = \int -2xdx$$

$$\frac{1}{2}y^2 = -x^2 + C$$

$$y^2 = 2C - 2x^2$$

$$y = \pm\sqrt{2C - 2x^2}.$$

Aufgrund der Anfangsbedingung $y(0) = 1$ wählen wir hier den Lösungszweig

$$y = \sqrt{2C - 2x^2}$$

aus. Einpassen der Anfangsbedingung liefert dann

$$y(0) = 1 = \sqrt{2C - 2 \cdot 0^2}$$

$$1 = 2C$$

$$C = \frac{1}{2}$$

und somit die spezielle Lösung

$$y = \sqrt{1 - 2x^2}. \qquad\qquad ◄$$

Beispiel 10.6. Gegeben sei das Anfangswertproblem

$$y' = \frac{e^{2x}}{y^2}, \qquad y(0) = 1.$$

Hier ist also $f(x) = e^{2x}$, $g(y) = \frac{1}{y^2}$. Somit ergibt sich folgende Rechnung:

$$\frac{dy}{dx} = \frac{e^{2x}}{y^2}$$

$$y^2 dy = e^{2x}dx \quad \Big| \int$$

$$\int y^2 dy = \int e^{2x}dx$$

$$\frac{1}{3}y^3 = \frac{1}{2}e^{2x} + C$$

$$y = \sqrt[3]{\frac{3}{2}e^{2x} + 3C}.$$

Die Anfangsbedingung liefert

$$y(0) = 1$$

$$1 = \sqrt[3]{\frac{3}{2} + 3C}$$

$$1 = \frac{3}{2} + 3C$$

$$-\frac{1}{2} = 3C$$

$$C = -\frac{1}{6}.$$

Somit erhalten wir die spezielle Lösung

$$y(x) = \sqrt[3]{\frac{3}{2}e^{2x} - \frac{1}{2}}.$$ ◀

Man kann bestimmte Differentialgleichungen auch dadurch lösen, dass man eine geschickte *Substitution* der Variablen vornimmt. Dieses Verfahren erklären wir an einem Beispiel.

Beispiel 10.7. wir betrachten die DGL

$$xy' = 2x - y, \qquad x > 0.$$

und suchen die allgemeine Lösung dieser DGL. Dazu formen wir diese zunächst um zu

$$y' = 2 - \frac{y}{x}$$

und substituieren $z := \frac{y}{x}$. Es ergibt sich

$$y = z \cdot x$$

$$y' = (z \cdot x)' = z' \cdot x + z \cdot x' = z' \cdot x + z$$

$$x \cdot z' + z = 2 - z$$

$$x \cdot z' = 2 - 2z$$

$$\frac{dz}{dx} = \frac{2 - 2z}{x}$$

$$\frac{dz}{2 - 2z} = \frac{dx}{x} \qquad \Big| \int$$

$$\frac{1}{2}\int \frac{1}{1-z}dz = \int \frac{1}{x}dx$$

$$-\frac{1}{2}\ln|1-z| = \ln|x| + C$$

$$\ln|1-z| = -2\ln|x| - 2C$$

$$\ln|1-z| = \ln(x^{-2}) - 2C$$

$$\ln|1-z| = \ln\left(\frac{1}{x^2}\right) - 2C \qquad |e^{(\ )}$$

$$1-z = \pm e^{\ln\left(\frac{1}{x^2}\right)-2C}$$

$$1-z = \pm e^{-2C}\cdot\frac{1}{x^2}$$

$$z(x) = 1 \pm e^{-2C}\cdot\frac{1}{x^2}$$

$$z(x) = 1 + K\cdot\frac{1}{x^2} \qquad \left(K = \pm e^{-2C}\right)$$

$$y(x) = x\cdot z(x) = x + K\cdot\frac{1}{x}.$$

Dies ist die gesuchte allgemeine Lösung der DGL.   ◀

Allgemein sieht das Verfahren aus Bsp. 10.7 so aus: Wir haben eine DGL der Form

$$y' = f\left(\frac{y}{x}\right).$$

Wir substituieren

$$\frac{y}{x} =: z.$$

Dann ergibt sich

$$y = zx$$
$$y' = z'x + z$$
$$z'x + z = f(z)$$
$$x\frac{dz}{dx} = f(z) - z$$
$$\frac{dz}{f(z)-z} = \frac{1}{x}dx$$
$$\int \frac{dz}{f(z)-z} = \ln|x| + C.$$

Diese Gleichung wird jetzt nach z aufgelöst. Anschließend wird

$$y(x) = xz(x)$$

resubstituiert.

Eine DGL der Form

$$y' = f\left(\frac{y}{x}\right)$$

wird in der Theorie der DGLs auch *eulerhomogen* genannt. Man kann das Lösungs-verfahren für diesen Typ DGL, wie eben gesehen, auf das Verfahren der getrennten Veränderlichen zurückführen.

> **Denkanstoß**
>
> Die DGL in Bsp. 10.5 ist auch eulerhomogen. Lösen Sie diese doch noch einmal zur Übung mit dem gerade beschriebenen Verfahren!

10.3 Lineare Differentialgleichungen zweiter Ordnung mit konstanten Koeffizienten

In diesem Abschnitt betrachten wir lineare DGLs, in denen die zweiten Ableitungen der gesuchten Funktionen auftauchen. Wir beschränken uns dabei ausschließlich auf solche mit konstanten Koeffizienten. Das Neue ist hier, dass wir zur Bestimmung einer eindeutigen Lösung zwei Anfangsbedingungen brauchen.

Beispiel 10.8. Gegeben sei das Anfangswertproblem

$$\ddot{u}(t) - 4u(t) = 0, \qquad u(0) = 0, \; \dot{u}(0) = 1.$$

Wir müssen einen geeigneten Lösungsansatz finden. Da die obige Gleichung eine Proportionalität zwischen u und $\ddot{u}$ ausdrückt, wählen wir einen Exponentialansatz:

$$u(t) = e^{\lambda t}$$
$$\dot{u}(t) = \lambda e^{\lambda t}$$
$$\ddot{u}(t) = \lambda^2 e^{\lambda t}.$$

Einsetzen führt auf die so genannte *charakteristische Gleichung*:

$$\lambda^2 e^{\lambda \cdot t} - 4e^{\lambda \cdot t} = 0$$
$$(\lambda^2 - 4)e^{\lambda \cdot t} = 0$$
$$\lambda^2 - 4 = 0 \qquad \text{(charakteristische Gleichung)}$$
$$\mathbb{L} = \{-2; 2\}.$$

Das Polynom $\lambda^2 - 4$ heißt auch *charakteristisches Polynom*.

Somit ergeben sich die Lösungen $u_1(t) = e^{2t}$ und $u_2(t) = e^{-2t}$. Wegen der Linearität der DGL erhalten wir als allgemeine Lösung

$$u(t) = C_1 e^{2t} + C_2 e^{-2t}.$$

Das Anpassen an die Anfangsbedingungen liefert ein lineares Gleichungssystem in den Variablen C_1 und C_2:

$$u(t) = C_1 e^{2t} + C_2 e^{-2t} \qquad (C_1, C_2 \in \mathbb{R})$$
$$\dot{u}(t) = 2C_1 e^{2t} - 2C_2 e^{-2t}$$
$$u(0) = 0 = C_1 + C_2$$
$$\dot{u}(0) = 1 = 2C_1 - 2C_2$$

$$\begin{vmatrix} C_1 + C_2 = 0 \\ 2C_1 - 2C_2 = 1 \end{vmatrix} \Leftrightarrow \begin{vmatrix} C_1 + C_2 = 0 \\ C_1 - C_2 = \dfrac{1}{2} \end{vmatrix}$$

$$\Leftrightarrow \begin{vmatrix} C_1 + C_2 = 0 \\ 2C_1 = \dfrac{1}{2} \end{vmatrix} \Leftrightarrow \begin{vmatrix} C_2 = -\dfrac{1}{4} \\ C_1 = \dfrac{1}{4} \end{vmatrix}.$$

Die spezielle Lösung, die den gegebenen Anfangsbedingungen genügt, lautet also

$$u(t) = \frac{1}{4} e^{2t} - \frac{1}{4} e^{-2t}. \qquad \blacktriangleleft$$

Im vorangegangenen Beispiel hatte das charakteristische Polynom zwei einfache Nullstellen, die somit auf zwei verschiedene Lösungen führten, die wir linear kombinieren konnten, um die allgemeine Lösung zu erhalten. Wenn doppelte (oder bei DGLs höherer Ordnung mehrfache) Nullstellen bei der charakteristischen Gleichung auftauchen, müssen wir etwas anders verfahren. Allgemein gilt der folgende Satz, den wir ohne Beweis angeben.

Satz 10.2. Jede n-fache Nullstelle des charakteristischen Polynoms erzeugt Lösungen

$$e^t, te^t, \ldots, t^n e^t$$

der linearen homogenen DGL n-ter Ordnung

$$u^{(n)} + a_{n-1} u^{(n-1)} + \cdots + a_1 \dot{u} + a_0 u = 0.$$

Beispiel 10.9.

$$\ddot{u}(t) - 6\dot{u}(t) + 9u(t) = 0$$

$$u(t) = e^{\lambda t}$$

$$\dot{u}(t) = \lambda e^{\lambda t}$$

$$\ddot{u}(t) = \lambda^2 e^{\lambda t}$$

$$\lambda^2 e^{\lambda t} - 6\lambda e^{\lambda t} + 9 e^{\lambda t} = 0$$

$$(\lambda^2 - 6\lambda + 9)e^{\lambda t} = 0$$

$$\lambda^2 - 6\lambda + 9 = 0$$

$$\lambda = 3 \pm \sqrt{3^2 - 9}$$

$$\lambda = 3$$

Hier liefert der Exponentialansatz nur eine (doppelte) Lösung der charakteristischen Gleichung. In einem solchen Fall gilt nach Satz 10.2 für die allgemeine Lösung

$$u(t) = C_1 e^{3t} + C_2 t e^{3t}. \qquad \blacktriangleleft$$

Noch interessanter ist das folgende Beispiel.

Beispiel 10.10.

$$\ddot{u}(t) - 6\dot{u}(t) + 25u(t) = 0$$

Hier liefert der Exponentialansatz über die charakteristische Gleichung zwei komplex konjugierte Lösungen:

$$\lambda^2 - 6\lambda + 25 = 0$$

$$\lambda = 3 \pm \sqrt{3^2 - 25}$$

$$= 3 \pm \sqrt{-16}$$

$$= 3 \pm 4\sqrt{-1}$$

$$= 3 \pm 4i.$$

In diesem Fall lautet die allgemeine Lösung (was hier wiederum nicht begründet wird)

$$u(t) = e^{3t}(C_1 \cos 4t + C_2 \sin 4t).$$

Der Realteil der komplexen Lösungen liefert also den Faktor im Exponenten der e-Funktion, während die Beträge der Imaginärteile als Faktoren in linear kombinierten trigonometrischen Funktionen auftauchen. $\qquad \blacktriangleleft$

Mit diesen Problemen müssen sich auch Physiker und Ingenieure auseinandersetzen, weil genau diese bei der Behandlung von Schwingungen auftauchen. Die *Schwingungsdifferentialgleichung* für die Schwingung einer Masse *m* an einer Schraubenfeder der Federhärte D ist Ihnen aus dem Physikunterricht der Oberstufe bekannt (siehe Abb. 10.3).

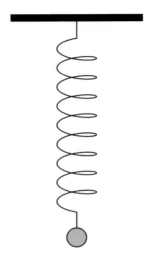

Abb. 10.3: Schraubenfederpendel

Mithilfe des Kraftansatzes $m\ddot{x}(t) = -Dx(t)$ erhalten wir diese Gleichung:

$$\ddot{x}(t) + \frac{D}{m}x(t) = 0.$$

Die charakteristische Gleichung lautet:

$$\lambda^2 + \frac{D}{m} = 0$$

und hat die Lösungen

$$\lambda = \pm\sqrt{\frac{D}{m}}i.$$

Der Realteil ist also gleich 0, sodass der exponentielle Faktor gleich 1 ist. In Analogie zum letzten Beispiel ergibt sich somit als allgemeine Lösung

$$x(t) = C_1 \cos\sqrt{\frac{D}{m}}t + C_2 \sin\sqrt{\frac{D}{m}}t.$$

In Abhängigkeit von verschiedenen Anfangsbedingungen bei der Federpendelschwingung ergeben sich somit spezielle Lösungen für unterschiedliche Schwingungsvorgänge.

Beispiel 10.11. Wir lösen die Schwingungsdifferentialgleichung

$$\ddot{x}(t) + \frac{D}{m}x(t) = 0$$

unter den Anfangsbedingungen $x(0) = 0$, $\dot{x}(0) = v_0 > 0$. Physikalisch bedeutet das, dass wir mit der Messung beginnen (Zeitpunkt $t = 0$), wenn der Pendelkörper durch die Nulllage nach oben schwingt. In dieser Richtung messen wir nach Konvention eine positive Geschwindigkeit. In der Physik schreibt man häufig $\omega_0^2 := \frac{D}{m}$ und nennt ω_0 auch die Kreisfrequenz.

Aus der allgemeinen Lösung

$$x(t) = C_1 \cos \sqrt{\frac{D}{m}}t + C_2 \sin \sqrt{\frac{D}{m}}t$$

erhalten wir

$$x(0) = 0 = C_1 \cos \left(\sqrt{\frac{D}{m}} \cdot 0 \right) + C_2 \sin \left(\sqrt{\frac{D}{m}} \cdot 0 \right) = C_1$$

und wegen

$$\dot{x}(t) = -C_1 \sqrt{\frac{D}{m}} \sin \left(\sqrt{\frac{D}{m}} \cdot t \right) + C_2 \sqrt{\frac{D}{m}} \cos \left(\sqrt{\frac{D}{m}} \cdot t \right) \quad \text{(Kettenregel!)}$$

$$\dot{x}(0) = v_0 = -C_1 \sqrt{\frac{D}{m}} \sin \left(\sqrt{\frac{D}{m}} \cdot 0 \right) + C_2 \sqrt{\frac{D}{m}} \cos \left(\sqrt{\frac{D}{m}} \cdot 0 \right)$$

$$= C_2 \sqrt{\frac{D}{m}}, \quad \text{da } C_1 = 0$$

und somit $C_2 = v_0 \sqrt{\frac{m}{D}}$. Die spezielle Lösung lautet also in diesem Fall:

$$x(t) = v_0 \sqrt{\frac{m}{D}} \sin \left(\sqrt{\frac{D}{m}} \cdot t \right).$$

Dass hier der Sinus herauskommt und der Kosinusterm wegfällt, ist anschaulich klar, da wir mit der Messung im Nullpunkt beginnen (siehe auch Aufg. 10.8). ◄

10.4 Aufgaben

Aufgabe 10.1. Lösen Sie die folgenden Differentialgleichungen. Achten Sie bei f) notfalls auf mögliche Lösungsintervalle: (**465 Lösung**)

a) $y'(x) = 2y(x) + e^{-3x}$ b) $y'(x) = -y(x) + x^2$

c) $y'(x) = 2y(x) + \cos(2x) - \sin(2x)$ d) $2y'(x) + 5y(x) = 3e^x$

e) $y'(x) = \cos x \cdot y(x)$ f) $y'(x) + \frac{1}{x^2}y(x) = 0$

Aufgabe 10.2. Lösen Sie die folgenden Anfangswertprobleme: (**468 Lösung**)

a) $y'(x) = \sin x \cdot y(x), \quad y(0) = 1$ b) $y'(x) = 2xy(x), \quad y(0) = 1$

c) $2u'(t) - u(t) + 2t = 0, \quad u(1) = -2$

Aufgabe 10.3. Lösen Sie die folgenden Differentialgleichungen bzw. Anfangswertprobleme mit separierten Variablen: (**469 Lösung**)

a) $y' = 2xy$ b) $y' = e^y \sin x, \quad y(0) = 0$

c) $t^2 u = (1 + t)\dot{u}, \quad u(0) = 1$

Aufgabe 10.4. Lösen Sie die folgenden eulerhomogenen DGLs: (**471 Lösung**)

a) $xyy' = -x^2 - y^2$ b) $y' = 2\frac{y}{x}$

c) $(5x^2 + 3xy + 2y^2)dx + (x^2 + 2xy)dy = 0$

Aufgabe 10.5. Lösen Sie die folgenden linearen DGLs 2.Ordnung: (**474 Lösung**)

a) $\ddot{u} + 13\dot{u} + 40u = 0$ b) $\ddot{u} + 4\dot{u} + 4u = 0$

c) $\ddot{u} + 3\dot{u} - 10u = 20$ d) $\ddot{u} - 2\dot{u} + u = e^t$

Hinweis zu d): Eine partikuläre Lösung der inhomogenen DGL hat die Form $p(t)e^t$, wobei $p(t) = At^2$. Probieren Sie ein wenig aus!

Aufgabe 10.6. Lösen Sie die folgenden Anfangswertprobleme: (**475 Lösung**)

a) $\ddot{u} + u = 0, \ u(0) = 0, \ \dot{u}(0) = 1$ b) $\ddot{u} - 2\dot{u} + u = 2, \ u(0) = 1, \ \dot{u}(0) = 1$

Aufgabe 10.7. Übertragen Sie das Gelernte auf die folgende DGL 3. Ordnung und lösen Sie sie mit den bekannten Methoden: (**476 Lösung**)

$$\dddot{u} + 3\ddot{u} + 3\dot{u} + u = 0$$

Aufgabe 10.8. Lösen Sie die Schwingungsdifferentialgleichung

$$\ddot{x}(t) + \frac{D}{m}x(t) = 0$$

unter den Anfangsbedingungen $x(0) = x_{\max} > 0$, $\dot{x}(0) = 0$, lassen Sie also die Zeitmessung im oberen Umkehrpunkt beginnen. (**477 Lösung**)

Kapitel 11

Taylorreihen und Polynomapproximationen

In diesem Kapitel wollen wir die Differentialrechnung anwenden um einige wichtige Funktionen durch Näherungspolynome zu approximieren.

11.1 Grundbegriffe und Beispiele

Sie haben bereits in Bsp. 6.14 die Exponentialreihe kennengelernt

$$e^x = \sum_{n=0}^{\infty} \frac{x^n}{n!} = 1 + x + \frac{x^2}{2} + \frac{x^3}{6} + \frac{x^4}{24} + \frac{x^5}{120} \cdots.$$

Diese Reihe besteht aus aufsummierten Polynomen immer höherer Ordnung. Sie können sich somit die Exponentialfunktion

$$f : \mathbb{R} \to \mathbb{R}, \; x \mapsto f(x) = e^x$$

durch das Aufsummieren von Gliedern dieser Reihe, also durch Polynome, approximiert denken. Betrachten wir die ersten Polynome (ab 1. Ordnung) der Exponentialreihe:

© Springer-Verlag GmbH Deutschland, ein Teil von Springer Nature 2023
S. Proß und T. Imkamp, *Brückenkurs Mathematik für den Studieneinstieg*,
https://doi.org/10.1007/978-3-662-68303-3_12

$$f_1(x) = 1 + x$$

$$f_2(x) = 1 + x + \frac{1}{2}x^2$$

$$f_3(x) = 1 + x + \frac{1}{2}x^2 + \frac{1}{6}x^3$$

$$f_4(x) = 1 + x + \frac{1}{2}x^2 + \frac{1}{6}x^3 + \frac{1}{24}x^4.$$

Wir betrachten die Graphen der vier Polynomfunktionen und den Graphen der e-Funktion einmal in einem gemeinsamen Koordinatensystem (siehe Abb. 11.1).

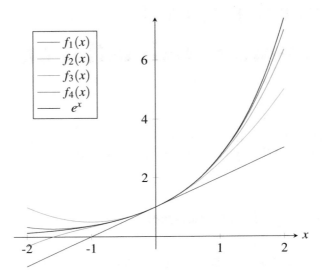

Abb. 11.1: Die e-Funktion und ihre ersten vier Näherungspolynome

Sie können erkennen, dass die Graphen der Polynomfunktionen sich an den Graphen der e-Funktion immer mehr „anschmiegen". Ähnlich, wie die lineare Approximation bestimmter Funktionen eine Grundidee der Differentialrechnung darstellt (siehe Abschn. 8.1 und Bsp. 8.8), gelingt unter bestimmten Bedingungen auch eine Näherung durch quadratische, kubische und höhere Polynome.

Beispiel 11.1. Wir erinnern uns an den Mittelwertsatz der Differentialrechnung (siehe Satz 8.10). In Abb. 11.2 gilt demnach für ein geeignetes $c \in \,]a;b[$:

$$f'(c) = \frac{f(b) - f(a)}{b - a}.$$

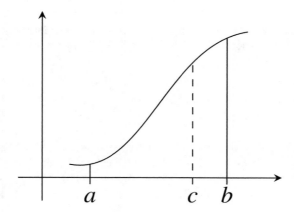

Abb. 11.2: Mittelwertsatz

Betrachten wir ein kleines Intervall $[a;x]$, also den Fall $x - a \ll 1$, so ist $c \approx a$, und wir können wegen der Stetigkeit von f auch näherungsweise schreiben

$$\frac{f(x) - f(a)}{x - a} \approx f'(a),$$

also

$$f(x) \approx f(a) + f'(a)(x - a).$$

Wir haben damit ein erstes Näherungspolynom (siehe Satz 8.1). Auf die e-Funktion und $a = 0$ angewendet, entspricht dieses genau dem obigen linearen Näherungspolynom:

$$f(x) = e^x, \qquad a = 0$$
$$e^x \approx 1 + x. \qquad \blacktriangleleft$$

Genauer gilt für mehrfach differenzierbare Funktionen die so genannte *Taylor-Formel* (Brook Taylor, 1685-1731, war ein britischer Mathematiker).

Satz 11.1 (Taylor-Formel). Sei $f : I \to \mathbb{R}$ eine auf dem Intervall I $(n+1)$-mal stetig differenzierbare Funktion. Für $x_0, x \in I$ gilt dann

$$f(x) = f(x_0) + f'(x_0)(x-x_0) + \frac{f''(x_0)}{2!}(x-x_0)^2 + \frac{f'''(x_0)}{3!}(x-x_0)^3$$

$$+ \frac{f^{(4)}(x_0)}{4!}(x-x_0)^4 + \cdots + \frac{f^{(n)}(x_0)}{n!}(x-x_0)^n + \text{Restglied},$$

wobei das Restglied den Fehler in der Approximation der Funktion f durch das Polynom n-ten Grades angibt. Die entsprechende Reihe heißt *Taylorreihe*. Die Zahl x_0 wird auch als *Entwicklungspunkt* der Taylorreihe bezeichnet.

Beweis. Wir machen folgenden Ansatz

$$f(x) = a_0 + a_1(x-x_0) + a_2(x-x_0)^2 + a_3(x-x_0)^3 + a_4(x-x_0)^4 \ldots$$

und bestimmen die Koeffizienten a_i so, dass im Entwicklungspunkt x_0 die Taylorreihe und ihre Ableitungen mit der Funktion und deren Ableitungen übereinstimmt. Dazu berechnen wir zunächst die Ableitungen:

$$f'(x) = 1 \cdot a_1 + 2a_2(x-x_0) + 3a_3(x-x_0)^2 + 4a_4(x-x_0)^3 \ldots$$

$$f''(x) = 2 \cdot 1 \cdot a_2 + 3 \cdot 2a_3(x-x_0) + 4 \cdot 3a_4(x-x_0)^2 \ldots$$

$$f'''(x) = 3 \cdot 2 \cdot 1 \cdot a_3 + 4 \cdot 3 \cdot 2a_4(x-x_0) \ldots$$

Nun setzen wir $x = x_0$ und erhalten die gesuchten Koeffizienten

$$f(x_0) = a_0 \qquad\qquad \Leftrightarrow a_0 = f(x_0) = \frac{f(x_0)}{0!}$$

$$f'(x_0) = 1 \cdot a_1 \qquad\qquad \Leftrightarrow a_1 = f'(x_0) = \frac{f'(x_0)}{1!}$$

$$f''(x_0) = 2 \cdot 1 \cdot a_2 \qquad\qquad \Leftrightarrow a_2 = \frac{f''(x_0)}{2!}$$

$$f'''(x_0) = 3 \cdot 2 \cdot 1 \cdot a_3 \qquad\qquad \Leftrightarrow a_3 = \frac{f'''(x_0)}{3!}$$

$$\vdots$$

$$f^{(i)}(x_0) = i \cdot (i-1) \ldots 3 \cdot 2 \cdot 1 \cdot a_i \Leftrightarrow a_i = \frac{f^i(x_0)}{i!}$$

$$\vdots$$

$\square$

> **Bemerkung 11.1.**
>
> (1) Nicht jede Funktion ist in eine Taylorreihe entwickelbar. Eine notwendige Voraussetzung ist, dass die Funktion in einer Umgebung der Entwicklungsstelle x_0 beliebig oft differenzierbar ist. Diese Bedingung ist jedoch nicht hinreichend, d. h. nicht jede beliebig oft differenzierbare Funktion ist in eine Taylorreihe entwickelbar. Im Rahmen dieser Einführung können wir auf diesen Aspekt nicht näher eingehen und verweisen auf Spezialliteratur (z. B. Forster 2016, Kap. 22).
> (2) Ein weiterer wichtiger Aspekt ist die Frage nach dem *Konvergenzradius*, d. h., für welche x-Werte die Funktion durch die Taylorreihe dargestellt wird. Auch hier sei z. B. Forster 2016 oder Papula 2018, Kap. VI verwiesen.

Beispiel 11.2.

(1) Für $a = 0$ ergibt sich, wie bereits gesehen, die Exponentialreihe:

$$e^x = \sum_{n=0}^{\infty} \frac{x^n}{n!}.$$

(2) Betrachten wir die folgende Wurzelfunktion:

$$f(x) = \sqrt{x+1}, \quad a = 0, \ \mathbb{D}_f = [-1; 1]$$

Es gilt $f(0) = 1$ und

$$f'(x) = \frac{1}{2\sqrt{x+1}} \qquad\qquad f'(0) = \frac{1}{2}$$

$$f''(x) = -\frac{1}{4\sqrt{(x+1)^3}} \qquad\qquad f''(0) = -\frac{1}{4}.$$

Die ersten Glieder der Taylorreihe sind:

$$f(x) = \sqrt{x+1} = 1 + \frac{1}{2}x - \frac{1}{8}x^2 + \text{Rest}.$$

Als Näherungsformel für $|x| < 1$ gilt:

$$\sqrt{x+1} \approx 1 + \frac{1}{2}x.$$

Näherungsformeln dieser Art können Sie dazu benutzen, um spezielle Wurzeln mit hoher Genauigkeit schriftlich oder gar im Kopf zu berechnen. Z. B. ist

$$\sqrt{18} = \sqrt{16+2} = \sqrt{16}\sqrt{1+\frac{1}{8}} \approx 4\left(1+\frac{1}{2}\cdot\frac{1}{8}\right) = 4\cdot 1,0625 = 4,25.$$

Genauer gilt $\sqrt{18} \approx 4,2426$. Das Ergebnis von eben sollte also für eine Schätzung reichen!

(3) Wie in Bsp. 6.15 bereits erwähnt, gibt es auch Reihen für sin und cos:

$$\sin x = \sum_{n=0}^{\infty} (-1)^n \frac{x^{2n+1}}{(2n+1)!} = x - \frac{x^3}{3!} + \frac{x^5}{5!} - \frac{x^7}{7!} + \frac{x^9}{9!} \mp \cdots$$

$$\cos x = \sum_{n=0}^{\infty} (-1)^n \frac{x^{2n}}{(2n)!} = 1 - \frac{x^2}{2!} + \frac{x^4}{4!} - \frac{x^6}{6!} \pm \cdots$$

Wir überprüfen mithilfe von Satz 11.1, dass es sich hierbei um die Taylorreihe der sin-Funktion um den Entwicklungspunkt 0 handelt. Dazu bestimmen wir zunächst die Ableitungen am Punkt $x_0 = 0$:

$$\begin{aligned}
f(x) &= \sin x & f(0) &= 0 \\
f'(x) &= \cos x & f'(0) &= 1 \\
f''(x) &= -\sin x & f''(0) &= 0 \\
f'''(x) &= -\cos x & f'''(0) &= -1 \\
f^{(4)}(x) &= \sin x & f^{(4)}(0) &= 0
\end{aligned}$$

und stellen die Funktion dann durch ihre Taylorreihe dar

$$\begin{aligned}
\sin x &= \frac{0}{0!} + \frac{1}{1!}x + \frac{0}{2!}x^2 - \frac{1}{3!}x^3 + \frac{0}{4!}x^4 \pm \cdots \\
&= \frac{1}{1!}x - \frac{1}{3!}x^3 + \frac{1}{5!}x^5 - \frac{1}{7!}x^7 \pm \cdots \\
&= \sum_{i=0}^{\infty} \frac{(-1)^i}{(2i+1)!}x^{2i+1} \qquad\blacktriangleleft
\end{aligned}$$

> **Denkanstoß**
>
> Führen Sie Aufg. 11.1 a) durch, um die cos-Reihe zu überprüfen!

Der Entwicklungspunkt muss natürlich nicht immer bei Null liegen. Manchmal ist das auch gar nicht möglich, wie das folgende Beispiel zeigt.

Beispiel 11.3. Wir entwickeln die Funktion $f(x) = \ln x$ an der Stelle $x_0 = 1$ in ihre Taylorreihe und bestimmen dazu wieder zuerst die Ableitungen im Punkt $x_0 = 1$:

$$f(x) = \ln x \qquad\qquad\qquad f(1) = 0$$

$$f'(x) = \frac{1}{x} \qquad\qquad f'(1) = 1$$

$$f''(x) = -\frac{1}{x^2} \qquad\qquad f''(1) = -1$$

$$f'''(x) = \frac{2}{x^3} \qquad\qquad f'''(1) = 2$$

$$f^{(4)}(x) = -\frac{2\cdot 3}{x^4} \qquad\qquad f^{(4)}(1) = -2\cdot 3$$

$$f^{(5)}(x) = \frac{2\cdot 3\cdot 4}{x^5} \qquad\qquad f^{(5)}(1) = 2\cdot 3\cdot 4$$

Nun können wir die Taylorreihe der Funktion angeben

$$\ln x = \frac{0}{0!} + \frac{1}{1!}(x-1) - \frac{1}{2!}(x-1)^2 + \frac{2}{3!}(x-1)^3 - \frac{2\cdot 3}{4!}(x-1)^4$$
$$+ \frac{2\cdot 3\cdot 4}{5!}(x-1)^5 \pm \dots$$
$$= (x-1) - \frac{1}{2}(x-1)^2 + \frac{1}{3}(x-1)^3 - \frac{1}{4}(x-1)^4 + \frac{1}{5}(x-1)^5 \pm \dots$$
$$= \sum_{i=1}^{\infty} \frac{(-1)^{(i+1)}}{i}(x-1)^i \qquad \blacktriangleleft$$

11.2 Eine Anwendung aus der Physik

Zum Abschluss betrachten wir noch die Anwendung einer Taylorreihe in der modernen Physik, nämlich Einsteins spezieller Relativitätstheorie. Nach dieser nimmt die Masse eines bewegten Körpers mit zunehmender Geschwindigkeit aus Sicht eines äußeren Beobachters formal zu. Dies macht sich umso deutlicher bemerkbar, je höher die Geschwindigkeit des Körpers ist, insbesondere, wenn diese gegenüber der Lichtgeschwindigkeit $c = 299\,792\,458\,\frac{m}{s}$ (exakter Wert!) nicht mehr zu vernachlässigen ist. Damit sieht es für die Gültigkeit der Formel $E_{kin} = \frac{1}{2}mv^2$, wie Sie sie aus der klassischen Mechanik kennen, im Bereich hoher Geschwindigkeiten schlecht aus, da diese von einer konstanten Masse des Körpers ausgeht.

Nach Einstein wissen wir, dass für die Energie einer Masse m die Beziehung

$$E = mc^2 = \frac{m_0 c^2}{\sqrt{1 - \frac{v^2}{c^2}}}$$

gilt („Äquivalenz von Masse und Energie"). Dabei ist m die von der Geschwindigkeit v abhängige Masse des betrachteten Körpers und m_0 seine Ruhemasse.

Mithilfe der Taylor-Formel können wir die klassische Formel für die kinetische Energie reproduzieren:

In der Relativitätstheorie gilt für die kinetische Energie

$$E_{kin} = mc^2 - m_0 c^2 = m_0 c^2 \left(\frac{1}{\sqrt{1 - \frac{v^2}{c^2}}} - 1 \right),$$

wobei $m_0 c^2$ die Ruheenergie ist.

Wir suchen die Taylorreihe von f mit

$$f(x) = \frac{1}{\sqrt{1-x}} - 1 \qquad \left(x = \frac{v^2}{c^2} \ll 1 \right)$$

um $a = 0$. Wir schreiben den Term von f um und berechnen die ersten Ableitungen von f:

$$f(x) = (1-x)^{-\frac{1}{2}} - 1 \qquad\qquad f(0) = 0$$
$$f'(x) = \frac{1}{2}(1-x)^{-\frac{3}{2}} \qquad\qquad f'(0) = \frac{1}{2}$$
$$f''(x) = \frac{3}{4}(1-x)^{-\frac{5}{2}} \qquad\qquad f''(0) = \frac{3}{4}.$$

(Beachten Sie die Kettenregel im Hinblick auf das Vorzeichen vor dem x!)

Die Taylorreihe beginnt also so:

$$\frac{1}{\sqrt{1-x}} - 1 = \frac{1}{2}x + \frac{3}{8}x^2 + \dots$$

und damit ergibt sich

$$E_{kin} = m_0 c^2 \left(\frac{1}{\sqrt{1 - \frac{v^2}{c^2}}} - 1 \right)$$
$$= m_0 c^2 \left(\frac{1}{2}\frac{v^2}{c^2} + \frac{3}{8}\frac{v^4}{c^4} + \dots \right)$$
$$= \frac{1}{2}m_0 v^2 + \frac{3}{8}m_0 \frac{v^4}{c^2} + \dots$$
$$\underset{v \ll c}{\approx} \frac{1}{2}m_0 v^2,$$

also der klassische Term für die kinetische Energie.

11.3 Aufgaben

Aufgabe 11.1. Bestimmen Sie für folgende Funktionen die Taylorreihe (**479 Lösung**)

a) $f(x) = \cos x$, $x_0 = 0$ b) $f(x) = \sqrt{x}$, $x_0 = 1$

Aufgabe 11.2. Für $-1 < x \leq 1$ sei

$$f(x) = \ln(x+1).$$

Entwickeln Sie die Funktion f um den Entwicklungspunkt $x_0 = 0$ in eine Taylorreihe bis zum 4. Glied und stellen Sie eine Vermutung darüber auf, wie die gesamte Reihe aussehen könnte. (**480 Lösung**)

Aufgabe 11.3. Für $|x| < 1$ sei

$$f(x) = \arctan x.$$

Führen Sie die Anweisungen von Aufg. 11.2 mit dieser Funktion durch.

Beweisen Sie dann mithilfe Ihrer (als richtig angenommenen) Lösung die Behauptung:

$$\frac{\pi}{4} = \sum_{n=0}^{\infty} (-1)^n \frac{1}{2n+1}.$$

Diese Reihe heißt *Leibnizreihe*. (**480 Lösung**)

Aufgabe 11.4. Entwickeln Sie mithilfe der Ergebnisse aus Aufg. 11.2 die Taylorreihe für die Funktion f mit

$$f(x) = \ln\left(\frac{1+x}{1-x}\right)$$

um den Entwicklungspunkt $x_0 = 0$. (**481 Lösung**)

Aufgabe 11.5. Erinnern Sie sich an die Formel für die geometrische Reihe (siehe Bsp. 6.10):

$$\frac{1}{1-x} = \sum_{n=0}^{\infty} x^n \quad \text{für } |x| < 1.$$

Betrachten Sie diese im Rahmen dessen, was Sie über Taylorreihen gelernt haben. (**482 Lösung**)

Kapitel 12

Vektoren

In diesen letzten beiden Kapiteln des Buches wollen wir einige Grundbegriffe und Verfahren der linearen Algebra kennenlernen. Als erstes führen wir den Begriff des *Vektors* ein, der bereits in der gymnasialen Oberstufe im Rahmen der so genannten analytischen Geometrie eine fundamentale Rolle spielt. Dort wird ein Vektor als eine Klasse gleichlanger, gleichgerichteter und paralleler Pfeile eingeführt. Wir wollen uns in diesem Kapiteln schwerpunktmäßig mit Vektoren in diesem Sinne beschäftigen und die wesentlichen Eigenschaften dann zu einer algebraischen Struktur zusammenfassen, die man *Vektorraum* nennt. Dies ist der zentrale Gegenstand der linearen Algebra und die Vektoren können mit seiner Hilfe allgemeiner definiert werden.

12.1 Grundbegriffe

Unter einem Vektor im n-dimensionalen Raum ($n \in \mathbb{N}$) verstehen wir hier zunächst eine Zusammenfassung von n reellen Zahlen, die in einer bestimmten Reihenfolge angeordnet sind. Symbolisch stellen wir einen Vektor wie folgt als n-Tupel dar:

$$\vec{x} = \begin{pmatrix} x_1 \\ x_2 \\ \vdots \\ x_n \end{pmatrix}.$$

Man spricht hier auch von der *Spaltendarstellung* eines Vektors oder von einem *Spaltenvektor*. Dies ist die gebräuchlichste Darstellung. Alternativ gibt es auch die *Zeilendarstellung* oder den *Zeilenvektor*

$$\left(x_1 \; x_2 \; \ldots \; x_n \right),$$

der in Abschn. 13.5 noch eine Rolle spielen wird. Die Zahlen $x_1, x_2, \ldots, x_n$ heißen in beiden Darstellungen *Koordinaten* des Vektors. Der *Betrag* eines Vektors ist gegeben durch

$$|\vec{x}| = \sqrt{x_1^2 + x_2^2 + \ldots x_n^2}.$$

Beispiel 12.1. Wir betrachten den zweidimensionalen Vektor

$$\vec{x} = \begin{pmatrix} 2 \\ 3 \end{pmatrix},$$

auch *Ortsvektor* des Punktes $(2|3)$ der zweidimensionalen Ebene genannt.

Der Betrag ist

$$|\vec{x}| = \sqrt{2^2 + 3^2} = \sqrt{13}.$$

Geometrisch entspricht dieser der Länge eines entsprechenden Pfeils (siehe Abb. 12.1). Der Vektor $\vec{x}$ besteht aus allen parallelen und gleichgerichteten Pfeilen dieser Länge. Einen einzelnen dieser Pfeile wie in Abb. 12.1 nennt man auch einen *Repräsentanten* dieses Vektors.   ◄

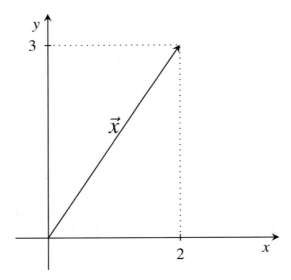

Abb. 12.1: Repräsentant des Vektors $\vec{x}$ aus Bsp. 12.1.

Vektoren mit dem Betrag 1 werden *Einheitsvektoren* genannt. Man erhält sie durch *Normierung* wie folgt:

$$\vec{e}_x = \frac{1}{|\vec{x}|} \cdot \vec{x}.$$

Der Vektor

$$-\vec{x} = (-1) \cdot \vec{x}$$

wird *Gegenvektor* des Vektors $\vec{x}$ genannt.

Der n-dimensionale *Einsvektor* wird mit $\mathbb{1}_n$ symbolisiert, es gilt

$$\mathbb{1}_n = \begin{pmatrix} 1 \\ 1 \\ \vdots \\ 1 \end{pmatrix}.$$

Der *Nullvektor* wird jeweils mit $\vec{0}$ symbolisiert, es gilt

$$\vec{0} = \begin{pmatrix} 0 \\ 0 \\ \vdots \\ 0 \end{pmatrix}.$$

Ein wichtiger n-dimensionaler Einheitsvektor ist der Vektor

$$\vec{e}_i = \begin{pmatrix} 0 \\ \vdots \\ 0 \\ 1 \\ 0 \\ \vdots \\ 0 \end{pmatrix},$$

wobei die 1 an der i-ten Stelle steht.

12.2 Rechenoperationen und Vektorraum

Für n-dimensionale Vektoren betrachten wir die folgenden wichtigen Rechenoperationen:

(1) Addition (und Subtraktion):

$$\vec{x} \pm \vec{y} = \begin{pmatrix} x_1 \\ x_2 \\ \vdots \\ x_n \end{pmatrix} \pm \begin{pmatrix} y_1 \\ y_2 \\ \vdots \\ y_n \end{pmatrix} = \begin{pmatrix} x_1 \pm y_1 \\ x_2 \pm y_2 \\ \vdots \\ x_n \pm y_n \end{pmatrix}.$$

(2) Multiplikation mit einer reellen Zahl (die man in diesem Zusammenhang *Skalar* nennt, man spricht daher auch von *S-Multiplikation*):

$$\lambda \cdot \vec{x} = \lambda \cdot \begin{pmatrix} x_1 \\ x_2 \\ \vdots \\ x_n \end{pmatrix} = \begin{pmatrix} \lambda \cdot x_1 \\ \lambda \cdot x_2 \\ \vdots \\ \lambda \cdot x_n \end{pmatrix}.$$

Geometrisch bedeutet die Addition, dass der Vektor $\vec{b}$ parallel zu sich selbst verschoben wird bis sein Anfangspunkt mit dem Endpunkt von Vektor $\vec{a}$ übereinstimmt. Der Summenvektor $\vec{a} + \vec{b}$ ergibt sich dann als Verbindung des Anfangspunkts von $\vec{a}$ und des Endpunkts von $\vec{b}$.

Bei der Differenz $\vec{a} - \vec{b}$ wird zunächst der Gegenvektor $-\vec{b}$ gebildet und dann wie oben beschrieben verfahren, da $\vec{a} + \left(-\vec{b}\right)$ gilt.

Beispiel 12.2. Wir betrachten die drei Vektoren in Abb. 12.2a und bilden die Summe $\vec{s} = \vec{a} + \vec{b} + \vec{c}$ (siehe Abb. 12.2b).

Dazu wird $\vec{b}$ parallel an das Ende von $\vec{a}$ verschoben und $\vec{c}$ an das Ende von $\vec{b}$. Die Verbindung von dem Anfangspunkt von $\vec{a}$ und dem Endpunkt von $\vec{c}$ ergibt den Summenvektor $\vec{s}$.   ◀

Bei der Multiplikation mit einen Skalar gilt: Ist $\lambda > 0$ bleibt die Richtung erhalten, und bei $\lambda < 0$ wird sie umgekehrt. Ist $|\lambda| > 1$ wird der Vektor verlängert, sonst verkürzt.

Beispiel 12.3. Wir betrachten die Vektoren

$$\vec{a} = \begin{pmatrix} 1 \\ -2 \\ 4 \end{pmatrix} \quad \text{und} \quad \vec{b} = \begin{pmatrix} -5 \\ 1 \\ 0 \end{pmatrix}.$$

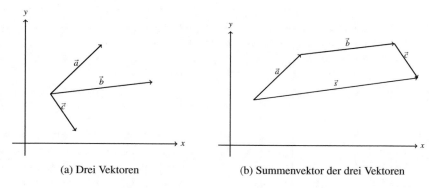

(a) Drei Vektoren   (b) Summenvektor der drei Vektoren

Abb. 12.2: Zur Addition von Vektoren

Es gilt

$$\vec{a}+\vec{b} = \begin{pmatrix} 1 \\ -2 \\ 4 \end{pmatrix} + \begin{pmatrix} -5 \\ 1 \\ 0 \end{pmatrix} = \begin{pmatrix} -4 \\ -1 \\ 4 \end{pmatrix}$$

$$\vec{a}-\vec{b} = \begin{pmatrix} 1 \\ -2 \\ 4 \end{pmatrix} - \begin{pmatrix} -5 \\ 1 \\ 0 \end{pmatrix} = \begin{pmatrix} 6 \\ -3 \\ 4 \end{pmatrix}$$

$$3\vec{a} = 3 \begin{pmatrix} 1 \\ -2 \\ 4 \end{pmatrix} = \begin{pmatrix} 3 \\ -6 \\ 12 \end{pmatrix}$$

$$2\vec{a}-3\vec{b} = 2 \begin{pmatrix} 1 \\ -2 \\ 4 \end{pmatrix} - 3 \begin{pmatrix} -5 \\ 1 \\ 0 \end{pmatrix} = \begin{pmatrix} 17 \\ -5 \\ 4 \end{pmatrix}. \qquad \blacktriangleleft$$

Wichtige Eigenschaften der obigen Vektoroperationen fasst man gerne etwas abstrakter im Begriff des *Vektorraums* zusammen.

Definition 12.1. Ein reeller *Vektorraum* ist ein Tripel $(V,+,\cdot)$ bestehend aus einer nicht-leeren Menge V und zwei Verknüpfungen

$$+ : V \times V \to V$$

(genannt *Vektoraddition*) und

$$\cdot : \mathbb{R} \times V \to V$$

(genannt *S-Multiplikation*), sodass gilt:

(1) $(V, +)$ ist eine abelsche Gruppe (siehe Def. 2.12).
(2) (a) $\forall v \in V \; \forall \lambda, \mu \in \mathbb{R} : (\lambda + \mu)v = \lambda v + \mu v$
  (b) $\forall v, w \in V \; \forall \lambda \in \mathbb{R} : \lambda(v + w) = \lambda v + \lambda w$
  (c) $\forall v \in V \; \forall \lambda, \mu \in \mathbb{R} : (\lambda \mu)v = \lambda(\mu v)$
  (d) $\forall v \in V : 1 \cdot v = v$

Bemerkung 12.1. Beachten Sie, dass die als Vektoren aufzufassenden Größen v und w in Def. 12.1 ohne Pfeil dargestellt sind. Das liegt daran, dass der Vektorbegriff in der linearen Algebra weiter gefasst ist, und über die von uns eingeführten Pfeilklassen hinausgeht. Die Pfeilklassen sind in diesem abstrakten Sinne Spezialfälle von Vektoren. Tatsächlich sind die *Vektorraum* genannten Strukturen die Hauptgegenstände der linearen Algebra, und nicht die Vektoren selber, die in diesem abstrakten Sinne lediglich als Elemente eines Vektorraums definiert sind. Des Weiteren werden Vektorräume auch über anderen Körpern K betrachtet, man spricht dann von einem K-Vektorraum, z. B. im Fall $K = \mathbb{C}$ auch von einem komplexen Vektorraum.

Beispiel 12.4. Die folgenden Strukturen stellen Beispiele für Vektorräume dar. Überprüfen Sie jeweils die Eigenschaften.

(1) Die bisher genannten Pfeilklassen fasst man bezüglich der Addition und S-Multiplikation als n-dimensionalen Vektorraum $(\mathbb{R}^n, +, \cdot)$ auf.

(2) Auch $(\mathbb{R}, +, \cdot)$, also die Menge der reellen Zahlen mit der gewöhnlichen Addition und Multiplikation. Die reellen Zahlen sind in diesem Sinne Vektoren, die addiert werden und mit Skalaren, in diesem Fall auch reellen Zahlen, multipliziert werden können. Der Nullvektor ist hier die reelle Zahl 0, das inverse Element zu a in der abelschen Gruppe (also der Gegenvektor) ist $-a$.

(3) $(\mathbb{C}, +, \cdot)$, also die Menge der komplexen Zahlen mit der gewöhnlichen Addition und Multiplikation.

(4) Die Menge $C(\mathbb{R})$ der reellen, stetigen Funktionen auf $\mathbb{R}$ bezüglich der Addition von Funktionen und der Multiplikation mit reellen Zahlen. Diese Operationen übertragen sich von der Addition und Multiplikation reeller Zahlen: Für $f, g \in C(\mathbb{R})$ und $\lambda \in \mathbb{R}$ gilt
$$(f + g)(x) := f(x) + g(x)$$
und
$$(\lambda f)(x) := \lambda f(x).$$

(5) Die Menge mit dem Element 0 bildet (bezüglich der gewöhnlichen Addition und Multiplikation) einen Vektorraum, den *Nullvektorraum*. ◄

Zur besseren Unterscheidung zwischen Vektoren und Skalaren werden wir bei der Schreibweise mit dem Pfeil bleiben.

Definition 12.2. Sei $(V, +, \cdot)$ ein reeller Vektorraum und $\vec{v}_1, \vec{v}_2, ..., \vec{v}_k \in V$. Dann heißt ein Vektor $\vec{v} \in V$ mit der Darstellung

$$\vec{v} = \sum_{i=1}^{k} \lambda_i \vec{v}_i,$$

wobei $\lambda_1, \lambda_2, ..., \lambda_k \in \mathbb{R}$, *Linearkombination* der Vektoren $\vec{v}_1, \vec{v}_2, ...\vec{v}_k$.

Beispiel 12.5. Es gilt

$$2 \begin{pmatrix} 1 \\ 2 \\ -5 \end{pmatrix} + 3 \begin{pmatrix} -1 \\ 3 \\ 8 \end{pmatrix} = \begin{pmatrix} -1 \\ 13 \\ 14 \end{pmatrix}.$$

somit ist der Vektor

$$\vec{v} = \begin{pmatrix} -1 \\ 13 \\ 14 \end{pmatrix}$$

eine Linearkombination der Vektoren

$$\vec{v}_1 = \begin{pmatrix} 1 \\ 2 \\ -5 \end{pmatrix} \quad \text{und} \quad \vec{v}_2 = \begin{pmatrix} -1 \\ 3 \\ 8 \end{pmatrix},$$

mit $\lambda_1 = 2$ und $\lambda_2 = 3$. ◀

Wir führen jetzt einen für das Weitere sehr wichtigen Begriff ein.

Definition 12.3. Sei $(V, +, \cdot)$ ein reeller Vektorraum. Eine Familie $\{\vec{v}_1, \vec{v}_2, ...\vec{v}_k\}$ von Vektoren aus V heißt *linear unabhängig*, wenn gilt: Falls $\lambda_1, \lambda_2, ...\lambda_k \in \mathbb{R}$ und

$$\sum_{i=1}^{k} \lambda_i \vec{v}_i = \vec{0},$$

dann folgt $\lambda_1 = \lambda_2 = \ldots = \lambda_k = 0$. Man sagt auch: Die Vektoren $\vec{v}_1, \vec{v}_2, \ldots \vec{v}_k$ sind linear unabhängig. Falls die Familie $\{\vec{v}_1, \vec{v}_2, \ldots \vec{v}_k\}$ nicht linear unabhängig ist, nennt man sie *linear abhängig*.

Beispiel 12.6. Die drei Vektoren aus Bsp. 12.5 sind linear abhängig, da gilt

$$2 \begin{pmatrix} 1 \\ 2 \\ -5 \end{pmatrix} + 3 \begin{pmatrix} -1 \\ 3 \\ 8 \end{pmatrix} - \begin{pmatrix} -1 \\ 13 \\ 14 \end{pmatrix} = \begin{pmatrix} 0 \\ 0 \\ 0 \end{pmatrix},$$

also eine Darstellung des Nullvektors mittels Linearkombination der drei Vektoren gelingt mit $\lambda_1 = 2$, $\lambda_2 = 3$ und $\lambda_3 = -1$. ◀

Satz 12.1. Die Vektoren $\vec{v}_1, \vec{v}_2, \ldots \vec{v}_k$ sind genau dann linear unabhängig, falls sich keiner von ihnen als Linearkombination der anderen darstellen lässt.

Beweis. Da es sich um eine Wenn-Dann-Aussage handelt, müssen wir zweierlei beweisen:

(1) Wenn die Vektoren $\vec{v}_1, \vec{v}_2, \ldots \vec{v}_k$ linear unabhängig sind, dann ist keiner von ihnen eine Linearkombination der anderen.

(2) Wenn keiner der Vektoren $\vec{v}_1, \vec{v}_2, \ldots \vec{v}_k$ eine Linearkombination der anderen ist, dann sind sie linear unabhängig.

Zu (1): Seien $\vec{v}_1, \vec{v}_2, \ldots \vec{v}_k$ linear unabhängig. Angenommen, es existiert ein $i \in \{1; 2; \ldots; k\}$, sodass

$$\vec{v}_i = \lambda_1 \vec{v}_1 + \cdots + \lambda_{i-1} \vec{v}_{i-1} + \lambda_{i+1} \vec{v}_{i+1} + \cdots + \lambda_k \vec{v}_k.$$

Dann gilt jedoch

$$\lambda_1 \vec{v}_1 + \cdots + \lambda_{i-1} \vec{v}_{i-1} + (-1)\vec{v}_i \lambda_{i+1} \vec{v}_{i+1} + \cdots + \lambda_k \vec{v}_k = \vec{o},$$

also gibt es eine nicht-triviale Darstellung des Nullvektors, d. h. eine, bei der nicht alle Koeffizienten gleich null sind, im Widerspruch zur linearen Unabhängigkeit.

Zu (2): Sei keiner der Vektoren $\vec{v}_1, \vec{v}_2, \ldots \vec{v}_k$ eine Linearkombination der übrigen. Angenommen, die Familie $\vec{v}_1, \vec{v}_2, \ldots \vec{v}_k$ sei linear abhängig. Dann existiert ein $i \in \{1; 2; \ldots; k\}$, sodass $\lambda_i \neq 0$ und

$$\sum_{i=1}^{k} \lambda_i \vec{v}_i = \vec{o}.$$

Dann gilt jedoch

$$\vec{v}_i = -\frac{\lambda_1}{\lambda_i}\vec{v}_1 - \cdots - \frac{\lambda_{i-1}}{\lambda_i}\vec{v}_{i-1} - \frac{\lambda_{i+1}}{\lambda_i}\vec{v}_{i+1} - \cdots - \frac{\lambda_k}{\lambda_i}\vec{v}_k,$$

also ist $\vec{v}_i$ eine Linearkombination der übrigen Vektoren, im Widerspruch zur Annahme. □

Beispiel 12.7. Wir betrachten die folgenden drei dreidimensionalen Vektoren, die offensichtlich linear unabhängig sind.

$$\begin{pmatrix} 1 \\ 0 \\ 0 \end{pmatrix}, \begin{pmatrix} 0 \\ 1 \\ 0 \end{pmatrix}, \begin{pmatrix} 0 \\ 0 \\ 1 \end{pmatrix}.$$

Jeder Vektor der Form

$$\begin{pmatrix} a \\ b \\ c \end{pmatrix}$$

mit $a, b, c \in \mathbb{R}$ lässt sich als Linearkombination dieser drei Vektoren darstellen:

$$a \begin{pmatrix} 1 \\ 0 \\ 0 \end{pmatrix} + b \begin{pmatrix} 0 \\ 1 \\ 0 \end{pmatrix} + c \begin{pmatrix} 0 \\ 0 \\ 1 \end{pmatrix} = \begin{pmatrix} a \\ b \\ c \end{pmatrix}.$$

Da sich also jeder dreidimensionale Vektor als Linearkombination der drei gezeigten (Einheits-)Vektoren darstellen lässt, sagt man auch, dass diese drei Vektoren den dreidimensionalen Vektorraum $\mathbb{R}^3$ *aufspannen.* ◄

Definition 12.4. Die Menge aller Linearkombinationen von k Vektoren $\vec{v}_1, \vec{v}_2, \ldots \vec{v}_k$ heißt *lineare Hülle* dieser Vektoren oder auch den von ihnen *aufgespannten Raum*

$$\text{Span}\,(\vec{v}_1, \vec{v}_2, \ldots \vec{v}_k).$$

Beispiel 12.8. In Bsp. 12.7 lässt sich also schreiben:

$$\mathbb{R}^3 = \text{Span}\left(\begin{pmatrix} 1 \\ 0 \\ 0 \end{pmatrix}, \begin{pmatrix} 0 \\ 1 \\ 0 \end{pmatrix}, \begin{pmatrix} 0 \\ 0 \\ 1 \end{pmatrix} \right). \qquad \blacktriangleleft$$

Satz 12.2. Sei $(V,+,\cdot)$ ein reeller Vektorraum. Dann ist eine Familie $\{\vec{v}_1, \vec{v}_2, \ldots, \vec{v}_n\}$ genau dann linear unabhängig, wenn sich jeder Vektor $\vec{v} \in$ $\text{Span}\{\vec{v}_1, \vec{v}_2, \ldots, \vec{v}_n\}$ eindeutig aus Vektoren der Familie linear kombinieren lässt.

Beweis. Sei $\{\vec{v}_1, \vec{v}_2, \ldots, \vec{v}_n\}$ linear unabhängig. Angenommen,

$$\vec{v} = \sum_{i=1}^{n} \lambda_i \vec{v}_i = \sum_{i=1}^{n} \mu_i \vec{v}_i.$$

Dann folgt mit Subtraktion

$$\sum_{i=1}^{n} (\lambda_i - \mu_i)\vec{v}_i = 0,$$

und daraus, wegen der vorausgesetzten linearen Unabhängigkeit $\lambda_i = \mu_i$ $\forall i \in \{1; 2; \ldots; n\}$. Somit ist die Darstellung als Linearkombination eindeutig.

Sei nun $\{\vec{v}_1, \vec{v}_2, \ldots, \vec{v}_n\}$ linear abhängig. Dann gibt es eine Darstellung des Nullvektors

$$\vec{0} = \sum_{i=1}^{n} \lambda_i \vec{v}_i,$$

bei der nicht alle λ_i null sind. Dies ist wegen

$$\vec{0} = \sum_{i=1}^{n} 0 \cdot \vec{v}_i$$

ein Widerspruch zur Eindeutigkeit. $\square$

Die Def. 12.4 liefert die Grundlage für den zentralen Begriff der Vektorraumtheorie.

Definition 12.5. Sei $(V,+,\cdot)$ ein reeller Vektorraum. Eine Familie der Vektoren $\{\vec{v}_1, \vec{v}_2, \ldots \vec{v}_n\}$ heißt *Basis* von V, wenn sie linear unabhängig ist und $V = \text{Span}(\vec{v}_1, \vec{v}_2, \ldots \vec{v}_n)$ gilt. In diesem Fall sagt man, der Vektorraum habe die *Dimension n* und schreibt $\dim(V) = n$.

Beispiel 12.9. Die Familie $\{\vec{e}_1, \vec{e}_2, \ldots, \vec{e}_n\}$ ist eine Basis des n-dimensionalen reellen Vektorraums $(\mathbb{R}^n, +, \cdot)$, die so genannte *kanonische Basis*. Jeder Vektor $\vec{x} \in \mathbb{R}^n$ lässt sich (nach Satz 12.2 eindeutig) schreiben als

$$\vec{x} = \sum_{i=1}^n x_i \vec{e}_i.$$

In Bsp. 12.7 bilden die drei dort gegebenen Einheitsvektoren eine Basis des $\mathbb{R}^3$ $(\dim(\mathbb{R}^3) = 3)$. ◀

Beispiel 12.10. Die Familie $\{1, i\}$ ist eine Basis des reellen Vektorraums $(\mathbb{C}, +, \cdot)$, da sich jede komplexe Zahl $a + ib$ schreiben lässt als $a \cdot 1 + b \cdot i$. Die Dimension von $\mathbb{C}$ über $\mathbb{R}$ ist also zwei $(\dim(\mathbb{C}) = 2)$. ◀

Bemerkung 12.2. Die Basis eines Vektorraums ist nicht eindeutig bestimmt. So bildet z. B. auch die Familie

$$\left(\begin{pmatrix} 2 \\ 0 \\ 0 \end{pmatrix}, \begin{pmatrix} 0 \\ -1 \\ 0 \end{pmatrix}, \begin{pmatrix} 0 \\ 0 \\ 4 \end{pmatrix} \right)$$

eine Basis des $\mathbb{R}^3$, wie man leicht einsieht.

12.3 Skalar- und Vektorprodukt

Wir motivieren jetzt den wichtigen Begriff des *Skalarprodukts* (auch *Innenprodukt* genannt) zweier Vektoren mithilfe eines geometrischen Problems im $\mathbb{R}^3$: Wir betrachten die dreidimensionalen Vektoren $\vec{u}$ und $\vec{v}$. Woran erkennt man, dass diese zueinander orthogonal sind?

In Abb. 12.3 sind zwei Repräsentanten der Vektoren $\vec{u}$ und $\vec{v}$, sowie des Differenzvektors $\vec{v} - \vec{u}$ in einem kartesischen Koordinatensystem des $\mathbb{R}^3$ dargestellt. Es gilt $\vec{u} \perp \vec{v}$. Sei

$$\vec{u} = \begin{pmatrix} u_1 \\ u_2 \\ u_3 \end{pmatrix} \quad \text{und} \quad \vec{v} = \begin{pmatrix} v_1 \\ v_2 \\ v_3 \end{pmatrix}.$$

Nach Pythagoras gilt:

$$|\vec{v} - \vec{u}|^2 = |\vec{v}|^2 + |\vec{v}|^2,$$

und somit für die Koordinaten

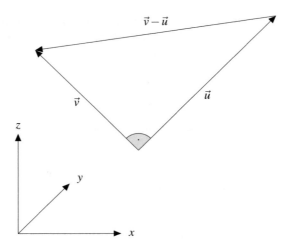

Abb. 12.3: Orthogonale Vektoren im Raum

$$(v_1 - u_1)^2 + (v_2 - u_2)^2 + (v_3 - u_3)^2 = v_1^2 + v_2^2 + v_3^2 + u_1^2 + u_2^2 + u_3^2.$$

Wir lösen die Klammern links jeweils mithilfe der zweiten binomischen Formel auf und fassen zusammen:

$$v_1^2 - 2u_1v_1 + u_1^2 + v_2^2 - 2u_2v_2 + u_2^2 + v_3^2 - 2u_3v_3 + u_3^2 = v_1^2 + v_2^2 + v_3^2 + u_1^2 + u_2^2 + u_3^2$$
$$-2u_1v_1 - 2u_2v_2 - 2u_3v_3 = 0$$
$$u_1v_1 + u_2v_2 + u_3v_3 = 0$$

Somit gilt

$$\vec{u} \perp \vec{v} \quad \Leftrightarrow \quad u_1v_1 + u_2v_2 + u_3v_3 = 0.$$

Der Ausdruck $u_1v_1 + u_2v_2 + u_3v_3$ heißt *Skalarprodukt* der Vektoren $\vec{u}$ und $\vec{v}$. Zwei Vektoren sind also genau dann orthogonal zueinander, wenn ihr Skalarprodukt verschwindet.

Beispiel 12.11. Die Vektoren

$$\vec{u} = \begin{pmatrix} 1 \\ 2 \\ 3 \end{pmatrix} \quad \text{und} \quad \vec{v} = \begin{pmatrix} -4 \\ 2 \\ 0 \end{pmatrix}$$

sind orthogonal zueinander, denn es gilt

$$\vec{u} \cdot \vec{v} = \begin{pmatrix} 1 \\ 2 \\ 3 \end{pmatrix} \cdot \begin{pmatrix} -4 \\ 2 \\ 0 \end{pmatrix} = 1 \cdot (-4) + 2 \cdot 2 + 3 \cdot 0 = 0. \quad \blacktriangleleft$$

Diese Überlegungen motivieren die folgende allgemeine Definition für n-dimensionale Vektoren.

Definition 12.6. Unter dem *Skalarprodukt* der Vektoren $\vec{x}$ und $\vec{y}$ versteht man den Ausdruck

$$\langle \vec{x}, \vec{y} \rangle := \begin{pmatrix} x_1 \\ x_2 \\ \vdots \\ x_n \end{pmatrix} \cdot \begin{pmatrix} y_1 \\ y_2 \\ \vdots \\ y_n \end{pmatrix} = x_1 \cdot y_1 + x_2 \cdot y_2 + \cdots + x_n \cdot y_n,$$

oder kürzer mit dem Summenzeichen

$$\langle \vec{x}, \vec{y} \rangle = \sum_{i=1}^{n} x_i y_i.$$

Bemerkung 12.3. Unmittelbar einsichtig sind folgende Eigenschaften des Skalarproduktes: Für alle Vektoren $\vec{x}, \vec{y}, \vec{z}$ gilt

(1)
$$\langle \vec{x}, \vec{x} \rangle \geq 0, \text{ und } \langle \vec{x}, \vec{x} \rangle = 0 \Leftrightarrow \vec{x} = \vec{0}$$

(2)
$$|\vec{x}| = \sqrt{\langle \vec{x}, \vec{x} \rangle}$$

(3) Kommutativgesetz:
$$\langle \vec{x}, \vec{y} \rangle = \langle \vec{y}, \vec{x} \rangle$$

(4) Distributivgesetze:
$$\langle \vec{x}, \vec{y} + \vec{z} \rangle = \langle \vec{x}, \vec{y} \rangle + \langle \vec{x}, \vec{z} \rangle$$

$$\langle \vec{x} + \vec{y}, \vec{z} \rangle = \langle \vec{x}, \vec{z} \rangle + \langle \vec{y}, \vec{z} \rangle$$

Man sieht in Bsp. 12.11 leicht: Das Skalarprodukt zweier Vektoren ist eine reelle Zahl („ein Skalar"). Zwei Vektoren sind genau dann orthogonal zueinander, wenn ihr Skalarprodukt null ist. Daher stellt sich hier die allgemeine Frage nach dem Winkel zwischen zwei Vektoren, d. h., dem Winkel, den zwei Repräsentanten mit einem gemeinsamen Angriffspunkt miteinander einschließen (siehe Abb. 12.4).

Dies lässt sich auch auf n Dimensionen verallgemeinern. Um dies zu verstehen benötigen wir zunächst eine wichtige Ungleichung.

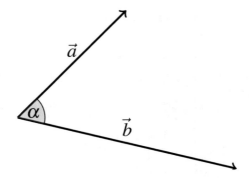

Abb. 12.4: Winkel zwischen zwei Repräsentanten mit einem gemeinsamen Angriffspunkt

---

Satz 12.3 (Cauchy-Schwarz'sche Ungleichung). Für $\vec{x}, \vec{y} \in \mathbb{R}^n$ gilt:

$$|\langle \vec{x}, \vec{y} \rangle| \leq |\vec{x}| \cdot |\vec{y}|.$$

Beweis. Da die direkte Rechnung sehr aufwendig ist, verwenden wir einen kleinen Trick. Zunächst gilt Gleichheit, wenn $\vec{y} = 0$. Sei also $\vec{y} \neq 0$ und $\lambda := \langle \vec{y}, \vec{y} \rangle > 0$ bzw. $\mu := -\langle \vec{x}, \vec{y} \rangle$. Dann gilt

$$
\begin{aligned}
0 &\leq \langle \lambda \vec{x} + \mu \vec{y}, \lambda \vec{x} + \mu \vec{y} \rangle \\
&= \lambda^2 \langle \vec{x}, \vec{x} \rangle + 2 \lambda \mu \langle \vec{x}, \vec{y} \rangle + \mu^2 \langle \vec{y}, \vec{y} \rangle \\
&= \lambda \langle \vec{x}, \vec{x} \rangle \langle \vec{y}, \vec{y} \rangle + 2 \lambda \mu \langle \vec{x}, \vec{y} \rangle + \lambda \mu^2 \\
&= \lambda \langle \vec{x}, \vec{x} \rangle \langle \vec{y}, \vec{y} \rangle - 2 \lambda \langle \vec{x}, \vec{y} \rangle \cdot \langle \vec{x}, \vec{y} \rangle + \lambda \langle \vec{x}, \vec{y} \rangle^2 \\
&= \lambda \left(\langle \vec{x}, \vec{x} \rangle \langle \vec{y}, \vec{y} \rangle - \langle \vec{x}, \vec{y} \rangle^2 \right).
\end{aligned}
$$

Division durch $\lambda (> 0)$ und Subtraktion von $\langle \vec{x}, \vec{y} \rangle^2$ ergibt

$$\langle \vec{x}, \vec{y} \rangle^2 \leq \langle \vec{x}, \vec{x} \rangle \langle \vec{y}, \vec{y} \rangle.$$

Wurzelziehen liefert die Behauptung.   □

Aus der Cauchy-Schwarz'schen Ungleichung folgt für Vektoren $\vec{x} \neq \vec{0}$ und $\vec{y} \neq \vec{0}$

$$-1 \leq \frac{\langle \vec{x}, \vec{y} \rangle}{|\vec{x}||\vec{y}|} \leq 1,$$

somit existiert ein (eindeutiger) Winkel $\alpha \in [0; \pi]$ (Bogenmaß!, siehe Abschn. 3.2) mit

$$\cos(\alpha) = \frac{\langle \vec{x}, \vec{y} \rangle}{|\vec{x}||\vec{y}|},$$

den wir als den Winkel zwischen den Vektoren $\vec{x}$ und $\vec{y}$ bezeichnen. Im $\mathbb{R}^2$ bzw. $\mathbb{R}^3$ entspricht diesem der anschauliche (kleinere) Winkel zwischen den Repräsentanten. Es gilt für das Skalarprodukt somit die Gleichung

$$\langle \vec{x}, \vec{y} \rangle = |\vec{x}| \cdot |\vec{y}| \cdot \cos \alpha.$$

Auch hier sieht man leicht, dass das Skalarprodukt (auch in n Dimensionen) genau dann null ist, wenn die Vektoren orthogonal zueinander sind, da $\cos(\frac{\pi}{2}) = 0$, und $\frac{\pi}{2}$ die einzige Nullstelle der Kosinusfunktion im Intervall $[0; \pi]$ ist.

Beispiel 12.12. Wir berechnen den Winkel zwischen den Vektoren

$$\vec{x} = \begin{pmatrix} 1 \\ -2 \\ 4 \end{pmatrix} \quad \text{und} \quad \vec{y} = \begin{pmatrix} -5 \\ 1 \\ 0 \end{pmatrix}.$$

Es gilt

$$|\vec{x}| = \sqrt{1^2 + 2^2 + 4^2} = \sqrt{21}$$
$$|\vec{y}| = \sqrt{5^2 + 1^2 + 0^2} = \sqrt{26}$$
$$\langle \vec{x}, \vec{y} \rangle = 1 \cdot (-5) + (-2) \cdot 1 + 4 \cdot 0 = -7$$

und damit

$$\cos(\alpha) = \frac{\langle \vec{x}, \vec{y} \rangle}{|\vec{x}||\vec{y}|} = \frac{-7}{\sqrt{21} \cdot \sqrt{26}} \approx -0,2996$$
$$\alpha \approx 1,8751 \quad \text{(im Bogenmaß)}. \qquad \blacktriangleleft$$

Satz 12.4. Für $\vec{x}, \vec{y} \in \mathbb{R}^n$ und $\vec{y} \neq \vec{0}$ gilt:

$$|\langle \vec{x}, \vec{y} \rangle| = |\vec{x}| \cdot |\vec{y}| \Leftrightarrow \exists \xi \in \mathbb{R} : \vec{x} = \xi \vec{y}.$$

Im Fall linearer Abhängigkeit wird also aus der Cauchy-Schwarz'schen Ungleichung eine Gleichung.

Beweis. Die Gleichung

$$|\langle \vec{x}, \vec{y} \rangle| = |\vec{x}| \cdot |\vec{y}|$$

ist mit $\lambda := \langle \vec{y}, \vec{y} \rangle > 0$ bzw. $\mu := -\langle \vec{x}, \vec{y} \rangle$ (siehe Beweis von Satz 12.3) äquivalent zu

$$0 = \langle \lambda \vec{x} + \mu \vec{y}, \lambda \vec{x} + \mu \vec{y} \rangle,$$

und somit zu

$$0 = \lambda \vec{x} + \mu \vec{y},$$

sodass für $\vec{y} \neq \vec{o}$ mit $\xi := -\frac{\mu}{\lambda}$ gilt

$$\vec{x} = -\frac{\mu}{\lambda} \vec{y} = \xi \vec{y},$$

somit gilt die Behauptung. $\qquad\qquad\qquad\qquad\qquad\qquad\qquad\qquad\quad$ □

Ein im Zusammenhang mit geometrischen Anwendungen häufig verwendeter Begriff ist der des *Vektorproduktes* zweier Vektoren (oft auch als *äußeres Produkt* oder *Kreuzprodukt* bezeichnet). Dieses ist allerdings nur im $\mathbb{R}^3$ definiert.

Definition 12.7. Unter dem *Vektorprodukt* der Vektoren

$$\vec{x} = \begin{pmatrix} x_1 \\ x_2 \\ x_3 \end{pmatrix} \quad \text{und} \quad \vec{y} = \begin{pmatrix} y_1 \\ y_2 \\ y_3 \end{pmatrix}$$

versteht man den Vektor

$$\vec{x} \times \vec{y} := \begin{pmatrix} x_2 y_3 - x_3 y_2 \\ x_3 y_1 - x_1 y_3 \\ x_1 y_2 - x_2 y_1 \end{pmatrix}.$$

Eine wichtige Gleichung zum Vektorprodukt liefert der folgende Satz.

Satz 12.5. Für $\vec{x} \in \mathbb{R}^3$ und $\vec{y} \in \mathbb{R}^3$ gilt

$$|\vec{x} \times \vec{y}|^2 = |\vec{x}^2| \cdot |\vec{y}|^2 - \langle \vec{x}, \vec{y} \rangle^2.$$

Beweis. Wir zeigen die Gleichung direkt:

$$
\begin{aligned}
|\vec{x} \times \vec{y}|^2 &= (x_2 y_3 - x_3 y_2)^2 + (x_3 y_1 - x_1 y_3)^2 + (x_1 y_2 - x_2 y_1)^2 \\
&= (x_1 y_2)^2 + (x_1 y_3)^2 + (x_2 y_1)^2 + (x_2 y_3)^2 + (x_3 y_1)^2 + (x_3 y_2)^2 \\
&\quad - 2(x_1 x_2 y_1 y_2 + x_1 x_3 y_1 y_3 + x_2 x_3 y_2 y_3) \\
&= (x_1^2 + x_2^2 + x_3^2)(y_1^2 + y_2^2 + y_3^2) - (x_1 y_1 + x_2 y_2 + x_3 y_3)^2 \\
&= |\vec{x}|^2 \cdot |\vec{y}|^2 - \langle \vec{x}, \vec{y} \rangle^2.
\end{aligned}
$$

Dabei wurde zunächst die zweite binomische Formel angewendet und dann geschickt zusammengefasst. □

Daraus folgt die geometrische Bedeutung des Vektorproduktes mittels des folgenden Satzes.

Satz 12.6. Für $\vec{x} \in \mathbb{R}^3$ und $\vec{y} \in \mathbb{R}^3$ gilt

$$|\vec{x} \times \vec{y}| = |\vec{x}| \cdot |\vec{y}| \cdot \sin(\alpha),$$

wobei α der von $\vec{x}$ und $\vec{y}$ eingeschlossene Winkel ist (also insbesondere $\alpha \in [0; \pi]$).

Beweis. Wir zeigen auch diese Gleichung direkt. Es gilt für das Skalarprodukt

$$\langle \vec{x}, \vec{y} \rangle = |\vec{x}| \cdot |\vec{y}| \cdot \cos \alpha.$$

Daraus folgt nach Satz 12.5:

$$\begin{aligned}
|\vec{x} \times \vec{y}|^2 &= |\vec{x}|^2 \cdot |\vec{y}|^2 - \langle \vec{x}, \vec{y} \rangle^2 \\
&= |\vec{x}|^2 \cdot |\vec{y}|^2 - |\vec{x}|^2 \cdot |\vec{y}|^2 \cdot \cos^2(\alpha) \\
&= |\vec{x}|^2 \cdot |\vec{y}|^2 \cdot (1 - \cos^2(\alpha)) \\
&= |\vec{x}|^2 \cdot |\vec{y}|^2 \cdot \sin^2(\alpha).
\end{aligned}$$

Da $\alpha \in [0; \pi]$ gilt $\sin(\alpha) \geq 0$. Wurzelziehen liefert daher die Behauptung. □

Das Vektorprodukt zweier Vektoren des $\mathbb{R}^3$ ist zu diesen orthogonal:

$$\langle \vec{x} \times \vec{y}, \vec{x} \rangle = \langle \vec{x} \times \vec{y}, \vec{y} \rangle = 0,$$

wie durch unmittelbares Einsetzen folgt.

Denkanstoß

Überprüfen Sie dies zur Übung!

Zur geometrischen Deutung: Das Vektorprodukt $\vec{x} \times \vec{y}$ ist der Vektor, der in einem Rechtssystem orthogonal zu den Vektoren $\vec{x}$ und $\vec{y}$ ist (siehe Abb. 12.5). In der Physik ist dies die Grundlage für die rechte Hand-Regel: Der Daumen zeigt in Richtung des technischen Stromes (also von + nach −), der Zeigefinger in Richtung des Magnetfeldes (also vom Nordpol zum Südpol). Dann zeigt der Mittelfinger in Richtung des Vektorproduktes, also der Lorentz-Kraft.

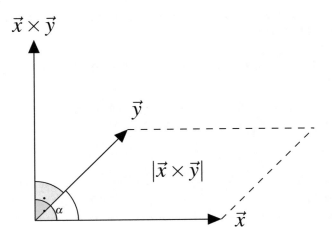

Abb. 12.5: Geometrische Deutung des Vektorproduktes

Zudem entspricht der Betrag des Vektorprodukts dem Flächeninhalt des von $\vec{x}$ und $\vec{y}$ aufgespannten Parallelogramms (siehe Abb. 12.6), da mit

$$\sin \alpha = \frac{h}{|\vec{y}|} \quad \Leftrightarrow \quad h = |\vec{y}| \cdot \sin(\alpha)$$

gilt

$$A = |\vec{x}| \cdot h = |\vec{x}| \cdot |\vec{y}| \cdot \sin(\alpha),$$

und dies entspricht dem Ausdruck in Satz 12.6.

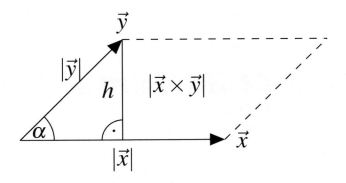

Abb. 12.6: Der Betrag des Vektorprodukts entspricht dem Flächeninhalt eines Parallelogramms

Ist der Betrag des Vektorprodukts Null, dann verlaufen die Vektoren parallel bzw. antiparallel. Man sagt die Vektoren sind *kollinear*.

Beispiel 12.13. Wir berechnen das Vektorprodukt der Vektoren

$$\vec{x} = \begin{pmatrix} 1 \\ -2 \\ 4 \end{pmatrix} \quad \text{und} \quad \vec{y} = \begin{pmatrix} -5 \\ 1 \\ 0 \end{pmatrix}.$$

Als kleinen „Trick", um sich die Formel aus Def. 12.7 besser merken zu können, wiederholt man die ersten beiden Komponenten der Vektoren, multipliziert dann die Komponenten eine Zeile tiefer beginnend über kreuz und bildet die Differenz dieser Produkte:

$$\begin{pmatrix} 1 \\ -2 \\ 4 \end{pmatrix} \times \begin{pmatrix} -5 \\ 1 \\ 0 \end{pmatrix} = \begin{pmatrix} -2 \cdot 0 - 4 \cdot 1 \\ 4 \cdot (-5) - 1 \cdot 0 \\ 1 \cdot 1 - (-2) \cdot (-5) \end{pmatrix} = \begin{pmatrix} -4 \\ -20 \\ -9 \end{pmatrix}$$

$$\begin{array}{cc} 1 & -5 \\ -2 & 1 \end{array}$$

Als Flächeninhalt für das durch $\vec{x}$ und $\vec{y}$ aufgespannte Parallelogramm ergibt sich

$$A = |\vec{x} \times \vec{y}| = \sqrt{4^2 + 20^2 + 9^2} = \sqrt{497}. \qquad \blacktriangleleft$$

12.4 Aufgaben

Aufgabe 12.1. Gegeben sind die Vektoren $\vec{a}$ und $\vec{b}$. Bilden Sie den Differenz-vektor $\vec{c}$. (**483 Lösung**)

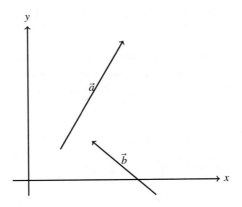

Aufgabe 12.2. Gegeben seien die Vektoren

$$\vec{a} = \begin{pmatrix} 1 \\ 4 \\ 7 \end{pmatrix} \quad \text{und} \quad \vec{b} = \begin{pmatrix} 8 \\ -1 \\ 2 \end{pmatrix}.$$

Berechnen Sie (**483 Lösung**)

   a) $\vec{a} + \vec{b}$ b) $\vec{a} - \vec{b}$ c) $5 \cdot \vec{b}$ d) $|\vec{a}|$

   e) $|\vec{b}|$ f) $\vec{a} \cdot \vec{b}$ g) den Winkel zwischen $\vec{a}$ und $\vec{b}$

   h) den Einheitsvektor in Richtung von $\vec{a}$

Aufgabe 12.3. Zeigen Sie, dass die Lösungen der Schwingungsdifferentialgleichung

$$\ddot{x}(t) + \omega_0^2 x(t) = 0,$$

also die Funktionen

$$x(t) = C_1 \cos(\omega_0 t) + C_2 \sin(\omega_0 t) \; (C_1, C_2 \in \mathbb{R})$$

bezüglich der Addition von Funktionen und der Multiplikation mit reellen Zahlen einen Vektorraum bilden. (**484 Lösung**)

Aufgabe 12.4. Stellen Sie den Vektor

$$\vec{v}_3 = \begin{pmatrix} -1 \\ 14 \\ 3 \end{pmatrix}$$

als Linearkombination der Vektoren

$$\vec{v}_1 = \begin{pmatrix} 2 \\ 2 \\ -1 \end{pmatrix} \quad \text{und} \quad \vec{v}_2 = \begin{pmatrix} 1 \\ 4 \\ 0 \end{pmatrix}$$

dar. **(484 Lösung)**

Aufgabe 12.5. Prüfen Sie die Vektoren jeweils auf lineare Unabhängigkeit. **(484 Lösung)**

a) $\begin{pmatrix} 2 \\ -3 \end{pmatrix}, \begin{pmatrix} 4 \\ 1 \end{pmatrix}$
b) $\begin{pmatrix} 2 \\ -1 \end{pmatrix}, \begin{pmatrix} 4 \\ -2 \end{pmatrix}$

c) $\begin{pmatrix} 2 \\ -5 \\ 0 \end{pmatrix}, \begin{pmatrix} 0 \\ -1 \\ 1 \end{pmatrix}, \begin{pmatrix} 2 \\ 0 \\ 0 \end{pmatrix}$

Aufgabe 12.6. Beweisen Sie die folgende Aussage: Ein Vektor $\vec{v}$ ist genau dann linear unabhängig, wenn gilt $\vec{v} \neq \vec{o}$. **(485 Lösung)**

Aufgabe 12.7. Zeigen Sie, dass die Vektoren

$$\begin{pmatrix} 2 \\ -3 \end{pmatrix} \quad \text{und} \quad \begin{pmatrix} 4 \\ 1 \end{pmatrix}$$

eine Basis des $\mathbb{R}^2$ bilden. **(485 Lösung)**

Aufgabe 12.8. Prüfen Sie die Vektoren jeweils auf Orthogonalität. **(485 Lösung)**

a) $\begin{pmatrix} 3 \\ -6 \end{pmatrix}, \begin{pmatrix} 8 \\ 4 \end{pmatrix}$
b) $\begin{pmatrix} 2 \\ -1 \\ -9 \end{pmatrix}, \begin{pmatrix} 4 \\ -2 \\ 1 \end{pmatrix}$

c) $\begin{pmatrix} a \\ -1 \\ b \end{pmatrix}, \begin{pmatrix} b \\ 0 \\ -a \end{pmatrix} \quad a, b \in \mathbb{R}$

Aufgabe 12.9. Beweisen Sie den (verallgemeinerten) Satz des Pythagoras im $\mathbb{R}^n$: Für $\vec{x}, \vec{y} \in \mathbb{R}^n$ gilt **(485 Lösung)**

$$|\vec{x} + \vec{y}|^2 = |\vec{x}|^2 + |\vec{y}|^2 + 2\langle \vec{x}, \vec{y} \rangle.$$

Aufgabe 12.10. Berechnen Sie jeweils das Vektorprodukt der beiden Vektoren:
(486 Lösung)

a) $\begin{pmatrix} 3 \\ 6 \\ 1 \end{pmatrix}, \begin{pmatrix} -8 \\ 2 \\ 0 \end{pmatrix}$
b) $\begin{pmatrix} 2 \\ -1 \\ -9 \end{pmatrix}, \begin{pmatrix} 4 \\ -2 \\ 1 \end{pmatrix}$

c) $\begin{pmatrix} a \\ -1 \\ b \end{pmatrix}, \begin{pmatrix} b \\ 0 \\ -a \end{pmatrix} \ (a, b \in \mathbb{R})$

Aufgabe 12.11. Bestimmen Sie den Flächeninhalt des von den Vektoren $\vec{a} = \begin{pmatrix} 2 \\ -10 \\ 5 \end{pmatrix}$

und $\vec{b} = \begin{pmatrix} 3 \\ -1 \\ -1 \end{pmatrix}$ aufgespannten Parallelogramms. **(486 Lösung)**

Aufgabe 12.12. Beweisen Sie die Antikommutativität des Vektorproduktes, also dass für alle Vektoren $\vec{x}, \vec{y} \in \mathbb{R}^3$ gilt **(486 Lösung)**

$$\vec{x} \times \vec{y} = -\vec{y} \times \vec{x}.$$

Aufgabe 12.13. Beweisen Sie, dass für alle Vektoren $\vec{x}, \vec{y} \in \mathbb{R}^3$ gilt: **(486 Lösung)**

$$\vec{x} \times \vec{y} = \vec{o} \quad \Leftrightarrow \quad \vec{x} \text{ und } \vec{y} \text{ sind linear abhängig.}$$

Kapitel 13

Matrizen und lineare Gleichungssysteme

Wir definieren zunächst den zentralen Begriff dieses Kapitels.

Definition 13.1. Unter einer *Matrix* versteht man formal ein rechteckiges Schema, in dem Zahlen angeordnet werden. Die Matrix

$$A = (a_{ik}) = \begin{pmatrix} a_{11} & a_{12} & \cdots & a_{1k} & \cdots & a_{1n} \\ a_{21} & a_{22} & \cdots & a_{2k} & \cdots & a_{2n} \\ \vdots & \vdots & & \vdots & & \vdots \\ a_{i1} & a_{i2} & \cdots & a_{ik} & \cdots & a_{in} \\ \vdots & \vdots & & \vdots & & \vdots \\ a_{m1} & a_{m2} & \cdots & a_{mk} & \cdots & a_{mn} \end{pmatrix}$$

besteht aus m Zeilen und n Spalten. Man sagt, sie ist vom Typ (m,n), oder eine $m \times n$-Matrix. Wenn gilt $a_{ik} \in \mathbb{R} \; \forall i,k$, dann nennt man A eine *reelle* $m \times n$-Matrix. Das Matrixelement a_{ik} befindet sich in der i-ten Zeile und der k-ten Spalte. Man nennt i auch den *Zeilenindex* und k den *Spaltenindex*. Im Fall $m = n$ spricht man von einer *quadratischen Matrix*. Die Menge der reellen $m \times n$-Matrizen bezeichnen wir mit $M(m \times n, \mathbb{R})$. Analog bezeichnet man mit $M(m \times n, \mathbb{C})$ die Menge der komplexen $m \times n$-Matrizen.

Die Zeileneinträge in der Matrix A oben kann man jeweils zu einem Spaltenvektor zusammenfassen. Die erste Spalte ist dann

© Springer-Verlag GmbH Deutschland, ein Teil von Springer Nature 2023
S. Proß und T. Imkamp, *Brückenkurs Mathematik für den Studieneinstieg*,
https://doi.org/10.1007/978-3-662-68303-3_14

$$\vec{a}_1 = \begin{pmatrix} a_{11} \\ a_{21} \\ \vdots \\ a_{m1} \end{pmatrix}.$$

Analog ergeben sich die restlichen Spaltenvektoren $\vec{a}_2, \ldots, \vec{a}_n$. Auch können die Spalteneinträge jeweils zu Zeilenvektoren zusammengefasst werden. Es gilt z. B.

$$\vec{b}_1 = \begin{pmatrix} a_{11} & a_{12} & \ldots & a_{1n} \end{pmatrix}.$$

Analog ergeben sich die Zeilenvektoren $\vec{b}_2, \ldots, \vec{b}_m$.

Beispiel 13.1. Die Matrix

$$A = \begin{pmatrix} 1 & 3 \\ 9 & 18 \\ -5 & 6 \end{pmatrix}$$

ist vom Typ $(3,2)$ mit dem Matrixelement $a_{21} = 9$, und die Matrix

$$B = \begin{pmatrix} -9 & 1 & 0 & 27 \\ 31 & -9 & 3 & 0 \end{pmatrix}$$

ist vom Typ $(2,4)$ mit dem Matrixelement $b_{13} = 0$.   ◄

Eine spezielle Matrix, die wir im weiteren Verlauf noch benötigen werden, ist die *Einheitsmatrix*.

Definition 13.2. Unter der n-dimensionalen *Einheitsmatrix* versteht man die Matrix

$$E_n = \begin{pmatrix} 1 & 0 & \cdots & 0 & 0 \\ 0 & 1 & 0 & \cdots & 0 \\ \vdots & & \ddots & & \vdots \\ 0 & \cdots & 0 & 1 & 0 \\ 0 & 0 & \cdots & 0 & 1 \end{pmatrix},$$

bei der nur auf der Hauptdiagonalen Einsen stehen und sonst überall Nullen.

Beispiel 13.2.

$$E_2 = \begin{pmatrix} 1 & 0 \\ 0 & 1 \end{pmatrix}$$

ist die 2-dimensionale Einheitsmatrix, und

$$E_3 = \begin{pmatrix} 1 & 0 & 0 \\ 0 & 1 & 0 \\ 0 & 0 & 1 \end{pmatrix}$$

ist die 3-dimensionale Einheitsmatrix. ◀

Wenn in einer Matrix A Zeilen und Spalten vertauscht werden, dann erhält man die *Transponierte* dieser Matrix, die wir mit ${}^{t}A$ bezeichnen. Natürlich gilt dann

$${}^{t}({}^{t}A) = A.$$

Beispiel 13.3. Gegeben sei die Matrix A vom Typ $(2,3)$ (also $A \in M(2 \times 3, \mathbb{R})$)

$$A = \begin{pmatrix} 3 & 2 & 7 \\ 1 & 17 & 21 \end{pmatrix}.$$

Dann ergibt sich die Transponierte der Matrix A durch Vertauschen von Zeilen und Spalten

$${}^{t}A = \begin{pmatrix} 3 & 1 \\ 2 & 17 \\ 7 & 21 \end{pmatrix}.$$

Die Transponierte ${}^{t}A$ ist vom Typ $(3,2)$, also ${}^{t}A \in M(3 \times 2, \mathbb{R})$. ◀

13.1 Rechenoperationen für Matrizen

Zwei Matrizen $A = (a_{ik})$ und $B = (b_{ik})$ vom gleichem Typ (m,n) werden addiert bzw. subtrahiert, indem die Matrixelemente an gleicher Position addiert bzw. subtrahiert werden. Es gilt

$$C = A \pm B = (c_{ik}) \quad \text{mit} \quad c_{ik} = a_{ik} \pm b_{ik}.$$

Beispiel 13.4. Gegeben seien die Matrizen

$$A = \begin{pmatrix} 3 & 2 & 7 \\ 1 & 17 & 21 \end{pmatrix} \quad \text{und} \quad B = \begin{pmatrix} -5 & 1 & 9 \\ 1 & 2 & 0 \end{pmatrix}.$$

Es gilt

$$A + B = \begin{pmatrix} 3 & 2 & 7 \\ 1 & 17 & 21 \end{pmatrix} + \begin{pmatrix} -5 & 1 & 9 \\ 1 & 2 & 0 \end{pmatrix} = \begin{pmatrix} -2 & 3 & 16 \\ 2 & 19 & 21 \end{pmatrix}$$

und

$$A - B = \begin{pmatrix} 3 & 2 & 7 \\ 1 & 17 & 21 \end{pmatrix} - \begin{pmatrix} -5 & 1 & 9 \\ 1 & 2 & 0 \end{pmatrix} = \begin{pmatrix} 8 & 1 & -2 \\ 0 & 15 & 21 \end{pmatrix}. \qquad \blacktriangleleft$$

Eine Matrix A wird mit einem Skalar λ multipliziert, indem jedes Matrixelement mit λ multipliziert wird. Es gilt

$$\lambda \cdot A = \lambda \cdot (a_{ik}) = (\lambda \cdot a_{ik}).$$

Beispiel 13.5. Gegeben sei die Matrix

$$A = \begin{pmatrix} 3 & 2 & 7 \\ 1 & 17 & 21 \end{pmatrix}.$$

Es gilt

$$5A = 5 \begin{pmatrix} 3 & 2 & 7 \\ 1 & 17 & 21 \end{pmatrix} = \begin{pmatrix} 15 & 10 & 35 \\ 5 & 85 & 105 \end{pmatrix}. \qquad \blacktriangleleft$$

Sei $A = (a_{ik})$ eine Matrix vom Typ (m,n) und $B = (b_{ik})$ eine Matrix vom Typ (n,p), dann ist das *Matrizenprodukt* $A \cdot B$ definiert als

$$C = A \cdot B = (c_{ik})$$

mit den Matrixelementen

$$c_{ik} = a_{i1}b_{1k} + a_{i2}b_{2k} + a_{i3}b_{3k} + \cdots + a_{in}b_{nk}.$$

Das Matrixelement c_{ik} ergibt sich somit als Skalarprodukt des i-ten Zeilenvektors von A und des k-ten Spaltenvektors von B. Wichtig hierbei ist, zu wissen, dass die Matrizenmultiplikation eine nicht-kommutative Operation ist. So ist hier die Multiplikation $B \cdot A$ gar nicht ausführbar. Damit die Matrizenmultiplikation funktioniert, muss die Spaltenanzahl der Matrix im ersten Faktor mit der Zeilenanzahl der Matrix im zweiten Faktor übereinstimmen. Der Typ der Ergebnismatrix C ergibt sich aus der Zeilenanzahl von A und der Spaltenanzahl von B, d. h. C ist vom Typ (m,p).

Beispiel 13.6. Gegeben seien die Matrizen

$$A = \begin{pmatrix} 3 & 2 & 7 \\ 1 & 17 & 21 \end{pmatrix} \quad \text{und} \quad B = \begin{pmatrix} 3 & 1 \\ 7 & 3 \\ 1 & 2 \end{pmatrix}.$$

Dann erhalten wir für das Produkt

$$C = A \cdot B = \begin{pmatrix} 3 & 2 & 7 \\ 1 & 17 & 21 \end{pmatrix} \cdot \begin{pmatrix} 3 & 1 \\ 7 & 3 \\ 1 & 2 \end{pmatrix}$$

$$= \begin{pmatrix} 3\cdot3+2\cdot7+7\cdot1 & 3\cdot1+2\cdot3+7\cdot2 \\ 1\cdot3+17\cdot7+21\cdot1 & 1\cdot1+17\cdot3+21\cdot2 \end{pmatrix}$$

$$= \begin{pmatrix} 30 & 23 \\ 143 & 94 \end{pmatrix}.$$

Das Produkt $B \cdot A$ lässt sich nicht bilden. ◄

Für praktische Berechnungen bietet sich das sogenannte *Falk-Schema* an:

$$B = \begin{pmatrix} b_{11} & \ldots & b_{1k} & \ldots & b_{1p} \\ & \vdots & & \vdots & \vdots \\ b_{n1} & \cdots & b_{nk} & \cdots & b_{np} \end{pmatrix}$$

$$A = \begin{pmatrix} a_{11} & \cdots & a_{1n} \\ & \vdots & \vdots \\ a_{i1} & \cdots & a_{in} \\ & \vdots & \vdots \\ a_{m1} & \cdots & a_{mn} \end{pmatrix} \begin{pmatrix} c_{11} & c_{1k} & c_{1p} \\ & \cdots & \\ \vdots & \vdots & \vdots \\ c_{i1} & \cdots & c_{ik} & \cdots & c_{ip} \\ \vdots & \vdots & \vdots \\ c_{m1} & c_{mk} & c_{mp} \end{pmatrix} = C.$$

Beispiel 13.7. Für Bsp. 13.6 ergibt sich mit dem Falk-Schema

$$B = \begin{pmatrix} 3 & 1 \\ 7 & 3 \\ 1 & 2 \end{pmatrix}$$

$$A = \begin{pmatrix} 3 & 2 & 7 \\ 1 & 17 & 21 \end{pmatrix} \begin{pmatrix} 30 & 23 \\ 143 & 94 \end{pmatrix} = C. \qquad ◄$$

Aber auch im Fall quadratische Matrizen gilt nicht immer $A \cdot B = B \cdot A$, wie das folgende Beispiel zeigt.

Beispiel 13.8.

$$A = \begin{pmatrix} 1 & 2 \\ 3 & 4 \end{pmatrix} \quad \text{und} \quad B = \begin{pmatrix} -1 & 5 \\ 7 & 4 \end{pmatrix}.$$

Hier gilt

$$A \cdot B = \begin{pmatrix} 13 & 13 \\ 25 & 31 \end{pmatrix},$$

aber

$$B \cdot A = \begin{pmatrix} 14 & 18 \\ 19 & 30 \end{pmatrix},$$

und somit ist auch hier die Nicht-Kommutativität gezeigt. ◄

13.2 Determinante

In Abschn. 4.7 haben wir uns bereits mit der Lösung von linearen Gleichungssystemen beschäftigt. Dabei ergibt auch die Frage nach der Lösbarkeit solcher Gleichungssysteme. Um die Antwort auf diese Frage zu finden, benötigen wir ein Hilfsmittel, die sogenannte *Determinante*, wobei wir uns im Folgenden auf die reellen Zahlen beschränken. Darunter versteht man eine Abbildung von der Menge $M(n \times n, \mathbb{R})$ in die Menge der reellen Zahlen mit bestimmten Eigenschaften. Wir geben hier eine typische Lehrbuchdefinition.

Definition 13.3. Sei $n \in \mathbb{N}$. Unter einer *Determinante* versteht man eine Abbildung

$$\det : M(n \times n, \mathbb{R}) \longrightarrow \mathbb{R}, \quad A \mapsto \det(A)$$

mit folgenden Eigenschaften:

(1) det ist linear in jeder Zeile, d. h., für jeden Zeilenvektor $\vec{b}_k$ von M mit der Darstellung

$$\vec{b}_k = \lambda \vec{b}_k' + \mu \vec{b}_k''$$

gilt

$$\det \begin{pmatrix} \vdots \\ \vec{b}_k \\ \vdots \end{pmatrix} = \lambda \det \begin{pmatrix} \vdots \\ \vec{b}_k' \\ \vdots \end{pmatrix} + \mu \det \begin{pmatrix} \vdots \\ \vec{b}_k'' \\ \vdots \end{pmatrix}.$$

(2) $\det(A) = 0$, falls A zwei gleiche Zeilen hat (Man sagt auch: det ist *alternierend*).

(3) Die Determinante der Einheitsmatrix ist gleich eins: $\det(E_n) = 1$ (Normierungseigenschaft).

Beachten Sie, dass Determinanten sinnvoll nur für quadratische Matrizen definiert werden können. in diesem Buch berechnen wir Determinanten lediglich für Matrizen vom Typ $(2,2)$ bzw. $(3,3)$. In diesen Fällen ist die Berechnung einfach. Für allgemeine Determinanten verweisen wir auf die Literatur, z. B. Fischer und Springborn 2020 oder Bärwolff 2017. Dort wird gezeigt, dass aus der Definition die folgenden Berechnungsmöglichkeiten für Determinanten folgen.

Sei

$$A = \begin{pmatrix} a_{11} & a_{12} \\ a_{21} & a_{22} \end{pmatrix}.$$

Dann ist

$$\det(A) = a_{11}a_{22} - a_{12}a_{21}.$$

Man subtrahiert also die Produkte der Diagonalen voneinander.

Beispiel 13.9. Sei

$$A = \begin{pmatrix} 6 & -1 \\ 2 & 3 \end{pmatrix}.$$

Dann gilt

$$\det(A) = 6 \cdot 3 - (-1) \cdot 2 = 20. \qquad \blacktriangleleft$$

Für

$$A = \begin{pmatrix} a_{11} & a_{12} & a_{13} \\ a_{21} & a_{22} & a_{23} \\ a_{31} & a_{32} & a_{33} \end{pmatrix}.$$

gilt:

$$\det(A) = a_{11}(a_{22}a_{33} - a_{23}a_{32}) - a_{12}(a_{21}a_{33} - a_{23}a_{31}) + a_{13}(a_{21}a_{32} - a_{22}a_{31}),$$

oder ausmultipliziert

$$\det(A) = a_{11}a_{22}a_{33} - a_{11}a_{23}a_{32} - a_{12}a_{21}a_{33} + a_{12}a_{23}a_{31} + a_{13}a_{21}a_{32} - a_{13}a_{22}a_{31}.$$

Hinter der ersten Berechnungsformel steckt der *Entwicklungssatz von Laplace* (Pierre Simon de Laplace, 1749–1827, franz. Mathematiker). Dabei wird die Determinante hier nach der ersten Zeile entwickelt. Man kann die Determinante auch nach der ersten Spalte entwickeln, siehe z. B. Papula 2015. Die letzte Darstellung merkt man sich am besten mit der *Regel von Sarrus*. Diese besagt folgendes: Wenn man die ersten beiden Spaltenvektoren noch einmal hinter die Matrix schreibt, dann muss man nur die Hauptdiagonalen entlang multiplizieren und die erhaltenen Werte addieren, und anschließend die Produkte der Nebendiagonalen subtrahieren:

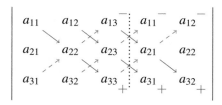

Damit erhält man genau wie oben den Term

$$\det(A) = a_{11}a_{22}a_{33} + a_{12}a_{23}a_{31} + a_{13}a_{21}a_{32} - a_{31}a_{22}a_{13} - a_{32}a_{23}a_{11} - a_{33}a_{21}a_{12}.$$

Die Terme sind in einer anderen Reihenfolge aufgeführt.

Beispiel 13.10. Sei

$$A = \begin{pmatrix} 3 & -2 & 3 \\ 5 & 2 & 1 \\ -2 & 5 & -4 \end{pmatrix}.$$

Nach dem Laplace'schen Entwicklungssatz gilt dann

$$\det(A) = 3(2 \cdot (-4) - 1 \cdot 5) - (-2)(5 \cdot (-4) - 1 \cdot (-2)) + 3(5 \cdot 5 - 2 \cdot (-2)) = 12.$$

Natürlich liefert die Regel von Sarrus das gleiche Ergebnis:

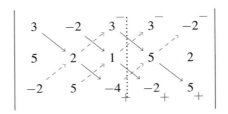

$$\det(A) = 3 \cdot 2 \cdot (-4) + (-2) \cdot 1 \cdot (-2) + 3 \cdot 5 \cdot 5 - (-2) \cdot 2 \cdot 3 - 5 \cdot 1 \cdot 3$$
$$- (-4) \cdot 5 \cdot (-2) = 12. \qquad \blacktriangleleft$$

Definition 13.4. Eine quadratische Matrix $A \in M(n \times n, \mathbb{R})$ heißt *regulär*, wenn $\det(A) \neq 0$. Andernfalls heißt sie *singulär*.

Beispiel 13.11. Die Matrizen in Bsp. 13.9 und 13.10 sind beide regulär, da die Determinanten jeweils ungleich Null sind. $\qquad \blacktriangleleft$

Diese Begriffe werden bei der Lösbarkeit von linearen Gleichungssystemen eine Rolle spielen.

13.3 Rang

Ein weiterer wichtiger Begriff im Zusammenhang mit der Lösbarkeit von linearen Gleichungssystemen ist der *Rang* einer Matrix. Wir wollen hier dem Charakter eines Brückenkurses entsprechend nicht zu tief in die Lineare Algebra eintauchen, sondern die Grundideen vermitteln.

Definition 13.5. Sei $A \in M(m \times n, \mathbb{R})$. Die Anzahl linear unabhängiger Zeilenvektoren heißt *Zeilenrang* von A, die Anzahl linear unabhängiger Spaltenvektoren heißt *Spaltenrang* von A.

Bemerkung 13.1. Für jede Matrix $A \in M(m \times n, \mathbb{R})$ haben Zeilen- und Spaltenrang jeweils den gleichen Wert, den man den *Rang* der Matrix A nennt, und den wir mit $\mathrm{rg}(A)$ abkürzen wollen. Wir beweisen die Gleichheit nicht und verweisen auf die Literatur, z. B. Fischer und Springborn 2020 oder Koecher 2013. Daraus wird auch direkt ersichtlich, dass der Rang höchstens gleich dem Minimum von Zeilen- und Spaltenanzahl sein kann, d. h. $\mathrm{rg}(A) \leq \min(m, n)$.

Beispiel 13.12.

(1) Die Matrix

$$A = \begin{pmatrix} 1 & 2 & 0 & 7 \\ -3 & 0 & 1 & 4 \end{pmatrix}$$

hat den Rang 2, da die beiden Zeilenvektoren linear unabhängig sind und auch die Spaltenvektoren $^t \begin{pmatrix} 2 & 0 \end{pmatrix}$ und $^t \begin{pmatrix} 0 & 1 \end{pmatrix}$ sind linear unabhängig.

(2) Die Matrix

$$B = \begin{pmatrix} 1 & 2 \\ 2 & 4 \end{pmatrix}$$

hat den Rang 1, da die beiden Zeilen- bzw. Spaltenvektoren linear abhängig sind. Es gilt

$$2 \begin{pmatrix} 1 \\ 2 \end{pmatrix} = \begin{pmatrix} 2 \\ 4 \end{pmatrix} .$$

(3) Die Einheitsmatrix

$$E_3 = \begin{pmatrix} 1 & 0 & 0 \\ 0 & 1 & 0 \\ 0 & 0 & 1 \end{pmatrix}$$

hat den Rang 3.

(4) Die Matrix

$$C = \begin{pmatrix} 0\,0\,0 \\ 0\,0\,0 \\ 0\,0\,0 \end{pmatrix}$$

hat den Rang 0.   ◄

In diesen Beispielen war die lineare (Un-)Abhängigkeit der Zeilen- bzw. Spaltenvektoren offensichtlich. Im Allgemeinen ist dies nicht immer der Fall. Mithilfe von
äquivalenten Umformungen bzw. Unterdeterminanten lässt sich dann der Rang bestimmen. Hierfür sei z. B. auf Papula 2015 verwiesen.

13.4 Inverse

Die lineare Gleichung $ax = 1$ hat für $a \neq 0$ genau eine Lösung $x = \frac{1}{a} = a^{-1}$, also
den Kehrwert von a. Auf Matrizengleichungen übertragen suchen wir eine Matrix
X, die mit der A multipliziert die Einheitsmatrix ergibt (siehe Def. 13.2).

Definition 13.6. Eine Matrix A heißt *invertierbar*, wenn eine Matrix
$X =: A^{-1}$ existiert mit
$$A \cdot X = X \cdot A = E_n.$$

Beispiel 13.13. Wir zeigen, dass die Matrix

$$X = \begin{pmatrix} -2 & 1 \\ \frac{3}{2} & -\frac{1}{2} \end{pmatrix}$$

die Inverse der Matrix

$$A = \begin{pmatrix} 1 & 2 \\ 3 & 4 \end{pmatrix}$$

ist:

$$A \cdot X = \begin{pmatrix} 1 & 2 \\ 3 & 4 \end{pmatrix} \cdot \begin{pmatrix} -2 & 1 \\ \frac{3}{2} & -\frac{1}{2} \end{pmatrix} = \begin{pmatrix} 1 & 0 \\ 0 & 1 \end{pmatrix} = E_2$$

$$X \cdot A = \begin{pmatrix} -2 & 1 \\ \frac{3}{2} & -\frac{1}{2} \end{pmatrix} \cdot \begin{pmatrix} 1 & 2 \\ 3 & 4 \end{pmatrix} = \begin{pmatrix} 1 & 0 \\ 0 & 1 \end{pmatrix} = E_2.$$

Somit gilt $A \cdot X = X \cdot A = E_2$ und somit handelt es sich bei der Matrix X um die Inverse der Matrix A. ◀

Zwischen dem Rang einer Matrix, ihrer Invertierbarkeit und ihrer Determinante gibt es einen interessanten Zusammenhang.

> **Satz 13.1.** Folgende Aussagen über eine quadratische Matrix $A \in M(n \times n, \mathbb{R})$ sind äquivalent
>
> (1) A ist invertierbar.
> (2) $\mathrm{rg}(A) = n$.
> (3) $\det(A) \neq 0$.

Für den Beweis verweisen wir wieder auf Fischer und Springborn 2020 bzw. Koecher 2013, da man hierzu tiefer in die Lineare Algebra eindringen muss.

Aus Satz 13.1 folgt insbesondere, dass nicht jede quadratische Matrix invertierbar ist. Die Nichtinvertierbarkeit einer quadratischen Matrix A erkennt man daran, dass ihre Determinante verschwindet:

$$\det(A) = 0.$$

Wir wollen jetzt eine Matrizeninversion durchführen. Ein Standardverfahren hierzu ist das *Gauß'sche Eliminationsverfahren*, das auch häufig zur Lösung linearer Gleichungssysteme verwendet wird (siehe Abschn. 13.5). Wir können im Fall einer 2×2-Matrix allerdings mithilfe eines linearen Gleichungssystems einfacher zum Ziel kommen.

Beispiel 13.14. Wir invertieren die 2×2-Matrix

$$A = \begin{pmatrix} 1 & 2 \\ 3 & 4 \end{pmatrix}.$$

Diese Matrix ist invertierbar, da

$$\det(A) = 1 \cdot 4 - 2 \cdot 3 = -2 \neq 0.$$

Wir suchen also eine Matrix

$$A^{-1} = \begin{pmatrix} a & b \\ c & d \end{pmatrix},$$

sodass gilt $A^{-1} \cdot A = E_2$, oder ausführlich geschrieben:

$$\begin{pmatrix} a & b \\ c & d \end{pmatrix} \cdot \begin{pmatrix} 1 & 2 \\ 3 & 4 \end{pmatrix} = \begin{pmatrix} 1 & 0 \\ 0 & 1 \end{pmatrix}.$$

Dies führt auf das lineare Gleichungssystem:

$$a + 3b = 1$$
$$2a + 4b = 0$$
$$c + 3d = 0$$
$$2c + 4d = 1$$

Da wir hier zwei Untersysteme mit jeweils zwei Variablen haben, lässt es sich leicht lösen (für eine Kurzeinführung zu linearen Gleichungssystemen mit zwei Gleichungen und zwei Variablen siehe Abschn. 4.7). Aus den ersten beiden Gleichungen

$$a + 3b = 1$$
$$2a + 4b = 0$$

folgt $a = -2$, $b = 1$.

Aus den beiden anderen Gleichungen

$$c + 3d = 0$$
$$2c + 4d = 1$$

folgt $c = \frac{3}{2}$, $d = -\frac{1}{2}$. Somit erhalten wir für die inverse Matrix

$$A^{-1} = \frac{1}{2} \begin{pmatrix} -4 & 2 \\ 3 & -1 \end{pmatrix}. \qquad \blacktriangleleft$$

Beispiel 13.15. Versuchen wir, das Verfahren aus Bsp. 13.14 auf die Matrix

$$B = \begin{pmatrix} 3 & -6 \\ -1 & 2 \end{pmatrix}.$$

anzuwenden, so wird dies nicht zum Erfolg führen, sie ist nicht invertierbar, da aufgrund der linearen Abhängigkeit der Zeilenvektoren $rg(B) = 1$ gilt. Es gilt natürlich auch

$$\det(B) = 3 \cdot 2 - (-6) \cdot (-1) = 0. \qquad \blacktriangleleft$$

Das Verfahren aus Bsp. 13.14 lässt sich auf $n \times n$-Matrizen für beliebige $n \in \mathbb{N}$ verallgemeinern, wird aber natürlich komplizierter, sodass man hier eher die Hilfe eines Computer-Algebra-Systems in Anspruch nehmen sollte. Allgemein gilt für invertierbare 2×2-Matrizen

$$A = \begin{pmatrix} a & b \\ c & d \end{pmatrix}$$

die Formel

$$A^{-1} = \frac{1}{ad - bc} \begin{pmatrix} d & -b \\ -c & a \end{pmatrix}.$$

Denkanstoß

Zeigen Sie dies, indem Sie eines der Produkte $A \cdot A^{-1}$ oder $A^{-1} \cdot A$ berechnen. Die inverse Matrix in Bsp. 13.14 würde nach dieser Formel lauten

$$A^{-1} = -\frac{1}{2} \begin{pmatrix} 4 & -2 \\ -3 & 1 \end{pmatrix}.$$

Dies entspricht dem dort erhaltenen Ergebnis, wenn man noch einen Faktor -1 aus der Matrix heraus in den Vorfaktor zieht.

Man sieht hier leicht, dass die Matrix

$$\begin{pmatrix} a & b \\ c & d \end{pmatrix}$$

genau dann invertierbar ist, wenn $\det(A) = ad - bc \neq 0$ gilt.

13.5 Lösung von linearen Gleichungssystemen

Ein lineares Gleichungssystem (LGS) der Form

$$a_{11}x_1 + a_{12}x_2 + \cdots + a_{1n}x_n = c_1$$
$$a_{21}x_1 + a_{22}x_2 + \cdots + a_{2n}x_n = c_2$$
$$\vdots$$
$$a_{m1}x_1 + a_{m2}x_2 + \cdots + a_{mn}x_n = c_m$$

mit m Gleichungen und n Variablen $x_1, x_2, \ldots, x_n$ können wir auch mithilfe von Matrizen und Vektoren darstellen. Es gilt

$$\begin{pmatrix} a_{11} & a_{12} & \ldots & a_{1n} \\ a_{21} & a_{22} & \ldots & a_{2n} \\ \vdots & \vdots & \vdots & \vdots \\ a_{m1} & a_{m2} & \ldots & a_{mn} \end{pmatrix} \cdot \begin{pmatrix} x_1 \\ x_2 \\ \vdots \\ x_n \end{pmatrix} = \begin{pmatrix} c_1 \\ c_2 \\ \vdots \\ c_m \end{pmatrix}$$

$$A \cdot \vec{x} = \vec{c}.$$

Diese Darstellung nennt man auch *Matrix-Vektor-Produkt* und die Matrix A heißt *Koeffizientenmatrix* des linearen Gleichungssystems. Man spricht auch von einem linearen (m,n)-System.

Im Falle

$$a_{11}x_1 + a_{12}x_2 + \cdots + a_{1n}x_n = 0$$
$$a_{21}x_1 + a_{22}x_2 + \cdots + a_{2n}x_n = 0$$
$$\vdots$$
$$a_{m1}x_1 + a_{m2}x_2 + \cdots + a_{mn}x_n = 0,$$

also

$$\begin{pmatrix} a_{11} & a_{12} & \ldots & a_{1n} \\ a_{21} & a_{22} & \ldots & a_{2n} \\ \vdots & \vdots & \vdots & \vdots \\ a_{m1} & a_{m2} & \ldots & a_{mn} \end{pmatrix} \cdot \begin{pmatrix} x_1 \\ x_2 \\ \vdots \\ x_n \end{pmatrix} = \begin{pmatrix} 0 \\ 0 \\ \vdots \\ 0 \end{pmatrix}$$
$$A \cdot \vec{x} = \vec{0},$$

nennt man das LGS *homogen*, ansonsten *inhomogen*.

Beispiel 13.16. Wir betrachten das inhomogene LGS

$$3x_1 + 5x_2 - 3x_3 + x_4 = 10$$
$$-3x_2 + 4x_3 - x_4 = 17.$$

Mithilfe von Matrizen und Vektoren kann es wie folgt dargestellt werden:

$$A \cdot \vec{x} = \vec{c}$$

$$\begin{pmatrix} 3 & 5 & -3 & 1 \\ 0 & -3 & 4 & -1 \end{pmatrix} \cdot \begin{pmatrix} x_1 \\ x_2 \\ x_3 \\ x_4 \end{pmatrix} = \begin{pmatrix} 10 \\ 17 \end{pmatrix}. \qquad \blacktriangleleft$$

Alternativ kann man auch mit *Zeilenvektoren* arbeiten:

$${}^t\vec{x} = \begin{pmatrix} x_1 & x_2 & \ldots & x_n \end{pmatrix}.$$

Dabei steht das hochgestellte t wieder für „transponiert". Das obige Matrix-Vektor-Produkt lässt sich dann mit den jeweiligen Transponierten schreiben als

$${}^t\vec{x} \cdot {}^t A = {}^t\vec{c}.$$

Im Fall einer quadratischen Matrix A hat das lineare Gleichungssystem

$$A \cdot \vec{x} = \vec{c}$$

genauso viele Variablen wie Gleichungen. Mit diesem Fall wollen wir uns jetzt etwas genauer beschäftigen.

Wir betrachten das allgemeine LGS mit zwei Gleichungen und zwei Unbekannten:

$$a_{11}x_1 + a_{12}x_2 = c_1$$
$$a_{21}x_1 + a_{22}x_2 = c_2.$$

Wir lösen es z. B. mit dem Additionsverfahren (siehe Abschn. 4.7) und erhalten die Lösungen

$$x_1 = \frac{c_1 a_{22} - c_2 a_{12}}{a_{11} a_{22} - a_{12} a_{21}}, \quad x_2 = \frac{c_2 a_{11} - c_1 a_{21}}{a_{11} a_{22} - a_{12} a_{21}}.$$

Das LGS ist somit nur dann eindeutig lösbar, wenn der Term im Nenner nicht Null wird, d. h.

$$a_{11} a_{22} - a_{12} a_{21} \neq 0.$$

Dieser Term ist uns schon in Abschn. 13.2 begegnet. Es handelt sich hierbei um die Determinante der Koeffizientenmatrix. Wir können also festhalten, dass ein lineares $(2,2)$-System nur dann eindeutig lösbar ist, wenn gilt

$$\det(A) = a_{11} a_{22} - a_{12} a_{21} \neq 0.$$

Für ein quadratisches LGS mit drei Gleichungen und Unbekannten erhalten wir im Nenner aller Lösungen den Term

$$a_{11} a_{22} a_{33} - a_{11} a_{23} a_{32} - a_{12} a_{21} a_{33} + a_{12} a_{23} a_{31} + a_{13} a_{21} a_{32} - a_{13} a_{22} a_{31}.$$

Auch hierbei handelt es sich um die Determinante der Koeffizientenmatrix.

Zur Lösbarkeit von quadratischen Gleichungssystemen

Ein quadratisches LGS ist eindeutig lösbar, wenn die Determinante der Koeffizientenmatrix A nicht verschwindet, d. h. es gilt

$$\det(A) \neq 0.$$

Wenn die Matrix A regulär ist, d. h. $\det(A) \neq 0$, dann existiert die Inverse zur Matrix A (siehe Satz 13.1). Wir multiplizieren die Matrizengleichung

$$A \cdot \vec{x} = \vec{c}$$

von links mit A^{-1} und formen um

$$\underbrace{A^{-1}A}\cdot\vec{x} = A^{-1}\vec{c}$$
$$E\cdot\vec{x} = A^{-1}\vec{c}$$
$$\vec{x} = A^{-1}\vec{c}.$$

Wir können die Lösung des LGS mithilfe der Inversen berechnen. Es gilt der folgende Satz.

Satz 13.2. Im Fall einer quadratischen Matrix A ist das LGS

$$A\cdot\vec{x} = \vec{c}$$

genau dann eindeutig lösbar, wenn die Matrix A invertierbar ist. In diesem Fall lautet die Lösung

$$\vec{x} = A^{-1}\cdot\vec{c}.$$

Beispiel 13.17. Wir wollen das LGS

$$\begin{pmatrix} 1 & 2 \\ 3 & 4 \end{pmatrix}\begin{pmatrix} x_1 \\ x_2 \end{pmatrix} = \begin{pmatrix} 1 \\ 2 \end{pmatrix}$$

lösen. Die Inverse haben wir bereits in Bsp. 13.14 berechnet. Somit ergibt sich die Lösung

$$\vec{x} = A^{-1}\cdot\vec{c}$$
$$\begin{pmatrix} x_1 \\ x_2 \end{pmatrix} = \frac{1}{2}\begin{pmatrix} -4 & 2 \\ 3 & -1 \end{pmatrix}\cdot\begin{pmatrix} 1 \\ 2 \end{pmatrix} = \begin{pmatrix} 0 \\ \frac{1}{2} \end{pmatrix}. \qquad \blacktriangleleft$$

Wir können LGS aber auch ohne Berechnung der Inversen lösen. Eine Möglichkeit ist der *Gauß-Algorithmus*, welcher auf folgenden äquivalenten Umformungen des LGS beruht:

(1) Zwei Gleichungen miteinander vertauschen.

(2) Eine Gleichung mit einer von Null verschiedenen Zahl multiplizieren oder dividieren.

(3) Ein Vielfaches einer Gleichung zu einer anderen Gleichung hinzuaddieren oder subtrahieren.

Mithilfe dieser Umformungen wird das System in ein äquivalentes, gestaffeltes System überführt, aus dem schrittweise die Unbekannten ermittelt werden können. Dieses Verfahren kann insbesondere angewendet werden, wenn die Koeffizientenmatrix nicht invertierbar ist, d. h., das LGS entweder mehrdeutig oder unlösbar ist. Wir machen das Verfahren direkt an einem Beispiel deutlich.

Beispiel 13.18. Wir betrachten das LGS

$$
\begin{aligned}
2x_1 + x_2 + x_3 &= 5 \\
x_1 - 3x_2 - 2x_3 &= -10 \\
2x_1 + \; x_3 &= 0
\end{aligned}
$$

und überführen es in Matrix-Vektor-Schreibweise

$$
\begin{pmatrix} 2 & 1 & 1 \\ 1 & -3 & -2 \\ 2 & 0 & 1 \end{pmatrix} \begin{pmatrix} x_1 \\ x_2 \\ x_3 \end{pmatrix} = \begin{pmatrix} 5 \\ -10 \\ 0 \end{pmatrix} .
$$

Nun bilden wir die sogenannte *erweiterte Koeffizientenmatrix*, indem wir die Koeffizientenmatrix A um die rechte Seite $\vec{c}$ erweitern

$$
(A|c) = \left(\begin{array}{ccc|c} 2 & 1 & 1 & 5 \\ 1 & -3 & -2 & -10 \\ 2 & 0 & 1 & 0 \end{array} \right) .
$$

Schrittweise bringen wir die erweiterte Koeffizientenmatrix in eine gestaffelte Form. Dazu müssen wir zunächst in der ersten Spalte Nullen erzeugen:

$$
(A|c) = \left(\begin{array}{ccc|c} 2 & 1 & 1 & 5 \\ 1 & -3 & -2 & -10 \\ 2 & 0 & 1 & 0 \end{array} \right) \quad \begin{array}{l} | \cdot (-1) \\ | \cdot (-2) \; \hookleftarrow_+ \\ \hookleftarrow_+ \end{array}
$$

$$
\rightarrow \left(\begin{array}{ccc|c} 2 & 1 & 1 & 5 \\ 0 & 7 & 5 & 25 \\ 0 & -1 & 0 & -5 \end{array} \right)
$$

Nun benötigen wir noch eine Null in der zweiten Spalte:

$$
\left(\begin{array}{ccc|c} 2 & 1 & 1 & 5 \\ 0 & 7 & 5 & 25 \\ 0 & -1 & 0 & -5 \end{array} \right) \quad | \cdot (7) \; \hookleftarrow_+
$$

$$
\rightarrow \left(\begin{array}{ccc|c} 2 & 1 & 1 & 5 \\ 0 & 7 & 5 & 25 \\ 0 & 0 & 5 & -10 \end{array} \right) .
$$

Das System liegt jetzt in einer gestaffelten Form vor und wir können sukzessive die Unbekannten ermitteln. Aus der letzten Zeile ergibt sich die Gleichung

$$
5x_3 = -10 \quad \Leftrightarrow \quad x_3 = -2.
$$

Die Unbekannte x_2 erhalten wir aus der zweiten Zeile:

$$7x_2 + 5x_3 = 25$$
$$x_2 = \frac{25 - 5 \cdot (-2)}{7} = 5$$

und x_1 erhalten wir aus der ersten Zeile

$$2x_1 + x_2 + x_3 = 5$$
$$x_1 = \frac{5 - x_2 - x_3}{2} = \frac{5 - 5 + 2}{2} = 1.$$

Das LGS ist eindeutig lösbar und die Lösung lautet $x_1 = 1$, $x_2 = 5$ und $x_3 = -2$. ◄

Wir können den Gauß-Algorithmus auch anwenden, wenn das LGS nicht eindeutig lösbar ist, wie das folgende Beispiel zeigt.

Beispiel 13.19. Wir betrachten das LGS

$$3x_1 + 6x_2 - 2x_3 = 2$$
$$-x_1 + 2x_2 + 6x_3 = -2$$
$$2x_1 + 5x_2 \qquad = 1$$

und erhalten

$$(A|c) = \begin{pmatrix} 3 & 6 & -2 \ \big| & 2 \\ -1 & 2 & 6 \ \big| & -2 \\ 2 & 5 & 0 \ \big| & 1 \end{pmatrix} \quad \begin{array}{l} | \cdot (-2) \\ | \cdot 3 \\ | \cdot 3 \end{array}$$

$$\rightarrow \begin{pmatrix} 3 & 6 & -2 \ \big| & 2 \\ 0 & 12 & 16 \ \big| & -4 \\ 0 & 3 & 4 \ \big| & -1 \end{pmatrix} \quad | \cdot (-4)$$

$$\rightarrow \begin{pmatrix} 3 & 6 & -2 \ \big| & 2 \\ 0 & 12 & 16 \ \big| & -4 \\ 0 & 0 & 0 \ \big| & 0 \end{pmatrix} .$$

Die letzte Zeile besteht komplett aus Nullen und ist somit immer erfüllt. Es verbleiben nur zwei Gleichungen für drei Unbekannte. Eine Unbekannte kann somit frei gewählt werden. Wir wählen

$$x_3 = \lambda \quad \text{mit} \quad \lambda \in \mathbb{R}$$

und damit erhalten wir folgende Lösungen für x_2 und x_1 in Abhängigkeit von λ:

$$12x_2 + 16x_3 = -4$$

$$x_2 = -\frac{1}{3} - \frac{4}{3}\lambda$$

$$3x_1 + 6x_2 - 2x_1 = 2$$

$$x_1 = 4 + 10\lambda.$$

Das LGS besitzt die unendlich vielen Lösungen

$$x_1 = 4 + 10\lambda, \quad x_2 = -\frac{1}{3} - \frac{4}{3}\lambda, \quad x_3 = \lambda \quad \text{mit} \quad \lambda \in \mathbb{R}.$$

Ein LGS besitzt unendlich viele Lösungen, wenn gilt

$$\text{rg}(A) = \text{rg}(A|c) < n,$$

wobei n der Anzahl Unbekannter entspricht (siehe Abschn. 13.3). Äquivalente Umformungen verändern den Rang einer Matrix nicht. Aus diesem Grund können wir am gestaffelten System die Anzahl linear unabhängiger Zeilenvektoren direkt ablesen. In diesem Beispiel verändert sich die Anzahl durch Hinzunahme der rechten Seite c nicht. Es gilt

$$\text{rg}(A) = \text{rg}(A|c) = 2 < n = 3. \qquad \blacktriangleleft$$

Zur Lösbarkeit von LGS

Ein lineares (m,n)-System ist *eindeutig lösbar*, wenn

$$\text{rg}(A) = \text{rg}(A|c) = n.$$

Bei quadratischen Systemen kann dies auch mit der Bedingung

$$\det(A) \neq 0$$

überprüft werden (siehe Satz 13.1).
Gilt $\text{rg}(A) < n$ bzw. bei quadratischen Systemen auch $\det(A) = 0$, dann ist das System *mehrdeutig lösbar*, wenn

$$\text{rg}(A) = \text{rg}(A|c)$$

bzw. *unlösbar*, wenn

$$\text{rg}(A) < \text{rg}(A|c).$$

Beispiel 13.20. Wir betrachten das LGS

$$
\begin{aligned}
3x_1 - 1x_2 + 2x_3 &= 2 \\
6x_1 + 2x_2 + 5x_3 &= -2 \\
-2x_1 + 6x_2 \qquad &= 1
\end{aligned}
$$

und erhalten

$$
(A|c) = \begin{pmatrix} 3 & -1 & 2 & \bigm| & 2 \\ 6 & 2 & 5 & \bigm| & -2 \\ -2 & 6 & 0 & \bigm| & 1 \end{pmatrix} \quad \begin{array}{l} | \cdot (-2) \\ \leftarrow \\ | \cdot 3 \end{array} \quad \begin{array}{l} | \cdot 2 \end{array}
$$

$$
\rightarrow \begin{pmatrix} 3 & -1 & 2 & \bigm| & 2 \\ 0 & 4 & 1 & \bigm| & -6 \\ 0 & 16 & 4 & \bigm| & 7 \end{pmatrix} \quad \begin{array}{l} -4 \end{array}
$$

$$
\rightarrow \begin{pmatrix} 3 & -1 & 2 & \bigm| & 2 \\ 0 & 4 & 1 & \bigm| & -6 \\ 0 & 0 & 0 & \bigm| & 31 \end{pmatrix}
$$

Aus dem Endtableau können wir den Rang der erweiterten Koeffizientenmatrix ablesen: Es gilt $\mathrm{rg}(A|c) = 3$. Der Rang der Koeffizientenmatrix ist $\mathrm{rg}(A) = 2$. Da

$$
\mathrm{rg}(A) = 2 < \mathrm{rg}(A|c) = 3
$$

gilt, ist das LGS nicht lösbar.   ◄

Zur Lösbarkeit von homogenen LGS

Ein homogenes LGS

$$
A\vec{x} = \vec{0}
$$

ist immer lösbar, da

$$
\mathrm{rg}(A) = \mathrm{rg}(A|0).
$$

Es ist eindeutig lösbar mit der trivialen Lösung $\vec{x} = \vec{0}$, wenn

$$
\mathrm{rg}(A) = n.
$$

Sonst ist es mehrdeutig lösbar.

Beispiel 13.21. Wir betrachten das homogene LGS

$$\begin{aligned} x_1 + 2x_2 + 5x_3 &= 0 \\ 3x_1 + x_2 + 9x_3 &= 0 \\ 2x_1 + 4x_2 + 3x_3 &= 0 \end{aligned}$$

un erhalten

$$(A|c) = \begin{pmatrix} 1 & 2 & 5 & | & 0 \\ 3 & 1 & 9 & | & 0 \\ 2 & 4 & 3 & | & 0 \end{pmatrix} \quad \begin{array}{c} | \cdot (-3) \\ \end{array} \quad \begin{array}{c} | \cdot (-2) \\ \end{array}$$

$$\rightarrow \begin{pmatrix} 1 & 2 & 5 & | & 0 \\ 0 & -5 & -6 & | & 0 \\ 0 & 0 & -7 & | & 0 \end{pmatrix}$$

Es gilt

$$\text{rg}(A) = \text{rg}(A|0) = 3.$$

Somit ist das homogene LGS eindeutig lösbar mit der trivialen Lösung $x_1 = x_2 = x_3 = 0$. ◄

13.6 Eigenwerte und Eigenvektoren

Weitere wichtige Begriffe der Matrizenrechnung sind der *Eigenwert* einer Matrix sowie der zugehörige *Eigenvektor*.

Definition 13.7. Eine Zahl $\lambda \in \mathbb{C}$ heißt *Eigenwert* einer (n,n)-Matrix A, wenn es einen n-dimensionalen Vektor $\vec{v} \neq \vec{0}$ gibt mit

$$A \cdot \vec{v} = \lambda \cdot \vec{v}.$$

In diesem Fall heißt $\vec{v}$ *Eigenvektor* der Matrix A zum Eigenwert λ.

Ist $\vec{v}$ ein Eigenvektor der Matrix A zum Eigenwert λ, dann ist auch jeder Vektor $c\vec{v}$ mit $c \in \mathbb{C}^*$ ein solcher. Wie berechnet man die Eigenwerte einer Matrix?

Die Gleichung

$$A \cdot \vec{v} = \lambda \cdot \vec{v}$$

lässt sich mithilfe der (n,n)-Einheitsmatrix umstellen zu

$$A \cdot \vec{v} - \lambda \cdot \vec{v} = \vec{0}$$

$$A \cdot \vec{v} - \lambda E_n \cdot \vec{v} = \vec{0}$$
$$(A - \lambda \cdot E_n) \cdot \vec{v} = \vec{0}.$$

Diese Gleichung hat genau dann einen nicht-trivialen Lösungsvektor $\vec{v} \neq \vec{0}$ (der somit Eigenvektor von A ist), wenn gilt

$$\det(A - \lambda \cdot E_n) = 0$$

und somit λ ein Eigenwert von A ist (siehe Abschn. 13.5, Kästen zur Lösbarkeit von (homogenen) LGS). Das Polynom

$$\det(A - \lambda \cdot E_n)$$

heißt *charakteristisches Polynom* der Matrix A. Die Eigenwerte von A sind also die Nullstellen des zugehörigen charakteristischen Polynoms.

Beispiel 13.22. Sei A die 2×2-Matrix

$$A = \begin{pmatrix} 1 & 2 \\ 1 & 0 \end{pmatrix}.$$

Wir berechnen zunächst die Eigenwerte mittels des charakteristischen Polynoms. Es gilt

$$A - \lambda \cdot E_2 = \begin{pmatrix} 1 & 2 \\ 1 & 0 \end{pmatrix} - \lambda \begin{pmatrix} 1 & 0 \\ 0 & 1 \end{pmatrix} = \begin{pmatrix} 1-\lambda & 2 \\ 1 & -\lambda \end{pmatrix},$$

also suchen wir die Lösungen der Gleichung

$$\det(A - \lambda \cdot E_2) = (1-\lambda)(-\lambda) - 2 \cdot 1 = \lambda^2 - \lambda - 2 = 0.$$

Wir erhalten zwei reelle Lösungen dieser quadratischen Gleichung, nämlich

$$\lambda_1 = 2 \wedge \lambda_2 = -1.$$

Die zugehörigen (hier natürlich zweidimensionalen) Eigenvektoren erhalten wir mittels der Lösung der Gleichungssysteme

$$\begin{pmatrix} 1 & 2 \\ 1 & 0 \end{pmatrix} \cdot \begin{pmatrix} x_1 \\ x_2 \end{pmatrix} = 2 \cdot \begin{pmatrix} x_1 \\ x_2 \end{pmatrix}$$

bzw.

$$\begin{pmatrix} 1 & 2 \\ 1 & 0 \end{pmatrix} \cdot \begin{pmatrix} x_1 \\ x_2 \end{pmatrix} = - \begin{pmatrix} x_1 \\ x_2 \end{pmatrix}.$$

Es ergibt sich

$$\begin{pmatrix} x_1 \\ x_2 \end{pmatrix} = c \cdot \begin{pmatrix} 2 \\ 1 \end{pmatrix}$$

bzw.

$$\begin{pmatrix} x_1 \\ x_2 \end{pmatrix} = c \cdot \begin{pmatrix} -1 \\ 1 \end{pmatrix},$$

jeweils mit $c \neq 0$. ◄

13.7 Aufgaben

Aufgabe 13.1. Gegeben seien die Matrizen

$$A = \begin{pmatrix} 1 & -1 & 4 \\ 3 & 1 & 5 \end{pmatrix} \quad \text{und} \quad B = \begin{pmatrix} 2 & -1 & 1 \\ -2 & -3 & 4 \end{pmatrix}.$$

Berechnen Sie (**487 Lösung**)

  a) $A + B$ b) $3A$ c) ${}^t B$ d) $2A - B$.

Aufgabe 13.2. Gegeben seien die Matrizen

$$A = \begin{pmatrix} 2 & -1 & 4 \\ 3 & 2 & 5 \\ -4 & -6 & 3 \end{pmatrix} \quad \text{und} \quad B = \begin{pmatrix} 1 & -1 & 1 \\ -2 & 2 & 6 \\ 1 & -4 & 1 \end{pmatrix}.$$

Berechnen Sie sowohl $A \cdot B$ als auch $B \cdot A$. Was fällt Ihnen auf? (**487 Lösung**)

Aufgabe 13.3. Berechnen Sie die Determinanten der folgenden Matrizen (**488 Lösung**)

  a) $A = \begin{pmatrix} 1 & -5 \\ 2 & 3 \end{pmatrix}$ b) $B = \begin{pmatrix} 2 & -1 & 1 \\ 2 & 3 & -3 \\ -1 & 0 & 2 \end{pmatrix}$ c) $C = \begin{pmatrix} 5 & -4 & 0 \\ 0 & 1 & -7 \\ 3 & 1 & 0 \end{pmatrix}.$

Aufgabe 13.4. Für welche Werte des Parameters α sind die Determinanten jeweils gleich null? (**488 Lösung**)

  a) $\begin{vmatrix} -1-\alpha & -2 \\ 1 & \alpha+2 \end{vmatrix}$ b) $\begin{vmatrix} \alpha-2 & 1 & 2 \\ 0 & \alpha-1 & 1 \\ 0 & 0 & \alpha-4 \end{vmatrix}$

Aufgabe 13.5. Geben Sie den Rang der folgenden Matrizen an. (**489 Lösung**)

  a) $A = \begin{pmatrix} -2 & 1 & 2 \\ 0 & -1 & 1 \\ 0 & 0 & -4 \end{pmatrix}$ b) $B = \begin{pmatrix} -2 & 1 \\ 4 & -2 \end{pmatrix}$ c) $B = \begin{pmatrix} -2 & 1 & 0 & 1 \\ 4 & -2 & 1 & 0 \end{pmatrix}$

Aufgabe 13.6. Bestimmen Sie manuell (d. h. ohne die Formel zu benutzen) die Inverse A^{-1} der Matrix

$$A = \begin{pmatrix} 3 & 2 \\ 1 & 1 \end{pmatrix}.$$

Was gilt im Fall der Matrix

$$B = \begin{pmatrix} 3 & 3 \\ 1 & 1 \end{pmatrix}?$$

(489 Lösung)

Aufgabe 13.7. Bestimmen Sie mithilfe der Inversen aus Aufg. 13.6 die Lösung des LGS **(490 Lösung)**

$$\begin{pmatrix} 3 & 2 \\ 1 & 1 \end{pmatrix} \begin{pmatrix} x_1 \\ x_2 \end{pmatrix} = \begin{pmatrix} 1 \\ -1 \end{pmatrix}.$$

Aufgabe 13.8. Bestimmen Sie die Lösungen der folgenden LGS mithilfe des Gauß-Algorithmus **(490 Lösung)**

a)

$$\begin{aligned} -3x_1 + x_2 + 4\,x_3 &= 8 \\ 3x_1 + x_2 &= -2 \\ -6x_1 + 2x_2 + 12x_3 &= 20 \end{aligned}$$

b)

$$\begin{aligned} x_1 + 2x_2 + 5\,x_3 &= 7 \\ x_1 + 3x_2 + 8\,x_3 &= 11 \\ 2x_1 + 5x_2 + 13x_3 &= 27 \end{aligned}$$

c)

$$\begin{aligned} x_1 + 2x_2 + 2x_3 &= -1 \\ 3x_1 + x_3 &= 1 \end{aligned}$$

d)

$$\begin{aligned} x_1 + 2x_2 + 5\,x_3 &= 0 \\ 3x_1 + x_2 + 9\,x_3 &= 0 \\ 2x_1 + 4x_2 + 10x_3 &= 0 \end{aligned}$$

Aufgabe 13.9. Gegeben sei das LGS

$$\begin{aligned} x_1 + x_2 + x_3 &= 1 \\ \lambda x_1 - x_2 - 2\,x_3 &= -2 \\ 4x_1 - 4x_2 - 2\lambda x_3 &= -6, \end{aligned}$$

das noch vom Parameter $\lambda \in \mathbb{R}$ abhängt. Für welche Werte von λ hat das LGS **(491 Lösung)**

a) eine eindeutige Lösung,

b) unendlich viele Lösungen und

c) keine Lösung?

Aufgabe 13.10. Berechnen Sie die Eigenwerte und die zugehörigen Eigenvektoren der Matrix **(492 Lösung)**

$$A = \begin{pmatrix} 3 & 2 \\ 1 & 1 \end{pmatrix}.$$

Kapitel 14

Lösungen: Algebra-Grundwissen

Lösung 0.1

	$\mathbb{N}$	$\mathbb{Z}$	$\mathbb{Q}$	$\mathbb{R}$
0		x	x	x
4	x	x	x	x
$\frac{1}{4}$			x	x
$\sqrt{3}$				x
$\sqrt{4}$	x	x	x	x
2π				x
-9		x	x	x
$-\frac{10}{2}$		x	x	x

Lösung 0.2

a) $2x(-y+2z-3) = -2xy+4xz-6x$

b) $(a-2b)(3c+4d) = 3ac+4ad-6bc-8bd$

c) $(x-2)(2+y)(4w-9z) = 8wx+4wxy-16w-8wy-18xz-9xyz+36z+18yz$

© Springer-Verlag GmbH Deutschland, ein Teil von Springer Nature 2023
S. Proß und T. Imkamp, *Brückenkurs Mathematik für den Studieneinstieg*,
https://doi.org/10.1007/978-3-662-68303-3_15

Lösung 0.3

a) $\frac{3}{5} + \frac{7}{8} = \frac{24}{40} + \frac{35}{40} = \frac{59}{40}$

b) $\frac{3}{2} + \frac{5}{3} - \frac{7}{5} = \frac{45}{30} + \frac{50}{30} - \frac{42}{30} = \frac{53}{30}$

c) $\left(\frac{1}{2} + \frac{7}{16}\right) \cdot \frac{4}{3} = \left(\frac{8}{16} + \frac{7}{16}\right) \cdot \frac{4}{3} = \frac{15}{16} \cdot \frac{4}{3} = \frac{5}{4} \cdot \frac{1}{1} = \frac{5}{4}$

d) $\left(\frac{1}{3} + \frac{2}{9}\right) \cdot \left(\frac{11}{8} - \frac{1}{4}\right) = \left(\frac{3}{9} + \frac{2}{9}\right) \cdot \left(\frac{11}{8} - \frac{2}{8}\right) = \frac{5}{9} \cdot \frac{9}{8} = \frac{5}{8}$

e) $\left(\frac{13}{2} : \frac{169}{12}\right) : \frac{3}{26} = \left(\frac{13}{2} \cdot \frac{12}{169}\right) \cdot \frac{26}{3} = \frac{12}{26} \cdot \frac{26}{3} = \frac{12}{3} = 4$

Lösung 0.4

a) $\frac{1}{\frac{2}{9} + \frac{1}{3}} + \frac{2}{5} = \frac{1}{\frac{2}{9} + \frac{3}{9}} + \frac{2}{5} = \frac{1}{\frac{5}{9}} + \frac{2}{5} = \frac{9}{5} + \frac{2}{5} = \frac{11}{5}$

b) $\frac{2a}{a - \frac{a+b}{a^2 - b^2}} = \frac{2a(a^2 - b^2)}{a(a+b)} = \frac{2a(a-b)(a+b)}{a(a+b)} = 2(a - b)$

c) $\frac{2x}{5 - 2x + \frac{1}{1-x^2} - \frac{x}{\frac{1}{x} - x}} = \frac{2x}{5 - 2x + \frac{1}{1-x^2} - \frac{x}{\frac{1-x^2}{x}}} = \frac{2x}{5 - 2x + \frac{1}{1-x^2} - \frac{x^2}{1-x^2}}$

$= \frac{2x}{5 - 2x + \frac{1-x^2}{1-x^2}} = \frac{2x}{4 - 2x} = \frac{x}{2 - x}$

Lösung 0.5

a) $\frac{1}{5} = 0,2 = 20\%$

b) $\frac{6}{10} = 0,6 = 60\%$

c) $1 = 1 = 100\%$

d) $\frac{2}{3} = 0,\overline{6} = 66,\overline{6}\%$

e) $\frac{2}{15} = 0,1\overline{3} = 13,\overline{3}\%$

f) $\frac{2}{7} = 0,\overline{285714} = 28,\overline{571428}\%$

Lösung 0.6

a) $(2y + 6z)^2 = 4y^2 + 24yz + 36z^2$

b) $(a - 4b)^2 = a^2 - 8ab + 16b^2$

c) $(2c + 5)(2c - 5) = 4c^2 - 25$

d) $(4x + 5y + z)^2 = 16x^2 + 40xy + 8xz + 25y^2 + 10yz + z^2$

e) $(2m - 6n)(m - 3n) = 2m^2 - 12mn + 18n^2$

Lösung 0.7

a) $x^2 + 6x + 9 = (x + 3)^2$

b) $4y^2 - \frac{1}{25} = \left(2y + \frac{1}{5}\right)\left(2y - \frac{1}{5}\right)$

c) $4a^2 - 24a + 36 = (2a - 6)^2$

d) $-2x^2 + 8x - 8 = -2(x^2 - 4x + 4) = -2(x - 2)^2$

Lösung 0.8

a) $s^2 \cdot t^2 \cdot u^2 = (stu)^2$

b) $a^2 \cdot a^5 \cdot b^{-3} \cdot a^{-6} \cdot b^3 = a^2 a^5 a^{-6} b^{-3} b^3 = a^{2+5-6} b^{-3+3} = a$

c) $(x^3)^{-4} \cdot (y^{-1})^{-6} \cdot xy = x^{-12} x y^6 y = x^{-12+1} y^{6+1} = x^{-11} y^7 = \frac{y^7}{x^{11}}$

d) $s^3 \cdot t^{-8} \cdot \frac{s^{-1}}{t^3} \cdot \frac{s}{t^2} = s^3 s^{-1} s t^{-8} t^{-3} t^{-2} = s^{3-1+1} t^{-8-3-2} = s^3 t^{-13} = \frac{s^3}{t^{13}}$

e) $\frac{2a^2 \cdot 6b^3 \cdot 3c}{4abc} = \frac{2 \cdot 6 \cdot 3 a^2 b^3 c}{4abc} = 9a^{2-1} b^{3-1} c^{1-1} = 9ab^2$

f) $5(l^5)^2 \cdot 2m \cdot 2(3n)^3 \cdot \frac{m^{-1}}{n^{-1}} \cdot \frac{5n^2}{6mn} \cdot lm^{-3} = 5l^{10}4m \cdot 27n^3m^{-1}n5n^2\frac{1}{6}m^{-1}n^{-1}lm^{-3}$

$= 5 \cdot 4 \cdot 27 \cdot 5 \cdot \frac{1}{6}l^{10+1}m^{1-1-1-3}n^{3+1+2-1} = 450l^{11}m^{-4}n^5 = \frac{450l^{11}n^5}{m^4}$

Lösung 0.9

a) $4^{\frac{3}{2}} = \sqrt{4^3} = 4\sqrt{4} = 4 \cdot 2 = 8$ 　　　 b) $\left(\frac{1}{343}\right)^{\frac{1}{3}} = \sqrt[3]{\frac{1}{343}} = \frac{1}{\sqrt[3]{343}} = \frac{1}{7}$

c) $\left(6^{\frac{3}{2}}\right)^2 = \left(\sqrt{6^3}\right)^2 = 6^3 = 216$

d) $\left(5^{-\frac{3}{2}}\right)^{\frac{2}{3}} \cdot 25^{\frac{1}{2}} = 5^{-\frac{3}{2}\cdot\frac{2}{3}} \cdot \sqrt{25} = 5^{-1}5 = 1$

e) $a^{\frac{2}{3}} \cdot b^{\frac{2}{3}} \cdot a \cdot b^{\frac{1}{3}} \cdot (ab)^{\frac{2}{3}} = a^{\frac{2}{3}}aa^{\frac{2}{3}}b^{\frac{2}{3}}b^{\frac{1}{3}}b^{\frac{2}{3}} = a^{\frac{2}{3}+1+\frac{2}{3}}b^{\frac{2}{3}+\frac{1}{3}+\frac{2}{3}} = a^{\frac{7}{3}}b^{\frac{5}{3}} = \sqrt[3]{a^7b^5}$

Lösung 0.10

a) $\sqrt{3} \cdot \sqrt{12} = \sqrt{3 \cdot 12} = \sqrt{36} = 6$ 　　　 b) $\frac{\sqrt[3]{256}}{\sqrt[3]{4}} = \sqrt[3]{\frac{256}{4}} = \sqrt[3]{64} = 4$

c) $\sqrt[3]{\sqrt[3]{512}} = \sqrt[3]{8} = 2$ 　　　 d) $\frac{\sqrt[4]{96}}{\sqrt[4]{2}\cdot\sqrt[4]{3}} = \sqrt[4]{\frac{96}{2\cdot3}} = \sqrt[4]{16} = 2$

e) $\frac{\sqrt[5]{a^7} \cdot \sqrt[5]{a^{20}}}{\sqrt[5]{a^2}} = \sqrt[5]{\frac{a^7a^{20}}{a^2}} = \sqrt[5]{a^{7+20-2}} = \sqrt[5]{a^{25}} = a^{\frac{25}{5}} = a^5$

f) $\frac{\sqrt[7]{(ab)^7} \cdot \sqrt[7]{a^9b^{15}}}{\sqrt[7]{a^2} \cdot \sqrt[7]{b}} = \sqrt[7]{\frac{a^7b^7a^9b^{15}}{a^2b}} = \sqrt[7]{a^{7+9-2}b^{7+15-1}} = \sqrt[7]{a^{14}b^{21}} = a^{\frac{14}{7}}b^{\frac{21}{7}} = a^2b^3$

Lösung 0.11

Beweis (zu (2)). Es gilt nach Def. 0.1

$$u = b^{\log_b u} \quad \text{und} \quad v = b^{\log_b v}.$$

Damit ist nach den bekannten Potenzgesetzen (siehe Abschn. 0.5)

$$\frac{u}{v} = \frac{b^{\log_b u}}{b^{\log_b v}} = b^{\log_b u - \log_b v}.$$

Wiederum gilt nach Def. 0.1 die Beziehung

$$\frac{u}{v} = b^{\log_b\left(\frac{u}{v}\right)}.$$

Ein Vergleich der Exponenten liefert die Behauptung. 　　　　　　　　　　　$\square$

Beweis (zu (3)). Es gilt nach Def. 0.1

$$u = b^{\log_b u}.$$

Damit ist nach den bekannten Potenzgesetzen (siehe Abschn. 0.5)

$$u^r = \left(b^{\log_b u}\right)^r = b^{r\log_b u}.$$

Wiederum gilt nach Def. 0.1 die Beziehung

$$u^r = b^{\log_b(u^r)}.$$

Ein Vergleich der Exponenten liefert die Behauptung. $\square$

Lösung 0.12

a) $\log_2(8) = 3$, da $2^3 = 8$ b) $\log_4(16) = 2$, da $4^2 = 16$

c) $\lg(1) = 0$, da $10^0 = 1$ d) $\lg(10) = 1$, da $10^1 = 10$

e) $\log_2\left(\frac{1}{8}\right) = -3$, da $2^{-3} = \frac{1}{8}$ f) $\log_9(9^z) = z$, da $9^z = 9^z$

Lösung 0.13

a) $\log_x(7) + \log_x(9) = \log_x(7 \cdot 9) = \log_x(63)$

b) $\log_x(42) - \log_x(2) = \log_x\left(\frac{42}{2}\right) = \log_x(21)$

c) $2\lg(3) + \lg(9) - 3\lg(2) = \lg(3^2) + \lg(9) - 3\lg(2) = \lg\left(\frac{9 \cdot 9}{8}\right) = \lg\left(\frac{81}{8}\right)$

d) $\frac{1}{3}\ln(x) + \frac{1}{9}\ln(x^3) - \frac{1}{4}\ln(x^4) = \ln(\sqrt[3]{x}) + \ln(\sqrt[3]{x}) - \ln(x)$

$= \ln\left(\frac{\sqrt[3]{x} \cdot \sqrt[3]{x}}{x}\right) = \ln\left(\frac{1}{\sqrt[3]{x}}\right)$

Lösung 0.14

a) $\ln(5x^2) = \ln(5) + 2\ln(x)$

b) $\ln\left(\left(\frac{12xy}{a^3}\right)^5\right) = 5\ln\left(\frac{12xy}{a^3}\right) = 5(\ln(12xy) - 3\ln(a))$

$= 5(\ln(12) + \ln(x) + \ln(y) - 3\ln(a))$

c) $\ln\left(\sqrt{\frac{xy^2}{27z}}\right) = \frac{1}{2}(\ln(xy^2) - \ln(27z)) = \frac{1}{2}(\ln(x) + 2\ln(y) - \ln(27) - \ln(z))$

Lösung 0.15

Regel (1):

Beweis. Es gilt

$$\sum_{i=1}^{n} a_i = \underbrace{a_1 + \cdots + a_k}_{\text{1. Summe}} + \underbrace{a_{k+1} + \cdots + a_n}_{\text{2. Summe}}$$

$$= \sum_{i=1}^{k} a_i + \sum_{i=k+1}^{n} a_i \qquad\qquad \square$$

Regel (3):

Beweis. Es gilt

$$\sum_{i=1}^{n}(a_i+b_i)=(a_1+b_1)+(a_2+b_2)+\cdots+(a_n+b_n)$$

$$=(a_1+\cdots+a_n)+(b_1+\cdots+b_n)$$

$$=\sum_{i=1}^{n}a_i+\sum_{i=1}^{n}b_i \qquad\qquad \square$$

Lösung 0.16

a) $\displaystyle\sum_{i=1}^{5}i^3=1^3+2^3+3^3+4^3+5^3$ b) $\displaystyle\sum_{i=3}^{6}\frac{1}{i}=\frac{1}{3}+\frac{1}{4}+\frac{1}{5}+\frac{1}{6}$

c) $\displaystyle\sum_{k=6}^{10}\sqrt{k}=\sqrt{6}+\sqrt{7}+\sqrt{8}+\sqrt{9}+\sqrt{10}$

d) $\displaystyle\sum_{j=1}^{4}\frac{1}{j^3}=\frac{1}{1^3}+\frac{1}{2^3}+\frac{1}{3^3}+\frac{1}{4^3}$

e) $\sum_{i=1}^{3}\sum_{j=3}^{4}ij=1\cdot3+1\cdot4+2\cdot3+2\cdot4+3\cdot3+3\cdot4$

Lösung 0.17

a) $3+4+5+6+7=\sum_{i=3}^{7}i$ b) $2+4+6+8+10=\sum_{i=1}^{5}2i$

c) $1+3+5+7=\sum_{i=1}^{4}(2i-1)$ d) $\frac{1}{2}+\frac{1}{4}+\frac{1}{8}+\frac{1}{16}+\frac{1}{32}=\sum_{i=1}^{5}\frac{1}{2^i}$

Lösung 0.18

a) $1\cdot2\cdot3\cdot4=\Pi_{i=1}^{4}i$ b) $3\cdot3\cdot3\cdot3\cdot3=\Pi_{i=1}^{5}3$

c) $(-1)\cdot1\cdot(-1)\cdot1\cdot(-1)=\Pi_{i=1}^{5}(-1)^i$ d) $\frac{1}{10}\cdot1\cdot10\cdot100\cdot1000=\Pi_{i=-1}^{3}10^i$

Lösung 0.19

a) $(2y-3z)^3=8y^3-3\cdot12y^2z+3\cdot18yz^2-27z^3=8y^3-36y^2z+54yz^2-27z^3$

b) $(-a+3b)^3=-a^3+3\cdot3a^2b-3\cdot9ab^2+27b^3=-a^3+9a^2b-27ab^2+27b^3$

c) $(x+y)^9=x^9+9x^8y+36x^7y^2+84x^6y^3+126x^5y^4+126x^4y^5+84x^3y^6$
$+36x^2y^7+9xy^8+y^9$

d) $(3a+7b)^5=243a^5+5\cdot567a^4b+10\cdot1323a^3b^2+10\cdot3087a^2b^3+5\cdot7203ab^4$
$+16807b^5$
$=243a^5+2835a^4b+13230a^3b^2+30870a^2b^3+36015ab^4+16807b^5$

e) $(2y-1)^6=64y^6-6\cdot32y^5+15\cdot16y^4-20\cdot8y^3+15\cdot4y^2-6\cdot2y+1$
$=64y^6-192y^5+240y^4-160y^3+60y^2-12y+1$

Lösung 0.20

a) $\dbinom{4}{2}=6$ b) $\dbinom{5}{3}=10$ c) $\dbinom{444}{0}=1$

d) $\begin{pmatrix} 8 \\ 5 \end{pmatrix} = 56$ e) $\begin{pmatrix} 8 \\ 3 \end{pmatrix} = 56$ f) $\begin{pmatrix} 10 \\ 6 \end{pmatrix} = 210$

Kapitel 15

Lösungen: Beweisverfahren

Lösung 1.1

a) z. z. $1+3+5+\cdots+(2n-1)=n^2 \quad \forall\, n \in \mathbb{N}$

1. Induktionsanfang $(n=1)$:

$$1 = 1^2 = 1 \quad \checkmark$$

2. Induktionsschritt $(n \curvearrowright n+1)$:

$$\sum_{i=1}^{n+1}(2i-1) = \underbrace{\sum_{i=1}^{n}(2i-1)}+2(n+1)-1$$

$$\downarrow \text{Induktionsannahme}$$

$$= \quad n^2 \quad +2(n+1)-1$$

$$= n^2+2n+2 = (n+1)^2 \qquad \square$$

b) z. z. $\sum_{i=1}^{n}(3i-2) = \frac{n(3n-1)}{2} \quad \forall\, n \in \mathbb{N}$

1. Induktionsanfang $(n=1)$:

$$\sum_{i=1}^{1}(3i-2) = 1 = \frac{1(3\cdot 1-1)}{2} = 1 \quad \checkmark$$

© Springer-Verlag GmbH Deutschland, ein Teil von Springer Nature 2023
S. Proß und T. Imkamp, *Brückenkurs Mathematik für den Studieneinstieg*,
https://doi.org/10.1007/978-3-662-68303-3_16

2. Induktionsschritt $(n \curvearrowright n+1)$:

$$\sum_{i=1}^{n+1}(3i-2) = \underbrace{\sum_{i=1}^{n}(3i-2)}_{\downarrow \text{Induktionsannahme}} + 3(n+1)-2$$

$$= \frac{n(3n-1)}{2} + 3(n+1)-2$$

$$= \frac{n(3n-1)+6n+2}{2}$$

$$= \frac{3n^2+5n+2}{2}$$

$$= \frac{(n+1)(3n+2)}{2}$$

$$= \frac{(n+1)(3(n+1)-1)}{2} \qquad \qquad \square$$

c) z. z. $\sum_{i=1}^{n}(4i-1) = 2n^2+n \quad \forall\, n \in \mathbb{N}$

1. Induktionsanfang $(n=1)$:

$$4 \cdot 1 - 1 = 3 = 2 \cdot 1^2 + 1 = 3 \qquad \checkmark$$

2. Induktionsschritt $(n \curvearrowright n+1)$:

$$\sum_{i=1}^{n+1}(4i-1) = \underbrace{\sum_{i=1}^{n}(4i-1)}_{\downarrow \text{Induktionsannahme}} + 4(n+1)-1$$

$$= 2n^2+n+4n+3$$

$$= 2n^2+5n+3$$

$$= 2(n+1)^2+(n+1) \qquad \qquad \square$$

d) z. z. $1+2+4+8+16+\cdots+2^n = 2^{n+1}-1 \quad \forall\, n \in \mathbb{N}_0$

1. Induktionsanfang $(n=0)$:

$$1 = 2^1 - 1 = 1 \qquad \checkmark$$

2. Induktionsschritt $(n \curvearrowright n + 1)$:

$$\sum_{i=1}^{n+1} 2^i = \underbrace{\sum_{i=1}^{n} 2^i}_{} + 2^{n+1}$$

$$\downarrow \text{Induktionsannahme}$$

$$= 2^{n+1} - 1 + 2^{n+1}$$

$$= 2 \cdot 2^{n+1} - 1 = 2^{(n+1)+1} - 1 \qquad \square$$

e) z. z. $\sum_{i=1}^{n} i(i+1) = \frac{n(n+1)(n+2)}{3} \qquad \forall\, n \in \mathbb{N}$

1. Induktionsanfang $(n = 1)$:

$$\sum_{i=1}^{1} i(i+1) = 1(1+1) = 2 = \frac{1(1+1)(1+2)}{3} = 2 \qquad \checkmark$$

2. Induktionsschritt $(n \curvearrowright n + 1)$:

$$\sum_{i=1}^{n+1} i(i+1) = \underbrace{\sum_{i=1}^{n} i(i+1)}_{} + (n+1)((n+1)+1)$$

$$\downarrow \text{Induktionsannahme}$$

$$= \frac{n(n+1)(n+2)}{3} + \frac{3(n+1)(n+2)}{3}$$

$$= \frac{n(n+1)(n+2) + 3(n+1)(n+2)}{3}$$

$$= \frac{(n+3)(n+1)(n+2)}{3}$$

$$= \frac{(n+1)((n+1)+1)((n+1)+2)}{3} \qquad \square$$

f) z. z. $\sum_{i=0}^{n} q^i = \frac{q^{n+1}-1}{q-1} \qquad \forall\, n \in \mathbb{N}_0 \text{ und } q \neq 1$

1. Induktionsanfang $(n = 0)$:

$$\sum_{i=0}^{0} q^i = 1 = \frac{q^{0+1} - 1}{q - 1} = 1 \qquad \checkmark$$

2. Induktionsschritt $(n \curvearrowright n+1)$:

$$\sum_{i=0}^{n+1} q^i = \underbrace{\sum_{i=0}^{n} q^i}_{} + q^{n+1}$$

$$\downarrow \text{Induktionsannahme}$$

$$= \frac{q^{n+1} - 1}{q - 1} + q^{n+1}$$

$$= \frac{q^{n+1} - 1 + q^{n+1}(q - 1)}{q - 1}$$

$$= \frac{q^{n+1} - 1 + q^{n+2} - q^{n+1}}{q - 1}$$

$$= \frac{q^{(n+1)+1} - 1}{q - 1} \qquad \square$$

g) z. z. $\sum_{i=0}^{n-1} \frac{1}{3^i} = \frac{3}{2}\left(1 - \frac{1}{3^n}\right) \qquad \forall\, n \in \mathbb{N}$

1. Induktionsanfang $(n = 1)$:

$$\sum_{i=0}^{0} \frac{1}{3^i} = 1 = \frac{3}{2}\left(1 - \frac{1}{3^1}\right) = 1 \qquad \checkmark$$

2. Induktionsschritt $(n \curvearrowright n+1)$:

$$\sum_{i=0}^{n} \frac{1}{3^i} = \underbrace{\sum_{i=0}^{n-1} \frac{1}{3^i}}_{} + \frac{1}{3^n}$$

$$\downarrow \text{Induktionsannahme}$$

$$= \frac{3}{2}\left(1 - \frac{1}{3^n}\right) + \frac{1}{3^n}$$

$$= \frac{3}{2} - \frac{3}{2 \cdot 3^n} + \frac{1}{3^n}$$

$$= \frac{3}{2} + \left(-\frac{3}{2} + 1\right)\frac{1}{3^n}$$

$$= \frac{3}{2} - \frac{1}{2 \cdot 3^n}$$

$$= \frac{3}{2} - \frac{3}{2 \cdot 3^{n+1}}$$

$$= \frac{3}{2}\left(1 - \frac{1}{3^{n+1}}\right) \qquad \square$$

Lösung 1.2

a) $2 \mid n^2 + n \quad \forall\, n \in \mathbb{N}$

1. Induktionsanfang ($n = 1$):

$$1^2 + 1 = 2$$
$$2 \mid 2 \quad \checkmark$$

2. Induktionsschritt ($n \curvearrowright n+1$):

$$(n+1)^2 + (n+1) = n^2 + 2n + 1 + n + 1$$
$$= \underbrace{n^2 + n} + 2n + 2$$
$$\qquad\qquad \downarrow \text{Induktionsannahme}$$
$$= \quad k \cdot 2 + 2(n+1) \qquad (k \in \mathbb{N})$$
$$= 2(k + n + 1) \qquad\qquad\qquad \square$$

b) $3 \mid n^3 + 2n \quad \forall\, n \in \mathbb{N}$

1. Induktionsanfang ($n = 1$):

$$1^3 + 2 \cdot 1 = 3$$
$$3 \mid 3 \quad \checkmark$$

2. Induktionsschritt ($n \curvearrowright n+1$):

$$(n+1)^3 + 2(n+1) = n^3 + 3n^2 + 3n + 1 + 2n + 2$$
$$= \underbrace{n^3 + 2n} + 3n^2 + 3n + 3$$
$$\qquad\qquad \downarrow \text{Induktionsannahme}$$
$$= \quad k \cdot 3 + 3(n^2 + n + 1) \qquad (k \in \mathbb{N})$$
$$= 3(k + n^2 + n + 1) \qquad\qquad\qquad \square$$

c) $4 \mid 5^n + 7 \quad \forall\, n \in \mathbb{N}$

1. Induktionsanfang ($n = 1$):

$$5^1 + 7 = 12$$
$$4 \mid 12 \quad \checkmark$$

2. Induktionsschritt $(n \curvearrowright n+1)$:

$$5^{n+1} + 7 = 5 \cdot 5^n + 7$$
$$= \underbrace{5^n + 7} + 4 \cdot 5^n$$
$$\downarrow \text{Induktionsannahme}$$
$$= \quad k \cdot 4 + 4 \cdot 5^n \qquad (k \in \mathbb{N})$$
$$= 4(k + 5^n) \qquad\qquad\qquad \square$$

d) $3 \mid n^3 + 5n + 3 \qquad \forall\, n \in \mathbb{N}$

1. Induktionsanfang $(n = 1)$:

$$1^3 + 5 \cdot 1 + 3 = 9$$
$$3 \mid 9 \quad \checkmark$$

2. Induktionsschritt $(n \curvearrowright n+1)$:

$$(n+1)^3 + 5(n+1) + 3 = n^3 + 3n^2 + 3n + 1 + 5n + 5 + 3$$
$$= \underbrace{n^3 + 5n + 3} + 3n^2 + 3n + 6$$
$$\downarrow \text{Induktionsannahme}$$
$$= \quad k \cdot 3 + 3(n^2 + n + 2) \qquad (k \in \mathbb{N})$$
$$= 3(k + n^2 + n + 2) \qquad\qquad\qquad \square$$

e) $3 \mid 13^n + 2 \qquad \forall\, n \in \mathbb{N}$

1. Induktionsanfang $(n = 1)$:

$$13^1 + 2 = 15$$
$$3 \mid 15 \quad \checkmark$$

2. Induktionsschritt $(n \curvearrowright n+1)$:

$$13^{n+1} + 2 = 13 \cdot 13^n + 2$$
$$= 12 \cdot 13^n + \underbrace{13^n + 2}$$
$$\downarrow \text{Induktionsannahme}$$
$$= 12 \cdot 13^n + \quad k \cdot 3 \qquad (k \in \mathbb{N})$$
$$= 3(4 \cdot 13^n + k) \qquad\qquad\qquad \square$$

Lösung 1.3

a) z. z. Das Quadrat einer geraden Zahl ist gerade.

Beweis. Sei n eine gerade Zahl, dann kann diese Zahl als Vielfaches von zwei dargestellt werden

$$n = 2m, \quad m \in \mathbb{Z}.$$

Es gilt

$$n^2 = (2m)^2 = 4m^2 = 2 \cdot 2m^2.$$

Das Quadrat einer geraden Zahl ist ein Vielfaches von zwei und somit eine gerade Zahl. □

b) z. z. $3 \mid n^3 - n \qquad \forall\, n \in \mathbb{N}$

$$n^3 - n = n(n^2 - 1) = n(n-1)(n+1)$$

Beweis. Der Term

$$n(n-1)(n+1)$$

ist das Produkt dreier aufeinanderfolgender natürlicher Zahlen, daher ist genau eine davon durch 3 teilbar, und somit ist das Produkt durch 3 teilbar. □

c) z. z. Ist $p > 3$ eine Primzahl, so gilt $3 \mid p^2 - 1$.

Beweis. Da p eine Primzahl > 3 ist, ist 3 kein Teiler von p.
Daher ist 3 wegen b) ein Teiler von $p-1$ oder $p+1$, also von $(p-1)(p+1) = p^2 - 1$.

Man kann auch formaler argumentieren:
1. Fall: 3 ist Teiler von $p+1$, also $p+1 = 3k$, dann gilt

$$p^2 - 1 = (p+1)(p-1) = 3k(3k-1-1) = 3k(3k-2) \qquad \checkmark$$

2. Fall: 3 ist Teiler von $p+2$, also $p+2 = 3k$, dann gilt

$$p^2 - 1 = (p+1)(p-1) = (3k-2+1)(3k-2-1) = (3k-1)(3k-3)$$
$$= (3k-1)3(k-1) \qquad \checkmark \qquad\qquad \square$$

d) z. z. Die Verallgemeinerung der 3. Binomischen Formel

$$a^{n+1} - b^{n+1} = (a-b) \sum_{k=0}^{n} a^{n-k}b^k.$$

Beweis.

$$(a-b) \sum_{k=0}^{n} a^{n-k}b^k = \sum_{k=0}^{n} a^{n-k+1}b^k - \sum_{k=0}^{n} a^{n-k}b^{k+1}$$

$$= a^{n+1} + \sum_{k=1}^{n} a^{n-k+1}b^k - b^{n+1} - \sum_{k=0}^{n-1} a^{n-k}b^{k+1}$$

$$= a^{n+1} - b^{n+1} + \sum_{k=1}^{n} a^{n-k+1}b^k - \sum_{k=0}^{n-1} a^{n-k}b^{k+1}$$

$$= a^{n+1} - b^{n+1} + \sum_{k=1}^{n} a^{n-k+1}b^k - \sum_{k=1}^{n} a^{n-k+1}b^k$$

$$= a^{n+1} - b^{n+1} \qquad \qquad \square$$

Lösung 1.4

Beweis (indirekt). Angenommen, n wäre keine Primzahl. Dann gibt es mindestens zwei Primfaktoren p und q (wobei natürlich auch $p = q$ gelten darf), sodass

$$n = pq.$$

Dann ist aber

$$2^n - 1 = 2^{pq} - 1 = (2^p)^q - 1$$

$$= (2^p - 1) \sum_{k=0}^{q-1} (2^p)^{q-1-k}$$

durch $2^p - 1$ teilbar, kann also keine Primzahl sein. (Für den letzten Umformungsschritt siehe die Verallgemeinerung der 3. Binomischen Formel in Aufg. 1.3 d).) $\square$

Lösung 1.5

Beweis (indirekt).

$$\frac{a+b}{2} < \sqrt{ab} \qquad \forall\, a,b \in \mathbb{R}_+$$

$$\Rightarrow \qquad \frac{(a+b)^2}{4} < ab$$

$$\frac{1}{4}(a^2 + 2ab + b^2) - ab < 0$$

$$\frac{1}{4}a^2 - \frac{1}{2}ab + \frac{1}{4}b^2 < 0$$

$$\frac{1}{4}(a^2 - 2ab + b^2) < 0$$

$$\frac{1}{4}(a - b)^2 < 0 \qquad \lightning$$

Die Annahme $\frac{a+b}{2} < \sqrt{ab}$ führt zu dem Widerspruch, dass das Quadrat einer reellen Zahl kleiner als Null sein soll. Somit ist die gegebene Ungleichung $\frac{a+b}{2} \geq \sqrt{ab}$ bewiesen. □

Lösung 1.6

Beweis (mittels vollständiger Induktion).

1. Induktionsanfang ($n = 1$):

$$(1 + x) \geq 1 + x \qquad \checkmark$$

2. Induktionsschritt ($n \curvearrowright n + 1$):

$$(1 + x)^{n+1} = \underbrace{(1 + x)^n}(1 + x)$$
$$\downarrow \text{Induktionsannahme}$$
$$\geq (1 + nx)(1 + x)$$
$$= 1 + x + nx + nx^2$$
$$= 1 + (n + 1)x + \underbrace{nx^2}_{\geq 0}$$
$$\geq 1 + (n + 1)x \qquad\qquad □$$

Lösung 1.7

a)

$$\cosh(2x) = \frac{e^{2x} + e^{-2x}}{2}$$

$$1 + 2\sinh^2(x) = 1 + 2\left(\frac{e^x - e^{-x}}{2}\right)^2$$

$$= 1 + 2\frac{e^{2x} - 2e^x e^{-x} + e^{-2x}}{4}$$

$$= 1 + \frac{e^{2x} - 2 + e^{-2x}}{2}$$

$$= \frac{2 + e^{2x} - 2 + e^{-2x}}{2}$$

$$= \frac{e^{2x} + e^{-2x}}{2}$$

$$\Rightarrow \cosh(2x) = 1 + 2\sinh^2(x) \qquad \qquad \square$$

b)

$$\cosh^2(x) - \sinh^2(x) = \left(\frac{e^x + e^{-x}}{2}\right)^2 - \left(\frac{e^x - e^{-x}}{2}\right)^2$$

$$= \frac{e^{2x} + 2e^x e^{-x} + e^{-2x} - e^{2x} + 2e^x e^{-x} - e^{-2x}}{4}$$

$$= \frac{4e^x e^{-x}}{4} = 1 \qquad \qquad \square$$

Kapitel 16

Lösungen: Aussagenlogik und Mengenlehre

Lösung 2.1

  a) keine Aussage   b) Aussage   c) keine Aussage
  d) Aussage   e) Aussage   f) keine Aussage

Lösung 2.2

  a) f b) w c) w d) f e) f f) f

Lösung 2.3

  a) $A \Leftrightarrow B$ b) $B \Rightarrow A$ c) $B \Rightarrow A$ d) $B \Rightarrow A$ e) $A \Leftrightarrow B$

Lösung 2.4

a)

A	B	$A \wedge B$	$\neg(A \wedge B)$	$\neg A$	$\neg B$	$\neg A \vee \neg B$
w	w	w	f	f	f	f
w	f	f	w	f	w	w
f	w	f	w	w	f	w
f	f	f	w	w	w	w

Die vierte und die siebte Spalte der Wahrheitstabelle stimmen überein, damit ist die Gültigkeit der de Morgan'schen Regel bewiesen.

© Springer-Verlag GmbH Deutschland, ein Teil von Springer Nature 2023
S. Proß und T. Imkamp, *Brückenkurs Mathematik für den Studieneinstieg*,
https://doi.org/10.1007/978-3-662-68303-3_17

b)

A	B	$A \vee B$	$\neg(A \vee B)$	$\neg A$	$\neg B$	$\neg A \wedge \neg B$
w	w	w	f	f	f	f
w	f	w	f	f	w	f
f	w	w	f	w	f	f
f	f	f	w	w	w	w

Die vierte und die siebte Spalte der Wahrheitstabelle stimmen überein, damit ist die Gültigkeit der de Morgan'schen Regel bewiesen.

Lösung 2.5

A	B	$B \Rightarrow A$	$A \Rightarrow (B \Rightarrow A)$
w	w	w	w
w	f	w	w
f	w	f	w
f	f	w	w

Lösung 2.6 Wir betrachten beispielsweise die (falsche) Aussage:

Es existiert eine natürliche Zahl, die kleiner gleich null ist.

Formal:

$$\exists\, x \in \mathbb{N} : x \leq 0.$$

Die Negation einer falschen Aussage ist wahr, somit ist die Aussage

$$\neg(\exists\, x \in \mathbb{N} : x \leq 0)$$

Es existiert keine natürliche Zahl, die kleiner gleich null ist.

wahr. Oder anders formuliert:

$$\forall x \in \mathbb{N} : x > 0.$$

Alle natürlichen Zahlen sind größer null.

Lösung 2.7 $A(x)$: x ist blau.

a) Die Elemente der leeren Menge sind blau.
   Formal: $\forall x \in \varnothing : A(x)$
   Jede Allaussage über die leere Menge ist wahr, da es kein Objekt gibt, für das man $A(x)$ überprüfen müsste.

b) Die Elemente der leeren Menge sind nicht blau.
   Formal: $\forall x \in \varnothing : \neg A(x)$
   Jede Allaussage über die leere Menge ist wahr, da es kein Objekt gibt, für das man $\neg A(x)$ überprüfen müsste.

c) Nicht alle Elemente der leeren Menge sind blau.
   Formal: $\exists x \in \varnothing : \neg A(x)$
   Jede Existenzaussage über die leere Menge ist falsch, da es kein Element der leeren Menge gibt, das $\neg A(x)$ erfüllt.

d) Nicht alle Elemente der leeren Menge sind nicht blau.
   Formal: $\exists x \in \varnothing : A(x)$
   Jede Existenzaussage über die leere Menge ist falsch, da es kein Element der leeren Menge gibt, das $A(x)$ erfüllt.

Lösung 2.8

a) $A = \{2; 3; 5; 7\}$ b) $B = \varnothing$ c) $C = \{1; 2; 3; 4; 5\}$
d) $D = \{-2; -1; 0; 1; 2; 3\}$ e) $E = \{1; 2; 3\}$

Lösung 2.9

a) $A = \{x \in \mathbb{N} | x \leq 4\}$ b) $B = \{2x | x \in \mathbb{N} \wedge x \leq 5\}$
c) $C = \{(2x - 1) | x \in \mathbb{N} \wedge x \geq 3\}$ d) $D = \{2^x | x \in \mathbb{N}\}$
e) $E = \left\{ \left(\frac{1}{2}\right)^x | x \in \mathbb{N}_0 \wedge x \leq 6 \right\}$ f) $F = \left\{ \frac{2x}{2x+1} | x \in \mathbb{N} \right\}$

Lösung 2.10

a) $A \subset M$ b) $B \not\subset M$ c) $C \subset M$
d) $D \subset M$ e) $E \subset M$ f) $F \not\subset M$
g) $G \subset M$

Lösung 2.11

$$A \cup B = \{1; 2; 3; 5; 9; 10; 27\}, \quad A \cap B = \{1\}, \quad A \setminus B = \{2; 5; 10\}$$

Lösung 2.12

$$\wp(M) = \{\{3\}; \{6\}; \{9\}; \{13\}; \{3; 6\}; \{3; 9\}; \{3; 13\}; \{6; 9\}; \{6; 13\}; \{9; 13\};$$
$$\{3; 6; 9\}; \{3; 9; 13\}; \{3; 6; 13\}; \{6; 9; 13\}; \{3; 6; 9; 13\}; \varnothing\}$$

Lösung 2.13 z. z. Die Anzahl der Teilmengen einer n-elementigen Menge ist 2^n.

1. Induktionsanfang ($n = 0$):

$$M_0 = \varnothing \;\Rightarrow\; \wp(M_0) = \{\varnothing\} \;\Rightarrow\; |\wp(M_0)| = 2^0 = 1 \quad \checkmark$$

2. Induktionsschritt ($n \curvearrowright n+1$):
   Sei M_{n+1} eine Menge mit $n+1$ Elementen:

$$M_{n+1} = \{m_1, m_2, \ldots, m_{n+1}\}.$$

Sei $K \subset M_{n+1}$, dann gilt:

1. Fall: $m_{n+1} \notin K$: Dann ist $K \subset M_n := \{m_1, m_2, \ldots, m_n\}$ und nach der Induktionsannahme gibt es 2^n Teilmengen von M_n, also 2^n Teilmengen von M_{n+1} ohne das Element m_{n+1}.

2. Fall: $m_{n+1} \in K$: Dann ist $K = \tilde{K} \cup \{m_{n+1}\}$ mit $\tilde{K} \subset M_n$. Nach der Induktionsannahme gibt es 2^n Möglichkeiten für $\tilde{K}$ und somit 2^n Teilmengen von M_{n+1} mit dem Element m_{n+1}.

Es gilt also:

$$|\wp(M_{n+1})| = |\wp(M_n)| + |\wp(M_n)| = 2^n + 2^n = 2 \cdot 2^n = 2^{n+1} \qquad \square$$

Lösung 2.14

a) Kommutativgesetz: $A \cup B = B \cup A$ und $A \cap B = B \cap A$

b) Assoziativgesetz: $A \cup (B \cup C) = (A \cup B) \cup C$ und $A \cap (B \cap C) = (A \cap B) \cap C$

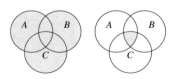

c) Distributivgesetz: $A \cap (B \cup C) = (A \cap B) \cup (A \cap C)$ und $A \cup (B \cap C) = (A \cup B) \cap (A \cup C)$

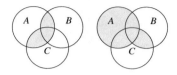

Lösung 2.15

$$x \in \overline{A \cap B} \Leftrightarrow x \in X \wedge x \notin A \cap B$$
$$\Leftrightarrow x \in X \wedge (x \notin A \vee x \notin B)$$
$$\Leftrightarrow (x \in X \wedge x \notin A) \vee (x \in X \wedge x \notin B)$$
$$\Leftrightarrow x \in X \setminus A \vee x \in X \setminus B$$
$$\Leftrightarrow x \in \overline{A} \vee x \in \overline{B}$$
$$\Leftrightarrow x \in \overline{A} \cup \overline{B} \qquad \square$$

Lösung 2.16

a) $A \cap B = \{x \in \mathbb{R} | -1 < x < 2\} = \,]-1;2[$

b) $A \cap C = \{x \in \mathbb{R} | -1 < x \le 2\} = \,]-1;2]$

c) $B \cup C = \{x \in \mathbb{R} | x \le 2\} = \,]-\infty;2]$

d) $B \cup A = \{x \in \mathbb{R} | x < 7\} = \,]-\infty;7[$

e) $B \setminus A = \{x \in \mathbb{R} | x \le -1\} = \,]-\infty;-1]$

f) $C \setminus B = \{2\}$

g) $(\mathbb{R} \setminus C) \cup B = \{x \in \mathbb{R} | x \ne 2\} = \,]-\infty;2[\cup]2;\infty[= \mathbb{R} \setminus \{2\}$

h) $(\mathbb{R} \setminus B) \cap A = \{x \in \mathbb{R} | 2 \le x < 7\} = [2;7[$

Kapitel 17

Lösungen: Abbildungen

Lösung 3.1

$$A \times B = \{(2;7);(2;9);(5;7);(5;9);(6;7);(6;9)\}$$
$$B \times A = \{(7;2);(7;5);(7;6);(9;2);(9;5);(9;6)\}$$

Lösung 3.2

a) Ja, es handelt sich um eine Funktion.
b) Nein, da dem Wert $2 \in A$ zwei Werte aus B zugeordnet werden.
c) Nein, da dem Wert $6 \in A$ kein Wert aus B zugeordnet wird.
d) Nein, da dem Wert $6 \in A$ ein Wert zugeordnet wird, der kein Element von B ist ($10 \notin B$). Es handelt sich hierbei auch um keine Relation.
e) Ja, es handelt sich um eine Funktion.

Lösung 3.3

a)   b)

$$x^2 - 4 \geq 0$$
$$\Leftrightarrow x^2 \geq 4$$
$$\Leftrightarrow |x| \geq \sqrt{4} = 2$$

$$\mathbb{D}_f = \mathbb{R}$$
$$\mathbb{W}_f = [-2;2]$$

$$\mathbb{D}_f =]-\infty;-2] \cup [2;\infty[$$
$$= \mathbb{R} \setminus\,]-2;2[$$
$$\mathbb{W}_f = [0;\infty[\, = \mathbb{R}_+$$

© Springer-Verlag GmbH Deutschland, ein Teil von Springer Nature 2023
S. Proß und T. Imkamp, *Brückenkurs Mathematik für den Studieneinstieg*,
https://doi.org/10.1007/978-3-662-68303-3_18

c)

d)

$$x^3 - 1 > 0$$
$$\Leftrightarrow x^3 > 1$$
$$\Leftrightarrow x > \sqrt[3]{1} = 1$$

$$\mathbb{D}_f = \mathbb{R}$$
$$\mathbb{W}_f =]0; \infty[= \mathbb{R}_+^*$$

$$\mathbb{D}_f =]1; \infty[$$
$$\mathbb{W}_f = \mathbb{R}$$

e)

f)

$$\mathbb{D}_f = \mathbb{R}$$
$$\mathbb{W}_f =]0; 1]$$

$$x^2 - 1 = (x-1)(x+1) = 0$$
$$\Leftrightarrow \; x = 1 \vee x = -1$$

$$\mathbb{D}_f = \mathbb{R} \setminus \{-1; 1\}$$
$$\mathbb{W}_f =]-\infty; -1] \cup]0; \infty[$$
$$= \mathbb{R} \setminus]-1; 0]$$

g)

$$x^2 - 1 = (x-1)(x+1) > 0$$
$$\Leftrightarrow \; x > 1 \vee x < -1$$

$$\mathbb{D}_f =]-\infty; -1[\cup]1; \infty[$$
$$= \mathbb{R} \setminus [-1; 1]$$
$$\mathbb{W}_f =]0; \infty[$$

Lösung 3.4

a) Die Funktion ist surjektiv, da $\mathbb{W} = \{a; b; c\}$, aber nicht injektiv, da $f(1) = f(2) = a$.

b) Die Funktion ist nicht surjektiv, da $d \notin \mathbb{W} = \{a; c; d\}$. Die Funktion ist injektiv, da alle Funktionswerte verschieden sind.

c) Die Funktion ist surjektiv, da $\mathbb{W} = \{a; b; c; d\}$ und injektiv, da alle Funktionswerte verschieden sind. Damit ist die Funktion bijektiv.

d) Die Funktion ist nicht surjektiv, da $d \notin \mathbb{W} = \{a; b; c\}$ und sie ist nicht injektiv, da $f(1) = f(2) = a$.

Lösung 3.5

a) $f : \mathbb{R}_+ \to \mathbb{R}_+, \, x \mapsto f(x) := \sqrt{x}$

- ist surjektiv, da $W_f = \mathbb{R}_+$,
- ist injektiv, da $x_1, x_2 \in \mathbb{R}_+$ mit $\sqrt{x_1} = \sqrt{x_2} \Rightarrow x_1 = x_2$,
- ist bijektiv.

b) $f :] - \frac{\pi}{2}; \frac{\pi}{2} [\to \mathbb{R}, \, x \mapsto f(x) := \tan(x)$

- ist surjektiv, da $W_f = \mathbb{R}$,
- ist injektiv, da $x_1, x_2 \in] - \frac{\pi}{2}; \frac{\pi}{2} [$ mit $\tan x_1 = \tan x_2 \Rightarrow x_1 = x_2$,
- ist bijektiv.

c) $f : [0; 1] \to [0; 3], \, x \mapsto f(x) := x^2$

- ist nicht surjektiv, da $W_f = [0; 1]$ (die Werte aus dem Bereich $]1; 3]$ werden nicht angenommen),
- ist injektiv, da $x_1, x_2 \in [0; 1]$ mit $x_1^2 = x_2^2 \Rightarrow x_1 = x_2$.

d) $f : [-1; 1] \to [4; 5], \, x \mapsto f(x) := x^2 + 4$

- ist surjektiv, da $W_f = [4; 5]$,
- ist nicht injektiv, da z. B. $f(-1) = f(1) = 5$.

e) $f : [0; 4] \to [0; 1], \, x \mapsto f(x) := \begin{cases} 1 & \text{für } 0 \leq x \leq 1 \\ 0 & \text{sonst} \end{cases}$

- ist nicht surjektiv, da nur die Werte 0 und 1 angenommen werden und nicht die Werte im Intervall $]0; 1[$.
- ist nicht injektiv, da die Werte 0 und 1 mehrfach angenommen werden.

Lösung 3.6

a) $f : [0; \pi] \to [-1; 1], \, x \mapsto f(x) := \cos(x)$

$$x = \cos y$$
$$y = \arccos x$$
$$f^{-1} : [-1; 1] \to [0; \pi], \, x \mapsto f^{-1}(x) := \arccos x$$

b) $f : \mathbb{R}_+ \to \mathbb{R}_+, \, x \mapsto f(x) := x^4$

$$x = y^4$$
$$y = \sqrt[4]{x}$$
$$f^{-1} : \mathbb{R}_+ \to \mathbb{R}_+, \, x \mapsto f^{-1}(x) := \sqrt[4]{x}$$

c) $f : \mathbb{R} \to \mathbb{R}_+^*, \ x \mapsto f(x) := \frac{1}{4}e^{2x}$

$$x = \frac{1}{4}e^{2y}$$
$$4x = e^{2y}$$
$$\ln(4x) = 2y$$
$$y = \frac{1}{2}\ln(4x)$$
$$f^{-1} : \mathbb{R}_+^* \to \mathbb{R}, \ x \mapsto f^{-1}(x) := \frac{1}{2}\ln(4x)$$

d) $f : \ ]0;\infty[\ \to \mathbb{R}, \ x \mapsto f(x) := \lg\left(7x^2\right)$

$$x = \lg\left(7y^2\right)$$
$$e^x = 7y^2$$
$$y = \sqrt{\frac{1}{7}e^x}$$
$$f^{-1} : \mathbb{R} \to \ ]0;\infty[\ , \ x \mapsto f^{-1}(x) := \sqrt{\frac{1}{7}e^x}$$

Lösung 3.7

  a) $\ \mathbb{D}_f = \ ]-\frac{\pi}{2};\frac{\pi}{2}[$ b) $\ \mathbb{D}_f = \mathbb{R}$ c) $\ \mathbb{D}_f = \mathbb{R}$ d) $\ \mathbb{D}_f = \mathbb{R}_+$

Lösung 3.8

a) $\sin(2x) = 2\sin(x)\cos(x) \quad \text{und} \quad \cos(2x) = \cos^2(x) - \sin^2(x)$

$$y = x: \quad \sin(x+x) = \sin(2x) = \sin x \cos x + \cos x \sin x = 2\sin x \cos x$$
$$y = x: \quad \cos(x+x) = \cos(2x) = \cos x \cos x - \sin x \sin x = \cos^2 x - \sin^2 x$$

b) $\sin(3x) = 3\sin x - 4\sin^3 x \quad \text{und} \quad \cos(3x) = 4\cos^3 x - 3\cos x$

$$y = 2x: \quad \sin(3x) = \sin(x)\cos(2x) + \cos(x)\sin(2x)$$
$$= \sin(x)\left(\cos^2(x) - \sin^2(x)\right) + \cos(x)2\sin(x)\cos(x)$$
$$= \sin(x)\cos^2(x) - \sin^3(x) + 2\sin(x)\cos^2(x)$$
$$= 3\sin(x)\cos^2(x) - \sin^3(x)$$
$$= 3\sin(x)\left(1 - \sin^2(x)\right) - \sin^3(x)$$
$$= 3\sin(x) - 3\sin^3(x) - \sin^3(x)$$

$$= 3\sin(x) - 4\sin^3(x)$$

$$
\begin{aligned}
y = 2x: \quad \cos(3x) &= \cos(x)\cos(2x) - \sin(x)\sin(2x) \\
&= \cos(x)\left(\cos^2(x) - \sin^2(x)\right) - \sin(x)2\sin(x)\cos(x) \\
&= \cos^3(x) - \cos(x)\sin^2(x) - 2\sin^2(x)\cos(x) \\
&= \cos^3(x) - 3\cos(x)\sin^2(x) \\
&= \cos^3(x) - 3\cos(x)\left(1 - \cos^2(x)\right) \\
&= \cos^3(x) - 3\cos(x) + 3\cos^3(x) \\
&= 4\cos^3(x) - 3\cos(x)
\end{aligned}
$$

Lösung 3.9

$$
\begin{aligned}
\tan(x \pm y) &= \frac{\sin(x \pm y)}{\cos(x \pm y)} \\
&= \frac{\sin(x)\cos(y) \pm \cos(x)\sin(y)}{\cos(x)\cos(y) \mp \sin(x)\sin(y)} \\
&= \frac{\cos(x)\cos(y)(\tan(x) \pm \tan(y))}{\cos(x)\cos(y)(1 \mp \tan(x)\tan(y))} \\
&= \frac{\tan(x) \pm \tan(y)}{1 \mp \tan(x)\tan(y)}
\end{aligned}
$$

Lösung 3.10

a) $f(x) = x^4$, $g(x) = \cos(x)$

$$f: \mathbb{R} \to \mathbb{R}_+,\ x \mapsto f(x) := x^4, \qquad g: \mathbb{R} \to [-1;1],\ x \mapsto g(x) := \cos(x)$$

Voraussetzung für $g \circ f: \mathbb{R}_+ \subset \mathbb{R}$ $\checkmark$

$$(g \circ f)(x) = \cos(x^4)$$

Voraussetzung für $f \circ g: [-1;1] \subset \mathbb{R}$ $\checkmark$

$$(f \circ g)(x) = (\cos(x))^4$$

b) $f(x) = e^x$, $g(x) = \frac{1}{x^2}$

$$f: \mathbb{R} \to \mathbb{R}_+^*,\ x \mapsto f(x) := e^x, \qquad g: \mathbb{R}^* \to \mathbb{R}_+^*,\ x \mapsto g(x) := \frac{1}{x^2}$$

Voraussetzung für $g \circ f : \mathbb{R}_+^* \subset \mathbb{R}^*$ $\checkmark$

$$(g \circ f)(x) = \frac{1}{e^{2x}}$$

Voraussetzung für $f \circ g : \mathbb{R}_+^* \subset \mathbb{R}$ $\checkmark$

$$(f \circ g)(x) = e^{\frac{1}{x^2}}$$

c) $f(x) = 2x^3$, $g(x) = \ln(x^2)$

$$f : \mathbb{R} \to \mathbb{R}, \ x \mapsto f(x) := 2x^3, \qquad\qquad g : \mathbb{R}^* \to \mathbb{R}, \ x \mapsto g(x) := \ln(x^2)$$

Voraussetzung für $g \circ f : \mathbb{R} \not\subset \mathbb{R}^*$

Voraussetzung für $f \circ g : \mathbb{R} \subset \mathbb{R}$ $\checkmark$

$$(f \circ g)(x) = 2 \left(\ln(x^2) \right)^3$$

Kapitel 18

Lösungen: Gleichungen und Ungleichungen

Lösung 4.1

a) $x^2 - 5x + 6 = 0$

$$x_{1,2} = \frac{5}{2} \pm \sqrt{\left(\frac{5}{2}\right)^2 - 6}$$

$$\mathbb{L} = \{2; 3\}$$

b) $-x^2 + 2x - 1 = 0$

$$x^2 - 2x + 1 = 0$$

$$x_{1,2} = \frac{2}{2} \pm \sqrt{\left(\frac{2}{2}\right)^2 - 1}$$

$$\mathbb{L} = \{1\}$$

c) $4x^2 - 16x = -16$

$$4x^2 - 16x + 16 = 0$$
$$x^2 - 4x + 4 = 0$$

$$x_{1,2} = \frac{4}{2} \pm \sqrt{\left(\frac{4}{2}\right)^2 - 4}$$

$$\mathbb{L} = \{2\}$$

d) $x^2 - 7x + 13 = 0$

$$x_{1,2} = \frac{7}{2} \pm \sqrt{\left(\frac{7}{2}\right)^2 - 13}$$

$$\mathbb{L} = \varnothing$$

© Springer-Verlag GmbH Deutschland, ein Teil von Springer Nature 2023
S. Proß und T. Imkamp, *Brückenkurs Mathematik für den Studieneinstieg*,
https://doi.org/10.1007/978-3-662-68303-3_19

e) $2(x-3)(x+5) = 0$

$$\mathbb{L} = \{-5; 3\}$$

f) $3x^2 = 8x - 1$

$$3x^2 - 8x + 1 = 0$$

$$x^2 - \frac{8}{3}x + \frac{1}{3} = 0$$

$$x_{1,2} = \frac{8}{6} \pm \sqrt{\left(\frac{8}{6}\right)^2 - \frac{1}{3}}$$

$$\mathbb{L} = \left\{\frac{4}{3} - \frac{\sqrt{13}}{3}; \frac{4}{3} + \frac{\sqrt{13}}{3}\right\}$$

Lösung 4.2

$$x_1 = -\frac{p}{2} + \sqrt{\left(\frac{p}{2}\right)^2 - q} \qquad \wedge \qquad x_2 = -\frac{p}{2} - \sqrt{\left(\frac{p}{2}\right)^2 - q}$$

$$x_1 + x_2 = -\frac{p}{2} + \sqrt{\left(\frac{p}{2}\right)^2 - q} - \frac{p}{2} - \sqrt{\left(\frac{p}{2}\right)^2 - q} = -p \qquad \square$$

$$x_1 \cdot x_2 = \left(-\frac{p}{2} + \sqrt{\left(\frac{p}{2}\right)^2 - q}\right) \cdot \left(-\frac{p}{2} - \sqrt{\left(\frac{p}{2}\right)^2 - q}\right)$$

$$= \left(\frac{p}{2}\right)^2 - \left(\sqrt{\left(\frac{p}{2}\right)^2 - q}\right)^2$$

$$= \left(\frac{p}{2}\right)^2 - \left(\frac{p}{2}\right)^2 + q = q \qquad \square$$

Lösung 4.3

$$x^2 + \frac{b}{a}x + \frac{c}{a} = 0$$

$$x_{1,2} = -\frac{b}{2a} \pm \sqrt{\frac{b^2}{4a^2} - \frac{c}{a}}$$

$$= -\frac{b}{2a} \pm \sqrt{\frac{b^2 - 4ac}{4a^2}}$$

$$= -\frac{b}{2a} \pm \frac{\sqrt{b^2 - 4ac}}{2a}$$

Lösung 4.4

a) $x^4 + 5x^2 + 6 = 0$

$$z := x^2 : \quad z^2 + 5z + 6 = 0$$

$$z_{1,2} = -\frac{5}{2} \pm \sqrt{\frac{25}{4} - 6}$$

$$z_1 = x_1^2 = -2 \quad \lightning \quad \wedge \quad z_2 = x_2^2 = -3 \quad \lightning$$

$$\mathbb{L} = \varnothing$$

b) $x^4 - 8x^2 = 9$

$$z := x^2 : \quad z^2 - 8z - 9 = 0$$

$$z_{1,2} = -4 \pm \sqrt{16 + 9}$$

$$z_1 = x_1^2 = 9 \quad \Rightarrow x_1 = 3 \ \wedge \ x_2 = -3$$

$$z_2 = x_2^2 = -1 \quad \lightning$$

$$\mathbb{L} = \{-3; 3\}$$

c) $\frac{1}{2}x^6 - \frac{3}{2}x^3 - 20 = 0$

$$z := x^3 : \quad \frac{1}{2}z^2 - \frac{3}{2}z - 20 = 0$$

$$z^2 - 3z - 40 = 0$$

$$z_{1,2} = \frac{3}{2} \pm \sqrt{\frac{9}{4} + 40} = \frac{3}{2} \pm \frac{13}{2}$$

$$z_1 = x_1^3 = 8 \quad \Rightarrow x_1 = 2$$

$$z_2 = x_2^3 = -5 \quad \Rightarrow x_2 = \sqrt[3]{-5}$$

$$\mathbb{L} = \{\sqrt[3]{-5}; 2\}$$

d) $x^8 - 3x^4 + 2 = 0$

$$z := x^4 : \quad z^2 - 3z + 2 = 0$$

$$z_{1,2} = \frac{3}{2} \pm \sqrt{\frac{9}{4} - \frac{8}{4}} = \frac{3}{2} \pm \frac{1}{2}$$

$$z_1 = x^4 = 2 \quad \Rightarrow x_{1,2} = \pm\sqrt[4]{2}$$

$$z_2 = x^4 = 1 \quad \Rightarrow x_{3,4} = \pm 1$$

$$\mathbb{L} = \left\{-\sqrt[4]{2}; -1; 1; \sqrt[4]{2}\right\}$$

Lösung 4.5

a) $(x^3 - 2x^2 + 5x + 6) : (x^2 + x + 3)$

$$
\begin{array}{l}
\left(\quad x^3 - 2x^2 + 5x\ + 6\right) : \left(x^2 + x + 3\right) = x - 3 + \dfrac{5x + 15}{x^2 + x + 3} \\
\underline{-x^3\ -x^2 - 3x} \\
\quad\quad -3x^2 + 2x\ +6 \\
\quad\quad \underline{3x^2 + 3x\ +9} \\
\quad\quad\quad\quad\quad 5x + 15
\end{array}
$$

b) $(x^5 + 2x^4 - x^3 + 3x^2 + 4x - 5) : (x^3 + 3)$

$$
\begin{array}{l}
\left(\quad x^5 + 2x^4 - x^3 + 3x^2 + 4x - 5\right) : \left(x^3 + 3\right) = x^2 + 2x - 1 + \dfrac{-2x - 2}{x^3 + 3} \\
\underline{-x^5 \quad\quad\quad\quad - 3x^2} \\
\quad\quad 2x^4 - x^3 \quad\quad + 4x \\
\quad\quad \underline{-2x^4 \quad\quad\quad\quad - 6x} \\
\quad\quad\quad\quad -x^3 \quad\quad\quad - 2x - 5 \\
\quad\quad\quad\quad \underline{x^3 \quad\quad\quad\quad + 3} \\
\quad\quad\quad\quad\quad\quad\quad\quad - 2x - 2
\end{array}
$$

Lösung 4.6

a) $x^3 + 4x^2 + x - 6$

$$
\begin{array}{l}
\left(\quad x^3 + 4x^2\ +x - 6\right) : \left(x - 1\right) = x^2 + 5x + 6 \\
\underline{-x^3\ +x^2} \\
\quad\quad 5x^2\ +x \\
\quad\quad \underline{-5x^2 + 5x} \\
\quad\quad\quad\quad 6x - 6 \\
\quad\quad\quad\quad \underline{-6x + 6} \\
\quad\quad\quad\quad\quad\quad 0
\end{array}
$$

$$
x^2 + 5x + 6 = 0 \quad \Rightarrow x_{2,3} = -\frac{5}{2} \pm \sqrt{\frac{25}{4} - 6}
$$

$$
x_1 = 1 \wedge x_2 = -2 \wedge x_3 = -3 \quad \Rightarrow x^3 + 4x^2 + x - 6 = (x - 1)(x + 2)(x + 3)
$$

b) $x^4 + 4x^3 + 6x^2 + 4x + 1$

$$(\quad x^4 + 4x^3 + 6x^2 + 4x + 1) : (x+1) = x^3 + 3x^2 + 3x + 1$$
$$\underline{-x^4 \ -x^3}$$
$$3x^3 + 6x^2$$
$$\underline{-3x^3 - 3x^2}$$
$$3x^2 + 4x$$
$$\underline{-3x^2 - 3x}$$
$$x + 1$$
$$\underline{-x - 1}$$
$$0$$

$$(\quad x^3 + 3x^2 + 3x + 1) : (x+1) = x^2 + 2x + 1$$
$$\underline{-x^3 \ -x^2}$$
$$2x^2 + 3x$$
$$\underline{-2x^2 - 2x}$$
$$x + 1$$
$$\underline{-x - 1}$$
$$0$$

$$x^2 + 2x + 1 = (x+1)^2$$
$$\Rightarrow \quad x^4 + 4x^3 + 6x^2 + 4x + 1 = (x+1)^4$$

c) $-2x^3 + 6x^2 - x + 3$

$$(-2x^3 + 6x^2 - x + 3) : (x-3) = -2x^2 - 1$$
$$\underline{2x^3 - 6x^2}$$
$$-x + 3$$
$$\underline{x - 3}$$
$$0$$

$$-2x^2 - 1 = 0$$
$$x^2 = -\frac{1}{2} \quad \text{\Large \lightning}$$
$$\Rightarrow \quad -2x^3 + 6x^2 - x + 3 = (x-3)(-2x^2 - 1)$$

Lösung 4.7

a)

$$x - 1 \leq 3x - 5$$
$$-2x \leq -4$$
$$x \geq 2$$
$$\mathbb{L} = [2; \infty[$$

b)

$$2x + 7 \geq 4(x - 3)$$
$$-2x \geq -19$$
$$x \leq \frac{19}{2}$$
$$\mathbb{L} = \left]-\infty; \frac{19}{2}\right]$$

c)

$$\frac{x - 1}{4} \leq \frac{1 - x}{5}$$
$$5(x - 1) \leq 4(1 - x)$$
$$5x - 5 \leq 4 - 4x$$
$$9x \leq 9$$
$$x \leq 1$$
$$\mathbb{L} =]-\infty; 1]$$

d)

$$x^2 + 6x \geq -9$$

Es gilt

$$x^2 + 6x + 9 = (x + 3)^2$$

und damit

$$(x + 3)^2 \geq 0$$
$$\mathbb{L} = \mathbb{R}$$

e) $-x^2 + 4x + 21 > 0$
Es gilt

$$x^2 - 4x - 21 = (x - 7)(x + 3)$$

und damit

$$(x - 7)(x + 3) < 0$$

1. Fall:

$$x - 7 < 0 \qquad \wedge \quad x + 3 > 0$$
$$x < 7 \qquad \wedge \qquad x > -3$$
$$\mathbb{L}_1 =]-3; 7[$$

2. Fall:

$$x - 7 > 0 \quad \wedge \quad x + 3 \ < 0$$
$$x > 7 \quad \wedge \quad x < -3$$
$$\mathbb{L}_2 = \varnothing$$

$$\mathbb{L} = \mathbb{L}_1 \cup \mathbb{L}_2 = \ ]-3; 7[$$

Lösung 4.8

$$f(x) = |-4|x-1|+2| = \begin{cases} |-4(x-1)+2| & \text{falls } x \geq 1 \\ |4(x-1)+2| & \text{falls } x < 1 \end{cases} = \begin{cases} |-4x+6| & \text{falls } x \geq 1 \\ |4x-2| & \text{falls } x < 1 \end{cases}$$

$$= \begin{cases} -4x+6 & \text{falls } 1 \leq x \leq \frac{3}{2} \\ 4x-6 & \text{falls } x \geq \frac{3}{2} \\ 4x-2 & \text{falls } \frac{1}{2} \leq x < 1 \\ -4x+2 & \text{falls } x < \frac{1}{2} \end{cases}$$

Lösung 4.9

a) $|5x+2| = 4$

$$5x+2 = 4 \qquad\qquad \vee \qquad\qquad 5x+2 = -4$$
$$x = \frac{2}{5} \qquad\qquad \vee \qquad\qquad x = -\frac{6}{5}$$
$$\mathbb{L} = \left\{ -\frac{6}{5}; \frac{2}{5} \right\}$$

b) $|x-3| = 2x+10$

$$\underline{1. \text{ Fall: } x \geq 3} \qquad\qquad \underline{2. \text{ Fall: } x < 3}$$
$$x-3 = 2x+10 \quad \vee \qquad\qquad x-3 = -(2x+10)$$
$$x = -13 \quad \text{\Lightning} \quad \vee \qquad\qquad x = -\frac{7}{3} \quad \checkmark$$
$$\mathbb{L} = \left\{ -\frac{7}{3} \right\}$$

c) $x|x| = 9$

$$\underline{\text{1. Fall: } x \geq 0} \qquad\qquad\qquad \underline{\text{2. Fall: } x < 0}$$

$$x \cdot x = 9 \qquad \vee \qquad x \cdot x = -9 \qquad \text{\Large ϟ}$$

$$x = 3 \quad \checkmark$$

$$\mathbb{L} = \{3\}$$

Lösung 4.10

a) $|4x + 7| < 23$

Nach Satz 4.2 (3) b) gilt:

$$-23 < 4x + 7 < 23$$
$$-30 < 4x < 16$$
$$-\frac{15}{2} < x < 4$$

$$\Rightarrow \mathbb{L} = \left]-\frac{15}{2}; 4\right[$$

b) $|-2x + 1| < 3x + 2$

$$\underline{\text{1. Fall: } x \leq \frac{1}{2}} \qquad\qquad\qquad \underline{\text{2. Fall: } x > \frac{1}{2}}$$

$$-2x + 1 < 3x + 2 \qquad\qquad\qquad 2x - 1 < 3x + 2$$

$$x > -\frac{1}{5} \qquad\qquad\qquad\qquad x > -3$$

$$\mathbb{L}_1 = \left]-\infty; \frac{1}{2}\right] \cap \left]-\frac{1}{5}; \infty\right[\qquad\qquad \mathbb{L}_2 = \left]\frac{1}{2}; \infty\right[\cap \left]-3; \infty\right[$$

$$= \left]-\frac{1}{5}; \frac{1}{2}\right] \qquad\qquad\qquad = \left]\frac{1}{2}; \infty\right[$$

$$\Rightarrow \mathbb{L} = \mathbb{L}_1 \cup \mathbb{L}_2 = \left]-\frac{1}{5}; \infty\right[$$

c) $-|x-1| \leq 2x-4$

$$\underline{\text{1. Fall: } x \geq 1} \qquad\qquad \underline{\text{2. Fall: } x < 1}$$

$$-x+1 \leq 2x-4 \qquad\qquad x-1 \leq 2x-4$$

$$x \geq \frac{5}{3} \qquad\qquad\qquad x \geq 3$$

$$\mathbb{L}_1 = [1;\infty[\ \cap\ \left[\frac{5}{3};\infty\right[\qquad\qquad \mathbb{L}_2 =]-\infty;1[\ \cap\ [3;\infty]$$

$$= \left[\frac{5}{3};\infty\right[\qquad\qquad\qquad = \varnothing$$

$$\Rightarrow \mathbb{L} = \mathbb{L}_1 \cup \mathbb{L}_2 = \left[\frac{5}{3};\infty\right[$$

Lösung 4.11

$$|a| < b \quad\Leftrightarrow\quad a < b \wedge -a < b$$

$$\Leftrightarrow\quad a < b \wedge a > -b$$

$$\Leftrightarrow\quad -b < a < b \qquad\qquad \square$$

Lösung 4.12

a) $\frac{1}{x+2} + \frac{1}{x-1} = \frac{2}{x}$ $\qquad \mathbb{D} = \mathbb{R} \setminus \{-2;0;1\}$

$$\frac{(x-1)x + (x+2)x - 2(x+2)(x-1)}{(x+2)(x-1)x} = 0$$

$$x^2 - x + x^2 + 2x - 2x^2 - 2x + 4 = 0$$

$$-x + 4 = 0$$

$$x = 4 \in \mathbb{D} \Rightarrow \mathbb{L} = \{4\}$$

b) $\frac{x+4}{x+3} - 2 = \frac{4-x}{x-5}$ $\qquad \mathbb{D} = \mathbb{R} \setminus \{-3;5\}$

$$\frac{(x+4)(x-5) - 2(x+3)(x-5) - (4-x)(x+3)}{(x+3)(x-5)} = 0$$

$$x^2 - x - 20 - 2x^2 + 4x + 30 - x + x^2 - 12 = 0$$

$$2x - 2 = 0$$

$$x = 1 \in \mathbb{D} \Rightarrow \mathbb{L} = \{1\}$$

c) $\frac{1}{x-1} + \frac{4}{x-3} = \frac{1}{x-1} + \frac{2x}{x-3}$ $\qquad \mathbb{D} = \mathbb{R} \setminus \{1;3\}$

$$\frac{4}{x-3} = \frac{2x}{x-3}$$

$$4 = 2x$$
$$x = 2 \in \mathbb{D} \Rightarrow \mathbb{L} = \{2\}$$

d) $\frac{x+b}{x-b} = \frac{x-b}{x+b} + \frac{8b^2}{x^2-b^2}$ (Lösungsvariable ist x) $\mathbb{D} = \mathbb{R} \setminus \{-b; b\}$

$$\frac{(x+b)^2 - (x-b)^2 - 8b^2}{x^2 - b^2} = 0$$
$$x^2 + 2bx + b^2 - x^2 + 2bx - b^2 - 8b^2 = 0$$
$$4bx - 8b^2 = 0$$
$$x = 2b \in \mathbb{D} \qquad (b \neq 0)$$
$$\Rightarrow \mathbb{L} = \{2b\}$$

Lösung 4.13

a) $\frac{x-4}{x+2} > 0$ $\mathbb{D} = \mathbb{R} \setminus \{-2\}$

<u>1. Fall:</u> $x > -2$ <u>2. Fall:</u> $x < -2$

$x - 4 > 0$ $x - 4 < 0$

$x > 4$ $x < 4$

$\mathbb{L}_1 = \,]-2; \infty[\, \cap \,]4; \infty[$ $\mathbb{L}_2 = \,]-\infty; -2[\, \cap \,]-\infty; 4[$

$= \,]4; \infty[$ $= \,]-\infty; -2[$

$$\mathbb{L} = \mathbb{L}_1 \cup \mathbb{L}_2 = \,]4; \infty[\, \cup \,]-\infty; -2[= \mathbb{R} \setminus [-2; 4]$$

b) $\frac{x}{x+4} - \frac{4+x}{x} > 0$ $\mathbb{D} = \mathbb{R} \setminus \{-4; 0\}$

$$\frac{x^2 - (4+x)^2}{(x+4)x} > 0$$
$$(x+4)x > 0 \Leftrightarrow$$
$$x > -4 \wedge x > 0 \Rightarrow x > 0$$
$$\vee x < -4 \wedge x < 0 \Rightarrow x < -4$$

<u>1. Fall:</u> $x < -4 \vee x > 0$ <u>2. Fall:</u> $-4 < x < 0$

$x^2 - (x+4)^2 > 0$ $x^2 - (x+4)^2 < 0$

$x^2 - 16 - 8x - x^2 > 0$ $x^2 - 16 - 8x - x^2 < 0$

$-8x > 16$ $-8x < 16$

$x < -2$ $x > -2$

$$\mathbb{L}_1 =]-\infty; -4[\,\cap\,]-\infty; -2[\qquad\qquad \mathbb{L}_2 =]-4; 0[\,\cap\,]-2; 0[$$
$$=]-\infty; -4[\qquad\qquad\qquad\qquad\quad =]-2; 0[$$

$$\mathbb{L} = \mathbb{L}_1 \cup \mathbb{L}_2 =]-\infty; -4[\,\cup\,]-2; 0[$$

c) $\frac{2a}{a+4} > \frac{2a+8}{a}$ \qquad $\mathbb{D} = \mathbb{R} \setminus \{-4; 0\}$

$$\frac{a}{a+4} > \frac{a+4}{a}$$
$$\frac{a}{a+4} - \frac{a+4}{a} > 0$$

siehe b) mit $x = a$.

Lösung 4.14

a) $\sqrt{2x+1} = 1$ \qquad $\mathbb{D} = \left[-\frac{1}{2}; \infty\right[$

$$2x + 1 = 1$$
$$2x = 0$$
$$x = 0 \in \mathbb{D}$$
$$\text{Probe: } \sqrt{2 \cdot 0 + 1} = 1 \qquad \checkmark$$
$$\mathbb{L} = \{0\}$$

b) $x + 1 = \sqrt{x^2 + 5}$ \qquad $\mathbb{D} = \mathbb{R}$

$$(x+1)^2 = x^2 + 5$$
$$x^2 + 2x + 1 - x^2 - 5 = 0$$
$$2x - 4 = 0$$
$$x = 2 \in \mathbb{D}$$
$$\text{Probe: } 2 + 1 = 3 = \sqrt{2^2 + 5} = 3 \qquad \checkmark$$
$$\mathbb{L} = \{2\}$$

c) $x + 2 = \sqrt{x^2 + 4}$ \qquad $\mathbb{D} = \mathbb{R}$

$$(x+2)^2 = x^2 + 4$$
$$x^2 + 4x + 4 - x^2 - 4 = 0$$
$$4x = 0$$
$$x = 0 \in \mathbb{D}$$

$$\text{Probe: } 0+2 = 2 = \sqrt{0+4} = 2 \quad \checkmark$$
$$\mathbb{L} = \{0\}$$

d) $\sqrt{3x+3} - \sqrt{x+2} = 1 \qquad \mathbb{D} = [-1;\infty[$

$$\sqrt{3x+3} = 1 + \sqrt{x+2}$$
$$3x+3 = 1 + 2\sqrt{x+2} + x + 2$$
$$x = \sqrt{x+2}$$
$$x^2 = x+2$$
$$x^2 - x - 2 = 0$$
$$x_{1,2} = \frac{1}{2} \pm \sqrt{\frac{1}{4} + 2}$$
$$x_1 = 2 \in \mathbb{D} \ \wedge \ x_2 = -1 \in \mathbb{D}$$
$$\text{Probe: } x_1 = 2 : \sqrt{3\cdot 2 + 3} - \sqrt{2+2} = 1 \quad \checkmark$$
$$\text{Probe: } x_2 = -1 : \sqrt{3\cdot(-1)+3} - \sqrt{(-1)+2} = -1 \quad \text{\textlightning}$$
$$\mathbb{L} = \{2\}$$

e) $\sqrt{\frac{x+1}{x-2}} = \sqrt{\frac{x+5}{x-1}} \qquad \mathbb{D} =]-\infty;-5] \cup]2;\infty[$

$$\frac{x+1}{x-2} = \frac{x+5}{x-1}$$
$$(x+1)(x-1) = (x+5)(x-2)$$
$$x^2 - 1 = x^2 + 3x - 10$$
$$3x = 9$$
$$x = 3 \in \mathbb{D}$$
$$\text{Probe: } \sqrt{\frac{3+1}{3-2}} = 2 = \sqrt{\frac{3+5}{3-1}} = 2 \quad \checkmark$$
$$\mathbb{L} = \{3\}$$

Lösung 4.15

a) $e^{2x} - 2e^x + 1 = 0$

$$z := e^x : \ z^2 - 2z + 1 = 0$$
$$z_{1,2} = 1 \pm \sqrt{1-1} = 1$$
$$z = e^x = 1 \Rightarrow x = \ln(1) = 0$$
$$\mathbb{L} = \{0\}$$

b) $3^{x-1} \cdot 8^{4x-3} = 6^x$

$$\ln(3^{x-1} \cdot 8^{4x-3}) = \ln(6^x)$$
$$\ln(3^{x-1}) + \ln(8^{4x-3}) = \ln(6^x)$$
$$(x-1)\ln(3) + (4x-3)\ln(8) = x\ln(6)$$
$$x(\ln(3) + 4\ln(8) - \ln(6)) - \ln(3) - 3\ln(8) = 0$$
$$x = \frac{\ln(3) + 3\ln(8)}{\ln(3) + 4\ln(8) - \ln(6)} = \frac{\ln(3 \cdot 8^3)}{\ln\left(\frac{8^4}{2}\right)} \approx 0.96227$$
$$\mathbb{L} = \left\{ \frac{\ln(3 \cdot 8^3)}{\ln\left(\frac{8^4}{2}\right)} \right\}$$

c) $3^{x^2} = 2^x \cdot 5^{2x-3}$

$$\ln(3^{x^2}) = \ln(2^x \cdot 5^{2x-3})$$
$$x^2\ln(3) = \ln(2^x) + \ln(5^{2x-3})$$
$$x^2\ln(3) = x\ln(2) + (2x-3)\ln(5)$$
$$\ln(3)x^2 - (\ln(2) + 2\ln(5))x + 3\ln(5) = 0$$
$$x^2 - \frac{\ln(2) + 2\ln(5)}{\ln(3)}x + 3\frac{\ln(5)}{\ln(3)} = 0$$
$$x^2 - \frac{\ln(50)}{\ln(3)}x + 3\frac{\ln(5)}{\ln(3)} = 0$$
$$x_{1,2} = \frac{\ln(50)}{2\ln(3)} \pm \sqrt{\left(\frac{\ln(50)}{2\ln(3)}\right)^2 - \frac{3\ln(5)}{\ln(3)}} \notin \mathbb{R}$$
$$\mathbb{L} = \varnothing$$

Die Lösungsmenge ist leer, da der Wert unter der Wurzel kleiner als Null ist.

d) $4^x + 6^x = 9^x$

$$\left(\frac{4}{9}\right)^x + \left(\frac{2}{3}\right)^x = 1$$
$$\left(\frac{2}{3}\right)^{2x} + \left(\frac{2}{3}\right)^x = 1$$
$$\left(\left(\frac{2}{3}\right)^x\right)^2 + \left(\frac{2}{3}\right)^x = 1$$

Substitution $z = \left(\frac{2}{3}\right)^x$:

$$z^2 + z = 1$$
$$z^2 + z - 1 = 0$$
$$z = \frac{-1 \pm \sqrt{5}}{2}$$

Resubstitution, nur positive Lösung sinnvoll

$$\left(\frac{2}{3}\right)^x = \frac{-1 + \sqrt{5}}{2}$$
$$x \ln\left(\frac{2}{3}\right) = \ln\left(\frac{-1 + \sqrt{5}}{2}\right)$$
$$x = \frac{\ln(\sqrt{5} - 1) - \ln 2}{\ln 2 - \ln 3}$$
$$\mathbb{L} = \left\{ \frac{\ln(\sqrt{5} - 1) - \ln 2}{\ln 2 - \ln 3} \right\}$$

Lösung 4.16

a) $\lg(2x - 10) = 2 \quad \mathbb{D} =]5; \infty[$

$$\lg(2x - 10) = 2 \qquad |10^{()}$$
$$2x - 10 = 10^2$$
$$x = \frac{100 + 10}{2} = 55 \in \mathbb{D}$$
$$\mathbb{L} = \{55\}$$

b) $-\ln(5x) = \ln(3) \quad \mathbb{D} =]0; \infty[$

$$\ln\left(\frac{1}{5x}\right) = \ln(3)$$
$$\frac{1}{5x} = 3$$
$$\frac{1}{5} = 3x$$
$$x = \frac{1}{15} \in \mathbb{D}$$
$$\mathbb{L} = \left\{ \frac{1}{15} \right\}$$

c) $\log_4(2) + \log_4(16x) = 2 - \log_4(2x)$
$\mathbb{D} =]0; \infty[$

$$\log_4(32x) = \log_4\left(4^2\right) - \log_4(2x)$$

$$\log_4(32x) = \log_4\left(\frac{16}{2x}\right)$$

$$32x = \frac{16}{2x}$$

$$64x^2 = 16$$

$$x^2 = \frac{16}{64} = \frac{1}{4}$$

$$x_1 = \frac{1}{2} \quad \wedge \quad x_2 = -\frac{1}{2} \notin \mathbb{D}$$

$$\mathbb{L} = \left\{\frac{1}{2}\right\}$$

Lösung 4.17

a) Einsetzungsverfahren

$$3(-3x+4) = 2x+1$$
$$-9x+12 = 2x+1$$
$$-11x = -11$$
$$x = 1$$
$$y = -3 \cdot 1 + 4 = 1$$

b) Gleichsetzungsverfahren

$$6x - 5 = 4x + 1$$
$$2x = 6$$
$$x = 3$$
$$y = 6 \cdot 3 - 5 = 13$$

c) Gleichsetzungsverfahren

$$4x + 7 = -2x + 7$$
$$6x = 0$$
$$x = 0$$
$$y = 4 \cdot 0 + 7 = 7$$

d) Additionsverfahren

$$\text{I} \quad 3x - 2y = 11$$
$$\text{II} \quad 4x + 2y = 24$$

_____

$$\text{I+II} \quad 7x = 35$$
$$x = 5$$

$$4 \cdot 5 + 2y = 24 \quad \Leftrightarrow \quad y = 2$$

e) Additionsverfahren   f) Additionsverfahren

$$
\begin{array}{lll}
\text{I} & 2x + y = 6 \\
\text{II} & 9x - 7y = 4
\end{array}
$$

$$
\begin{array}{lll}
\text{I} & 4x + 3y = 29 & |\cdot 4 \\
\text{II} & 3x - 4y = 3 & |\cdot 3
\end{array}
$$

$$
\begin{array}{ll}
\text{I+II} & 23x = 46 \\
& x = 2
\end{array}
$$

$$
\begin{array}{ll}
\text{I+II} & 25x = 125 \\
& x = 5
\end{array}
$$

$$
2 \cdot 2 + y = 6 \quad \Leftrightarrow \quad y = 2
$$

$$
4 \cdot 5 + 3y = 29 \quad \Leftrightarrow \quad y = 3
$$

Kapitel 19

Lösungen: Komplexe Zahlen

Lösung 5.1

a) $(5 - 4i)(-i - 1)$

$$= -5i - 5 + 4i^2 + 4i$$
$$= -9 - i$$

b) $(2 - 3i) - (6 + 4i) - 2i(4 + 3i)$

$$= 2 - 3i - 6 - 4i - 8i - 6i^2$$
$$= 2 - 15i$$

Lösung 5.2

a) $z_1 = \frac{1}{1-2i}$

$$= \frac{1+2i}{(1-2i)(1+2i)} = \frac{1+2i}{1+4} = \frac{1}{5} + \frac{2}{5}i$$

$$\mathrm{Re}(z_1) = \frac{1}{5} \qquad \mathrm{Im}(z_1) = \frac{2}{5}$$

b) $z_2 = \frac{-9i+1}{2+2i}$

$$= \frac{(-9i+1)(2-2i)}{(2+2i)(2-2i)} = \frac{-18i + 18i^2 + 2 - 2i}{4+4} = -\frac{16}{8} - \frac{20}{8}i$$

$$= -2 - \frac{5}{2}i$$

$$\mathrm{Re}(z_2) = -2 \qquad \mathrm{Im}(z_2) = -\frac{5}{2}$$

© Springer-Verlag GmbH Deutschland, ein Teil von Springer Nature 2023
S. Proß und T. Imkamp, *Brückenkurs Mathematik für den Studieneinstieg*,
https://doi.org/10.1007/978-3-662-68303-3_20

c) $z_3 = \frac{6-5i}{6+5i}$

$$= \frac{(6-5i)(6-5i)}{(6+5i)(6-5i)} = \frac{36-60i+25i^2}{36+25} = \frac{11}{61} - \frac{60}{61}i$$

$$\mathrm{Re}(z_3) = \frac{11}{61} \qquad \mathrm{Im}(z_3) = -\frac{60}{61}$$

d) $z_4 = \frac{(2i+3)^2}{5+i}$

$$= \frac{(2i+3)^2(5-i)}{(5+i)(5-i)} = \frac{(4i^2+12i+9)(5-i)}{25+1}$$

$$= \frac{-20+60i+45-4i^3-12i^2-9i}{26} = \frac{37}{26} + \frac{55}{26}i$$

$$\mathrm{Re}(z_4) = \frac{37}{26} \qquad \mathrm{Im}(z_4) = \frac{55}{26}$$

Beachten Sie hierbei $i^3 = i^2 \cdot i = -1 \cdot i = -i$.

Lösung 5.3

a) $z_1 = 1 + \sqrt{3}i$

$$r = |z_1| = \sqrt{1^2 + \left(\sqrt{3}\right)^2} = 2$$

$$\varphi = \arctan\left(\frac{\sqrt{3}}{1}\right) = \frac{\pi}{3}$$

$$z_1 = 2\left(\cos\left(\frac{\pi}{3}\right) + i\sin\left(\frac{\pi}{3}\right)\right)$$

b) $z_2 = 1 - \sqrt{3}i$

$$r = |z_2| = \sqrt{1^2 + \left(\sqrt{3}\right)^2} = 2$$

$$\varphi = \frac{3}{2}\pi + \arctan\left(\frac{1}{\sqrt{3}}\right)$$

$$= \frac{3}{2}\pi + \frac{\pi}{6} = \frac{5}{3}\pi$$

$$z_2 = 2\left(\cos\left(\frac{5}{3}\pi\right) + i\sin\left(\frac{5}{3}\pi\right)\right)$$

c) $z_3 = -5$

$$r = |z_3| = 5$$

$$\varphi = \pi$$

$$z_3 = 5\left(\cos\left(\pi\right) + i\sin\left(\pi\right)\right)$$

d) $z_4 = -2i$

$$r = |z_4| = 2$$

$$\varphi = \frac{3}{2}\pi$$

$$z_4 = 2\left(\cos\left(\frac{3}{2}\pi\right) + i\sin\left(\frac{3}{2}\pi\right)\right)$$

e) $z_5 = -4 - 4i$

$$r = |z_5| = \sqrt{4^2 + 4^2} = 4\sqrt{2}$$

$$\varphi = \pi + \arctan\left(\frac{4}{4}\right) = \pi + \frac{\pi}{4} = \frac{5}{4}\pi$$

$$z_5 = 4\sqrt{2}\left(\cos\left(\frac{5}{4}\pi\right) + i\sin\left(\frac{5}{4}\pi\right)\right)$$

Lösung 5.4

a) $z_1 = 7\left(\cos\left(\frac{3}{4}\pi\right) + i\sin\left(\frac{3}{4}\pi\right)\right) = 7\left(-\frac{\sqrt{2}}{2} + i\frac{\sqrt{2}}{2}\right) = -\frac{7\sqrt{2}}{2} + \frac{7\sqrt{2}}{2}i$

b) $z_2 = 2\left(\cos\left(\frac{3}{2}\pi\right) + i\sin\left(\frac{3}{2}\pi\right)\right) = 2\left(0 - i\right) = -2i$

c) $z_3 = 5\left(\cos\left(\pi\right) + i\sin\left(\pi\right)\right) = 5\left(-1 + 0i\right) = -5$

d) $z_4 = \cos\left(\frac{7}{4}\pi\right) + i\sin\left(\frac{7}{4}\pi\right) = \frac{\sqrt{2}}{2} - \frac{\sqrt{2}}{2}i$

Lösung 5.5

$$z^4 = -16 = 16e^{\pi i}$$

$$|z| = \sqrt[4]{16} = 2, \quad \varphi_k = \frac{\pi + k2\pi}{4} \quad k \in \{0, 1, 2, 3\}$$

$$z_0 = 2e^{\frac{\pi}{4}i} = 2\left(\cos\left(\frac{\pi}{4}\right) + i\sin\left(\frac{\pi}{4}\right)\right)$$

$$= 2\left(\frac{1}{2}\sqrt{2} + i\frac{1}{2}\sqrt{2}\right) = \sqrt{2} + i\sqrt{2}$$

$$z_1 = 2e^{\frac{3\pi}{4}i} = 2\left(\cos\left(\frac{3\pi}{4}\right) + i\sin\left(\frac{3\pi}{4}\right)\right)$$

$$= 2\left(-\frac{1}{2}\sqrt{2} + i\frac{1}{2}\sqrt{2}\right) = -\sqrt{2} + i\sqrt{2}$$

$$z_2 = 2e^{\frac{5\pi}{4}i} = 2\left(\cos\left(\frac{5\pi}{4}\right) + i\sin\left(\frac{5\pi}{4}\right)\right)$$

$$= 2\left(-\frac{1}{2}\sqrt{2} - i\frac{1}{2}\sqrt{2}\right) = -\sqrt{2} - i\sqrt{2}$$

$$z_3 = 2e^{\frac{7\pi}{4}i} = 2\left(\cos\left(\frac{7\pi}{4}\right) + i\sin\left(\frac{7\pi}{4}\right)\right)$$

$$= 2\left(\frac{1}{2}\sqrt{2} - i\frac{1}{2}\sqrt{2}\right) = \sqrt{2} - i\sqrt{2}$$

Lösung 5.6

a) $z^3 = 1 - \sqrt{3}i$

Die Polarform der komplexen Zahl $a = 1 - \sqrt{3}i$ haben wir bereits in Aufg. 5.3 b) bestimmt. Es gilt

$$a = 1 - \sqrt{3}i = 2e^{i\frac{5\pi}{3}}$$

und damit erhalten wir die Lösungen

$$z_k = \sqrt[3]{2}\, e^{i\frac{\frac{5\pi}{3}+k\cdot2\pi}{3}}$$

mit $k = 0, 1, 2$, also

$$z_0 = \sqrt[3]{2}\, e^{i\frac{5\pi}{9}}, \quad z_1 = \sqrt[3]{2}\, e^{i\frac{11\pi}{9}}, \quad z_2 = \sqrt[3]{2}\, e^{i\frac{17\pi}{9}}.$$

b) $z^5 = -2i$

Die Polarform der komplexen Zahl $a = -2i$ haben wir bereits in Aufg. 5.3 d) bestimmt. Es gilt

$$a = -2i = 2e^{i\frac{3\pi}{2}}$$

und damit erhalten wir die Lösungen

$$z_k = \sqrt[5]{2}\, e^{i\frac{\frac{3\pi}{2}+k\cdot2\pi}{5}}$$

mit $k = 0, 1, 2, 3, 4$, also

$$z_0 = \sqrt[5]{2}\, e^{i\frac{3\pi}{10}}, \quad z_1 = \sqrt[5]{2}\, e^{i\frac{7\pi}{10}}, \quad z_2 = \sqrt[5]{2}\, e^{i\frac{11\pi}{10}},$$

$$z_3 = \sqrt[5]{2}\, e^{i\frac{15\pi}{10}}, \quad z_4 = \sqrt[5]{2}\, e^{i\frac{19\pi}{10}}.$$

c) $z^2 - 2z + \frac{9}{2} = 0$

$$z_{1,2} = 1 \pm \sqrt{1 - \frac{9}{2}} = 1 \pm \sqrt{-\frac{7}{2}} = 1 \pm \sqrt{\frac{7}{2}}\,i$$

d) $z^4 - 2z^3 + z^2 + 2z - 2 = 0$

$$
\begin{array}{l}
(\quad z^4 - 2z^3 + z^2 + 2z - 2) : (z-1) = z^3 - z^2 + 2 \\
\underline{-z^4 + z^3} \\
\quad\quad -z^3 + z^2 \\
\quad\quad \underline{z^3 - z^2} \\
\quad\quad\quad\quad\quad\quad 2z - 2 \\
\quad\quad\quad\quad\quad \underline{-2z + 2} \\
\quad\quad\quad\quad\quad\quad\quad 0
\end{array}
$$

$$
\begin{array}{l}
(\quad z^3 - z^2 \quad\quad + 2) : (z+1) = z^2 - 2z + 2 \\
\underline{-z^3 - z^2} \\
\quad\quad -2z^2 \\
\quad\quad \underline{2z^2 + 2z} \\
\quad\quad\quad\quad 2z + 2 \\
\quad\quad\quad \underline{-2z - 2} \\
\quad\quad\quad\quad\quad 0
\end{array}
$$

$$
z^2 - 2z + 2 = 0
$$
$$
z = 1 \pm \sqrt{1-2} = 1 \pm i
$$

$$
z^4 - 2z^3 + z^2 + 2z - 2 = (z-1)(z+1)(z-1-i)(z-1+i)
$$

e) $z^4 - 2z^2 - 3 = 0$

Substituiere $u = z^2$:

$$
u^2 - 2u - 3 = 0
$$
$$
u_{1,2} = 1 \pm \sqrt{1+3} = 1 \pm 2
$$
$$
u_1 = z^2 = 3 \quad \Rightarrow \quad z_1 = \sqrt{3} \ \wedge \ z_2 = -\sqrt{3}
$$
$$
u_2 = z^2 = -1 \quad \Rightarrow \quad z_3 = i \ \wedge \ z_4 = -i
$$

$$
z^4 - 2z^2 - 3 = (z - \sqrt{3})(z + \sqrt{3})(z - i)(z + i)
$$

f) $z^2 + 4iz = -3z - 6i - \frac{1}{2}$

$$z^2 + (4i+3)z + \frac{1}{2} + 6i = 0$$

$$z = -\frac{4i+3}{2} \pm \sqrt{\left(\frac{4i+3}{2}\right)^2 - \frac{1}{2} - 6i}$$

$$= -2i - \frac{3}{2} \pm \sqrt{4i^2 + 6i + \frac{9}{4} - \frac{1}{2} - 6i}$$

$$= -2i - \frac{3}{2} \pm \sqrt{-\frac{9}{4}}$$

$$z_1 = -\frac{3}{2} - \frac{7}{2}i \quad \wedge \quad z_2 = -\frac{3}{2} - \frac{1}{2}i$$

Kapitel 20

Lösungen: Folgen und Reihen

Lösung 6.1

a) $a_n = 3^n - 2^n$

$$a_1 = 3^1 - 2^1 = 1,\ a_2 = 3^2 - 2^2 = 5,\ a_3 = 3^3 - 2^3 = 19,$$
$$a_4 = 3^4 - 2^4 = 65,\ a_5 = 3^5 - 2^5 = 211,\ a_6 = 3^6 - 2^6 = 665$$

b) $a_n = 2n^2 + 5n$

$$a_1 = 2 \cdot 1^2 + 5 \cdot 1 = 7,\ a_2 = 2 \cdot 2^2 + 5 \cdot 2 = 18,\ a_3 = 2 \cdot 3^2 + 5 \cdot 3 = 33,$$
$$a_4 = 2 \cdot 4^2 + 5 \cdot 4 = 52,\ a_5 = 2 \cdot 5^2 + 5 \cdot 5 = 75,\ a_6 = 2 \cdot 6^2 + 5 \cdot 6 = 102$$

c) $a_n = \sqrt{4n + 1}$

$$a_1 = \sqrt{4 \cdot 1 + 1} = \sqrt{5},\ a_2 = \sqrt{4 \cdot 2 + 1} = \sqrt{9} = 3,\ a_3 = \sqrt{4 \cdot 3 + 1} = \sqrt{13},$$
$$a_4 = \sqrt{4 \cdot 4 + 1} = \sqrt{17},\ a_5 = \sqrt{4 \cdot 5 + 1} = \sqrt{21},\ a_6 = \sqrt{4 \cdot 6 + 1} = \sqrt{25} = 5$$

d) $a_n = \frac{6n-1}{6n+1}$

$$a_1 = \frac{6 \cdot 1 - 1}{6 \cdot 1 + 1} = \frac{5}{7},\ a_2 = \frac{6 \cdot 2 - 1}{6 \cdot 2 + 1} = \frac{11}{13},\ a_3 = \frac{6 \cdot 3 - 1}{6 \cdot 3 + 1} = \frac{17}{19},$$
$$a_4 = \frac{6 \cdot 4 - 1}{6 \cdot 4 + 1} = \frac{23}{25},\ a_5 = \frac{6 \cdot 5 - 1}{6 \cdot 5 + 1} = \frac{29}{31},\ a_6 = \frac{6 \cdot 6 - 1}{6 \cdot 6 + 1} = \frac{35}{37}$$

© Springer-Verlag GmbH Deutschland, ein Teil von Springer Nature 2023
S. Proß und T. Imkamp, *Brückenkurs Mathematik für den Studieneinstieg*,
https://doi.org/10.1007/978-3-662-68303-3_21

Lösung 6.2

a) $a_n = \frac{4n+5}{2}$ b) $a_n = \frac{n^2+2}{2}$ c) $a_n = 2n^2 - n$

d) $a_n = \frac{n}{3^n}$ e) $a_n = \frac{n-1}{2^n}$ f) $a_n = (-2)^n$

Lösung 6.3

a) $a_1 = 2$, $d = 3$, $a_{20} = 59$, $a_{30} = 89$

b) $a_1 = 11$, $d = -3$, $a_{20} = -46$, $a_{30} = -76$

c) $a_1 = \frac{13}{4}$, $d = \frac{1}{4}$, $a_{20} = 8$, $a_{30} = \frac{21}{2}$

Lösung 6.4

a) $a_{10} = 3584$, $a_{15} = 114688$ b) $a_{10} = \frac{1}{2187}$, $a_{15} = \frac{1}{531441}$

c) $a_{10} = -2048$, $a_{15} = 65536$

Lösung 6.5

a) $a_n = \frac{1}{n^2}$ Vermutung: $\lim\limits_{n \to \infty} a_n = 0$

Beweis. Sei $\varepsilon > 0$ beliebig vorgegeben. Wähle $N(\varepsilon) > \frac{1}{\varepsilon}$. Dann gilt für $n \geq N(\varepsilon)$:

$$\left| \frac{1}{n^2} - 0 \right| = \frac{1}{n^2} \leq \frac{1}{N(\varepsilon)^2} \leq \frac{1}{N(\varepsilon)} < \frac{1}{\frac{1}{\varepsilon}} = \varepsilon \qquad \square$$

Nebenrechnung:

$$\frac{1}{N(\varepsilon)} < \varepsilon \Leftrightarrow N(\varepsilon) > \frac{1}{\varepsilon}$$

b) $a_n = \frac{1}{\sqrt{n}}$ Vermutung: $\lim\limits_{n \to \infty} a_n = 0$

Beweis. Sei $\varepsilon > 0$ beliebig vorgegeben. Wähle $N(\varepsilon) > \frac{1}{\varepsilon^2}$. Dann gilt für $n \geq N(\varepsilon)$:

$$\left| \frac{1}{\sqrt{n}} - 0 \right| = \frac{1}{\sqrt{n}} \leq \frac{1}{\sqrt{N(\varepsilon)}} < \frac{1}{\sqrt{\frac{1}{\varepsilon^2}}} = \varepsilon \qquad \square$$

Nebenrechnung:

$$\frac{1}{\sqrt{N(\varepsilon)}} < \varepsilon \Rightarrow N(\varepsilon) > \frac{1}{\varepsilon^2}$$

c) $a_n = \frac{5n+2}{3n+7}$ Vermutung: $\lim\limits_{n\to\infty} a_n = \frac{5}{3}$

Beweis. Sei $\varepsilon > 0$ beliebig vorgegeben. Wähle $N(\varepsilon) > \frac{29}{\varepsilon}$. Dann gilt für $n \geq N(\varepsilon)$:

$$\left|\frac{5n+2}{3n+7} - \frac{5}{3}\right| = \left|\frac{3(5n+2) - 5(3n+7)}{3(3n+7)}\right| = \left|\frac{15n+6 - 15n - 35}{9n+21}\right|$$

$$= \left|\frac{-29}{9n+21}\right| = \frac{29}{9n+21} \leq \frac{29}{9n} \leq \frac{29}{n} \leq \frac{29}{N(\varepsilon)} < \frac{29}{\frac{29}{\varepsilon}} = \varepsilon \qquad \square$$

Nebenrechnung:

$$\frac{29}{N(\varepsilon)} < \varepsilon \Leftrightarrow N(\varepsilon) > \frac{29}{\varepsilon}$$

d) $a_n = \frac{(n+2)^2}{3n^2+4n-1}$ Vermutung: $\lim\limits_{n\to\infty} a_n = \frac{1}{3}$

Beweis. Sei $\varepsilon > 0$ beliebig vorgegeben. Wähle $N(\varepsilon) > \frac{14}{\varepsilon}$. Dann gilt für $n \geq N(\varepsilon)$:

$$\left|\frac{n^2+4n+4}{3n^2+4n-1} - \frac{1}{3}\right| = \left|\frac{3(n^2+4n+4) - (3n^2+4n-1)}{3(3n^2+4n-1)}\right|$$

$$= \left|\frac{3n^2 + 12n + 12 - 3n^2 - 4n + 1}{9n^2 + 12n - 3}\right| = \frac{8n+13}{9n^2+12n-3}$$

$$\leq \frac{8n+13}{9n^2} \leq \frac{8n+13}{8n^2} = \frac{1}{n} + \frac{13}{8n^2} \leq \frac{1}{n} + \frac{13}{n}$$

$$= \frac{14}{n} \leq \frac{14}{N(\varepsilon)} < \frac{14}{\frac{14}{\varepsilon}} = \varepsilon \qquad \square$$

Nebenrechnung:

$$\frac{14}{N(\varepsilon)} < \varepsilon \Leftrightarrow N(\varepsilon) > \frac{14}{\varepsilon}$$

Beachten Sie hierbei, dass der Term $12n - 3 > 0 \ \forall n \in \mathbb{N}$.

Lösung 6.6 Für ein gleichseitiges Dreieck mit der Seitenlänge $a = 1$ gilt:

$$h^2 + \left(\frac{1}{2}\right)^2 = 1 \quad \Rightarrow \quad h = \frac{\sqrt{3}}{2}$$

und somit ergibt sich der Flächeninhalt

$$A_0 = \frac{1}{2} \cdot a \cdot h = \frac{1}{2} \cdot 1 \cdot \frac{\sqrt{3}}{2} = \frac{\sqrt{3}}{4}.$$

Den Flächeninhalt der ersten Figur in Abb. 6.3 erhält man, wenn man den Flächeninhalt von dem löschten gleichseitigen Dreieck mit der Seitenlänge $\frac{a}{2} = \frac{1}{2}$ abzieht. Es gilt

$$A_1 = \frac{\sqrt{3}}{4} - \frac{1}{2} \cdot \frac{1}{2} \cdot \frac{\frac{\sqrt{3}}{2}}{2}.$$

Bei der zweiten Figur fehlen weitere drei gleichseitige Dreiecke mit der Seitenlänge $\frac{1}{4}$. Es ergibt sich somit

$$A_2 = A_1 - 3 \cdot \frac{1}{2} \cdot \frac{1}{2^2} \cdot \frac{\frac{\sqrt{3}}{2}}{2^2}.$$

Bei jedem Schritt wird die Seitenlänge der gelöschten Dreiecke halbiert und die Anzahl verdreifacht sich. Allgemein gilt für den Flächeninhalt der n-ten Figur

$$A_n = A_{n-1} - 3^{n-1} \cdot \frac{1}{2} \cdot \frac{1}{2^n} \cdot \frac{\frac{\sqrt{3}}{2}}{2^n} = A_{n-1} - \frac{3^{n-1}}{2^{2n}} \cdot \frac{\sqrt{3}}{4}.$$

Somit ergibt sich der Flächeninhalt der gelöschten Dreiecke bei der n-ten Figur durch die folgende Summe

$$\sum_{k=1}^{n} \frac{3^{k-1}}{2^{2k}} \cdot \frac{\sqrt{3}}{4} = \frac{\sqrt{3}}{4} \sum_{k=1}^{n} \frac{3^{k-1}}{2^{2k}}$$

und damit ergibt sich der Flächeninhalt wie folgt

$$A_n = A_0 - \frac{\sqrt{3}}{4} \sum_{k=1}^{n} \frac{3^{k-1}}{2^{2k}}$$

$$= \frac{\sqrt{3}}{4} - \frac{\sqrt{3}}{4} \sum_{k=1}^{n} \frac{3^k}{3 \cdot 4^k}$$

$$= \frac{\sqrt{3}}{4} - \frac{\sqrt{3}}{4} \cdot \frac{1}{3} \sum_{k=1}^{n} \left(\frac{3}{4}\right)^k.$$

In Aufg. 1.1 f) wurde gezeigt, dass gilt:

$$\sum_{i=0}^{n} q^i = \frac{q^{n+1} - 1}{q - 1} \qquad \forall\, n \in \mathbb{N} \text{ und } q \neq 1.$$

Das verwenden wir hier

$$A_n = \frac{\sqrt{3}}{4} - \frac{\sqrt{3}}{4} \cdot \frac{1}{3} \left(\frac{\left(\frac{3}{4}\right)^{n+1} - 1}{\frac{3}{4} - 1} - 1 \right).$$

Beachten Sie hier, dass eins abgezogen werden muss, da die Summe bei eins beginnt und nicht bei null. Wir vereinfachen

$$A_n = \frac{\sqrt{3}}{4} - \frac{\sqrt{3}}{4} \cdot \frac{1}{3} \left(-4 \left(\left(\frac{3}{4}\right)^{k+1} - 1 \right) - 1 \right)$$

$$= \frac{\sqrt{3}}{4} + \frac{\sqrt{3}}{4} \cdot \frac{4}{3} \left(\frac{3}{4}\right)^{n+1} - \frac{\sqrt{3}}{4} \cdot \frac{4}{3} + \frac{\sqrt{3}}{4} \cdot \frac{1}{3}$$

$$= \frac{\sqrt{3}}{4} \cdot \frac{4}{3} \left(\frac{3}{4}\right)^{n+1}$$

$$= \frac{\sqrt{3}}{4} \left(\frac{3}{4}\right)^{n}.$$

Als Flächeninhalt der n-ten Figur erhalten wir

$$A_n = \frac{\sqrt{3}}{4} \left(\frac{3}{4}\right)^{n}$$

mit dem Grenzwert

$$\lim_{n \to \infty} A_n = \lim_{n \to \infty} \left(\frac{\sqrt{3}}{4} \left(\frac{3}{4}\right)^{n} \right) = 0.$$

Lösung 6.7

a) $a_n = \frac{4n+7}{3n+2}$

$$\lim_{n \to \infty} \frac{4n+7}{3n+2} = \lim_{n \to \infty} \frac{n(4+\frac{7}{n})}{n(3+\frac{2}{n})} = \lim_{n \to \infty} \frac{4+\frac{7}{n}}{3+\frac{2}{n}}$$

$$= \frac{\lim_{n \to \infty} \left(4+\frac{7}{n}\right)}{\lim_{n \to \infty} \left(3+\frac{2}{n}\right)} = \frac{\lim_{n \to \infty} 4 + \lim_{n \to \infty} \frac{7}{n}}{\lim_{n \to \infty} 3 + \lim_{n \to \infty} \frac{2}{n}}$$

$$= \frac{4+0}{3+0} = \frac{4}{3}$$

b) $a_n = \frac{n^3+n^2-6n+9}{3n^3+1}$

$$\lim_{n \to \infty} \frac{n^3 + n^2 - 6n + 9}{3n^3 + 1} = \lim_{n \to \infty} \frac{n^3(1+\frac{1}{n}-\frac{6}{n^2}+\frac{9}{n^3})}{n^3(3+\frac{1}{n^3})} = \lim_{n \to \infty} \frac{1+\frac{1}{n}-\frac{6}{n^2}+\frac{9}{n^3}}{3+\frac{1}{n^3}}$$

$$= \frac{\lim\limits_{n\to\infty}\left(1+\frac{1}{n}-\frac{6}{n^2}+\frac{9}{n^3}\right)}{\lim\limits_{n\to\infty}\left(3+\frac{1}{n^3}\right)}$$

$$= \frac{\lim\limits_{n\to\infty}1+\lim\limits_{n\to\infty}\frac{1}{n}-\lim\limits_{n\to\infty}\frac{6}{n^2}+\lim\limits_{n\to\infty}\frac{9}{n^3}}{\lim\limits_{n\to\infty}3+\lim\limits_{n\to\infty}\frac{1}{n^3}} = \frac{1+0+0+0}{3+0} = \frac{1}{3}$$

c) $a_n = \frac{2\sqrt{n}+1}{2n+1}$

$$\lim\limits_{n\to\infty}\frac{2\sqrt{n}+1}{2n+1} = \lim\limits_{n\to\infty}\frac{n\left(\frac{2}{\sqrt{n}}+\frac{1}{n}\right)}{n\left(2+\frac{1}{n}\right)} = \lim\limits_{n\to\infty}\frac{\frac{2}{\sqrt{n}}+\frac{1}{n}}{2+\frac{1}{n}}$$

$$= \frac{\lim\limits_{n\to\infty}\left(\frac{2}{\sqrt{n}}+\frac{1}{n}\right)}{\lim\limits_{n\to\infty}\left(2+\frac{1}{n}\right)} = \frac{\lim\limits_{n\to\infty}\frac{2}{\sqrt{n}}+\lim\limits_{n\to\infty}\frac{1}{n}}{\lim\limits_{n\to\infty}2+\lim\limits_{n\to\infty}\frac{1}{n}}$$

$$= \frac{0+0}{2+0} = 0$$

d) $a_n = \frac{2n^2+1}{3n+1}$

Die Folge ist wegen

$$\frac{2n^2+1}{3n+1} \geq \frac{2n^2}{4n} = \frac{1}{2}n$$

unbeschränkt und daher divergent.

e) $a_n = \frac{n+10^{177}}{n}$

$$\lim\limits_{n\to\infty}\frac{n+10^{177}}{n} = \lim\limits_{n\to\infty}\frac{n\left(1+\frac{10^{177}}{n}\right)}{n} = \lim\limits_{n\to\infty}\left(1+\frac{10^{177}}{n}\right)$$

$$= \lim\limits_{n\to\infty}1+\lim\limits_{n\to\infty}\frac{10^{177}}{n} = 1+0 = 1$$

f) $a_n = \ln\left(\frac{n+7}{n+2}\right)$

$$\lim\limits_{n\to\infty}\ln\left(\frac{n+7}{n+2}\right) = \ln\left(\lim\limits_{n\to\infty}\frac{n+7}{n+2}\right) = \ln\left(\lim\limits_{n\to\infty}\frac{n\left(1+\frac{7}{n}\right)}{n\left(1+\frac{2}{n}\right)}\right)$$

$$= \ln(1) = 0$$

g) $a_n = e^{-\lg(n)}$

$$\lim_{n\to\infty} e^{-\lg(n)} = e^{-\lim\limits_{n\to\infty} \lg(n)} = 0$$

h) $a_n = \sqrt[3n]{7^{n+1}}$

$$\lim_{n\to\infty} \sqrt[3n]{7^{n+1}} = \lim_{n\to\infty} \left(7^{n+1}\right)^{\frac{1}{3n}} = \lim_{n\to\infty} \left(7^{\frac{n+1}{3n}}\right) = \left(7^{\lim\limits_{n\to\infty} \frac{n+1}{3n}}\right)$$

$$= \left(7^{\lim\limits_{n\to\infty} \frac{n\left(1+\frac{1}{n}\right)}{3n}}\right) = 7^{\frac{1}{3}} = \sqrt[3]{7}$$

> **Hinweis**
>
> Bei den Aufgabenteilen f), g) und h) haben wir folgende Gesetzmäßigkeit ausgenutzt: Ist $f : \mathbb{R} \to \mathbb{R}$ stetig im Punkt a und $\lim\limits_{n\to\infty} a_n = a$, dann gilt
>
> $$\lim_{n\to\infty} f(a_n) = f\left(\lim_{n\to\infty} a_n\right) = f(a).$$
>
> Bei stetigen Funktionen können die Grenzwertbildung und die Funktionsauswertung vertauscht werden. Den Begriff der Stetigkeit lernen Sie in Abschn. 7.2 kennen.

Lösung 6.8

Beweis. Wir zeigen zunächst, dass $\lim\limits_{n\to\infty} \frac{1}{b_n} = \frac{1}{b}$ ist. Da $b \neq 0$ vorausgesetzt wird, gilt $\frac{|b|}{2} > 0$, es gibt also ein $n_0 \in \mathbb{N}$ mit

$$|b_n - b| < \frac{|b|}{2} \qquad \forall n \geq n_0.$$

Daraus folgt $|b_n| \geq \frac{|b|}{2}$ und zudem $b_n \neq 0$ für $n \geq n_0$. Sei ε beliebig vorgegeben

$$\exists N_1 \in \mathbb{N} : n \geq N_1 : |b_n - b| < \frac{\varepsilon |b|^2}{2}.$$

Dann gilt für $n \geq N := \max(n_0, N_1)$

$$\left|\frac{1}{b_n} - \frac{1}{b}\right| = \left|\frac{b - b_n}{b_n \cdot b}\right| = \frac{1}{|b_n| \cdot |b|} |b - b_n| < \frac{2}{|b|^2} \cdot \frac{\varepsilon |b|^2}{2} = \varepsilon.$$

Damit ist $\lim\limits_{n\to\infty} \frac{1}{b_n} = \frac{1}{b}$ gezeigt. $\lim\limits_{n\to\infty} \frac{a_n}{b_n} = \frac{a}{b}$ ergibt sich aus Satz 6.5, da sich der Quotient als Produkt $a_n \cdot \frac{1}{b_n}$ schreiben lässt. □

Lösung 6.9

$$\sum_{i=1}^{\infty} \frac{9}{10^i} = 9 \sum_{i=1}^{\infty} \left(\frac{1}{10}\right)^i = 9 \left(\sum_{i=0}^{\infty} \left(\frac{1}{10}\right)^i - 1\right)$$

$$= 9 \left(\frac{1}{1 - \frac{1}{10}} - 1\right) = 9 \left(\frac{10}{9} - 1\right) = 9 \cdot \frac{1}{9} = 1$$

Lösung 6.10

a)

$$\sum_{i=0}^{\infty} \left(\frac{2}{7}\right)^i = \frac{1}{1 - \frac{2}{7}} = \frac{7}{5}$$

b)

$$\sum_{i=1}^{\infty} 5 \cdot \left(\frac{1}{3}\right)^i = 5 \sum_{i=1}^{\infty} \left(\frac{1}{3}\right)^i = 5 \left(\sum_{i=0}^{\infty} \left(\frac{1}{3}\right)^i - 1\right)$$

$$= 5 \left(\frac{1}{1 - \frac{1}{3}} - 1\right) = 5 \cdot \left(\frac{3}{2} - 1\right) = \frac{5}{2}$$

Lösung 6.11

a) $0,1\overline{2}$

$$= \frac{1}{10} + \frac{2}{100} + \frac{2}{1000} + \cdots = \frac{1}{10} + \frac{2}{10^2} + \frac{2}{10^3} + \cdots$$

$$= \frac{1}{10} + \sum_{i=2}^{\infty} 2 \frac{1}{10^i} = \frac{1}{10} + 2 \sum_{i=2}^{\infty} \frac{1}{10^i}$$

$$= \frac{1}{10} + 2 \sum_{i=2}^{\infty} \left(\frac{1}{10}\right)^i = \frac{1}{10} + 2 \left(\sum_{i=0}^{\infty} \left(\frac{1}{10}\right)^i - 1 - \frac{1}{10}\right)$$

$$= \frac{1}{10} + 2 \left(\frac{1}{1 - \frac{1}{10}} - 1 - \frac{1}{10}\right) = \frac{1}{10} + 2 \left(\frac{10}{9} - 1 - \frac{1}{10}\right)$$

$$= \frac{11}{90}$$

b) $0,\overline{23}$

$$= \frac{23}{100} + \frac{23}{10000} + \cdots = \frac{23}{10^2} + \frac{23}{10^4} + \cdots$$

$$= \sum_{i=1}^{\infty} 23 \frac{1}{10^{2i}} = 23 \sum_{i=1}^{\infty} \frac{1}{10^{2i}}$$

$$= 23 \sum_{i=1}^{\infty} \left(\frac{1}{100}\right)^i = 23 \left(\sum_{i=0}^{\infty} \left(\frac{1}{100}\right)^i - 1\right)$$

$$= 23 \left(\frac{1}{1-\frac{1}{100}} - 1\right) = 23 \left(\frac{100}{99} - 1\right)$$

$$= \frac{23}{99}$$

c) $0,99\overline{216}$

$$= \frac{99}{100} + \frac{216}{100000} + \frac{216}{100000000} + \cdots = \frac{99}{100} + \frac{216}{10^5} + \frac{216}{10^8} + \cdots$$

$$= \frac{99}{100} + \sum_{i=2}^{\infty} 216 \frac{1}{10^{3i-1}} = \frac{99}{100} + 216 \sum_{i=2}^{\infty} \frac{1}{10^{3i-1}}$$

$$= \frac{99}{100} + 216 \sum_{i=2}^{\infty} \frac{1}{\frac{10^{3i}}{10}} = \frac{99}{100} + 216 \cdot 10 \sum_{i=2}^{\infty} \left(\frac{1}{1000}\right)^i$$

$$= \frac{99}{100} + 216 \cdot 10 \left(\sum_{i=0}^{\infty} \left(\frac{1}{1000}\right)^i - 1 - \frac{1}{1000}\right)$$

$$= \frac{99}{100} + 216 \cdot 10 \left(\frac{1}{1-\frac{1}{1000}} - 1 - \frac{1}{1000}\right)$$

$$= \frac{99}{100} + 216 \cdot 10 \left(\frac{1000}{999} - 1 - \frac{1}{1000}\right)$$

$$= \frac{99}{100} + 216 \cdot 10 \frac{1}{999000} = \frac{3671}{3700}$$

Lösung 6.12

a) $\sum_{n=4}^{\infty} \frac{1}{2^{n-1}}$

$$= \sum_{n=4}^{\infty} \frac{1}{\frac{2^n}{2}} = 2 \sum_{n=4}^{\infty} \frac{1}{2^n} = 2 \left(\sum_{n=0}^{\infty} \frac{1}{2^n} - 1 - \frac{1}{2} - \frac{1}{4} - \frac{1}{8}\right)$$

$$= 2 \left(\frac{1}{1-\frac{1}{2}} - \frac{15}{8}\right) = \frac{1}{4}$$

b) $\sum\limits_{n=1}^{\infty} \dfrac{8}{3^n}$

$$= 8 \sum_{n=1}^{\infty} \left(\frac{1}{3}\right)^n = 8 \left(\sum_{n=0}^{\infty} \left(\frac{1}{3}\right)^n - 1\right)$$

$$= 8 \left(\frac{1}{1-\frac{1}{3}} - 1\right) = 4$$

c) $\sum\limits_{n=1}^{\infty} \dfrac{1}{4n-1}$

$$\geq \sum_{n=1}^{\infty} \frac{1}{4n} = \frac{1}{4} \sum_{n=1}^{\infty} \frac{1}{n} = \infty$$

Harmonische Reihe siehe Bsp. 6.13.

d) $0,5 + 0,005 + 0,00005 + \dots$

$$= \frac{5}{10} + \frac{5}{1000} + \frac{5}{100000} + \dots = \frac{5}{10^1} + \frac{5}{10^3} + \frac{5}{10^5} + \dots$$

$$= 5 \sum_{n=1}^{\infty} \frac{1}{10^{2n-1}} = 5 \sum_{n=1}^{\infty} \frac{1}{\frac{10^{2n}}{10}} = 5 \cdot 10 \sum_{n=1}^{\infty} \left(\frac{1}{100}\right)^n$$

$$= 50 \left(\sum_{n=0}^{\infty} \left(\frac{1}{100}\right)^n - 1\right) = 50 \left(\frac{1}{1-\frac{1}{100}} - 1\right) = 50 \cdot \frac{1}{99} = \frac{50}{99}$$

Lösung 6.13

a) $e^{i\pi} = \underbrace{\cos(\pi)}_{=-1} + i \underbrace{\sin(\pi)}_{=0} = -1$

b) $i^i = \left(e^{\frac{\pi}{2}i}\right)^i = e^{\frac{\pi}{2}i^2} = e^{-\frac{\pi}{2}} \in \mathbb{R}$

Kapitel 21

Lösungen: Grenzwerte und Stetigkeit bei Funktionen

Lösung 7.1

a) $\lim\limits_{x\to\infty} \frac{2-x}{x+3}$

$$= \lim\limits_{x\to\infty} \frac{x\left(\frac{2}{x}-1\right)}{x\left(1+\frac{3}{x}\right)} = \lim\limits_{x\to\infty} \frac{\frac{2}{x}-1}{1+\frac{3}{x}} = \frac{0-1}{1+0} = -1$$

b) $\lim\limits_{x\to -3}(x^3 - 2x + 1)$

$$= -27 + 6 + 1 = -20$$

c) $\lim\limits_{x\to 2} \frac{2-x}{x^2-4}$

$$= \lim\limits_{x\to 2} \frac{2-x}{(x-2)(x+2)} = \lim\limits_{x\to 2} \frac{-(x-2)}{(x-2)(x+2)} = \lim\limits_{x\to 2} \frac{-1}{x+2} = -\frac{1}{4}$$

Lösung 7.2

a) $\lim\limits_{x\to\infty}(x^3 - 2x^2 + 14)$

$$f(x) = x^3 - 2x^2 + 14 = x^3 \cdot \left(1 - \frac{2}{x} + \frac{14}{x^3}\right)$$

Zu zeigen ist $\lim\limits_{x\to\infty} f(x) = \infty$. Sei $x \geq 3$, dann gilt:

© Springer-Verlag GmbH Deutschland, ein Teil von Springer Nature 2023
S. Proß und T. Imkamp, *Brückenkurs Mathematik für den Studieneinstieg*,
https://doi.org/10.1007/978-3-662-68303-3_22

$$1 - \frac{2}{x} + \frac{14}{x^3} \geq 1 - \frac{2}{x} \geq 1 - \frac{2}{3} = \frac{1}{3}.$$

Da wir uns für das Verhalten von $f(x)$ für $x \to \infty$ interessieren, bedeutet die Bedingung auf $x \geq 3$ keinerlei Einschränkung.

Sei $(x_n)_{n \in \mathbb{N}}$ eine Folge reeller Zahlen mit $\lim\limits_{n \to \infty} x_n = \infty$, dann gilt: $\exists n_0 \in \mathbb{N}: \forall n \geq n_0 : x_n \geq 3$ und für $n \geq n_0$ somit

$$\lim_{n \to \infty} f(x_n) = \lim_{n \to \infty} (x_n^3 - 2x_n^2 + 14)$$

$$= \lim_{n \to \infty} \left(x_n^3 \left(1 - \frac{2}{x_n} + \frac{14}{x_n^3} \right) \right)$$

$$\geq \lim_{n \to \infty} \left(\frac{1}{3} x_n^3 \right) \geq \lim_{n \to \infty} x_n = \infty.$$

Die letzte Ungleichung folgt wegen der Voraussetzung $x_n \geq 3$.

b) $\lim\limits_{x \to \infty} (2x^4 - x^3 + 5x^2 + x + 1)$

$$f(x) = 2x^4 - x^3 + 5x^2 + x + 1 = x^4 \cdot \left(2 - \frac{1}{x} + \frac{5}{x^2} + \frac{1}{x^3} + \frac{1}{x^4} \right)$$

Zu zeigen ist $\lim\limits_{x \to \infty} f(x) = \infty$. Sei $x \geq 3$, dann gilt:

$$2 - \frac{1}{x} + \frac{5}{x^2} + \frac{1}{x^3} + \frac{1}{x^4} \geq 2 - \frac{1}{x} \geq 2 - \frac{1}{3} = \frac{5}{3}.$$

Da wir uns für das Verhalten von $f(x)$ für $x \to \infty$ interessieren, bedeutet die Bedingung auf $x \geq 3$ keinerlei Einschränkung.

Sei $(x_n)_{n \in \mathbb{N}}$ eine Folge reeller Zahlen mit $\lim\limits_{n \to \infty} x_n = \infty$, dann gilt: $\exists n_0 \in \mathbb{N}: \forall n \geq n_0 : x_n \geq 3$ und für $n \geq n_0$ somit

$$\lim_{n \to \infty} f(x_n) = \lim_{n \to \infty} (2x_n^4 - x_n^3 + 5x_n^2 + x_n + 1) \cdot$$

$$= \lim_{n \to \infty} \left(x_n^4 \left(2 - \frac{1}{x_n} + \frac{5}{x_n^2} + \frac{1}{x_n^3} + \frac{1}{x_n^4} \right) \right)$$

$$\geq \lim_{n \to \infty} \left(\frac{5}{3} x_n^4 \right) \geq \lim_{n \to \infty} x_n = \infty.$$

Die letzte Ungleichung folgt wegen der Voraussetzung $x_n \geq 3$.

Lösung 7.3

$$\lim_{x \uparrow -1} \frac{2x + 3}{x + 1} = -\infty$$

$$\lim_{x\downarrow-1}\frac{2x+3}{x+1}=\infty$$

$$\lim_{x\to\infty}\frac{2x+3}{x+1}=\lim_{x\to\infty}\frac{x\left(2+\frac{3}{x}\right)}{x\left(1+\frac{1}{x}\right)}=\lim_{x\to\infty}\frac{2+\frac{3}{x}}{1+\frac{1}{x}}=\frac{2+0}{1+0}=2$$

$$\lim_{x\to-\infty}\frac{2x+3}{x+1}=2$$

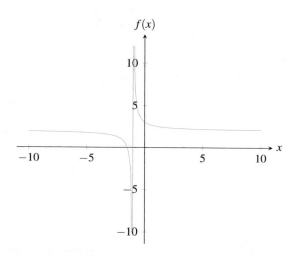

Abb. 21.1: Graph der Funktion f mit $f(x)=\frac{2x+3}{x+1}$

Lösung 7.4

a) $\lim\limits_{x\to0}\frac{\sin2x}{\sin x}$

$$=\lim_{x\to0}\frac{2\sin x\cos x}{\sin x}=\lim_{x\to0}2\cos x=2$$

b) $\lim\limits_{x\to0}\frac{1-\cos2x}{2x^2}$

$$=\lim_{x\to0}\frac{1-(\cos^2 x-\sin^2 x)}{2x^2}=\lim_{x\to0}\frac{1-\cos^2 x+\sin^2 x}{2x^2}=\lim_{x\to0}\frac{\sin^2 x+\sin^2 x}{2x^2}$$

$$=\lim_{x\to0}\frac{2\sin^2 x}{2x^2}=\lim_{x\to0}\frac{\sin^2 x}{x^2}$$

$$=\lim_{x\to0}\left(\frac{\sin x}{x}\right)^2=1^2=1$$

(siehe Bsp. 7.5 für $\lim\limits_{x \to 0} \frac{\sin x}{x} = 1$)

c) $\lim\limits_{x \to 0} \frac{3\sin x + \cos x}{5x} = \infty$

d) $\lim\limits_{x \to 0} \frac{\sin x}{x + 2\sin x}$

$$= \lim_{x \to 0} \frac{\sin x \cdot \frac{1}{\sin x}}{(x + 2\sin x) \cdot \frac{1}{\sin x}} = \lim_{x \to 0} \frac{1}{\frac{x}{\sin x} + 2}$$

$$= \frac{1}{\lim\limits_{x \to 0} \frac{x}{\sin x} + 2} = \frac{1}{1 + 2} = \frac{1}{3}$$

(siehe Bsp. 7.5 für $\lim\limits_{x \to 0} \frac{x}{\sin x} = \lim\limits_{x \to 0} \frac{1}{\frac{\sin x}{x}} = \frac{1}{\lim\limits_{x \to 0} \frac{\sin x}{x}} = 1$)

Lösung 7.5

a) $\lim\limits_{x \to b} \frac{x^2 - b^2}{x - b}$

$$= \lim_{x \to b} \frac{(x - b)(x + b)}{x - b} = \lim_{x \to b}(x + b) = 2b$$

b) $\lim\limits_{x \to a} \frac{\sqrt{x} - \sqrt{a}}{x - a}$

$$= \lim_{x \to a} \frac{(\sqrt{x} - \sqrt{a})(\sqrt{x} + \sqrt{a})}{(x - a)(\sqrt{x} + \sqrt{a})} = \lim_{x \to a} \frac{x - a}{(x - a)(\sqrt{x} + \sqrt{a})} = \lim_{x \to a} \frac{1}{(\sqrt{x} + \sqrt{a})}$$

$$= \frac{1}{2\sqrt{a}}$$

c) $\lim\limits_{x \to a} \frac{2x^4 - 2a^4}{x^2 - a^2}$

$$= \lim_{x \to a} \frac{2(x^2 - a^2)(x^2 + a^2)}{x^2 - a^2} = \lim_{x \to a} 2(x^2 + a^2) = 2 \cdot 2a^2 = 4a^2$$

Lösung 7.6

a) $f(x) = |x|, \quad x_0 = 0$

$$f(x) = |x| = \begin{cases} x & \text{für } x \geq 0 \\ -x & \text{für } x < 0 \end{cases}$$

$$g_l = \lim_{x \uparrow 0} f(x) = \lim_{x \uparrow 0}(-x) = 0$$

$$g_r = \lim_{x \downarrow 0} f(x) = \lim_{x \downarrow 0} x = 0$$

$$g_l = g_r \Rightarrow g = 0 = f(0) \Rightarrow f \text{ ist stetig an der Stelle } x_0 = 0$$

b) $f(x) = |x^2 - 1|, \quad x_0 = 1$

$$f(x) = |x^2 - 1| = \begin{cases} x^2 - 1 & \text{für } x \geq 1 \vee x \leq -1 \\ -x^2 + 1 & \text{für } -1 < x < 1 \end{cases}$$

$$g_l = \lim_{x \uparrow 1} f(x) = \lim_{x \uparrow 1}(-x^2 + 1) = 0$$

$$g_r = \lim_{x \downarrow 1} f(x) = \lim_{x \downarrow 1}(x^2 - 1) = 0$$

$$g_l = g_r \Rightarrow g = 0 = f(1) \Rightarrow f \text{ ist stetig an der Stelle } x_0 = 1$$

c) $f(x) = \begin{cases} x & \text{für } 0 \leq x < 1 \\ 2 & \text{für } x = 1 \\ 4 - x & \text{für } x > 1 \end{cases} \quad x_0 = 1$

$$g_l = \lim_{x \uparrow 1} f(x) = \lim_{x \uparrow 1} x = 1$$

$$g_r = \lim_{x \downarrow 1} f(x) = \lim_{x \downarrow 1}(4 - x) = 3$$

$$g_l \neq g_r \Rightarrow f \text{ ist unstetig an der Stelle } x_0 = 1$$

Lösung 7.7

a) $f(x) = \begin{cases} |x| & \text{für } x < 0 \\ x & \text{für } 0 \leq x < 3 = \\ x^2 & \text{für } x \geq 3 \end{cases} \begin{cases} -x & \text{für } x < 0 \\ x & \text{für } 0 \leq x < 3 \\ x^2 & \text{für } x \geq 3 \end{cases}$

Die Stellen $x_1 = 0$ und $x_2 = 3$ müssen auf Stetigkeit untersucht werden:

$x_1 = 0:$

$g_l = \lim_{x\uparrow 0} f(x) = \lim_{x\uparrow 0}(-x) = 0$

$g_r = \lim_{x\downarrow 0} f(x) = \lim_{x\downarrow 0} x = 0$

$g_l = g_r \Rightarrow g = 0 = f(0) \Rightarrow f$ ist stetig an der Stelle $x_1 = 0$

$x_2 = 3:$

$g_l = \lim_{x\uparrow 3} f(x) = \lim_{x\uparrow 3} x = 3$

$g_r = \lim_{x\downarrow 3} f(x) = \lim_{x\downarrow 3} x^2 = 9$

$g_l \neq g_r \Rightarrow f$ ist unstetig an der Stelle $x_2 = 3$

b) $f(x) = \begin{cases} \sqrt{2-x} & \text{für } 0 \leq x \leq 2 \\ (x-2)^2 & \text{für } 2 < x < 4 \\ 4 & \text{für } x \geq 4 \end{cases}$

Die Stellen $x_1 = 2$ und $x_2 = 4$ müssen auf Stetigkeit untersucht werden:

$x_1 = 2:$

$g_l = \lim_{x\uparrow 2} f(x) = \lim_{x\uparrow 2} \sqrt{2-x} = 0$

$g_r = \lim_{x\downarrow 2} f(x) = \lim_{x\downarrow 2}(x-2)^2 = 0$

$g_l = g_r \Rightarrow g = 0 = f(2) \Rightarrow f$ ist stetig an der Stelle $x_1 = 2$

$x_2 = 4:$

$g_l = \lim_{x\uparrow 4} f(x) = \lim_{x\uparrow 4}(x-2)^2 = 4$

$g_r = \lim_{x\downarrow 4} f(x) = \lim_{x\downarrow 4} 4 = 4$

$g_l = g_r \Rightarrow g = 4 = f(4) \Rightarrow f$ ist stetig an der Stelle $x_2 = 4$

Lösung 7.8

a) $f(x) = \frac{8-x^3}{x-2}$

$$(-x^3 \qquad\qquad +8):(x-2) = -x^2 - 2x - 4$$
$$\underline{x^3 - 2x^2}$$
$$-2x^2$$
$$\underline{2x^2 - 4x}$$
$$-4x + 8$$
$$\underline{4x - 8}$$
$$0$$

$$\Rightarrow 8 - x^3 = (x-2)(-x^2 - 2x - 4)$$

$$g_l = \lim_{x\uparrow 2} f(x) = \lim_{x\uparrow 2} \frac{x-2}{8-x^3} = \lim_{x\uparrow 2} \frac{x-2}{(x-2)(-x^2-2x-4)}$$

$$= \lim_{x\uparrow 2} \frac{1}{-x^2 - 2x - 4} = -\frac{1}{12}$$

$$g_r = \lim_{x\downarrow 2} \frac{1}{-x^2 - 2x - 4} = -\frac{1}{12}$$

$\Rightarrow g_l = g_r \Rightarrow f$ ist an der Stelle $x_0 = 2$ stetig ergänzbar:

$$g(x) = \begin{cases} \dfrac{x-2}{8-x^3} & \text{für } x \neq 2 \\ -\dfrac{1}{12} & \text{für } x = 2 \end{cases} = \frac{1}{-x^2 - 2x - 4}$$

b) $f(x) = \frac{2x^2 - 10x + 12}{x^2 - 4}$

$$g_l = \lim_{x\uparrow 2} f(x) = \lim_{x\uparrow 2} \frac{2x^2 - 10x + 12}{x^2 - 4} = \lim_{x\uparrow 2} \frac{2(x-3)(x-2)}{(x+2)(x-2)}$$

$$= \lim_{x\uparrow 2} \frac{2(x-3)}{x+2} = -\frac{1}{2}$$

$$g_r = \lim_{x\downarrow 2} \frac{2(x-3)}{x+2} = -\frac{1}{2}$$

$\Rightarrow g_l = g_r \Rightarrow f$ ist an der Stelle $x_0 = 2$ stetig ergänzbar:

$$g(x) = \begin{cases} \dfrac{2x^2 - 10x + 12}{x^2 - 4} & \text{für } x \neq 2 \\ -\dfrac{1}{2} & \text{für } x = 2 \end{cases} = \frac{2(x-3)}{x+2}$$

c) $f(x) = \frac{x^2 - 3}{x - 2}$

$$g_l = \lim_{x\uparrow 2} f(x) = \lim_{x\uparrow 2} \frac{x^2 - 3}{x - 2} = -\infty$$

$$g_r = \lim_{x\downarrow 2} f(x) = \lim_{x\downarrow 2} \frac{x^2 - 3}{x - 2} = \infty$$

$\Rightarrow f$ ist an der Stelle $x_0 = 2$ nicht stetig ergänzbar.

Lösung 7.9

a) $f(x) = \frac{x+1}{x^2-1}$ $\mathbb{D} = \mathbb{R} \setminus \{-1; 1\}$

$$f(x) = \frac{x+1}{x^2-1} = \frac{x+1}{(x+1)(x-1)} \underset{x \neq -1}{=} \frac{1}{x-1}$$

$\underline{x = -1:}$

$$g = \lim_{x \to -1} \frac{1}{x-1} = -\frac{1}{2}$$

$\Rightarrow$ Bei $x = -1$ liegt eine hebbare Definitionslücke vor.

$\underline{x = 1:}$

$$g_l = \lim_{x \uparrow 1} \frac{1}{x-1} = -\infty$$

$$g_r = \lim_{x \downarrow 1} \frac{1}{x-1} = \infty$$

$\Rightarrow$ Bei $x = 1$ liegt ein Pol mit Vorzeichenwechsel vor.

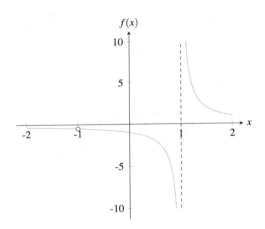

b) $f(x) = \frac{x+1}{(x-1)(x+3)}$ $\mathbb{D} = \mathbb{R} \setminus \{-3; 1\}$

$\underline{x = -3:}$

$$g_l = \lim_{x \uparrow -3} \frac{x+1}{(x-1)(x+3)} = -\infty$$

$$g_r = \lim_{x \downarrow -3} \frac{x+1}{(x-1)(x+3)} = \infty$$

$\Rightarrow$ Bei $x = -3$ liegt ein Pol mit Vorzeichenwechsel vor.

$\underline{x = 1:}$

$$g_l = \lim_{x\uparrow 1} \frac{x+1}{(x-1)(x+3)} = -\infty$$

$$g_r = \lim_{x\downarrow 1} \frac{x+1}{(x-1)(x+3)} = \infty$$

$\Rightarrow$ Bei $x = 1$ liegt ein Pol mit Vorzeichenwechsel vor.

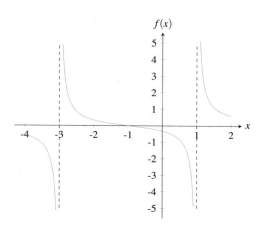

c) $f(x) = \frac{x+2}{(x^2-1)(x+2)}$ $\mathbb{D} = \mathbb{R} \setminus \{-2; -1; 1\}$

$$f(x) = \frac{x+2}{(x^2-1)(x+2)} \underset{x\neq -2}{=} \frac{1}{x^2-1}$$

$\underline{x = -2:}$

$$g = \lim_{x\to -2} \frac{1}{x^2-1} = \frac{1}{3}$$

$\Rightarrow$ Bei $x = -2$ liegt eine hebbare Definitionslücke vor.

$\underline{x = -1:}$

$$g_l = \lim_{x\uparrow -1} \frac{1}{x^2-1} = \infty$$

$$g_r = \lim_{x\downarrow -1} \frac{1}{x^2-1} = -\infty$$

$\Rightarrow$ Bei $x = -1$ liegt ein Pol mit Vorzeichenwechsel vor.

$\underline{x = 1:}$

$$g_l = \lim_{x\uparrow 1} \frac{1}{x^2-1} = -\infty$$

$$g_r = \lim_{x\downarrow 1} \frac{1}{x^2-1} = \infty$$

$\Rightarrow$ Bei $x = 1$ liegt ein Pol mit Vorzeichenwechsel vor.

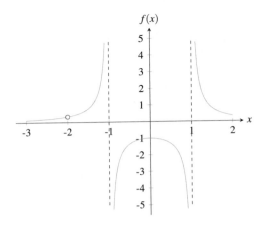

d) $f(x) = \frac{x^3+1}{x+1}$ $\mathbb{D} = \mathbb{R} \setminus \{-1\}$

$$
\begin{array}{l}
(\quad x^3 \qquad\qquad +1\,):(x+1) = x^2 - x + 1 \\
\quad \underline{-x^3 - x^2} \\
\qquad\quad -x^2 \\
\qquad\quad \underline{x^2 + x} \\
\qquad\qquad\quad x+1 \\
\qquad\qquad\quad \underline{-x-1} \\
\qquad\qquad\qquad\quad 0
\end{array}
$$

$$
f(x) = \frac{x^3+1}{x+1} \underset{x\neq-1}{=} x^2 - x + 1
$$

$\Rightarrow$ Bei $x = -1$ liegt eine hebbare Definitionslücke vor.

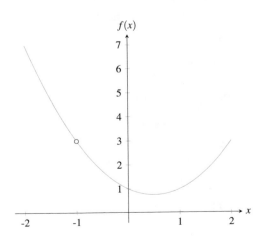

e) $f(x) = \frac{x^2+1}{x}$ $\mathbb{D} = \mathbb{R} \setminus \{0\}$

$$f(x) = x + \frac{1}{x}$$

$\underline{x = 0:}$

$$g_l = \lim_{x \uparrow 0} \left(x + \frac{1}{x} \right) = -\infty$$

$$g_r = \lim_{x \downarrow 0} \left(x + \frac{1}{x} \right) = \infty$$

$\Rightarrow$ Bei $x = 0$ liegt ein Pol mit Vorzeichenwechsel vor.

Die Gerade $p(x) = x$ ist die asymptotische Kurve der Funktion.

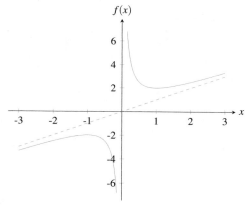

f) $f(x) = \frac{x^3-2x^2+x+11}{x-1}$ $\mathbb{D} = \mathbb{R} \setminus \{1\}$

$$
\begin{array}{l}
(\quad x^3 - 2x^2 + x + 11) : (x-1) = x^2 - x + \dfrac{11}{x-1} \\
\underline{-x^3 \;+ x^2} \\
\quad\quad -x^2 + x \\
\quad\quad \underline{x^2 - x} \\
\quad\quad\quad\quad\quad 11
\end{array}
$$

Die Parabel mit der Gleichung $p(x) = x^2 - x$ ist die asymptotische Kurve der Funktion.

$\underline{x = 1:}$

$$g_l = \lim_{x\uparrow 1} \frac{x^3 - 2x^2 + x + 11}{x - 1} = -\infty$$

$$g_r = \lim_{x\downarrow 1} \frac{x^3 - 2x^2 + x + 11}{x - 1} = \infty$$

$\Rightarrow$ Bei $x = 1$ liegt ein Pol mit Vorzeichenwechsel vor.

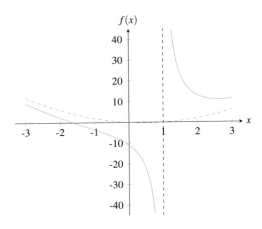

Kapitel 22

Lösungen: Differentialrechnung

Lösung 8.1

a) $f(x) = \cos x$

$$
\begin{aligned}
f'(x_0) &= \lim_{h \to 0} \frac{\cos(x_0 + h) - \cos x_0}{h} \\
&\underset{\text{Satz 3.2}}{=} \lim_{h \to 0} \frac{\cos x_0 \cos h - \sin x_0 \sin h - \cos x_0}{h} \\
&= \lim_{h \to 0} \frac{\cos x_0 (\cos h - 1)}{h} - \lim_{h \to 0} \frac{\sin x_0 \sin h}{h} \\
&= \cos x_0 \underbrace{\lim_{h \to 0} \frac{\cos h - 1}{h}}_{=0} - \sin x_0 \underbrace{\lim_{h \to 0} \frac{\sin h}{h}}_{=1} \\
&= -\sin x_0
\end{aligned}
$$

Für die Berechnung der Grenzwerte sei auf Bsp. 7.5 und 7.6 verwiesen.

b) $f(x) = \frac{1}{x}$

$$
\begin{aligned}
f'(x_0) &= \lim_{h \to 0} \frac{\frac{1}{x_0 + h} - \frac{1}{x_0}}{h} = \lim_{h \to 0} \frac{\frac{x_0 - (x_0 + h)}{(x_0 + h)x_0}}{h} \\
&= \lim_{h \to 0} \frac{x_0 - x_0 - h}{h(x_0 + h)x_0} = -\lim_{h \to 0} \frac{1}{(x_0 + h)x_0} = -\frac{1}{x_0^2}
\end{aligned}
$$

© Springer-Verlag GmbH Deutschland, ein Teil von Springer Nature 2023
S. Proß und T. Imkamp, *Brückenkurs Mathematik für den Studieneinstieg*,
https://doi.org/10.1007/978-3-662-68303-3_23

c) $f(x) = \frac{1}{x^2}$

$$f'(x_0) = \lim_{h \to 0} \frac{\frac{1}{(x_0+h)^2} - \frac{1}{x_0^2}}{h} = \lim_{h \to 0} \frac{\frac{x_0^2 - (x_0+h)^2}{x_0^2(x_0+h)^2}}{h}$$

$$= \lim_{h \to 0} \frac{x_0^2 - x_0^2 - 2x_0h - h^2}{x_0^2(x_0+h)^2h} = \lim_{h \to 0} \frac{h(-2x_0 - h)}{x_0^2(x_0+h)^2h}$$

$$= \lim_{h \to 0} \frac{-2x_0 - h}{x_0^2(x_0+h)^2} = \frac{-2x_0}{x_0^4} = -\frac{2}{x_0^3}$$

Lösung 8.2

a) $f(x) = \begin{cases} x^3 \sin \dfrac{1}{x} & \text{für } x \neq 0 \\ 0 & \text{für } x = 0 \end{cases} \quad x_0 = 0$

$$f'(0) = \lim_{h \to 0} \frac{f(0+h) - f(0)}{h} = \lim_{h \to 0} \frac{h^3 \sin\left(\frac{1}{h}\right) - 0}{h} = \lim_{h \to 0} h^2 \sin\left(\frac{1}{h}\right) = 0$$

(siehe dazu Bsp. 8.5). Die Funktion f ist an der Stelle $x_0 = 0$ differenzierbar.

b) $f(x) = \begin{cases} e^{x-1} & \text{für } x \leq 1 \\ x^2 & \text{für } x > 1 \end{cases} \quad x_0 = 1$

$$g_r = \lim_{h \downarrow 0} = \frac{f(1+h) - f(1)}{h} = \lim_{h \downarrow 0} \frac{(1+h)^2 - e^0}{h} = \lim_{h \downarrow 0} \frac{1 + 2h + h^2 - 1}{h}$$

$$= \lim_{h \downarrow 0}(2+h) = 2$$

$$g_l = \lim_{h \uparrow 0} \frac{e^{1+h-1} - e^0}{h} = \lim_{h \uparrow 0} \frac{e^h - 1}{h} = 1$$

Für den linksseitigen Grenzwert $f'(0) = \lim_{h \uparrow 0} \frac{e^h - 1}{h} = 1$ siehe Bsp. 8.4. Der Grenzwert existiert nicht, da $g_l \neq g_r$. Die Funktion f ist somit an der Stelle $x_0 = 1$ nicht differenzierbar.

c) $f(x) = x|x| = \begin{cases} x^2 & \text{für } x \geq 0 \\ -x^2 & \text{für } x < 0 \end{cases} \quad x_0 = 0$

$$g_r = \lim_{h \downarrow 0} = \frac{f(0+h) - f(0)}{h} = \lim_{h \downarrow 0} \frac{h^2 - 0}{h} = \lim_{h \downarrow 0} h = 0$$

$$g_l = \lim_{h \uparrow 0} \frac{-h^2 - 0}{h} = \lim_{h \uparrow 0} -h = 0$$

Links- und rechtsseitiger Grenzwert stimmen an der Stelle $x_0 = 0$ überein, somit existiert der Grenzwert und $f'(0) = 0$.

Lösung 8.3

a) $f(x) = \frac{3x+1}{x^2-1}$

$$f'(x) = \frac{3(x^2-1)-(3x+1)2x}{(x^2-1)^2} = \frac{3x^2-3-6x^2-2x}{(x^2-1)^2} = \frac{-3x^2-2x-3}{(x^2-1)^2}$$

$$f''(x) = \frac{(-6x-2)(x^2-1)^2-(-3x^2-2x-3)2(x^2-1)2x}{(x^2-1)^4}$$

$$= \frac{(-6x-2)(x^2-1)-4x(-3x^2-2x-3)}{(x^2-1)^3}$$

$$= \frac{-6x^3+6x-2x^2+2+12x^3+8x^2+12x}{(x^2-1)^3} = \frac{6x^3+6x^2+18x+2}{(x^2-1)^3}$$

b) $f(x) = \frac{ax^2+bx+c}{2x-1}$ $(a,b,c \in \mathbb{R})$

$$f'(x) = \frac{(2ax+b)(2x-1)-(ax^2+bx+c)\cdot 2}{(2x-1)^2}$$

$$= \frac{4ax^2-2ax+2bx-b-2ax^2-2bx-2c}{(2x-1)^2}$$

$$= \frac{2ax^2-2ax-b-2c}{(2x-1)^2}$$

c) $f(x) = \frac{\cos(x)}{(x^2+1)^2}$

$$f'(x) = \frac{-\sin(x)(x^2+1)^2-\cos(x)2(x^2+1)2x}{(x^2+1)^4}$$

$$= \frac{-\sin(x)(x^2+1)-4x\cos(x)}{(x^2+1)^3}$$

Lösung 8.4

a) $f(x) = x^{\tan x} = e^{\ln\left(x^{\tan x}\right)} = e^{\tan x \ln x}$

$$f'(x) = e^{\tan x \ln x}\left(\frac{1}{\cos^2 x}\ln x + \tan x \frac{1}{x}\right) = x^{\tan x}\left(\frac{\ln x}{\cos^2 x} + \frac{\tan x}{x}\right)$$

b) $f(x) = \ln(x^4 + 1)$

$$f'(x) = \frac{4x^3}{x^4 + 1}$$

c) $f(x) = (x+1)e^{x^2}$

$$f'(x) = e^{x^2} + (x+1)2xe^{x^2} = e^{x^2}(2x^2 + 2x + 1)$$

d) $f(x) = a^{a^x} = e^{\ln(a)a^x} = e^{\ln(a)e^{\ln(a^x)}} = e^{\ln(a)e^{x\ln(a)}} \quad (a > 0)$

$$f'(x) = (\ln(a))^2 e^{x\ln(a)} e^{\ln(a)e^{x\ln(a)}} = (\ln(a))^2 a^x a^{a^x}$$

e) $f(x) = (\sin x)^{\ln(\cos x)} = e^{\ln\left((\sin x)^{\ln(\cos x)}\right)} = e^{\ln(\cos x)\ln(\sin x)}$

$$f'(x) = \left(-\frac{\sin x}{\cos x}\ln(\sin x) + \ln(\cos x)\frac{\cos x}{\sin x}\right)e^{\ln(\cos x)\ln(\sin x)}$$

Lösung 8.5

Beweis (Summenregel).

$$f(x) = u(x) + v(x)$$
$$f'(x) = \lim_{h\to 0}\frac{f(x+h) - f(x)}{h} = \lim_{h\to 0}\frac{u(x+h) + v(x+h) - u(x) - v(x)}{h}$$
$$= \lim_{h\to 0}\frac{u(x+h) - u(x)}{h} + \lim_{h\to 0}\frac{v(x+h) - v(x)}{h} = u'(x) + v'(x) \qquad \square$$

Beweis (Quotientenregel).

$$f(x) = \frac{u(x)}{v(x)}$$

$$f'(x) = \lim_{h\to 0}\frac{f(x+h) - f(x)}{h} = \lim_{h\to 0}\frac{\frac{u(x+h)}{v(x+h)} - \frac{u(x)}{v(x)}}{h}$$

$$= \lim_{h\to 0}\frac{u(x+h)\cdot v(x) - u(x)\cdot v(x+h)}{h\cdot v(x+h)\cdot v(x)}$$

$$\overbrace{}^{\text{Nullerweiterung}}$$
$$= \lim_{h\to 0}\frac{u(x+h)\cdot v(x) - u(x)\cdot v(x) + u(x)\cdot v(x) - u(x)\cdot v(x+h)}{h\cdot v(x+h)\cdot v(x)}$$

$$= \lim_{h\to 0}\left(\frac{1}{v(x+h)\cdot v(x)}\left(\frac{[u(x+h) - u(x)]\cdot v(x)}{h} - \frac{[v(x+h) - v(x)]\cdot u(x)}{h}\right)\right)$$

$$= \lim_{h \to 0} \left(\frac{1}{v(x+h) \cdot v(x)} \right) \left(\lim_{h \to 0} \left(\frac{u(x+h) - u(x)}{h} \right) \cdot v(x) \right.$$

$$\left. - \lim_{h \to 0} \left(\frac{v(x+h) - v(x)}{h} \right) \cdot u(x) \right)$$

$$= \frac{1}{v(x)^2} \cdot \left(u'(x) \cdot v(x) - v'(x) \cdot u(x) \right)$$

$$= \frac{u'(x) \cdot v(x) - v'(x) \cdot u(x)}{v(x)^2}$$

$\square$

Lösung 8.6

a) $f(x) = \arccos(x)$

$$(\arccos(x))' = -\frac{1}{\sin(\arccos(x))} = \frac{-1}{\sqrt{1 - \cos^2(\arccos(x))}} = \frac{-1}{\sqrt{1 - x^2}}$$

b) $f(x) = \arctan(x)$

$$(\arctan(x))' = \frac{1}{\tan^2(\arctan(x)) + 1} = \frac{1}{x^2 + 1}$$

c) $f(x) = \sqrt[n]{x} \quad n \in \mathbb{N}, n \geq 2$

$$\left(\sqrt[n]{x} \right)' = \frac{1}{n \left(\sqrt[n]{x} \right)^{n-1}} = \frac{1}{n x^{1 - \frac{1}{n}}}$$

Lösung 8.7

a) $s(t) = \frac{1}{2} a t^2 + v_0 t + s_0$

$$\dot{s}(t) = at + v_0, \quad \ddot{s}(t) = a$$

b) $x(t) = X_0 \sin(\omega t + \varphi)$

$$\dot{x}(t) = X_0 \omega \cos(\omega t + \varphi), \quad \ddot{x}(t) = -X_0 \omega^2 \sin(\omega t + \varphi)$$

c) $y(t) = \frac{m}{\rho} \left(v_0 + \frac{mg}{\rho} \right) \left(1 - e^{-\frac{\rho}{m} t} \right) - \frac{mg}{\rho} t$

$$\dot{y}(t) = \frac{m}{\rho} \left(v_0 + \frac{mg}{\rho} \right) \frac{\rho}{m} e^{-\frac{\rho}{m} t} - \frac{mg}{\rho} = \left(v_0 + \frac{mg}{\rho} \right) e^{-\frac{\rho}{m} t} - \frac{mg}{\rho}$$

$$\ddot{y}(t) = -\frac{\rho}{m} \left(v_0 + \frac{mg}{\rho} \right) e^{-\frac{\rho}{m} t}$$

a) Weg-Zeit-Gesetz einer Überlagerung einer gleichmäßig beschleunigten Bewegung mit einer geradlinig gleichförmigen Bewegung, die zum Zeitpunkt 0 bei s_0 beginnt.

b) Weg-Zeit-Gesetz einer harmonischen Schwingung mit einem Phasenwinkel φ.

c) Weg-Zeit-Gesetz des verzögerten Falls mit Luftwiderstand eines Körpers der Masse m mit Widerstandskoeffizient ρ und Anfangsgeschwindigkeit v_0.

Die Ableitungen sind entsprechend die zugehörigen v-t- bzw. a-t-Gesetze.

Lösung 8.8

$$z' = Z_0 k \sin(\omega t - kx), \qquad\qquad z'' = -Z_0 k^2 \cos(\omega t - kx)$$
$$\dot{z} = -Z_0 \omega \sin(\omega t - kx), \qquad\qquad \ddot{z} = -Z_0 \omega^2 \cos(\omega t - kx)$$

$$\ddot{z} = -Z_0 \omega^2 \cos(\omega t - kx) = \frac{k^2}{k^2}\left(-Z_0 \omega^2 \cos(\omega t - kx)\right)$$
$$= \frac{\omega^2}{k^2}\left(-Z_0 k^2 \cos(\omega t - kx)\right) = c^2 z''$$

Lösung 8.9

a) Wegen $f'(x) = \frac{1}{x} > 0$ $\forall x \in \mathbb{R}_+^*$ ist die Funktion auf dem gesamten Definitionsbereich streng monoton wachsend.

b) Es gilt $f'(x) = x + 1 > 0$ für das Intervall $]-1;\infty[$ und $f'(x) = x + 1 < 0$ für das Intervall $]-\infty;-1[$. Damit wächst die Funktion streng monoton im Intervall $]-1;\infty[$ und fällt streng monoton im Intervall $]-\infty;-1[$.

c) Wegen $f'(x) = 3x^2 + 3 = 3(x^2 + 1) > 3 > 0$ ist die Funktion auf dem gesamten Definitionsbereich streng monoton wachsend.

d) Es gilt $f'(x) = e^{x+4}(2x + x^2) = e^{x+4}x(2 + x) > 0$ für das Intervall $]0;\infty[\cup]-\infty;-2[$ und $f'(x) = e^{x+4}x(2+x) < 0$ für das Intervall $]-2;0[$. Damit wächst die Funktion streng monoton im Intervall $]0;\infty[\cup]-\infty;-2[$ und fällt streng monoton im Intervall $]-2;0[$.

Lösung 8.10

a) $f(x) = x^3 e^x$

Notwendige Bedingung $f'(x) = 0$:

$$f'(x) = 3x^2 e^x + x^3 e^x = e^x(3x^2 + x^3)$$
$$\underbrace{e^x}_{\neq 0 \forall x \in \mathbb{R}}(3x^2 + x^3) = 0 \quad \Rightarrow 3x^2 + x^3 = 0 \Leftrightarrow x^2(3 + x) = 0 \Leftrightarrow x = 0 \lor x = -3$$

Hinreichende Bedingung $f'(x) = 0$ und $f''(x) \neq 0$:

$$f''(x) = e^x(3x^2 + x^3) + e^x(6x + 3x^2) = e^x(x^3 + 6x^2 + 6x)$$

$$\underline{x = 0:}$$

$$f''(0) = 0$$

Überprüfung auf Sattelpunkt: hinreichende Bedingung mittels dritter Ableitung:

$$f'''(x) = e^x(x^3 + 6x^2 + 6x) + e^x(3x^2 + 12x + 6) = e^x(x^3 + 9x^2 + 18x + 6)$$
$$f'''(0) = 6 \neq 0$$

$\Rightarrow$ Der Graph der Funktion hat im Punkt $S(0|0)$ einen Sattelpunkt.

$$\underline{x = -3:}$$
$$f''(-3) = 9e^{-3} > 0$$

$\Rightarrow$ Der Graph der Funktion hat im Punkt $T(-3| -27e^{-3})$ einen Tiefpunkt.

b) $f(x) = x^3 \ln x \quad \mathbb{D} = \mathbb{R} \setminus \{0\}$

Notwendige Bedingung $f'(x) = 0$:

$$f'(x) = 3x^2 \ln x + x^3 \frac{1}{x} = x^2(3\ln x + 1)$$
$$x^2(3\ln x + 1) = 0 \Leftrightarrow x = 0 \notin \mathbb{D} \vee 3\ln x + 1 = 0$$
$$\Leftrightarrow \ln x = -\frac{1}{3} \Rightarrow x = e^{-\frac{1}{3}}$$

Hinreichende Bedingung $f'(x) = 0$ und $f''(x) \neq 0$:

$$f''(x) = 2x(3\ln x + 1) + x^2 \frac{3}{x} = 6x\ln x + 2x + 3x = 6x\ln x + 5x$$
$$f''(e^{-\frac{1}{3}}) = 6e^{-\frac{1}{3}} \ln(e^{-\frac{1}{3}}) + 5e^{-\frac{1}{3}} = -2e^{-\frac{1}{3}} + 5e^{-\frac{1}{3}} = 3e^{-\frac{1}{3}} > 0$$

$\Rightarrow$ Der Graph der Funktion hat im Punkt $T\left(e^{-\frac{1}{3}} | -\frac{1}{3}e^{-1}\right)$ einen Tiefpunkt.

c) $f(x) = (1 - x)e^{-2x+1}$

Notwendige Bedingung $f'(x) = 0$:

$$f'(x) = -e^{-2x+1} + (1 - x)(-2)e^{-2x+1} = e^{-2x+1}(-3 + 2x)$$
$$\underbrace{e^{-2x+1}}_{\neq 0 \forall x \in \mathbb{R}}(-3 + 2x) = 0 \Leftrightarrow x = \frac{3}{2}$$

Hinreichende Bedingung $f'(x) = 0$ und $f''(x) \neq 0$:

$$f''(x) = -2e^{-2x+1}(-3+2x) + e^{-2x+1} \cdot 2 = (8-4x)e^{-2x+1}$$

$$f''\left(\frac{3}{2}\right) = 2e^{-2} > 0$$

$\Rightarrow$ Der Graph der Funktion hat im Punkt $T\left(\frac{3}{2}\,\middle|\, -\frac{1}{2}e^{-2}\right)$ einen Tiefpunkt.

Lösung 8.11 Notwendige Bedingung $f'(x) = 0$:

$$f'(x) = 3x^2 + 2ax + b$$

$$3x^2 + 2ax + b = 0 \Leftrightarrow x^2 + \frac{2}{3}ax + \frac{1}{3}b = 0$$

$$x_{1,2} = -\frac{1}{3}a \pm \sqrt{\frac{1}{9}a^2 - \frac{1}{3}b} = -\frac{1}{3}a \pm \frac{\sqrt{a^2 - 3b}}{3}$$

1. Fall $a^2 - 3b = 0$: Eine mögliche Extremstelle bei $x = -\frac{1}{3}a$.

2. Fall $a^2 - 3b > 0$: Zwei mögliche Extremstellen bei $x_1 = -\frac{1}{3}a + \frac{\sqrt{a^2-3b}}{3}$ und $x_2 = -\frac{1}{3}a - \frac{\sqrt{a^2-3b}}{3}$.

3. Fall $a^2 - 3b < 0$: Keine mögliche Extremstelle.

Hinreichende Bedingung $f'(x) = 0$ und $f''(x) \neq 0$:

$$f''(x) = 6x + 2a$$

1. Fall $a^2 - 3b = 0$ mit $x = -\frac{1}{3}a$:

$$f''\left(-\frac{1}{3}a\right) = -2a + 2a = 0$$

Überprüfung auf Sattelpunkt: hinreichende Bedingung mittels dritter Ableitung:

$$f'''(x) = 6$$

$$f'''\left(-\frac{1}{3}a\right) = 6 \neq 0$$

$\Rightarrow$ Der Graph der Funktion hat an der Stelle $x = -\frac{1}{3}a$ einen Sattelpunkt.

2. Fall $a^2 - 3b > 0$ mit $x = \frac{-a \pm \sqrt{a^2-3b}}{3}$:

$$f''\left(\frac{-a + \sqrt{a^2 - 3b}}{3}\right) = -2a + 2\sqrt{a^2 - 3b} + 2a = 2\sqrt{a^2 - 3b} > 0$$

⇒ Der Graph der Funktion hat an der Stelle $x = \frac{-a + \sqrt{a^2 - 3b}}{3}$ eine Minimalstelle.

$$f''\left(\frac{-a - \sqrt{a^2 - 3b}}{3}\right) = -2a - 2\sqrt{a^2 - 3b} + 2a = -2\sqrt{a^2 - 3b} < 0$$

⇒ Der Graph der Funktion hat an der Stelle $x = \frac{-a - \sqrt{a^2 - 3b}}{3}$ eine Maximalstelle.

Lösung 8.12

a) $f(x) = \frac{3x^3 + x}{x^2 - 1}$

1. Maximaler Definitionsbereich:

$$\mathbb{D} = \mathbb{R} \setminus \{-1; 1\}$$

2. Schnittpunkte mit der x-Achse:

$$f(x) = 0 :$$
$$3x^3 + x = x(3x^2 + 1) = 0$$
$$x = 0 \quad \vee \quad x^2 = -\frac{1}{3} \; \text{\Large\lightning}$$

3. Schnittpunkte mit der y-Achse:

$$f(0) = \frac{3 \cdot 0^3 + 0}{0^2 - 1} = 0$$

4. Ableitungen:

$$f'(x) = \frac{(9x^2 + 1)(x^2 - 1) - (3x^3 + x)2x}{(x^2 - 1)^2}$$
$$= \frac{9x^4 - 9x^2 + x^2 - 1 - 6x^4 - 2x^2}{(x^2 - 1)^2} = \frac{3x^4 - 10x^2 - 1}{(x^2 - 1)^2}$$
$$f''(x) = \frac{(12x^3 - 20x)(x^2 - 1)^2 - (3x^4 - 10x^2 - 1)2(x^2 - 1)2x}{(x^2 - 1)^4}$$
$$= \frac{12x^5 - 20x^3 - 12x^3 + 20x - 12x^5 + 40x^3 + 4x}{(x^2 - 1)^3} = \frac{8x^3 + 24x}{(x^2 - 1)^3}$$

5. Extremstellen:
   Notwendige Bedingung: $f'(x) = 0$:

$$3x^4 - 10x^2 - 1 = 0$$

$$z = x^2 \;\Rightarrow\; 3z^2 - 10z - 1 = 0 \;\Leftrightarrow\; z^2 - \frac{10}{3}z - \frac{1}{3} = 0$$

$$\Rightarrow z = \frac{5 \pm \sqrt{28}}{3}$$

$$x^2 = \frac{5 + \sqrt{28}}{3} \quad \vee \quad x^2 = \frac{5 - \sqrt{28}}{3}$$

$$\Rightarrow x_1 = \sqrt{\frac{5 + \sqrt{28}}{3}} \quad \wedge \quad x_2 = -\sqrt{\frac{5 + \sqrt{28}}{3}}$$

$$\wedge \quad x_3 = \sqrt{\frac{5 - \sqrt{28}}{3}} \notin \mathbb{D} \quad \wedge \quad x_4 = -\sqrt{\frac{5 - \sqrt{28}}{3}} \notin \mathbb{D}$$

Hierbei kommen nur x_1 und x_2 als mögliche Extremstellen in Betracht, da x_3 und x_4 nicht reell sind.

Hinreichende Bedingung: $f'(x) = 0$ und $f''(x) \neq 0$

$$f''(x_1) \approx 6,64 > 0$$

$\Rightarrow$ Der Graph der Funktion hat im Punkt $T\left(\sqrt{\frac{5+\sqrt{28}}{3}}\,\Big|\,8,60\right)$ einen Tiefpunkt.

$$f''(x_2) \approx -6,64 < 0$$

$\Rightarrow$ Der Graph der Funktion hat im Punkt $H\left(-\sqrt{\frac{5+\sqrt{28}}{3}}\,\Big|\,-8,60\right)$ einen Hochpunkt.

6. Singularitäten:

$$g_l = \lim_{x \uparrow -1} \frac{3x^3 + x}{x^2 - 1} = -\infty$$

$$g_r = \lim_{x \downarrow -1} \frac{3x^3 + x}{x^2 - 1} = \infty$$

$\Rightarrow$ An der Stelle $x = -1$ hat die Funktion einen Pol mit Vorzeichenwechsel.

$$g_l = \lim_{x \uparrow 1} \frac{3x^3 + x}{x^2 - 1} = -\infty$$

$$g_r = \lim_{x \downarrow 1} \frac{3x^3 + x}{x^2 - 1} = \infty$$

$\Rightarrow$ An der Stelle $x = 1$ hat die Funktion einen Pol mit Vorzeichenwechsel.

7. Asymptoten:

$$\begin{array}{l}(3x^3+x):(x^2-1)=3x+\dfrac{4x}{x^2-1}\\[2pt]\underline{-3x^3+3x}\\[2pt]4x\end{array}$$

Die Gerade mit der Gleichung $y=3x$ ist die Asymptote der Funktion.

b) $f(x)=\frac{x^4+x-1}{x^2-x}$

1. Maximaler Definitionsbereich:

$$\mathbb{D}=\mathbb{R}\setminus\{0;1\}$$

2. Schnittpunkte mit der x-Achse:

$$x^4+x-1=0$$

Die Funktion hat die Nullstellen $x_1=0,724$ und $x_2=-1.221$ (Ermittlung mithilfe eines GTR/CAS).

3. Schnittpunkte mit der y-Achse:
Die Funktion ist für $x=0$ nicht definiert.

4. Ableitungen:

$$\begin{aligned}f'(x)&=\frac{(4x^3+1)(x^2-x)-(x^4+x-1)(2x-1)}{(x^2-x)^2}\\[6pt]&=\frac{4x^5-4x^4+x^2-x-2x^5+x^4-2x^2+x+2x-1}{(x^2-x)^2}\\[6pt]&=\frac{2x^5-3x^4-x^2+2x-1}{(x^2-x)^2}\\[6pt]f''(x)&=\frac{(10x^4-12x^3-2x+2)(x^2-x)^2-(2x^5-3x^4-x^2+2x-1)2(x^2-x)(2x-1)}{(x^2-x)^4}\\[6pt]&=\frac{2x^6-6x^5+6x^4+2x^3-6x^2+6x-2}{(x^2-x)^3}\end{aligned}$$

5. Extremstellen:
Notwendige Bedingung: $f'(x)=0$

$$2x^5-3x^4-x^2+2x-1=0$$

Ermittlung der möglichen Extremstellen mithilfe eines GTR/CAS:

$$x_1=1,525$$

Hinreichende Bedingung: $f'(x) = 0$ und $f''(x) \neq 0$
Überprüfung der hinreichenden Bedingung mithilfe eines GTR/CAS:

$$f''(1,525) = 16,385 > 0$$

$\Rightarrow$ Der Graph der Funktion hat im Punkt $T(1,525|7,411)$ einen Tiefpunkt.

6. Singularitäten:

$$g_l = \lim_{x \uparrow 0} \frac{x^4 + x - 1}{x^2 - x} = -\infty$$

$$g_r = \lim_{x \downarrow 0} \frac{x^4 + x - 1}{x^2 - x} = \infty$$

$\Rightarrow$ An der Stelle $x = 0$ hat die Funktion einen Pol mit Vorzeichenwechsel.

$$g_l = \lim_{x \uparrow 1} \frac{x^4 + x - 1}{x^2 - x} = -\infty$$

$$g_r = \lim_{x \downarrow 1} \frac{x^4 + x - 1}{x^2 - x} = \infty$$

$\Rightarrow$ An der Stelle $x = 1$ hat die Funktion einen Pol mit Vorzeichenwechsel.

7. Asymptoten:

$$
\begin{array}{l}
(\quad x^4 \qquad\quad + x - 1) : (x^2 - x) = x^2 + x + 1 + \dfrac{2x-1}{x^2-x} \\[2pt]
\underline{\;\; -x^4 + x^3} \\
\qquad\quad x^3 \\
\qquad \underline{-x^3 + x^2} \\
\qquad\qquad\; x^2 + x \\
\qquad\quad \underline{-x^2 + x} \\
\qquad\qquad\qquad 2x - 1
\end{array}
$$

Die Parabel mit der Gleichung $y = x^2 + x + 1$ ist die Asymptote der Funktion.

Lösung 8.13

Beweis. Wir definieren zunächst die Hilfsfunktion $g : [a,b] \to \mathbb{R}$ mit

$$g(x) = f_1(x) - f_2(x).$$

Diese Hilfsfunktion ist differenzierbar, da f_1 und f_2 differenzierbar sind. Es gilt

$$g'(x) = f_1'(x) - f_2'(x) = 0,$$

da laut Voraussetzung $f_1'(x) = f_2'(x)$ ist. Aus Satz 8.11 folgt

$$g(x) = f_1(x) - f_2(x) = c$$

für alle $x \in [a, b]$ mit einer konstanten Zahl $c \in \mathbb{R}$. Somit gilt

$$f_1(x) = f_2(x) + c.$$ □

Lösung 8.14

a) $\lim\limits_{x \to 0} \frac{x \sin x}{x^2 - \sin x} = \lim\limits_{x \to 0} \frac{\sin x + x \cos x}{2x - \cos x} = 0$

b) $\lim\limits_{x \to 0} \frac{x^2 - \sin x}{x^2 + \sin x} = \lim\limits_{x \to 0} \frac{2x - \cos x}{2x + \cos x} = -1$

c) $\lim\limits_{x \to -2} \frac{x^2 - x - 6}{2x + 4} = \lim\limits_{x \to -2} \frac{2x - 1}{2} = -\frac{5}{2}$

d) $\lim\limits_{x \to -1} \frac{x^3 - x^2 + 3x + 5}{x + 1} = \lim\limits_{x \to -1} \frac{3x^2 - 2x + 3}{1} = 8$

e) $\lim\limits_{x \to 0} \frac{e^x - 1}{3x} = \lim\limits_{x \to 0} \frac{e^x}{3} = \frac{1}{3}$

f) $\lim\limits_{x \to \infty} \left(-x \sin^2 \left(\frac{1}{x} \right) \right) = \lim\limits_{x \to \infty} \frac{-\sin^2 \left(\frac{1}{x} \right)}{\frac{1}{x}} = \lim\limits_{x \to \infty} \frac{-2 \sin \left(\frac{1}{x} \right) \cos \left(\frac{1}{x} \right) \left(-\frac{1}{x^2} \right)}{-\frac{1}{x^2}}$

$= \lim\limits_{x \to \infty} \left(-2 \sin \left(\frac{1}{x} \right) \cos \left(\frac{1}{x} \right) \right) = 0$

g) $\lim\limits_{x \to \infty} \frac{\log_b x}{x^a} = \lim\limits_{x \to \infty} \frac{\frac{\ln(x)}{\ln(b)}}{x^a} = \lim\limits_{x \to \infty} \frac{\ln(x)}{\ln(b) x^a} = \lim\limits_{x \to \infty} \frac{\frac{1}{x}}{\ln(b) a x^{a-1}} = \lim\limits_{x \to \infty} \frac{1}{\ln(b) a x^a} = 0$

$(a, b > 0)$

h) $\lim\limits_{x \to 0} (2x)^x = \lim\limits_{x \to 0} e^{x \ln(2x)} = \lim\limits_{x \to 0} e^{\frac{\ln(2x)}{\frac{1}{x}}} = \lim\limits_{x \to 0} e^{\frac{\frac{1}{x}}{-\frac{1}{x^2}}} = \lim\limits_{x \to 0} e^{-\frac{x^2}{x}} = \lim\limits_{x \to 0} e^{-x} = 1$

Lösung 8.15

a) $\lim\limits_{x \to -1} \frac{x^3 + 3x^2 + 3x + 1}{x^2 + 2x + 1} = \lim\limits_{x \to -1} \frac{3x^2 + 6x + 3}{2x + 2} = \lim\limits_{x \to -1} \frac{6x + 6}{2} = 0$

b) $\lim\limits_{x \to 0} \frac{\cos x - 1}{x^2} = \lim\limits_{x \to 0} \frac{-\sin x}{2x} = \lim\limits_{x \to 0} \frac{-\cos x}{2} = -\frac{1}{2}$

Lösung 8.16

Beweis.

$$\lim\limits_{x \to \infty} \frac{x^n}{e^x} = \lim\limits_{x \to \infty} \frac{n x^{n-1}}{e^x} = \lim\limits_{x \to \infty} \frac{n \cdot (n-1) x^{n-2}}{e^x} = \dots$$

$$= \lim\limits_{x \to \infty} \frac{n \cdot (n-1) \dots 1 \cdot x^0}{e^x}$$

$$= \lim\limits_{x \to \infty} \frac{n!}{e^x} = 0$$ □

Kapitel 23

Lösungen: Integralrechnung

Lösung 9.1

a) $\int \left(3x^2 - 7x + 13\right) dx = \frac{3}{4}x^3 - \frac{7}{2}x^2 + 13x + C$

b) $\int \frac{dx}{x^7} = -\frac{1}{8x^8} + C$

c) $\int \frac{dx}{\sqrt[5]{x^3}} = \int x^{-\frac{3}{5}} = \frac{5}{2}\sqrt[5]{x^2} + C$

d) $\int (x^2 - x)\sqrt{x}\,dx = \int \left(x^{\frac{5}{2}} - x^{\frac{3}{2}}\right) = \frac{2}{7}\sqrt{x^7} - \frac{2}{5}\sqrt{x^5} + C$

e) $\int_0^{\frac{\pi}{2}} \cos x\,dx = \left[\sin x\right]_0^{\frac{\pi}{2}} = 1$

f) $\int_1^a \frac{1}{x}dx = \left[\ln x\right]_1^a = \ln a$

g) $\int e^{4x}dx = \frac{1}{4}e^{4x} + C$

Lösung 9.2 Die Ableitung der Stammfunktion entspricht der Integrandenfunktion.

a) $\left(xe^{-2x} + C\right)' = e^{-2x} - 2xe^{-2x} = e^{-2x}(1 - 2x)$

b) $\left(e^{\cos x} + C\right)' = -\sin(x)e^{\cos x}$

c) $\left(\ln(x^2 + 9) + C\right)' = \frac{2x}{x^2+9}$

© Springer-Verlag GmbH Deutschland, ein Teil von Springer Nature 2023
S. Proß und T. Imkamp, *Brückenkurs Mathematik für den Studieneinstieg*,
https://doi.org/10.1007/978-3-662-68303-3_24

Lösung 9.3

a) Partielle Integration mit $g'(x) = x$, $h(x) = \ln x$, also $g(x) = \frac{1}{2}x^2$, $h'(x) = \frac{1}{x}$ liefert

$$\int x \ln x\, dx = \frac{1}{2}x^2 \ln x - \frac{1}{2}\int x^2 \frac{1}{x}\, dx$$
$$= \frac{1}{2}x^2 \ln x - \frac{1}{2}\int x\, dx$$
$$= \frac{1}{2}x^2 \ln x - \frac{1}{4}x^2 + C.$$

b) Partielle Integration mit $g'(x) = e^{-x}$, $h(x) = 2x$, also $g(x) = -e^{-x}$, $h'(x) = 2$ liefert

$$\int 2xe^{-x}dx = -2xe^{-x} - \left(-\int 2e^{-x}dx\right)$$
$$= -2xe^{-x} + 2\int e^{-x}dx$$
$$= -2xe^{-x} - 2e^{-x} + C$$
$$= -2e^{-x}(x+1) + C.$$

c) Partielle Integration mit $g'(x) = \cos x$, $h(x) = x$, also $g(x) = \sin x$, $h'(x) = 1$ liefert

$$\int_0^{\frac{\pi}{2}} x\cos x\, dx = \left[\sin x \cdot x\right]_0^{\frac{\pi}{2}} - \int_0^{\frac{\pi}{2}} \sin x\, dx = \left[\sin x \cdot x + \cos x\right]_0^{\frac{\pi}{2}} = \frac{\pi}{2} - 1.$$

d) Partielle Integration mit $g'(x) = \sin x$, $h(x) = \sin x$, also $g(x) = -\cos x$, $h'(x) = \cos x$ liefert

$$\int \sin^2 x\, dx = \int \sin x \cdot \sin x\, dx = -\cos x \sin x + \int \cos^2 x\, dx$$
$$= -\cos x \sin x + \int (1 - \sin^2 x)dx$$
$$\int \sin^2 x\, dx = -\cos x \sin x + \int 1dx - \int \sin^2 x\, dx$$
$$2\int \sin^2 x\, dx = -\cos x \sin x + x + C$$
$$\int \sin^2 x\, dx = \frac{-\cos x \sin x + x + C}{2}.$$

e) Partielle Integration mit $g'(x) = x^2$, $h(x) = \ln x$, also $g(x) = \frac{1}{3}x^3$, $h'(x) = \frac{1}{x}$ liefert

$$\int x^2 \ln x\, dx = \frac{1}{3}x^3 \cdot \ln x - \int \frac{1}{3}x^3 \cdot \frac{1}{x}dx$$

$$= \frac{1}{3}x^3 \cdot \ln x - \frac{1}{3}\int x^2 dx$$

$$= \frac{1}{3}x^3 \cdot \ln x - \frac{1}{9}x^3 + C.$$

f) Partielle Integration mit $g'(x) = e^x$, $h(x) = x^2$, also $g(x) = e^x$, $h'(x) = 2x$ liefert

$$\int x^2 e^x dx = x^2 e^x - 2\int x e^x dx$$

$$= x^2 e^x - 2\left(x e^x - \int e^x dx\right)$$

$$= x^2 e^x - 2x e^x + 2e^x + C$$

Lösung 9.4

a)

$$\int_3^4 \frac{3x}{4x^2-1}dx = \int_{35}^{63} \frac{3\sqrt{\frac{z+1}{4}}}{z} \frac{dz}{8\sqrt{\frac{z+1}{4}}}$$

$$= \frac{3}{8}\int_{35}^{63} \frac{1}{z}dz$$

$$= \frac{3}{8}\left[\ln|z|\right]_{35}^{63}$$

$$= \frac{3}{8}(\ln(63) - \ln(35))$$

$$= \frac{3}{8}\ln\left(\frac{9}{5}\right)$$

$$\boxed{\begin{array}{l} z = 4x^2 - 1 \Rightarrow x = \sqrt{\frac{z+1}{4}} \\[2mm] \frac{dz}{dx} = 8x \Leftrightarrow dx = \frac{dz}{8x} \\[2mm] z(3) = 35, \quad z(4) = 63 \end{array}}$$

b)

$$\int_1^2 \frac{x}{\sqrt{x^2+2}}dx = \int_3^6 \frac{\sqrt{z-2}}{\sqrt{z}} \frac{dz}{2\sqrt{z-2}}$$

$$= \frac{1}{2}\int_3^6 \frac{1}{\sqrt{z}}dz$$

$$= \frac{1}{2}2\left[\sqrt{z}\right]_3^6 = \sqrt{6} - \sqrt{3}$$

$$\boxed{\begin{array}{l} z = x^2 + 2 \Rightarrow x = \sqrt{z-2} \\[2mm] \frac{dz}{dx} = 2x \Leftrightarrow dx = \frac{dz}{2x} \\[2mm] z(1) = 3, \quad z(2) = 6 \end{array}}$$

c)

$$\int_0^4 x\sqrt{3x^2+7}\,dx = \int_7^{55} \sqrt{\frac{z-7}{3}}\,\sqrt{z}\,\frac{dz}{6\sqrt{\frac{z-7}{3}}}$$

$$= \frac{1}{6}\int_7^{55} \sqrt{z}\,dz$$

$$= \frac{1}{6}\,\frac{2}{3}\left[z^{\frac{3}{2}}\right]_7^{55} = \frac{1}{9}\left[\sqrt{z^3}\right]_7^{55}$$

$$= \frac{1}{9}\left(55\sqrt{55} - 7\sqrt{7}\right)$$

$$\boxed{\begin{array}{l} z = 3x^2 + 7 \Rightarrow x = \sqrt{\dfrac{z-7}{3}} \\[2mm] \dfrac{dz}{dx} = 6x \Leftrightarrow dx = \dfrac{dz}{6x} \\[2mm] z(0) = 7,\ \ z(4) = 55 \end{array}}$$

d)

$$\int_a^b f(x)\cdot f'(x)\,dx$$

$$= \int_{f(a)}^{f(b)} zf'\left(f^{-1}(z)\right)\frac{dz}{f'\left(f^{-1}(z)\right)}$$

$$= \int_{f(a)}^{f(b)} z\,dz = \frac{1}{2}\left[z^2\right]_{f(a)}^{f(b)}$$

$$= \frac{1}{2}\left(f(b)^2 - f(a)^2\right)$$

$$\boxed{\begin{array}{l} z = f(x) \Rightarrow x = f^{-1}(z) \\[2mm] \dfrac{dz}{dx} = f'(x) \Leftrightarrow dx = \dfrac{dz}{f'(x)} \\[2mm] z(a) = f(a),\ \ z(b) = f(b) \end{array}}$$

e)

$$\int_1^4 \frac{1}{(x+2)^2}\,dx = \int_3^6 \frac{1}{z^2}\,dz = -\left[\frac{1}{z}\right]_3^6$$

$$= -\frac{1}{6} + \frac{1}{3} = \frac{1}{6}$$

$$\boxed{\begin{array}{l} z = x + 2 \\[2mm] \dfrac{dz}{dx} = 1 \Leftrightarrow dx = dz \\[2mm] z(1) = 3,\ \ z(4) = 6 \end{array}}$$

f)

$$\int \tan(x)\,dx = \int \frac{\sin x}{\cos x}\,dx$$

$$= \int \frac{\sin(\arccos z)}{z}\,\frac{dz}{-\sin(\arccos z)}$$

$$= -\int \frac{1}{z}\,dz = -\ln|z| + C$$

$$= -\ln|\cos x| + C$$

$$\boxed{\begin{array}{l} z = \cos x \Rightarrow x = \arccos z \\[2mm] \dfrac{dz}{dx} = -\sin x \Leftrightarrow dx = \dfrac{dz}{-\sin x} \end{array}}$$

g)

$$\int \frac{1}{\tan(x)} dx = \int \frac{\cos x}{\sin x} dx$$

$$= \int \frac{\cos(\arcsin z)}{z} \frac{dz}{\cos(\arcsin z)}$$

$$= \int \frac{1}{z} dz$$

$$= \ln|z| + C = \ln|\sin x| + C$$

$$\boxed{\begin{aligned} z &= \sin x \Rightarrow x = \arcsin z \\ \frac{dz}{dx} &= \cos x \Leftrightarrow dx = \frac{dz}{\cos x} \end{aligned}}$$

h)

$$\int x^2 e^{2x^3} dx = \int \left(\sqrt[3]{\frac{z}{2}}\right)^2 e^z \frac{dz}{6\left(\sqrt[3]{\frac{z}{2}}\right)^2}$$

$$= \frac{1}{6} \int e^z dz$$

$$= \frac{1}{6} e^z + C = \frac{1}{6} e^{2x^3} + C$$

$$\boxed{\begin{aligned} z &= 2x^3 \Rightarrow x = \sqrt[3]{\frac{z}{2}} \\ \frac{dz}{dx} &= 6x^2 \Leftrightarrow dx = \frac{dz}{6x^2} \end{aligned}}$$

i)

$$\int \ln(2 - x^2) dx = \int \ln(2 - x^2) \cdot 1 dx = \ln(2 - x^2) \cdot x - \int \frac{-2x}{2 - x^2} x dx$$

$$= \ln(2 - x^2) \cdot x - 2 \int \frac{-x^2 \overbrace{+2 - 2}^{\text{Nullerweiterung}}}{2 - x^2} dx$$

$$= \ln(2 - x^2) \cdot x - 2 \left(\int \frac{2 - x^2}{2 - x^2} dx - \int \frac{2}{2 - x^2} dx \right)$$

$$= \ln(2 - x^2) \cdot x - 2 \int 1 dx + 4 \int \frac{1}{2 - x^2} dx$$

$$= \ln(2 - x^2) \cdot x - 2x + 4 \int \frac{1}{2 - x^2} dx$$

Betrachte nur $\int \frac{1}{2 - x^2} dx$:

$$\boxed{\begin{aligned} \frac{x^2}{2} &= \tanh^2 z \quad x = \sqrt{2} \tanh z \\ \frac{dx}{dz} &= \frac{\sqrt{2}}{\cosh^2 z} \Leftrightarrow dx = \frac{\sqrt{2} dz}{\cosh^2 z} \end{aligned}}$$

$$\int \frac{1}{2-x^2}dx = -\frac{1}{2}\int \frac{1}{\frac{x^2}{2}-1}dx = -\frac{1}{2}\int \frac{1}{\tanh^2 z - 1}\frac{\sqrt{2}dz}{\cosh^2 z}$$

$$= -\frac{\sqrt{2}}{2}\int \frac{1}{\underbrace{\sinh^2 z - \cosh^2 z}_{=-1}}dz = \frac{\sqrt{2}}{2}\int 1dz = \frac{\sqrt{2}}{2}z + C$$

$$= \frac{\sqrt{2}}{2}\operatorname{artanh}\left(\frac{x}{\sqrt{2}}\right) + C$$

$$\int \ln(2-x^2)dx = \ln(2-x^2)\cdot x - 2x + 2\sqrt{2}\operatorname{artanh}\left(\frac{x}{\sqrt{2}}\right) + C$$

j)

$$\int 2x\ln(2-x^2)dx = \int 2\sqrt{2-z}\ln(z)\frac{dz}{-2\sqrt{2-z}}$$

$$= -\int \ln(z)\cdot 1dz$$

$$= -\left(\ln(z)\cdot z - \int \frac{1}{z}\cdot zdz\right)$$

$$= -\ln(z)\cdot z + z + C$$

$$= (1-\ln(z))z + C$$

$$= \left(1-\ln(2-x^2)\right)\left(2-x^2\right) + C$$

$$\boxed{\begin{array}{ll} z = 2-x^2 & x = \sqrt{2-z} \\ \frac{dz}{dx} = -2x \Leftrightarrow dx = \frac{dz}{-2x} \end{array}}$$

(Siehe dazu auch Bsp. 9.4 (2).)

k)

$$\int \frac{1}{9x^2+1}dx = \int \frac{1}{(3x)^2+1}dx$$

$$= \int \frac{1}{z^2+1}\frac{dz}{3}$$

$$= \frac{1}{3}\int \frac{1}{z^2+1}dz$$

$$= \frac{1}{3}\arctan z + C$$

$$= \frac{1}{3}\arctan(3x) + C$$

$$\boxed{\begin{array}{l} z = 3x \\ \frac{dz}{dx} = 3 \Leftrightarrow dx = \frac{dz}{3} \end{array}}$$

In Aufg. 8.6 b) haben wir bereits mithilfe der Ableitungsregel für die Umkehrfunktion gezeigt, dass

$$(\arctan x)' = \frac{1}{x^2+1}$$

ist. Dies haben wir bei diesem Lösungsweg genutzt.

Alternativer Lösungsweg:

$$\boxed{\begin{aligned} (3x)^2 &= \tan^2 z \quad x = \frac{1}{3}\tan z \\ \frac{dx}{dz} &= \frac{1}{3\cos^2 z} \Leftrightarrow dx = \frac{dz}{3\cos^2 z} \end{aligned}}$$

$$\begin{aligned} \int \frac{1}{9x^2+1}dx &= \int \frac{1}{(3x)^2+1}dx \\ &= \int \frac{1}{\tan^2 z+1}\frac{dz}{3\cos^2 z} \\ &= \int \frac{1}{3\underbrace{(\sin^2 z+\cos^2 z)}_{=1}}dz \\ &= \frac{1}{3}\int 1dz = \frac{1}{3}z+C \\ &= \frac{1}{3}\arctan(3x)+C \end{aligned}$$

l)

$$\int \frac{1}{x^2+4x+4}dx = \int \frac{1}{(x+2)^2}dx = -\frac{1}{x+2}+C$$

Lösung 9.5

$$y^2 = b^2 - \frac{x^2 b^2}{a^2}$$

$$y = \pm\sqrt{b^2\left(1-\frac{x^2}{a^2}\right)} = \pm b\sqrt{\frac{a^2-x^2}{a^2}} = \pm\frac{b}{a}\sqrt{a^2-x^2}$$

$$A = 4\frac{b}{a}\int_0^a \sqrt{a^2-x^2}dx$$

$$\boxed{\begin{aligned} x &= a\sin z \Rightarrow z = \arcsin\left(\frac{x}{a}\right) \\ \frac{dx}{dz} &= a\cos z \Leftrightarrow dx = a\cos z\,dz \\ z(0) &= \arcsin(0) = 0, \ z(a) = \arcsin(1) = \frac{\pi}{2} \end{aligned}}$$

$$A = \frac{4b}{a} \int_0^{\frac{\pi}{2}} \sqrt{a^2 - a^2 \sin^2(z)} a \cos z \, dz$$

$$= \frac{4b}{a} \int_0^{\frac{\pi}{2}} a\sqrt{1 - \sin^2(z)} a \cos z \, dz$$

$$= 4ab \int_0^{\frac{\pi}{2}} \sqrt{\cos^2(z)} \cos z \, dz$$

$$= 4ab \int_0^{\frac{\pi}{2}} \cos^2(z) \, dz$$

$$= 4ab \left[\frac{\sin z \cos z + z}{2} \right]_0^{\frac{\pi}{2}}$$

$$= 4ab \frac{\pi}{4} = ab\pi$$

Die Berechnung des Integrals $\int \cos^2(z) dz$ kann analog zu Aufg. 9.3 d) mittels partieller Integration durchgeführt werden.

Lösung 9.6

$$x = \frac{1}{2}(e^z + e^{-z}) = \cosh z \quad \text{mit } \mathbb{D} = \mathbb{R}_+, \ \mathbb{W} = [1; \infty[$$

Substituiere: $u = e^z$

$$x = \frac{1}{2}\left(u + \frac{1}{u}\right)$$

$$\frac{1}{2}u^2 + \frac{1}{2} - xu = 0$$

$$u^2 - 2xu + 1 = 0$$

$$u = x \pm \sqrt{x^2 - 1}$$

Resubstituiere:

$$e^z = x + \sqrt{x^2 - 1}$$

$$z = \ln\left(x + \sqrt{x^2 - 1}\right) = \text{arcosh} x \quad \text{mit } \mathbb{D} = [1; \infty[, \ \mathbb{W} = \mathbb{R}_+$$

(Zur Substitution siehe auch Bsp. 4.22.)

Lösung 9.7

$$\int \frac{1}{\sqrt{x^2+1}}dx = \int \frac{1}{\sqrt{\sinh^2(z)+1}} \cosh z \, dz$$

$$= \int \frac{1}{\sqrt{\cosh^2(z)}} \cosh z \, dz$$

$$= \int \frac{1}{\cosh z} \cosh z \, dz = \int 1 \, dz$$

$$= z + C = \operatorname{arsinh} x + C$$

$$\boxed{\begin{aligned} &\cosh^2(z) - \sinh^2(z) = 1 \quad \forall z \in \mathbb{R} \\ &x = \sinh z \Rightarrow z = \operatorname{arsinh} x \\ &\frac{dx}{dz} = \cosh z \Leftrightarrow dx = \cosh z \, dz \end{aligned}}$$

Lösung 9.8

$$u = \tan\left(\frac{x}{2}\right) \Rightarrow x = 2 \arctan u$$

$$\frac{dx}{du} = \frac{2}{u^2+1} \Leftrightarrow dx = \frac{2}{u^2+1} du$$

(Für die Ableitung von $\arctan u$ siehe Aufg. 8.6 b).)

$$\sin x = \sin(2 \arctan u) = \sin\left(\arctan\left(\frac{2u}{1-u^2}\right)\right) = \frac{\frac{2u}{1-u^2}}{\sqrt{1+\left(\frac{2u}{1-u^2}\right)^2}}$$

$$= \frac{2u}{(1-u^2)\sqrt{\frac{(1-u^2)^2+4u^2}{(1-u^2)^2}}} = \frac{2u}{\sqrt{1-2u^2+u^4+4u^2}} = \frac{2u}{\sqrt{(1+u^2)^2}} = \frac{2u}{1+u^2}$$

$$\cos x = \cos(2 \arctan u) = \cos\left(\arctan\left(\frac{2u}{1-u^2}\right)\right) = \frac{1}{\sqrt{1+\left(\frac{2u}{1-u^2}\right)^2}}$$

$$= \frac{1}{\sqrt{\frac{(1-u^2)^2+4u^2}{(1-u^2)^2}}} = \frac{1-u^2}{1+u^2}$$

$$\int \frac{1}{1+\cos x} dx = \int \frac{1}{1+\frac{1-u^2}{1+u^2}} \frac{2}{u^2+1} du = \int \frac{1}{\frac{1+u^2+1-u^2}{1+u^2}} \frac{2}{u^2+1} du$$

$$= 2 \int \frac{1+u^2}{2} \frac{du}{u^2+1} = \int 1 \, du = u + C = \tan\left(\frac{x}{2}\right) + C$$

Alternativer Lösungsweg:

$$\int \frac{1}{1+\cos x} dx = \int \frac{1}{1+\cos x} \cdot \frac{1-\cos x}{1-\cos x} dx = \int \frac{1-\cos x}{1-\cos^2 x} dx$$

$$= \int \frac{1 - \cos x}{\sin^2 x} dx = \int \frac{1}{\sin^2 x} dx - \int \frac{\cos x}{\sin^2 x} dx$$

Betrachte nur $\int \frac{1}{\sin^2 x} dx$:

$$\int \frac{1}{\sin^2 x} dx$$

$$= -\int \frac{1}{\sin^2 (\operatorname{arccot} z)} \sin^2 (\operatorname{arccot} z) \, dz$$

$$= -\int 1 dz$$

$$= -z = -\cot x + C$$

$$\boxed{\begin{array}{l} z = \cot x = \dfrac{\cos x}{\sin x} \Rightarrow x = \operatorname{arccot} z \\[2mm] \dfrac{dz}{dx} = -\dfrac{1}{\sin^2 x} \Leftrightarrow dx = -\sin^2 x \, dz \end{array}}$$

Betrachte nur $\int \frac{\cos x}{\sin^2 x} dx$:

$$\int \frac{\cos x}{\sin^2 x} dx = \int \frac{\cos (\arcsin z)}{z^2} \frac{dz}{\cos (\arcsin z)}$$

$$= \int \frac{1}{z^2} dz + C$$

$$= -\frac{1}{z} = -\frac{1}{\sin x} + C$$

$$\boxed{\begin{array}{l} z = \sin x \Rightarrow x = \arcsin z \\[2mm] \dfrac{dz}{dx} = \cos x \Leftrightarrow dx = \dfrac{dz}{\cos x} \end{array}}$$

Alles zusammenfügen:

$$\int \frac{1}{1 + \cos x} dx = -\cot x + \frac{1}{\sin x} + C = \frac{1 - \cos x}{\sin x} + C = \tan \left(\frac{x}{2} \right) + C$$

Lösung 9.9

a) $\int \frac{1}{x^2 + 4x - 5} dx$

$$x^2 + 4x - 5 = 0 \Rightarrow x_{1,2} = -2 \pm \sqrt{4 + 5}$$
$$\Rightarrow x_1 = -5 \wedge x_2 = 1$$

$$\frac{1}{x^2 + 4x + 4} = \frac{A}{x + 5} + \frac{B}{x - 1} = \frac{A(x - 1) + B(x + 5)}{(x + 5)(x - 1)}$$

$$1 = A(x - 1) + B(x + 5)$$

$$x = 1: \quad 1 = 6B \quad \Leftrightarrow \quad B = \frac{1}{6}$$

$$x = -5: \quad 1 = -6A \quad \Leftrightarrow \quad A = -\frac{1}{6}.$$

$$\int \frac{1}{x^2+4x+4} = -\frac{1}{6}\int \frac{1}{x+5}dx + \frac{1}{6}\int \frac{1}{x-1}dx$$

$$= -\frac{1}{6}\ln|x+5| + \frac{1}{6}\ln|x-1| + C$$

b) $\int_{-1}^{1} \frac{2}{x^2-5x+6}dx$

$$x^2 - 5x + 6 = 0 \Rightarrow x_{1,2} = \frac{5}{2} \pm \sqrt{\frac{25}{4} - \frac{24}{4}}$$

$$\Rightarrow x_1 = 3 \wedge x_2 = 2$$

$$\frac{2}{x^2-5x+6} = \frac{A}{x-3} + \frac{B}{x-2} = \frac{A(x-2)+B(x-3)}{(x-3)(x-2)}$$

$$2 = A(x-2) + B(x-3)$$

$$x = 2: \quad 2 = -B \quad \Leftrightarrow \quad B = -2$$
$$x = 3: \quad 2 = A \quad \Leftrightarrow \quad A = 2.$$

$$\int_{-1}^{1} \frac{2}{x^2-5x+6}dx = 2\int_{-1}^{1} \frac{1}{x-3}dx - 2\int_{-1}^{1} \frac{1}{x-2}dx$$

$$= 2\ln|x-3| - 2\ln|x-2| \Big|_{-1}^{1}$$

$$= 2(\ln|-2| - \ln|-1| - (\ln|-4| - \ln|-3|))$$

$$= 2\left(\ln\left(\frac{-2}{-1}\right) - \ln\left(\frac{-4}{-3}\right)\right)$$

$$= 2\left(\ln(2) - \ln\left(\frac{4}{3}\right)\right) = \ln\left(\frac{9}{4}\right)$$

c) $\int \frac{x^3-2x^2+x+4}{x^2-4}dx$

$$\begin{array}{l}(\quad x^3 - 2x^2 + x + 4) : (x^2-4) = x - 2 + \frac{5x-4}{x^2-4}\\ \underline{-x^3 \qquad\quad +4x}\\ \quad -2x^2 + 5x + 4\\ \quad \underline{2x^2 \qquad -8}\\ \qquad\quad 5x-4\end{array}$$

$$x^2 - 4 = 0 \Rightarrow x_{1,2} = \pm 2$$
$$\Rightarrow x_1 = 2 \wedge x_2 = -2$$

$$\frac{5x-4}{x^2-4} = \frac{A}{x-2} + \frac{B}{x+2} = \frac{A(x+2)+B(x-2)}{(x-2)(x+2)}$$

$$5x-4 = A(x+2)+B(x-2)$$

$$x=-2: \quad -14=-4B \quad \Leftrightarrow \quad B=\frac{7}{2}$$

$$x=2: \qquad 6=4A \qquad \Leftrightarrow \quad A=\frac{3}{2}.$$

$$\frac{x^3-2x^2+x+4}{x^2-4} = \int (x-2)dx + \frac{3}{2}\int \frac{1}{x-2}dx + \frac{7}{2}\int \frac{1}{x+2}dx$$

$$= \frac{1}{2}x^2 - 2x + \frac{3}{2}\ln|x-2| + \frac{7}{2}\ln|x+2| + C$$

d) $\int \frac{x^4}{x^3-x}dx$

$$(\quad x^4) : (x^3-x) = x + \frac{x^2}{x^3-x}$$
$$\underline{-x^4+x^2}$$
$$x^2$$

$$x^3 - x = x(x^2-1) = 0$$
$$\Rightarrow x_1 = 0 \land x_2 = 1 \land x_3 = -1$$

$$\frac{x^2}{x^3-x} = \frac{A}{x} + \frac{B}{x-1} + \frac{C}{x+1} = \frac{A(x-1)(x+1)+Bx(x+1)+Cx(x-1)}{x(x-1)(x+1)}$$

$$x^2 = A(x-1)(x+1) + Bx(x+1) + Cx(x-1)$$

$$x=0: \qquad 0=-A \quad \Leftrightarrow \quad A=0$$

$$x=1: \qquad 1=2B \quad \Leftrightarrow \quad B=\frac{1}{2}$$

$$x=-1: \quad 1=2C \quad \Leftrightarrow \quad A=\frac{1}{2}.$$

$$\int \frac{x^4}{x^3-x}dx = \int xdx + \frac{1}{2}\int \frac{1}{x-1}dx + \frac{1}{2}\int \frac{1}{x+1}dx$$

$$= \frac{1}{2}x^2 + \frac{1}{2}\ln|x-1| + \frac{1}{2}\ln|x+1| + C$$

$$= \frac{1}{2}x^2 + \frac{1}{2}\ln|x^2-1| + C$$

e) $\int \frac{x^4+2x^2+8}{(x+1)x^3} dx$

$$(\quad x^4 \quad +2x^2+8) : (x^4+x^3) = 1 + \frac{-x^3+2x^2+8}{x^4+x^3}$$
$$\underline{-x^4-x^3}$$
$$-x^3+2x^2+8$$

$$x^4+x^3 = x^3(x+1) = 0$$
$$\Rightarrow x_{1,2,3} = 0 \wedge x_4 = -1$$

$$\frac{-x^3+2x^2+8}{x^4+x^3} = \frac{A}{x} + \frac{B}{x^2} + \frac{C}{x^3} + \frac{D}{x+1}$$
$$= \frac{Ax^2(x+1)+Bx(x+1)+C(x+1)+Dx^3}{x^3(x+1)}$$

$$-x^3+2x^2+8 = Ax^2(x+1)+Bx(x+1)+C(x+1)+Dx^3$$

$$\begin{array}{llll}
x=0: & 8=C & \Leftrightarrow & C=8 \\
x=-1: & 11=-D & \Leftrightarrow & D=-11 \\
x=1: & 9=2A+2B+2C+D & & \\
x=2: & 8=12A+6B+3C+8D & &
\end{array}$$

Aus den letzten beiden Gleichungen können die Koeffizienten A und B ermittelt werden, wenn die Werte für C und D eingesetzt werden:

$$4 = 2A+2B$$
$$72 = 12A+6B$$
$$\Rightarrow A=10, \ B=-8$$

$$\int \frac{x^4+2x^2+8}{(x+1)x^3} dx$$
$$= \int 1 dx + 10 \int \frac{1}{x} dx - 8 \int \frac{1}{x^2} dx + 8 \int \frac{1}{x^3} dx - 11 \int \frac{1}{1+x} dx$$
$$= x + 10\ln|x| + 8\frac{1}{x} - 4\frac{1}{x^2} - 11\ln|x+1| + C$$

Lösung 9.10

a) $\int \frac{1}{x^3-1} dx$

$$(\quad x^3 \qquad -1) : (x-1) = x^2 + x + 1$$
$$\underline{-x^3 + x^2}$$
$$x^2$$
$$\underline{-x^2 + x}$$
$$x - 1$$
$$\underline{-x + 1}$$
$$0$$

Partialbruchzerlegung:

$$\frac{1}{x^3-1} = \frac{A}{x-1} + \frac{Bx+C}{x^2+x+1}$$

$$1 = A(x^2+x+1) + (Bx+C)(x-1)$$
$$1 = A(x^2+x+1) + Bx(x-1) + C(x-1)$$

$$x = 1: \quad 1 = 3A \qquad \Leftrightarrow \quad A = \frac{1}{3}$$

$$x = 0: \quad 1 = A - C \qquad \Leftrightarrow \quad C = -\frac{2}{3}$$

$$x = -1: \quad 1 = A + 2B - 2C \quad \Leftrightarrow \quad B = -\frac{1}{3}.$$

$$\int \frac{1}{x^3-1} dx = \frac{1}{3} \int \frac{1}{x-1} dx + \int \frac{-\frac{1}{3}x - \frac{2}{3}}{x^2+x+1} dx$$

Betrachte nur $\int \frac{-\frac{1}{3}x-\frac{2}{3}}{x^2+x+1} dx$:

$$\int \frac{-\frac{1}{3}x - \frac{2}{3}}{x^2+x+1} dx = -\frac{1}{6} \int \frac{2x+4}{x^2+x+1} dx = -\frac{1}{6} \int \frac{2x+1+3}{x^2+x+1} dx$$
$$= -\frac{1}{6} \left(\int \frac{2x+1}{x^2+x+1} dx + \int \frac{3}{x^2+x+1} dx \right)$$

Betrachte nur $\int \frac{2x+1}{x^2+x+1}dx$:

$$\int \frac{2x+1}{x^2+x+1}dx = \int \frac{z'}{z}\frac{dz}{z'}$$

$$= \int \frac{1}{z}dz = \ln|z| + K$$

$$= \ln|x^2+x+1| + K$$

$$\boxed{\begin{array}{l} z = x^2+x+1 \\[2mm] z' = \dfrac{dz}{dx} = 2x+1 \Leftrightarrow dx = \dfrac{dz}{2x+1} \end{array}}$$

Betrachte nur $\int \frac{3}{x^2+x+1}dx$:

$$\int \frac{3}{x^2+x+1}dx = \int \frac{3}{x^2+\underbrace{x+0,5^2-0,5^2}_{\text{quadr. Ergänzung}}+1}dx = 3\int \frac{1}{(x+0,5)^2+0,75}dx$$

Siehe für die nächsten Schritte auch Aufg. 9.4 k).

$$= 3\frac{4}{3}\int \frac{1}{\frac{4}{3}(x+0,5)^2+1}dx = 4\int \frac{1}{\left(\frac{2}{\sqrt{3}}(x+0,5)\right)^2+1}dx$$

$$\boxed{\begin{array}{c} \left(\dfrac{2}{\sqrt{3}}(x+0,5)\right)^2 = \tan^2 z \Rightarrow x = \dfrac{\sqrt{3}}{2}\tan z - 0,5 \\[4mm] \dfrac{dx}{dz} = \dfrac{\sqrt{3}}{2\cos^2 z} \Leftrightarrow dx = \dfrac{\sqrt{3}dz}{2\cos^2 z} \end{array}}$$

$$= 4\int \frac{1}{\tan^2 z+1}\frac{\sqrt{3}dz}{2\cos^2 z} = \frac{4\sqrt{3}}{2}\int \frac{1}{\sin^2 z+\cos^2 z}dz$$

$$= 2\sqrt{3}\int 1\,dz = 2\sqrt{3}z + K$$

$$= 2\sqrt{3}\arctan\left(\frac{2(x+0,5)}{\sqrt{3}}\right) + K$$

Alles zusammenfügen:

$$\int \frac{1}{x^3-1}dx = \frac{1}{3}\ln|x-1| - \frac{1}{6}\ln|x^2+x+1| - \frac{1}{3}\sqrt{3}\arctan\left(\frac{2x+1}{\sqrt{3}}\right) + C$$

b) $\int \frac{1+e^x}{e^x-1}dx$

$$\int \frac{1+e^x}{e^x-1}dx = \int \frac{1}{e^x-1}dx + \int \frac{e^x}{e^x-1}dx$$

Betrachte nur $\int \frac{1}{e^x-1}dx$:

$$\int \frac{1}{e^x - 1}dx = \int \frac{1}{z}\frac{dz}{z+1} \qquad \boxed{\begin{array}{l} z = e^x - 1 \Rightarrow x = \ln(z+1) \\[4pt] \dfrac{dx}{dz} = \dfrac{1}{z+1} \Leftrightarrow dx = \dfrac{dz}{z+1} \end{array}}$$

Partialbruchzerlegung:

$$\frac{1}{z(z+1)} = \frac{A}{z} + \frac{B}{z+1} = \frac{A(z+1)+Bz}{z(z+1)}$$

$$1 = A(z+1) + Bz$$

$$z = -1: \quad 1 = -B \quad \Leftrightarrow \quad B = -1$$
$$z = 0: \qquad 1 = A \quad \Leftrightarrow \quad A = 1$$

$$\int \frac{1}{z(z+1)}dz = \int \frac{1}{z}dz - \int \frac{1}{z+1}dz = \ln|z| - \ln|z+1| + C$$
$$= \ln|e^x - 1| - \ln|e^x - 1 + 1| + C = \ln|e^x - 1| - x + C$$

Betrachte nur $\int \frac{e^x}{e^x-1}dx$:

$$\int \frac{e^x}{e^x - 1}dx = \int \frac{e^{\ln(z+1)}}{z}\frac{dz}{e^{\ln(z+1)}} = \frac{1}{z}dz \qquad \boxed{\begin{array}{l} z = e^x - 1 \Rightarrow x = \ln(z+1) \\[4pt] \dfrac{dz}{dx} = e^x \Leftrightarrow dx = \dfrac{dz}{e^x} \end{array}}$$
$$= \ln|z| + C = \ln|e^x - 1| + C$$

Alles zusammenfügen:

$$\int \frac{1+e^x}{e^x - 1}dx = 2\ln|e^x - 1| - x + C$$

Lösung 9.11

FALSCHE RECHNUNG:

$$\int_{-1}^{1} \frac{1}{t^2}e^{-\frac{1}{t}}dt = \int_{-1}^{1} \frac{1}{\left(\frac{1}{u}\right)^2}e^{-u}\frac{du}{-\frac{1}{\left(\frac{1}{u}\right)^2}} \qquad \boxed{\begin{array}{l} u = \dfrac{1}{t} \Leftrightarrow t = \dfrac{1}{u} \\[6pt] \dfrac{du}{dt} = -\dfrac{1}{t^2} \Leftrightarrow dt = \dfrac{du}{-\frac{1}{t^2}} \\[6pt] u(-1) = -1,\ u(1) = 1 \end{array}}$$

$$= -\int_{-1}^{1} e^{-u}du = \left[e^{-u}\right]_{-1}^{1} = e^{-1} - e$$

Im Integrationsintervall $[-1;1]$ liegt die Stelle 0, und diese Stelle ist nicht definiert. Es handelt sich somit um ein uneigentliches Integral.

RICHTIGE RECHNUNG:

$$\int_{-1}^{1} \frac{1}{t^2} e^{-\frac{1}{t}} dt = \int_{-1}^{0} \frac{1}{t^2} e^{-\frac{1}{t}} dt + \int_{0}^{1} \frac{1}{t^2} e^{-\frac{1}{t}} dt = \lim_{a\uparrow 0} \int_{-1}^{a} \frac{1}{t^2} e^{-\frac{1}{t}} dt + \lim_{b\downarrow 0} \int_{b}^{1} \frac{1}{t^2} e^{-\frac{1}{t}} dt$$

$$= \lim_{a\uparrow 0} \left[e^{-\frac{1}{t}} \right]_{-1}^{a} + \lim_{b\downarrow 0} \left[e^{-\frac{1}{t}} \right]_{b}^{1}$$

$$= \lim_{a\uparrow 0} (\underbrace{e^{-\frac{1}{a}}}_{\to\infty} - e) + \lim_{b\downarrow 0} (e^{-1} - \underbrace{e^{-\frac{1}{b}}}_{\to 0}) = \infty$$

Lösung 9.12

$$\int_{0}^{1} \frac{1}{x^r} dx \quad \text{für } r \in \mathbb{R}.$$

Für $r \neq 1$ gilt:

$$\lim_{a\to 0} \int_{a}^{1} \frac{1}{x^r} dx = \lim_{a\to 0} \int_{a}^{1} x^{-r} dx = \lim_{a\to 0} \frac{1}{-r+1} \left[x^{-r+1} \right]_{a}^{1}$$

$$= \lim_{a\to 0} \frac{1}{-r+1} \left(1 - a^{-r+1} \right)$$

1. Fall: $-r+1 > 0 \Leftrightarrow r < 1$ 2. Fall: $-r+1 < 0 \Leftrightarrow r > 1$

$$\int_{0}^{1} \frac{1}{x^r} dx = \frac{1}{-r+1} \qquad\qquad \int_{0}^{1} \frac{1}{x^r} dx = \infty$$

Das Integral ist konvergent.   Das Integral ist divergent.

Lösung 9.13

a) $\int_{0}^{1} \frac{1}{\sqrt{1-x^2}} dx$

$$\boxed{x = \sin z \Rightarrow \frac{dx}{dz} = \cos z \Leftrightarrow dx = \cos z \, dz}$$

$$\int_{0}^{1} \frac{1}{\sqrt{1-x^2}} dx = \lim_{a\to 1} \int_{0}^{a} \frac{1}{\sqrt{1-x^2}} dx = \lim_{a\to 1} \int_{z(0)}^{z(a)} \frac{1}{\sqrt{1-\sin^2 z}} \cos z \, dz$$

$$= \lim_{a\to 1} \int_{z(0)}^{z(a)} \frac{1}{\sqrt{\cos^2 z}} \cos z \, dz = \lim_{a\to 1} \int_{z(0)}^{z(a)} \frac{1}{\cos z} \cos z \, dz$$

$$= \lim_{a\to 1} \int_{z(0)}^{z(a)} 1 \, dz = \lim_{a\to 1} \left[z \right]_{z(0)}^{z(a)} = \lim_{a\to 1} \left[\arcsin x \right]_{0}^{a}$$

$$= \lim_{a\to 1} (\arcsin a - \arcsin 0) = \frac{\pi}{2}$$

Das Integral ist konvergent.

b) $\int_0^\infty e^{-x} dx$

$$\lim_{a \to \infty} \int_0^a e^{-x} dx = \lim_{a \to \infty} - \left[e^{-x} \right]_0^a = \lim_{a \to \infty} \left(-e^{-a} + 1 \right) = 1$$

Das Integral ist konvergent.

c) $\int_{-\infty}^{-\frac{2}{\pi}} \frac{1}{x^2} \sin \frac{1}{x} dx$

$$\boxed{z = \frac{1}{x} \Leftrightarrow x = \frac{1}{z}, \quad \frac{dz}{dx} = -\frac{1}{x^2} \Leftrightarrow dx = \frac{dz}{-\frac{1}{x^2}}}$$

$$\lim_{a \to -\infty} \int_a^{-\frac{2}{\pi}} \frac{1}{x^2} \sin \frac{1}{x} dx = \lim_{a \to \infty} \int_{z(a)}^{z\left(-\frac{2}{\pi}\right)} \frac{1}{\left(\frac{1}{z}\right)^2} \sin z \frac{dz}{-\frac{1}{\left(\frac{1}{z}\right)^2}}$$

$$= \lim_{a \to -\infty} \int_{z(a)}^{z\left(-\frac{2}{\pi}\right)} -\sin z \, dz = \lim_{a \to -\infty} \left[\cos z \right]_{z(a)}^{z\left(-\frac{2}{\pi}\right)}$$

$$= \lim_{a \to -\infty} \left[\cos \left(\frac{1}{x} \right) \right]_a^{-\frac{2}{\pi}}$$

$$= \lim_{a \to -\infty} \left(\cos \left(-\frac{\pi}{2} \right) - \cos \left(\frac{1}{a} \right) \right)$$

$$= \lim_{a \to -\infty} -\cos \left(\frac{1}{a} \right) = -1$$

Das Integral ist konvergent.

d) $\int_0^\infty e^{at} e^{-bt} dt$

$$I = \int_0^\infty e^{at} e^{-bt} dt = \int_0^\infty e^{at-bt} dt = \int_0^\infty e^{(a-b)t} dt$$

Fall 1: $a \neq b$:

$$I = \lim_{\lambda \to \infty} \int_0^\lambda e^{(a-b)t} dt$$

$$= \lim_{\lambda \to \infty} \left[\frac{1}{a-b} e^{(a-b)t} \right]_0^\lambda$$

$$= \lim_{\lambda \to \infty} \left(\frac{1}{a-b} \left(e^{(a-b)\lambda} - e^0 \right) \right)$$

$$= \lim_{\lambda \to \infty} \frac{1}{a-b} \left(\left(e^{(a-b)\lambda} - 1 \right) \right)$$

Fall 1a: $a > b$:

$$I = \lim_{\lambda \to \infty} \frac{1}{a-b} \left(\left(e^{(a-b)\lambda} - 1 \right) \right) = \infty$$

Das Integral ist divergent.

Fall 1b: $a < b$:

$$I = \lim_{\lambda \to \infty} \frac{1}{a-b} \left(\left(e^{(a-b)\lambda} - 1 \right) \right) = -\frac{1}{a-b}$$

Das Integral ist konvergent.

Fall 2: $a = b$:

$$I = \int_0^\infty e^{0t} dt = \int_0^\infty 1 \, dt$$

$$= \lim_{\lambda \to \infty} \int_0^\lambda 1 \, dt = \lim_{\lambda \to \infty} \left[t \right]_0^\lambda = \lim_{\lambda \to \infty} (\lambda - 0) = \infty$$

Das Integral ist divergent.

e) $\int_0^1 \frac{e^x}{e^x - 1} dx$

$$\boxed{\begin{array}{l} z = e^x - 1, \quad \dfrac{dz}{dx} = e^x \Leftrightarrow dx = \dfrac{dz}{e^x} \\[2mm] z(0) = 0, \ z(1) = e - 1 \end{array}}$$

$$\int_0^1 \frac{e^x}{e^x - 1} dx = \lim_{\lambda \to 0} \int_\lambda^1 \frac{e^x}{e^x - 1} dx = \lim_{\lambda \to 0} \int_\lambda^{e-1} \frac{1}{z} dz$$

$$= \lim_{\lambda \to 0} \left[\ln|z| \right]_\lambda^{e-1} = \lim_{\lambda \to 0} \left(\ln(e-1) - \ln\lambda \right) = \infty$$

Das Integral ist divergent.

f) $\int_{-2}^2 \frac{1}{x^3} dx$

$$\int_{-2}^2 \frac{1}{x^3} dx = \int_{-2}^0 \frac{1}{x^3} dx + \int_0^2 \frac{1}{x^3} dx$$

$$= \lim_{\lambda \to 0^-} \int_{-2}^\lambda \frac{1}{x^3} dx + \lim_{\mu \to 0^+} \int_\mu^2 \frac{1}{x^3} dx$$

$$= \lim_{\lambda \to 0^-} \left[-\frac{1}{2x^2} \right]_{-2}^\lambda + \lim_{\mu \to 0^+} \left[-\frac{1}{2x^2} \right]_\mu^2$$

$$= \underbrace{\lim_{\lambda \to 0^-} \left(-\frac{1}{2\lambda^2} + \frac{1}{8} \right)}_{-\infty} + \underbrace{\lim_{\mu \to 0^+} \left(-\frac{1}{8} + \frac{1}{2\mu^2} \right)}_{\infty}$$

Der letzte Ausdruck ist vom Typ „$\infty - \infty$" und daher unbestimmt. Das Integral existiert nicht. Für den Cauchy'schen Hauptwert ergibt sich

$$\lim_{\lambda \to 0} \left(-\frac{1}{2(-\lambda)^2} + \frac{1}{8} - \frac{1}{8} + \frac{1}{2\lambda^2} \right) = 0.$$

Lösung 9.14

Beweis. Es gilt der Ergänzungssatz (siehe Satz 9.8):

$$\Gamma(n+1) = n\Gamma(n).$$

1. Induktionsanfang ($n = 1$):

$$\Gamma(2) = 1 \cdot \Gamma(1) = 1.$$

2. Induktionsschritt ($n \curvearrowright n+1$):

$$\Gamma((n+1)+1) = \Gamma(n+2) = (n+1)\underbrace{\Gamma(n+1)}$$
$$\downarrow \text{Induktionsannahme}$$
$$= (n+1) \cdot \quad n!$$
$$= (n+1) \cdot 1 \cdot 2 \cdot \ldots n$$
$$= 1 \cdot 2 \cdot \ldots n \cdot (n+1) = (n+1)! \qquad \square$$

Lösung 9.15

$$\int_0^\infty \sqrt{x} e^{-x} dx = \int_0^\infty x^{\frac{1}{2}} e^{-x} dx = \int_0^\infty x^{\frac{3}{2}-1} e^{-x} dx$$

$$= \Gamma\left(\frac{3}{2}\right) \underset{\text{Satz 9.8}}{=} \frac{1}{2}\Gamma\left(\frac{1}{2}\right) \underset{\text{Bsp. 9.19}}{=} \frac{1}{2}\sqrt{\pi}$$

Lösung 9.16

a)

$$\boxed{z = \frac{1}{2}x^2 \quad x = \sqrt{2z}, \quad \frac{dx}{dz} = \frac{1}{\sqrt{2z}} \Leftrightarrow dx = \frac{1}{\sqrt{2z}}dz}$$

$$\frac{1}{\sqrt{2\pi}} \int_{-\infty}^\infty e^{-\frac{x^2}{2}} dx = \frac{2}{\sqrt{2\pi}} \int_0^\infty e^{-z} \frac{1}{\sqrt{2z}} dz$$

$$= \frac{2}{\sqrt{2\pi}} \int_0^\infty 2^{-\frac{1}{2}} z^{-\frac{1}{2}} e^{-z} dz$$

$$= \frac{2}{\sqrt{2\pi}\sqrt{2}} \int_0^\infty z^{-\frac{1}{2}} e^{-z} dz$$

$$= \frac{2}{2\sqrt{\pi}} \Gamma\left(\frac{1}{2}\right) = \frac{2}{2\sqrt{\pi}} \sqrt{\pi} = 1$$

Siehe für den ersten Schritt die Bemerkung unter Bsp. 9.19.

b)

$$z = \frac{(x-\mu)^2}{2\sigma^2} \quad x = \sqrt{2z\sigma^2} + \mu = \sqrt{2z}\sigma + \mu, \; \frac{dx}{dz} = \frac{1}{\sqrt{2z}}\sigma \Leftrightarrow dx = \frac{\sigma}{\sqrt{2z}} dz$$

$$\frac{1}{\sigma\sqrt{2\pi}} \int_{-\infty}^\infty e^{-\frac{(x-\mu)^2}{2\sigma^2}} dx = \frac{2}{\sigma\sqrt{2\pi}} \int_0^\infty e^{-z} \frac{\sigma}{\sqrt{2z}} dz$$

$$= \frac{2\sigma}{\sigma 2\sqrt{\pi}} \int_0^\infty z^{-\frac{1}{2}} e^{-z} dz$$

$$= \frac{1}{\sqrt{\pi}} \Gamma\left(\frac{1}{2}\right) \underset{\text{Bsp. 9.19}}{=} \frac{1}{\sqrt{\pi}} \sqrt{\pi} = 1$$

Siehe für den ersten Schritt die Bemerkung unter Bsp. 9.19.

Kapitel 24

Lösungen: Gewöhnliche Differentialgleichungen

Lösung 10.1

a) $y'(x) = 2y(x) + e^{-3x}$

Allgemeine Lösung der zugehörigen homogenen DGL:

$$y'_h = 2y_h$$

$$\int \frac{y'_h}{y_h} dx = \int 2 dx$$

$$\ln|y_h| = 2x + K$$

$$y_h = Ce^{2x}$$

Partikuläre Lösung der inhomogenen DGL:

$$y_p = Ae^{-3x}$$

$$y'_p = -3Ae^{-3x}$$

$$-3Ae^{-3x} = 2Ae^{-3x} + e^{-3x}$$

$$\Rightarrow A = -\frac{1}{5}$$

$$y_p = -\frac{1}{5}e^{-3x}$$

Allgemeine Lösung der inhomogen DGL:

$$y = y_h + y_p = Ce^{2x} - \frac{1}{5}e^{-3x}$$

© Springer-Verlag GmbH Deutschland, ein Teil von Springer Nature 2023
S. Proß und T. Imkamp, *Brückenkurs Mathematik für den Studieneinstieg*,
https://doi.org/10.1007/978-3-662-68303-3_25

b) $y'(x) = -y(x) + x^2$

Allgemeine Lösung der zugehörigen homogenen DGL:

$$y'_h = -y_h$$

$$\int \frac{y'_h}{y_h} dx = -\int 1 dx$$

$$\ln|y_h| = -x + K$$

$$y_h = Ce^{-x}$$

Partikuläre Lösung der inhomogenen DGL:

$$y_p = Ax^2 + Bx + C$$
$$y'_p = 2Ax + B$$
$$2Ax + B = -Ax^2 - Bx - C + x^2$$
$$0 = x^2(A-1) + x(2A+B) + B + C$$
$$A - 1 = 0$$
$$2A + B = 0$$
$$B + C = 0$$
$$\Rightarrow A = 1, \; B = -2, \; C = 2$$
$$y_p = x^2 - 2x + 2$$

Allgemeine Lösung der inhomogen DGL:

$$y = y_h + y_p = Ce^{-x} + x^2 - 2x + 2$$

c) $y'(x) = 2y(x) + \cos(2x) - \sin(2x)$

Allgemeine Lösung der zugehörigen homogenen DGL:

$$y'_h = 2y_h$$

$$\int \frac{y'_h}{y_h} dx = \int 2 dx$$

$$\ln|y_h| = 2x + K$$

$$y_h = Ce^{2x}$$

Partikuläre Lösung der inhomogenen DGL:

$$y_p = A\cos(2x) + B\sin(2x)$$
$$y'_p = -2A\sin(2x) + 2B\cos(2x)$$
$$-2A\sin(2x) + 2B\cos(2x) = 2A\cos(2x) + 2B\sin(2x) + \cos(2x) - \sin(2x)$$
$$0 = \sin(2x)(-2A - 2B + 1) + \cos(2x)(2B - 2A - 1)$$

$$-2A - 2B + 1 = 0$$

$$2B - 2A - 1 = 0$$

$$\Rightarrow A = 0, \; B = \frac{1}{2}$$

$$y_p = \frac{1}{2}\sin(2x)$$

Allgemeine Lösung der inhomogen DGL:

$$y = y_h + y_p = Ce^{2x} + \frac{1}{2}\sin(2x)$$

d) $2y'(x) + 5y(x) = 3e^x$

Allgemeine Lösung der zugehörigen homogenen DGL:

$$y_h' = -\frac{5}{2}y_h$$

$$\int \frac{y_h'}{y_h}dx = -\int \frac{5}{2}dx$$

$$\ln|y_h| = -\frac{5}{2}x + K$$

$$y_h = Ce^{-\frac{5}{2}x}$$

Partikuläre Lösung der inhomogenen DGL:

$$y_p = Ae^x$$

$$y_p' = Ae^x$$

$$2Ae^x + 5Ae^x = 3e^x$$

$$\Rightarrow A = \frac{3}{7}$$

$$y_p = \frac{3}{7}e^x$$

Allgemeine Lösung der inhomogen DGL:

$$y = y_h + y_p = Ce^{-\frac{5}{2}x} + \frac{3}{7}e^x$$

e) $y'(x) = \cos x \cdot y(x)$

Allgemeine Lösung:

$$\int \frac{y'}{y}dx = \int \cos x\,dx$$

$$\ln|y| = \sin x + K$$

$$y = Ce^{\sin x}$$

f) $y'(x) + \frac{1}{x^2}y(x) = 0$

Allgemeine Lösung, Lösungsintervall z. B. $x > 0$:

$$\int \frac{y'}{y}dx = -\int \frac{1}{x^2}dx$$

$$\ln|y| = \frac{1}{x} + K$$

$$y = Ce^{\frac{1}{x}}$$

Lösung 10.2

a) $y'(x) = \sin x \cdot y(x), \quad y(0) = 1$

Allgemeine Lösung:

$$\int \frac{y'}{y}dx = \int \sin x\,dx$$

$$\ln|y| = -\cos x + K$$

$$y = Ce^{-\cos x}$$

Spezielle Lösung:

$$y(0) = Ce^{-1} = 1 \Leftrightarrow C = e$$

$$y = e \cdot e^{-\cos x} = e^{1-\cos x}$$

b) $y'(x) = 2xy(x), \quad y(0) = 1$

Allgemeine Lösung:

$$\int \frac{y'}{y}dx = \int 2x\,dx$$

$$\ln|y| = x^2 + K$$

$$y = Ce^{x^2}$$

Spezielle Lösung:

$$y(0) = Ce^0 = 1 \Leftrightarrow C = 1$$

$$y = e^{x^2}$$

c) $2u'(t) - u(t) + 2t = 0, \quad u(1) = -2$

Allgemeine Lösung der zugehörigen homogenen DGL:

$$u'_h = \frac{1}{2}u_h$$

$$\int \frac{u'_h}{u_h} dt = \int \frac{1}{2} dt$$

$$\ln|u_h| = \frac{1}{2}t + K$$

$$y_h = Ce^{\frac{1}{2}t}$$

Partikuläre Lösung der inhomogenen DGL:

$$u_p = At + B$$
$$u'_p = A$$
$$0 = 2A - At - B + 2t$$
$$0 = t(-A + 2) + 2A - B$$
$$-A + 2 = 0$$
$$2A - B = 0$$
$$\Rightarrow A = 2, \ B = 4$$
$$u_p = 2t + 4$$

Allgemeine Lösung der inhomogen DGL:

$$u = u_h + u_p = Ce^{\frac{1}{2}t} + 2t + 4$$

Spezielle Lösung:

$$u(1) = Ce^{\frac{1}{2}} + 2 + 4 = Ce^{\frac{1}{2}} + 6 = -2 \Leftrightarrow C = -8e^{-\frac{1}{2}}$$
$$y = -8e^{-\frac{1}{2}}e^{\frac{1}{2}t} + 2t + 4 = -8e^{\frac{1}{2}(t-1)} + 2t + 4$$

Lösung 10.3

a) $y' = 2xy$

Allgemeine Lösung:

$$\frac{dy}{dx} = 2xy$$

$$\int \frac{1}{y} dy = \int 2x dx$$

$$\ln|y| = x^2 + K$$

$$y = Ce^{x^2}$$

b) $y' = e^y \sin x, \quad y(0) = 0$
   Allgemeine Lösung:

$$\frac{dy}{dx} = e^y \sin x$$

$$\int e^{-y} dy = \int \sin x \, dx$$

$$-e^{-y} = -\cos x + C$$

$$y = -\ln(\cos x - C)$$

Spezielle Lösung:

$$y(0) = -\ln(1 - C) = 0 \Rightarrow C = 0$$

$$y = -\ln(\cos x)$$

c) $t^2 u = (1+t)\dot{u}, \quad u(0) = 1$
   Allgemeine Lösung:

$$\frac{du}{dt} = \frac{t^2 u}{1+t}$$

$$\int \frac{1}{u} du = \int \frac{t^2}{1+t} dt$$

$$\ln|u| = \frac{1}{2}t^2 - t + \ln|t+1| + K$$

$$u = C e^{\frac{1}{2}t^2 - t + \ln|t+1|}$$

Berechnung des Integrals $\int \frac{t^2}{1+t} dt$:

$$\int \frac{t^2}{1+t} dt = \int \frac{t^2 - 1 + 1}{1+t} dt = \int \frac{t^2 - 1}{1+t} dt + \int \frac{1}{1+t} dt$$

$$= \int \frac{(t+1)(t-1)}{1+t} dt + \int \frac{1}{1+t} dt$$

$$= \int (t-1) dt + \int \frac{1}{1+t} dt$$

$$= \frac{1}{2}t^2 - t + \ln|t+1| + K$$

Alternativer Lösungsweg:

$$(\quad t^2) : (t+1) = t - 1 + \frac{1}{t+1}$$
$$\underline{-t^2 - t}$$
$$-t$$
$$\underline{t+1}$$
$$1$$

$$\int \frac{t^2}{1+t} dt = \int (t-1) dt + \int \frac{1}{t+1} dt$$
$$= \frac{1}{2} t^2 - t + \ln |t+1| + K$$

Spezielle Lösung:

$$u(0) = Ce^0 = 1 \Leftrightarrow C = 1$$
$$u = e^{\frac{1}{2} t^2 - t + \ln |t+1|}$$

Lösung 10.4

a) $xyy' = -x^2 - y^2$
   Allgemeine Lösung:

$$\boxed{z = \frac{y}{x} \Rightarrow y = zx \Rightarrow y' = z'x + z}$$

$$y' = -\frac{x^2}{xy} - \frac{y^2}{xy} = -\frac{x}{y} - \frac{y}{x}$$
$$z'x + z = -\frac{1}{z} - z$$
$$\frac{dz}{dx} x = -\frac{1}{z} - 2z$$
$$\frac{1}{-\frac{1}{z} - 2z} dz = \frac{1}{x} dx$$
$$-\int \frac{z}{1 + 2z^2} dz = \int \frac{1}{x} dx$$
$$-\frac{1}{4} \ln(1 + 2z^2) = \ln |Cx|$$
$$\ln \left(\frac{1}{\sqrt[4]{1 + 2z^2}} \right) = \ln |Cx|$$

$$\frac{1}{\sqrt[4]{1+2z^2}} = Cx$$

$$\frac{1}{1+2z^2} = (Cx)^4$$

$$1+2z^2 = \frac{1}{(Cx)^4}$$

$$z = \pm\sqrt{\frac{1}{2(Cx)^4} - \frac{1}{2}}$$

$$\frac{y}{x} = \pm\sqrt{\frac{1}{2(Cx)^4} - \frac{1}{2}}$$

$$y = \pm x\sqrt{\frac{1}{2(Cx)^4} - \frac{1}{2}}$$

Berechnung des Integrals $\int \frac{z}{1+2z^2}\,dz$:

$$\int \frac{z}{1+2z^2}\,dz = \int \frac{\sqrt{\frac{u-1}{2}}}{u}\frac{du}{4\sqrt{\frac{u-1}{2}}}$$

$$\boxed{\begin{aligned} u = 1+2z^2 &\Rightarrow z = \sqrt{\frac{u-1}{2}} \\ \frac{du}{dz} = 4z &\Leftrightarrow dz = \frac{du}{4z} \end{aligned}}$$

$$= \frac{1}{4}\int \frac{1}{u}\,du$$

$$= \frac{1}{4}\ln|u| + C$$

$$= \frac{1}{4}\ln|1+2z^2| + C$$

b) $y' = 2\frac{y}{x}$

   Allgemeine Lösung:

$$\boxed{z = \frac{y}{x} \Rightarrow y = zx \Rightarrow y' = z'x + z}$$

$$y' = 2\frac{y}{x}$$

$$z'x + z = 2z$$

$$\frac{dz}{dx}x = z$$

$$\int \frac{dz}{z} = \int \frac{dx}{x}$$

$$\ln|z| = \ln|Cx|$$

$$z = Cx$$

$$\frac{y}{x} = Cx$$

$$y = Cx^2$$

c) $(5x^2 + 3xy + 2y^2)dx + (x^2 + 2xy)dy = 0$

Allgemeine Lösung:

$$(5x^2 + 3xy + 2y^2)dx + (x^2 + 2xy)dy = 0 \quad \Big| : x^2$$

$$\left(5 + 3\frac{y}{x} + 2\left(\frac{y}{x}\right)^2\right)dx + \left(1 + 2\frac{y}{x}\right)dy = 0$$

$$\left(1 + 2\frac{y}{x}\right)\frac{dy}{dx} = -5 - 3\frac{y}{x} - 2\left(\frac{y}{x}\right)^2$$

$$\boxed{z = \frac{y}{x} \Rightarrow y = zx \Rightarrow y' = z'x + z}$$

$$(1 + 2z)(z'x + z) = -5 - 3z - 2z^2$$

$$z'x + z + 2zz'x + 2z^2 = -5 - 3z - 2z^2$$

$$z'(x + 2zx) = -5 - 4z - 4z^2$$

$$z' = \frac{-4z^2 - 4z - 5}{x(1 + 2z)}$$

$$\int \frac{1 + 2z}{-4z^2 - 4z - 5}dz = \int \frac{1}{x}dx$$

$$-\frac{1}{4}\ln|-4z^2 - 4z - 5| = \ln|Cx|$$

$$\frac{1}{\sqrt[4]{-4z^2 - 4z - 5}} = Cx$$

$$-4z^2 - 4z - 5 = \left(\frac{1}{Cx}\right)^4$$

$$z^2 + z + \frac{5}{4} = -\frac{1}{4}\left(\frac{1}{Cx}\right)^4$$

$$z^2 + z + \frac{5}{4} + \frac{1}{4}\left(\frac{1}{Cx}\right)^4 = 0$$

$$z = -\frac{1}{2} \pm \sqrt{\frac{1}{4} - \frac{5}{4} - \frac{1}{4}\left(\frac{1}{Cx}\right)^4}$$

$$\frac{y}{x} = -\frac{1}{2} \pm \sqrt{-1 - \frac{1}{4}\left(\frac{1}{Cx}\right)^4}$$

$$y = -\frac{1}{2}x \pm x\sqrt{-1 - \frac{1}{4}\left(\frac{1}{Cx}\right)^4}$$

Berechnung des Integrals $\int \frac{1+2z}{-4z^2-4z-5}dz$:

$$\int \frac{1+2z}{-4z^2-4z-5}dz = -\frac{1}{4}\int \frac{1}{u}du$$

$$= -\frac{1}{4}\ln|u| + C$$

$$= -\frac{1}{4}\ln|-4z^2-4z-5| + C$$

$$\boxed{\begin{aligned} u &= -4z^2 - 4z - 5 \\ \frac{du}{dz} &= -8z - 4 \\ &= -4(2z+1) \\ \Leftrightarrow dz &= \frac{du}{-4(2z+1)} \end{aligned}}$$

Lösung 10.5

a) $\ddot{u} + 13\dot{u} + 40u = 0$
   Allgemeine Lösung:

$$\lambda^2 + 13\lambda + 40 = 0$$

$$\lambda_{1,2} = -\frac{13}{2} \pm \sqrt{\left(\frac{13}{2}\right)^2 - 40} = -\frac{13}{2} \pm \frac{3}{2}$$

$$\lambda_1 = -8 \quad \wedge \quad \lambda_2 = -5$$

$$u = C_1 e^{-8t} + C_2 e^{-5t}$$

b) $\ddot{u} + 4\dot{u} + 4u = 0$
   Allgemeine Lösung:

$$\lambda^2 + 4\lambda + 4 = 0$$

$$\lambda_{1,2} = -2 \pm \sqrt{2^2 - 4} = -2$$

$$u = C_1 e^{-2t} + C_2 t e^{-2t}$$

c) $\ddot{u} + 3\dot{u} - 10u = 20$
   Allgemeine Lösung der zugehörigen homogenen DGL:

$$\lambda^2 + 3\lambda - 10 = 0$$

$$\lambda_{1,2} = -\frac{3}{2} \pm \sqrt{\left(\frac{3}{2}\right)^2 + 10} = -\frac{3}{2} \pm \frac{7}{2}$$

$$\lambda_1 = 2 \quad \wedge \quad \lambda_2 = -5$$

$$u = C_1 e^{2t} + C_2 e^{-5t}$$

Partikuläre Lösung der inhomogenen DGL:

$$u_p = A, \; \dot{u}_p = 0, \; \ddot{u}_p = 0$$
$$0 + 3 \cdot 0 - 10A = 20 \quad \Rightarrow A = -2$$
$$u_p = -2$$

Allgemeine Lösung der inhomogen DGL:

$$u = u_h + u_p = C_1 e^{2t} + C_2 e^{-5t} - 2$$

d) $\ddot{u} - 2\dot{u} + u = e^t$

Allgemeine Lösung der zugehörigen homogenen DGL:

$$\lambda^2 - 2\lambda + 1 = 0$$
$$\lambda_{1,2} = 1 \pm \sqrt{1 - 1} = 1$$
$$u = C_1 e^t + C_2 t e^t$$

Partikuläre Lösung der inhomogenen DGL:

$$u_p = At^2 e^t$$
$$\dot{u}_p = 2At e^t + At^2 e^t = (2At + At^2) e^t$$
$$\ddot{u}_p = (2A + 2At) e^t + (2At + At^2) e^t = (At^2 + 4At + 2A) e^t$$
$$e^t = (At^2 + 4At + 2A) e^t - 2(2At + At^2) e^t + At^2 e^t \quad \Big| : e^t$$
$$1 = t^2 (A - 2A + A) + t(4A - 4A) + 2A$$
$$\Rightarrow A = \frac{1}{2}$$
$$u_p = \frac{1}{2} t^2 e^t$$

Allgemeine Lösung der inhomogen DGL:

$$u = u_h + u_p = C_1 e^t + C_2 t e^t + \frac{1}{2} t^2 e^t$$

Hinweis zu d): Eine partikuläre Lösung der inhomogenen DGL hat die Form $p(t) e^t$, wobei $p(t) = At^2$. Probieren Sie ein wenig aus!

Lösung 10.6

a) $\ddot{u} + u = 0, \qquad u(0) = 0, \; \dot{u}(0) = 1$

Allgemeine Lösung:

$$\lambda^2 + 1 = 0$$

$$\lambda_{1,2} = \pm i$$
$$u = C_1 \cos t + C_2 \sin t$$

Spezielle Lösung:

$$u(0) = C_1 = 0$$
$$\dot{u} = -C_1 \sin t + C_2 \cos t$$
$$\dot{u}(0) = C_2 = 1$$
$$u = \sin t$$

b) $\ddot{u} - 2\dot{u} + u = 2, \quad u(0) = 1, \ \dot{u}(0) = 1$
   Allgemeine Lösung:

$$\lambda^2 - 2\lambda + 1 = 0$$
$$\lambda_{1,2} = 1 \pm \sqrt{1 - 1} = 1$$
$$u = C_1 e^t + C_2 t e^t$$

Partikuläre Lösung der inhomogenen DGL:

$$u_p = A, \ \dot{u}_p = 0, \ \ddot{u}_p = 0$$
$$0 - 2 \cdot 0 + A = 2 \quad \Rightarrow A = 2$$
$$u_p = 2$$

Allgemeine Lösung der inhomogen DGL:

$$u = u_h + u_p = C_1 e^t + C_2 t e^t + 2$$

Spezielle Lösung:

$$u(0) = C_1 + 2 = 1 \Leftrightarrow C_1 = -1$$
$$\dot{u} = C_1 e^t + C_2 e^t + C_2 t e^t$$
$$\dot{u}(0) = C_1 + C_2 = 1 \Leftrightarrow C_2 = 2$$
$$u = -e^t + 2t e^t + 2$$

Lösung 10.7

$$\dddot{u} + 3\ddot{u} + 3\dot{u} + u = 0$$

$$\lambda^3 + 3\lambda^2 + 3\lambda + 1 = 0 \quad \Rightarrow \lambda_1 = -1$$

$$(\quad \lambda^3 + 3\lambda^2 + 3\lambda + 1) : (\lambda + 1) = \lambda^2 + 2\lambda + 1$$
$$\underline{-\lambda^3 - \lambda^2}$$
$$2\lambda^2 + 3\lambda$$
$$\underline{-2\lambda^2 - 2\lambda}$$
$$\lambda + 1$$
$$\underline{-\lambda - 1}$$
$$0$$

$$\lambda^2 + 2\lambda + 1 = (\lambda + 1)^2 \quad \Rightarrow \lambda_{2,3} = -1$$

Allgemeine Lösung:
$$u = C_1 e^{-t} + C_2 t e^{-t} + C_3 t^2 e^{-t}$$

Lösung 10.8

Allgemeine Lösung:

$$\lambda^2 + \frac{D}{M} = 0$$

$$\lambda_{1,2} = \pm \sqrt{\frac{D}{M}} i$$

$$u = C_1 \cos\left(\sqrt{\frac{D}{M}} t\right) + C_2 \sin\left(\sqrt{\frac{D}{M}} t\right)$$

Spezielle Lösung:

$$x(0) = C_1 = x_{max}$$

$$\dot{x} = -C_1 \sqrt{\frac{D}{M}} \sin\left(\sqrt{\frac{D}{M}} t\right) + C_2 \sqrt{\frac{D}{M}} \cos\left(\sqrt{\frac{D}{M}} t\right)$$

$$\dot{x}(0) = C_2 \sqrt{\frac{D}{M}} = 0 \Leftrightarrow C_2 = 0$$

$$x = x_{max} \cos\left(\sqrt{\frac{D}{M}} t\right)$$

Kapitel 25

Lösungen: Taylorreihen und Polynomapproximationen

Lösung 11.1

a)

$$f(x) = \cos x \qquad\qquad f(0) = 1$$
$$f'(x) = -\sin x \qquad\qquad f'(0) = 0$$
$$f''(x) = -\cos x \qquad\qquad f''(0) = -1$$
$$f'''(x) = \sin x \qquad\qquad f'''(0) = 0$$
$$f^{(4)} = \cos x \qquad\qquad f^{(4)}(0) = 1$$

$$f(x) = 1 - \frac{1}{2!}x^2 + \frac{1}{4!}x^4 \pm \ldots$$
$$= \sum_{i=0}^{\infty} \frac{(-1)^i}{(2i)!}x^{2i}$$

b)

$$f(x) = \sqrt{x} = x^{\frac{1}{2}} \qquad\qquad f(1) = 1$$
$$f'(x) = \frac{1}{2}x^{-\frac{1}{2}} \qquad\qquad f'(1) = \frac{1}{2}$$
$$f''(x) = -\frac{1}{2^2}x^{-\frac{3}{2}} \qquad\qquad f''(1) = -\frac{1}{2^2}$$
$$f'''(x) = \frac{1 \cdot 3}{2^3}x^{-\frac{5}{2}} \qquad\qquad f'''(1) = \frac{1 \cdot 3}{2^3}$$

© Springer-Verlag GmbH Deutschland, ein Teil von Springer Nature 2023
S. Proß und T. Imkamp, *Brückenkurs Mathematik für den Studieneinstieg*,
https://doi.org/10.1007/978-3-662-68303-3_26

$$f^{(4)}(x) = -\frac{1\cdot3\cdot5}{2^4}x^{-\frac{7}{2}} \qquad\qquad f^{(4)}(1) = \frac{1\cdot3\cdot5}{2^4}$$

$$f^{(5)}(x) = \frac{1\cdot3\cdot5\cdot7}{2^5}x^{-\frac{9}{2}} \qquad\qquad f^{(5)}(1) = \frac{1\cdot3\cdot5\cdot7}{2^5}$$

$$f(x) = 1 + \frac{1}{2}(x-1) - \frac{1}{2^2\cdot2!}(x-1)^2 + \frac{1\cdot3}{2^3\cdot3!}(x-1)^3 - \frac{1\cdot3\cdot5}{2^4\cdot4!}(x-1)^4$$
$$+ \frac{1\cdot3\cdot5\cdot7}{2^5\cdot5!}(x-1)^5 \pm \ldots$$
$$= 1 + \frac{1}{2}(x-1) + \sum_{i=2}^{\infty} \frac{(-1)^{i-1}(1\cdot3\cdot5\cdot\ldots\cdot(2i-3))}{2^i\cdot i!}(x-1)^i$$

Lösung 11.2

$$f(x) = \ln(x+1) \qquad\qquad f(0) = 0$$

$$f'(x) = \frac{1}{x+1} \qquad\qquad f'(0) = 1$$

$$f''(x) = -\frac{1}{(x+1)^2} \qquad\qquad f''(0) = -1$$

$$f'''(x) = \frac{2}{(x+1)^3} \qquad\qquad f'''(0) = 2$$

$$f^{(4)}(x) = -\frac{6}{(x+1)^4} \qquad\qquad f^{(4)}(0) = -6$$

$$f(x) = 0 + \frac{1}{1}x - \frac{1}{2}x^2 + \frac{2}{6}x^3 - \frac{6}{24}x^4 \pm \ldots$$
$$= x - \frac{1}{2}x^2 + \frac{1}{3}x^3 - \frac{1}{4}x^4 \pm \ldots$$
$$= \sum_{n=1}^{\infty} (-1)^{n-1}\frac{x^n}{n}$$

Lösung 11.3 Für die Ableitung $f(x) = \arctan x$ von siehe Aufg. 8.6 b).

$$f(x) = \arctan x \qquad\qquad f(0) = 0$$

$$f'(x) = \frac{1}{x^2+1} \qquad\qquad f'(0) = 1$$

$$f''(x) = -\frac{2x}{(x^2+1)^2} \qquad\qquad f''(0) = 0$$

$$f'''(x) = \frac{6x^2-2}{(x^2+1)^3} \qquad\qquad f'''(0) = -2$$

$$f^{(4)}(x) = \frac{-24x^3 + 24x}{(x^2 + 1)^4} \qquad\qquad f^{(4)}(x) = 0$$

$$f(x) = x - \frac{2}{6}x^3 \pm \cdots = x - \frac{1}{3}x^3 \pm \cdots = \sum_{n=0}^{\infty}(-1)^n \frac{x^{2n+1}}{2n+1}$$

$$\frac{\pi}{4} = \arctan(1) = \sum_{n=0}^{\infty}(-1)^n \frac{1^{2n+1}}{2n+1} = \sum_{n=0}^{\infty}(-1)^n \frac{1}{2n+1}$$

$$= 1 - \frac{1}{3} + \frac{1}{5} \pm \ldots$$

Lösung 11.4

$$f(x) = \ln\left(\frac{1+x}{1-x}\right) = \underbrace{\ln(1+x)}_{\text{siehe Aufg. 11.2}} - \ln(1-x)$$

$$g(x) = \ln(1-x) \qquad\qquad g(0) = 0$$

$$g'(x) = -\frac{1}{1-x} \qquad\qquad g'(0) = -1$$

$$g''(x) = -\frac{1}{(1-x)^2} \qquad\qquad g''(0) = -1$$

$$g'''(x) = -\frac{2}{(1-x)^3} \qquad\qquad g'''(0) = -2$$

$$g^{(4)}(x) = -\frac{2\cdot 3}{(1-x)^4} \qquad\qquad g^{(4)}(0) = -2\cdot 3$$

$$g(x) = -x - \frac{1}{2}x^2 - \frac{1}{3}x^3 - \frac{1}{4}x^4 - \ldots$$

$$f(x) = x - \frac{1}{2}x^2 + \frac{1}{3}x^3 - \frac{1}{4}x^4 \pm \cdots - \left(-x - \frac{1}{2}x^2 - \frac{1}{3}x^3 - \frac{1}{4}x^4 - \ldots\right)$$

$$= 2\left(x + \frac{1}{3}x^3 + \frac{1}{5}x^5 + \frac{1}{7}x^7 + \ldots\right)$$

$$= 2\sum_{i=1}^{\infty}\frac{x^{2i-1}}{2i-1}$$

Lösung 11.5

$$\frac{1}{1-x} = \sum_{n=0}^{\infty} x^n \quad \text{für } |x| < 1.$$

$$f(x) = \frac{1}{1-x} \qquad\qquad f(0) = 1$$

$$f'(x) = \frac{1}{(1-x)^2} \qquad\qquad f'(0) = 1$$

$$f''(x) = \frac{2}{(1-x)^3} \qquad\qquad f''(0) = 2$$

$$f'''(x) = \frac{2 \cdot 3}{(1-x)^4} \qquad\qquad f'''(0) = 2 \cdot 3 = 6$$

$$f^{(4)}(x) = \frac{2 \cdot 3 \cdot 4}{(1-x)^5} \qquad\qquad f^{(4)}(0) = 2 \cdot 3 \cdot 4 = 24$$

$$f(x) = 1 + x + \frac{2}{2!}x^2 + \frac{2 \cdot 3}{3!}x^3 + \frac{2 \cdot 3 \cdot 4}{4!}x^4 + \dots$$

$$= 1 + x + \frac{2!}{2!}x^2 + \frac{3!}{3!}x^3 + \frac{4!}{4!}x^4 + \dots$$

$$= \sum_{n=0}^{\infty} x^n$$

Kapitel 26

Lösungen: Vektoren

Lösung 12.1

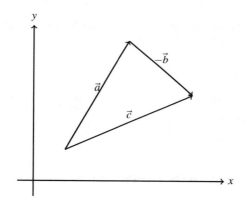

Lösung 12.2 Mit

$$\vec{a} = \begin{pmatrix} 1 \\ 4 \\ 7 \end{pmatrix} \quad \text{und} \quad \vec{b} = \begin{pmatrix} 8 \\ -1 \\ 2 \end{pmatrix}$$

ergibt sich

a) $\vec{a} + \vec{b} = \begin{pmatrix} 9 \\ 3 \\ 9 \end{pmatrix}$

b) $\vec{a} - \vec{b} = \begin{pmatrix} -7 \\ 5 \\ 5 \end{pmatrix}$

c) $5 \cdot \vec{b} = \begin{pmatrix} 40 \\ -5 \\ 10 \end{pmatrix}$

d) $|\vec{a}| = \sqrt{1^2 + 4^2 + 7^2} = \sqrt{66}$

e) $|\vec{b}| = \sqrt{8^2 + (-1)^2 + 2^2} = \sqrt{69}$

f) $\vec{a} \cdot \vec{b} = 1 \cdot 8 + 4 \cdot (-1) + 7 \cdot 2 = 18$

© Springer-Verlag GmbH Deutschland, ein Teil von Springer Nature 2023
S. Proß und T. Imkamp, *Brückenkurs Mathematik für den Studieneinstieg*,
https://doi.org/10.1007/978-3-662-68303-3_27

g) $\cos(\alpha) = \frac{\vec{a} \cdot \vec{b}}{|\vec{a}||\vec{b}|} = \frac{18}{\sqrt{66 \cdot 69}} = 0,2667$ h) $\frac{\vec{a}}{|\vec{a}|} = \frac{1}{\sqrt{66}} \begin{pmatrix} 1 \\ 4 \\ 7 \end{pmatrix}$

   $\alpha = 74,53°$

Lösung 12.3 Wir zeigen zunächst die Gruppeneigenschaften: Die Menge

$$V = \{ C_1 \cos(\omega_0 t) + C_2 \sin(\omega_0 t) | C_1, C_2 \in \mathbb{R} \}$$

ist bezüglich der Addition eine abelsche Gruppe: Die Assoziativität und die Kommutativität übertragen sich aus den entsprechenden Gesetzen für reelle Zahlen, das Nullelement ist die Funktion

$$x(t) = 0 \cdot \cos(\omega_0 t) + 0 \cdot \sin(\omega_0 t) \equiv 0,$$

und das inverse Element zu

$$x(t) = C_1 \cos(\omega_0 t) + C_2 \sin(\omega_0 t)$$

ist

$$x(t) = -C_1 \cos(\omega_0 t) - C_2 \sin(\omega_0 t).$$

Damit sind alle Gruppeneigenschaften erfüllt. Des Weiteren gilt für die Funktionen $x(t), y(t)$ aus der Menge V und $\lambda, \mu \in \mathbb{R}$:

(1) $(\lambda + \mu)x(t) = \lambda x(t) + \mu x(t)$

(2) $\lambda(x(t) + y(t)) = \lambda x(t) + \lambda y(t)$

(3) $(\lambda\mu)x(t) = \lambda(\mu x(t))$

(4) $1 \cdot x(t) = x(t)$

Lösung 12.4 Zu lösen ist das Gleichungssystem

$$\lambda \begin{pmatrix} 2 \\ 2 \\ -1 \end{pmatrix} + \mu \begin{pmatrix} 1 \\ 4 \\ 0 \end{pmatrix} = \begin{pmatrix} -14 \\ 4 \\ 3 \end{pmatrix}.$$

Auflösen ergibt $\lambda = -3$ und $\mu = 5$

Lösung 12.5

a) Die Vektoren sind keine Vielfachen voneinander, also linear unabhängig.

b) $\begin{pmatrix} 4 \\ -2 \end{pmatrix} = 2 \begin{pmatrix} 2 \\ -1 \end{pmatrix}$, somit sind die Vektoren linear abhängig.

c) Die lineare Unabhängigkeit kann man z. B. daran erkennen, dass das folgende lineare Gleichungssystem keine Lösung hat:

$$\lambda \begin{pmatrix} 2 \\ -5 \\ 0 \end{pmatrix} + \mu \begin{pmatrix} 0 \\ -1 \\ 1 \end{pmatrix} = \begin{pmatrix} 2 \\ 0 \\ 0 \end{pmatrix}.$$

Lösung 12.6 Ist $\vec{v}$ linear abhängig, dann existiert ein $\lambda \in \mathbb{R}^*$, also $\lambda \neq 0$ mit $\lambda \vec{v} = \vec{o}$. Daraus folgt sofort $\vec{v} = \vec{o}$.

Andererseits ist $\vec{o}$ linear abhängig, da $1 \cdot \vec{o} = \vec{o}$.

Lösung 12.7 Eine Basis ist ein linear unabhängiges Erzeugendensystem. Die Vektoren $\begin{pmatrix} 2 \\ -3 \end{pmatrix}$ und $\begin{pmatrix} 4 \\ 1 \end{pmatrix}$ sind linear unabhängig, da sie keine Vielfachen voneinander sind. Die beiden Vektoren bilden ein Erzeugendensystem im $\mathbb{R}^2$, denn jeder Vektor $\begin{pmatrix} a \\ b \end{pmatrix} \in \mathbb{R}^2$ lässt sich als Linearkombination aus ihnen darstellen. Es gilt nämlich:

$$\begin{pmatrix} a \\ b \end{pmatrix} = \frac{a - 4b}{14} \begin{pmatrix} 2 \\ -3 \end{pmatrix} + \frac{3a + 2b}{14} \begin{pmatrix} 4 \\ 1 \end{pmatrix}$$

Lösung 12.8

a) Skalarprodukt ist null, also orthogonal.
b) Skalarprodukt ergibt 1, also nicht orthogonal.
c) Skalarprodukt ist unabhängig von der Wahl von a und b null, also orthogonal.

Lösung 12.9

$$|\vec{x} + \vec{y}|^2 = \sum_{i=1}^{n} (x_i + y_i)^2$$

$$= \sum_{i=1}^{n} (x_i^2 + 2x_i y_i + y_i^2)$$

$$= \sum_{i=1}^{n} x_i^2 + \sum_{i=1}^{n} y_i^2 + 2 \sum_{i=1}^{n} x_i y_i$$

$$= |\vec{x}|^2 + |\vec{y}|^2 + 2 \langle \vec{x}, \vec{y} \rangle.$$

Lösung 12.10 Nach Def. 12.7 gilt:

a) $\begin{pmatrix} 3 \\ 6 \\ 1 \end{pmatrix} \times \begin{pmatrix} -8 \\ 2 \\ 0 \end{pmatrix} = \begin{pmatrix} -2 \\ -8 \\ 54 \end{pmatrix}$ b) $\begin{pmatrix} 2 \\ -1 \\ -9 \end{pmatrix} \times \begin{pmatrix} 4 \\ -2 \\ 1 \end{pmatrix} = \begin{pmatrix} -19 \\ -38 \\ 0 \end{pmatrix}$

c) $\begin{pmatrix} a \\ -1 \\ b \end{pmatrix} \times \begin{pmatrix} b \\ 0 \\ -a \end{pmatrix} = \begin{pmatrix} a \\ a^2 + b^2 \\ b \end{pmatrix}$

Lösung 12.11

$$A = |\vec{a} \times \vec{b}| = \left| \begin{pmatrix} 2 \\ -10 \\ 5 \end{pmatrix} \times \begin{pmatrix} 3 \\ -1 \\ -1 \end{pmatrix} \right| = \left| \begin{pmatrix} 15 \\ 17 \\ 28 \end{pmatrix} \right| = \sqrt{1298} \approx 36.0278$$

Lösung 12.12 Nach Def. 12.7 gilt:

$$\begin{aligned} \vec{x} \times \vec{y} &= \begin{pmatrix} x_1 \\ x_2 \\ x_3 \end{pmatrix} \times \begin{pmatrix} y_1 \\ y_2 \\ y_3 \end{pmatrix} \\ &= \begin{pmatrix} x_2 y_3 - x_3 y_2 \\ x_3 y_1 - x_1 y_3 \\ x_1 y_2 - x_2 y_1 \end{pmatrix} \\ &= \begin{pmatrix} -(y_2 x_3 - y_3 x_2) \\ -(y_3 x_1 - y_1 x_3) \\ -(y_1 x_2 - y_2 x_1) \end{pmatrix} \\ &= - \begin{pmatrix} y_2 x_3 - y_3 x_2 \\ y_3 x_1 - y_1 x_3 \\ y_1 x_2 - y_2 x_) \end{pmatrix} \\ &= -\vec{y} \times \vec{x}. \end{aligned}$$

Lösung 12.13 Für $\vec{y} = \vec{o}$ ist die Behauptung klar. Sei $\vec{y} \neq \vec{o}$. Nach Satz 12.5 gilt

$$\vec{x} \times \vec{y} = \vec{o} \Leftrightarrow |\langle \vec{x}, \vec{y} \rangle| = |\vec{x}||\vec{y}|.$$

Nach Satz 12.4 ist dies äquivalent zur linearen Abhängigkeit.

Kapitel 27

Lösungen: Matrizen und lineare Gleichungssysteme

Lösung 13.1

a) $A + B = \begin{pmatrix} 3 & -2 & 5 \\ 1 & -2 & 9 \end{pmatrix}$

b) $3A = \begin{pmatrix} 3 & -3 & 12 \\ 9 & 3 & 15 \end{pmatrix}$

c) ${}^t B = \begin{pmatrix} 2 & -2 \\ -1 & -3 \\ 1 & 4 \end{pmatrix}$

d) $2A - B = \begin{pmatrix} 0 & -1 & 7 \\ 8 & 5 & 6 \end{pmatrix}$.

Lösung 13.2 Es gilt

$$A \cdot B = \begin{pmatrix} 8 & -20 & 0 \\ 4 & -19 & 20 \\ 11 & -20 & -37 \end{pmatrix},$$

aber

$$B \cdot A = \begin{pmatrix} -5 & -9 & 2 \\ -22 & -30 & 20 \\ -14 & -15 & -13 \end{pmatrix},$$

sodass beide Produkte existieren, aber $A \cdot B \neq B \cdot A$ gilt.

© Springer-Verlag GmbH Deutschland, ein Teil von Springer Nature 2023
S. Proß und T. Imkamp, *Brückenkurs Mathematik für den Studieneinstieg*,
https://doi.org/10.1007/978-3-662-68303-3_28

Lösung 13.3

a)

$$\det(A) = \begin{vmatrix} 1 & -5 \\ 2 & 3 \end{vmatrix} = 1 \cdot 3 - (-5) \cdot 2 = 13$$

b)

$$\det(B) = \begin{vmatrix} 2 & -1 & 1 \\ 2 & 3 & -3 \\ -1 & 0 & 2 \end{vmatrix}$$

$$= 2 \cdot 3 \cdot 2 + (-1) \cdot (-3) \cdot (-1) + 1 \cdot 2 \cdot 0$$
$$- (-1) \cdot 3 \cdot 1 - 0 \cdot (-3) \cdot 2 - 2 \cdot 2 \cdot (-1) = 16$$

c)

$$\det(C) = \begin{vmatrix} 5 & -4 & 0 \\ 0 & 1 & -7 \\ 3 & 1 & 0 \end{vmatrix}$$

$$= 5 \cdot 1 \cdot 0 + (-4) \cdot (-7) \cdot 3 + 0 \cdot 0 \cdot 1$$
$$- 3 \cdot 1 \cdot 0 - 1 \cdot (-7) \cdot 5 - 0 \cdot 0 \cdot (-4) = 119.$$

Lösung 13.4

a)

$$\begin{vmatrix} -1-\alpha & -2 \\ 1 & \alpha+2 \end{vmatrix} = (-1-\alpha)(\alpha+2) + 2 = -\alpha^2 - 3\alpha$$

$$= -\alpha(\alpha+3) = 0$$

$$\Rightarrow \quad \alpha = 0 \vee \alpha = -3$$

b)

$$\begin{vmatrix} \alpha-2 & 1 & 2 \\ 0 & \alpha-1 & 1 \\ 0 & 0 & \alpha-4 \end{vmatrix} = (\alpha-2)(\alpha-1)(\alpha-4) = 0$$

$$\Rightarrow \quad \alpha = 2 \vee \alpha = 1 \vee \alpha = 4$$

Lösung 13.5

a) $rg(A) = 3$, da alle Spalten- bzw. Zeilenvektoren linear unabhängig sind.

b) $rg(B) = 1$, da $(-2)(-2\ 1) = (4\ 2)$.

c) $rg(C) = 2$, da $\begin{pmatrix} 0 \\ 1 \end{pmatrix}$ und $\begin{pmatrix} 1 \\ 0 \end{pmatrix}$ linear unabhängig sind.

Lösung 13.6

$$A = \begin{pmatrix} 3 & 2 \\ 1 & 1 \end{pmatrix}.$$

Diese Matrix ist invertierbar, da die Zeilenvektoren (und damit auch die Spaltenvektoren) linear unabhängig sind. Wir suchen also eine Matrix

$$A^{-1} = \begin{pmatrix} a & b \\ c & d \end{pmatrix},$$

sodass gilt $A^{-1} \cdot A = E_2$, also:

$$\begin{pmatrix} a & b \\ c & d \end{pmatrix} \cdot \begin{pmatrix} 3 & 2 \\ 1 & 1 \end{pmatrix} = \begin{pmatrix} 1 & 0 \\ 0 & 1 \end{pmatrix}.$$

Dies führt auf das lineare Gleichungssystem:

$$3a + b = 1$$
$$2a + b = 0$$
$$3c + d = 0$$
$$2c + d = 1$$

Aus den ersten beiden Gleichungen

$$3a + b = 1$$
$$2a + b = 0$$

folgt $a = 1$, $b = -2$.

Aus den beiden anderen Gleichungen

$$3c + d = 0$$
$$2c + d = 1$$

folgt $c = -1$, $d = 3$. Somit erhalten wir für die inverse Matrix

$$A^{-1} = \begin{pmatrix} 1 & -2 \\ -1 & 3 \end{pmatrix},$$

wie man durch eine Probe leicht bestätigt.

Die Matrix B ist hingegen nicht invertierbar, da die Zeilenvektoren (und damit auch die Spaltenvektoren) linear abhängig sind. Somit gilt $rg(B) = 1$ bzw. $\det(B) = 0$.

Lösung 13.7

$$\vec{x} = A^{-1} \cdot \vec{c}$$

$$\begin{pmatrix} x_1 \\ x_2 \end{pmatrix} = \begin{pmatrix} 1 & -2 \\ -1 & 3 \end{pmatrix} \cdot \begin{pmatrix} 1 \\ -1 \end{pmatrix} = \begin{pmatrix} 3 \\ -4 \end{pmatrix}$$

Lösung 13.8

a)

$$(A|c) = \begin{pmatrix} -3 & 1 & 4 & | & 8 \\ 3 & 1 & 0 & | & -2 \\ -6 & 2 & 12 & | & 20 \end{pmatrix} \quad \begin{matrix} | \cdot (-2) \end{matrix}$$

$$\rightarrow \begin{pmatrix} -3 & 1 & 4 & | & 8 \\ 0 & 2 & 4 & | & 6 \\ 0 & 0 & 4 & | & 4 \end{pmatrix}$$

$$\begin{aligned} 4x_3 &= 4 &\Leftrightarrow\quad x_3 &= 1 \\ 2x_2 + 4x_3 &= 6 &\Leftrightarrow\quad x_2 &= 1 \\ -3x_1 + x_2 + 4x_3 &= 8 &\Leftrightarrow\quad x_1 &= -1 \end{aligned}$$

b)

$$(A|c) = \begin{pmatrix} 1 & 2 & 5 & | & 7 \\ 1 & 3 & 8 & | & 11 \\ 2 & 5 & 13 & | & 27 \end{pmatrix} \quad \begin{matrix} | \cdot (-1) \end{matrix} \quad \begin{matrix} | \cdot (-2) \end{matrix}$$

$$\rightarrow \begin{pmatrix} 1 & 2 & 5 & | & 7 \\ 0 & 1 & 3 & | & 4 \\ 0 & 1 & 3 & | & 13 \end{pmatrix} \quad \begin{matrix} | \cdot (-1) \end{matrix}$$

$$\rightarrow \begin{pmatrix} 1 & 2 & 5 & | & 7 \\ 0 & 1 & 3 & | & 4 \\ 0 & 0 & 0 & | & 9 \end{pmatrix}$$

Es gilt

$$rg(A) = 2 < rg(A|c) = 3.$$

Somit ist das LGS nicht lösbar.

c)

$$(A|c) = \begin{pmatrix} 1 & 2 & 2 & | & -1 \\ 3 & 0 & 1 & | & 1 \end{pmatrix} \quad \substack{| \cdot (-3)}$$

$$\rightarrow \begin{pmatrix} 1 & 2 & 2 & | & -1 \\ 0 & -6 & -5 & | & 4 \end{pmatrix}$$

$$x_3 = \lambda \quad \lambda \in \mathbb{R}$$

$$-6x_2 - 5x_3 = 4 \quad \Leftrightarrow \quad x_2 = -\frac{2}{3} - \frac{5}{6}\lambda$$

$$x_1 + 2x_2 + 2x_3 = -1 \quad \Leftrightarrow \quad x_1 = \frac{1}{3} - \frac{1}{3}\lambda$$

d)

$$(A|c) = \begin{pmatrix} 1 & 2 & 5 & | & 0 \\ 3 & 1 & 9 & | & 0 \\ 2 & 4 & 10 & | & 0 \end{pmatrix} \quad \substack{| \cdot (-3) \\ | \cdot (-2)}$$

$$\rightarrow \begin{pmatrix} 1 & 2 & 5 & | & 0 \\ 0 & -5 & -6 & | & 0 \\ 0 & 0 & 0 & | & 0 \end{pmatrix}$$

$$x_3 = \lambda \quad \lambda \in \mathbb{R}$$

$$-5x_2 - 6x_3 = 0 \quad \Leftrightarrow \quad x_2 = -\frac{6}{5}\lambda$$

$$x_1 + 2x_2 + 5x_3 = 0 \quad \Leftrightarrow \quad x_1 = -\frac{13}{5}\lambda$$

Lösung 13.9

a)

$$\det(A) = \begin{vmatrix} 1 & 1 & 1 \\ \lambda & -1 & -2 \\ 4 & -4 & -2\lambda \end{vmatrix} = 2\lambda - 8 - 4\lambda + 4 - 8 + 2\lambda^2 = 2\lambda^2 - 2\lambda - 12 = 0$$

$$\lambda^2 - \lambda - 6 = 0$$

$$\lambda_{1,2} = \frac{1}{2} \pm \sqrt{\frac{1}{4} + 6} = \frac{1}{2} \pm \frac{5}{2}$$

$$\lambda_1 = 3 \quad \wedge \quad \lambda_2 = -2$$

Für alle $\lambda \in \mathbb{R} \setminus \{-2; 3\}$ ist das LGS eindeutig lösbar, da die Koeffizientendeterminante regulär ist.

b) Wir betrachten den Fall $\lambda = 3$:

$$(A|c) = \begin{pmatrix} 1 & 1 & 1 & | & 1 \\ 3 & -1 & -2 & | & -2 \\ 4 & -4 & -6 & | & -6 \end{pmatrix} \quad \begin{matrix} |\cdot(-3) \\ \end{matrix} \quad |\cdot(-4)$$

$$\rightarrow \begin{pmatrix} 1 & 1 & 1 & | & 1 \\ 0 & -4 & -5 & | & -5 \\ 0 & -8 & -10 & | & -10 \end{pmatrix} \quad \begin{matrix} |\cdot(-2) \\ \end{matrix}$$

$$\rightarrow \begin{pmatrix} 1 & 1 & 1 & | & 1 \\ 0 & -4 & -5 & | & -5 \\ 0 & 0 & 0 & | & 0 \end{pmatrix}$$

Es gilt

$$\text{rg}(A) = \text{rg}(A|c) = 2 < n = 3.$$

Somit besitzt das LSG für den Fall $\lambda = 3$ unendlich viele Lösungen.

c) Wir betrachten den Fall $\lambda = -2$:

$$(A|c) = \begin{pmatrix} 1 & 1 & 1 & | & 1 \\ -2 & -1 & -2 & | & -2 \\ 4 & -4 & 4 & | & -6 \end{pmatrix} \quad \begin{matrix} |\cdot 2 \\ \end{matrix} \quad |\cdot(-4)$$

$$\rightarrow \begin{pmatrix} 1 & 1 & 1 & | & 1 \\ 0 & 1 & 0 & | & 0 \\ 0 & -8 & 0 & | & -10 \end{pmatrix} \quad \begin{matrix} |\cdot 8 \\ \end{matrix}$$

$$\rightarrow \begin{pmatrix} 1 & 1 & 1 & | & 1 \\ 0 & 1 & 0 & | & 0 \\ 0 & 0 & 0 & | & -10 \end{pmatrix}$$

Es gilt

$$\text{rg}(A) = 2 < \text{rg}(A|c) = 3.$$

Somit ist das LSG für den Fall $\lambda = -2$ unlösbar.

Lösung 13.10

$$A = \begin{pmatrix} 3 & 2 \\ 1 & 1 \end{pmatrix}$$

Wir berechnen die Eigenwerte mittels des charakteristischen Polynoms. Es gilt

$$A - \lambda \cdot E_2 = \begin{pmatrix} 3-\lambda & 2 \\ 1 & 1-\lambda \end{pmatrix}.$$

Wir suchen also die Lösungen der Gleichung

$$\det(A - \lambda \cdot E_2) = (3 - \lambda)(1 - \lambda) - 2 = \lambda^2 - 4\lambda + 1 = 0.$$

Wir erhalten (als Eigenwerte)

$$\lambda_1 = 2 + \sqrt{3} \wedge \lambda_2 = 2 - \sqrt{3}.$$

Die zugehörigen Eigenvektoren erhalten wir mittels der Lösungen der Gleichungssysteme

$$\begin{pmatrix} 3 & 2 \\ 1 & 1 \end{pmatrix} \cdot \begin{pmatrix} x_1 \\ x_2 \end{pmatrix} = (2 + \sqrt{3}) \cdot \begin{pmatrix} x_1 \\ x_2 \end{pmatrix}$$

bzw.

$$\begin{pmatrix} 3 & 2 \\ 1 & 1 \end{pmatrix} \cdot \begin{pmatrix} x_1 \\ x_2 \end{pmatrix} = (2 - \sqrt{3}) \cdot \begin{pmatrix} x_1 \\ x_2 \end{pmatrix}.$$

Es ergibt sich

$$\begin{pmatrix} x_1 \\ x_2 \end{pmatrix} = c \cdot \begin{pmatrix} 1 + \sqrt{3} \\ 1 \end{pmatrix}$$

bzw.

$$\begin{pmatrix} x_1 \\ x_2 \end{pmatrix} = c \cdot \begin{pmatrix} 1 - \sqrt{3} \\ 1 \end{pmatrix},$$

jeweils mit $c \neq 0$.

Die Eigenwerte sind somit $2 + \sqrt{3}$ und $2 - \sqrt{3}$, und die zugehörigen Eigenvektoren

$$\begin{pmatrix} 1 + \sqrt{3} \\ 1 \end{pmatrix} \quad \text{und} \quad \begin{pmatrix} 1 - \sqrt{3} \\ 1 \end{pmatrix}.$$

Literaturverzeichnis

Bärwolff, G. (2017). *Höhere Mathematik für Naturwissenschaftler und Ingenieure.* Springer Berlin Heidelberg.

Fischer, G. und B. Springborn (2020). *Lineare Algebra: Eine Einführung für Studienanfänger.* Grundkurs Mathematik. Springer Berlin Heidelberg.

Forster, O. (2016). *Analysis 1: Differential- und Integralrechnung einer Veränderlichen.* Springer Fachmedien Wiesbaden.

Imkamp, T. und S. Proß (2019). *Differentialgleichungen für Einsteiger: Grundlagen und Anwendungen mit vielen Übungen, Lösungen und Videos.* Springer Berlin Heidelberg.

Imkamp, T. und S. Proß (2021). *Einstieg in die Stochastik: Grundlagen und Anwendungen mit vielen Übungen, Lösungen und Videos.* Springer Berlin Heidelberg.

Koecher, M. (2013). *Lineare Algebra und analytische Geometrie.* Springer-Lehrbuch. Springer Berlin Heidelberg.

Papula, L. (2015). *Mathematik für Ingenieure und Naturwissenschaftler Band 2: Ein Lehr- und Arbeitsbuch für das Grundstudium.* Springer Fachmedien Wiesbaden.

Papula, L. (2018). *Mathematik für Ingenieure und Naturwissenschaftler Band 1: Ein Lehr- und Arbeitsbuch für das Grundstudium.* Springer Fachmedien Wiesbaden.

Sonar, T. (2016). *3000 Jahre Analysis: Geschichte - Kulturen - Menschen.* Vom Zählstein zum Computer. Springer Berlin Heidelberg.

© Springer-Verlag GmbH Deutschland, ein Teil von Springer Nature 2023
S. Proß und T. Imkamp, *Brückenkurs Mathematik für den Studieneinstieg*,
https://doi.org/10.1007/978-3-662-68303-3

Sachwortverzeichnis

© Springer-Verlag GmbH Deutschland, ein Teil von Springer Nature 2023
S. Proß und T. Imkamp, *Brückenkurs Mathematik für den Studieneinstieg*,
https://doi.org/10.1007/978-3-662-68303-3

Springer Spektrum

LEHRBUCH

Thorsten Imkamp
Sabrina Proß

Differential-
gleichungen
für Einsteiger

Grundlagen und Anwendungen mit
vielen Übungen, Lösungen und Videos

 Springer Spektrum

Thorsten Imkamp
Sabrina Proß

Einstieg in die Stochastik

Grundlagen und Anwendungen mit vielen
Übungen, Lösungen und Videos

 Springer Spektrum

Printed in the United States
by Baker & Taylor Publisher Services